Ⅰ 삼

1. 삼각비

(1) ∠B＝90°인 직각삼각형 ABC에서

① $\sin A = \dfrac{a}{b}$ ➡ ∠A의 사인

② $\cos A = \dfrac{c}{b}$ ➡ ∠A의 코사인

③ $\tan A = \dfrac{a}{c}$ ➡ ∠A의 탄젠트

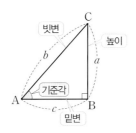

(2) 30°, 45°, 60°의 삼각비의 값

삼각비 \ A	30°	45°	60°
$\sin A$	$\dfrac{1}{2}$	$\dfrac{\sqrt{2}}{2}$	$\dfrac{\sqrt{3}}{2}$
$\cos A$	$\dfrac{\sqrt{3}}{2}$	$\dfrac{\sqrt{2}}{2}$	$\dfrac{1}{2}$
$\tan A$	$\dfrac{\sqrt{3}}{3}$	1	$\sqrt{3}$

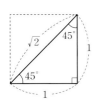

45°의 삼각비의 값은
한 변의 길이가 1인
정사각형을 이용해서
찾을 수 있어.

30°, 60°의 삼각비의 값은
한 변의 길이가 2인
정삼각형을 이용해서
찾을 수 있구나.

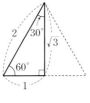

(3) 예각의 삼각비의 값

반지름의 길이가 1인 사분원에서 임의의 예각 x에 대한 삼각비

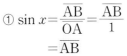

① $\sin x = \dfrac{\overline{AB}}{\overline{OA}} = \dfrac{\overline{AB}}{1}$
　　$= \overline{AB}$

② $\cos x = \dfrac{\overline{OB}}{\overline{OA}} = \dfrac{\overline{OB}}{1}$
　　$= \overline{OB}$

③ $\tan x = \dfrac{\overline{CD}}{\overline{OD}} = \dfrac{\overline{CD}}{1}$
　　$= \overline{CD}$

(4) 0°, 90°의 삼각비의 값

① $\sin 0° = 0$, $\sin 90° = 1$

② $\cos 0° = 1$, $\cos 90° = 0$

③ $\tan 0° = 0$, $\tan 90°$의 값은 정할 수 없다.

> 참고 0°≤x≤90°인 범위에서 x의 크기가 증가하면
> $\sin x$ ➡ 0에서 1까지 증가한다.
> $\cos x$ ➡ 1에서 0까지 감소한다.
> $\tan x$ ➡ 0에서 한없이 증가한다.

(5) 삼각비의 표 : 0°에서 90°까지의 각을 1° 간격으로 나누어서 이들의 삼각비의 값을 반올림하여 소수점 아래 넷째 자리까지 구하여 나타낸 표

삼각비의 표에서 각도의 가로줄과 sin, cos, tan의 세로줄이 만나는 곳의 수가 삼각비의 값이야!
$\sin 34° = 0.5592$, $\cos 35° = 0.8192$
$\tan 36° = 0.7265$

각도	sin	cos	tan
⋮	⋮	⋮	⋮
34°	0.5592	0.8290	0.6745
35°	0.5736	0.8192	0.7002
36°	0.5878	0.8090	0.7265
⋮	⋮	⋮	⋮

Ⅲ 통계

1. 대푯값과 산포도

(1) **대푯값** : 자료 전체의 특징을 대표적인 하나의 수로 나타낸 값  대푯값에는 평균, 중앙값, 최빈값 등이 있어.

(2) **평균** : 변량의 총합을 변량의 개수로 나눈 값

$$(평균)=\frac{(변량)의\ 총합}{(변량)의\ 개수}$$

(3) **중앙값** : 변량을 작은 값부터 크기순으로 나열하였을 때, 한가운데 있는 값

(4) **중앙값 구하는 방법**

> 변량을 작은 값부터 크기순으로 나열한 후,
> ① 변량의 개수가 홀수이면
> ➡ 한가운데 있는 변량이 중앙값이다.
> ② 변량의 개수가 짝수이면
> ➡ 한가운데 있는 두 변량의 평균이 중앙값이다.

(5) **최빈값**

① **최빈값** : 자료에서 가장 많이 나타나는 값

② 변량 중에서 도수가 가장 큰 값이 한 개 이상이면 그 값이 모두 최빈값이다.

최빈값은 여러 개일 수도 있어!

(6) **산포도** : 변량들이 흩어져 있는 정도를 하나의 수로 나타낸 값

(7) **편차** : 각 변량에서 평균을 뺀 값

$$(편차)=(변량)-(평균)$$

편차의 총합은 항상 0이야.

(8) **분산** : 각 편차의 제곱의 총합을 변량의 개수로 나눈 값, 즉 편차의 제곱의 평균

$$(분산)=\frac{(편차)^2의\ 총합}{(변량)의\ 개수}$$

분산은 0일 수도 있어!

(9) **표준편차** : 분산의 음이 아닌 제곱근

$$(표준편차)=\sqrt{(분산)}$$

평균 구하기 ➡ 편차 구하기 ➡ (편차)²의 총합 구하기 ➡ 분산, 표준편차 구하기

2. 상관관계

(1) **산점도** : 두 변량 x, y 사이의 관계를 알아보기 위하여 순서쌍 (x, y)를 좌표로 하는 점을 좌표평면 위에 나타낸 그래프

(2) **상관관계** : 산점도의 두 변량 x와 y 중 한쪽의 값이 증가함에 따라 다른 한쪽의 값이 대체로 증가 또는 감소할 때, x와 y 사이에 상관관계가 있다고 한다.

① **양의 상관관계** : x와 y 중 한쪽의 값이 증가할 때 다른 한쪽의 값도 대체로 증가하는 관계

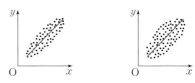

② **음의 상관관계** : x와 y 중 한쪽의 값이 증가할 때 다른 한쪽의 값은 대체로 감소하는 관계

산점도의 점들이 한 직선 주위에 가까이 모여 있을수록 상관관계가 강하다고 하지!

③ **상관관계가 없다** : x와 y 중 한쪽의 값이 증가할 때 다른 한쪽의 값이 증가하거나 감소하는지 분명하지 않은 관계

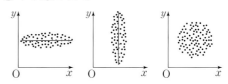

II 원의 성질

1. 원과 직선

(1) 현의 수직이등분선

① 원의 중심에서 현에 내린 수선은 그 현을 이등분한다.

② 현의 수직이등분선은 그 원의 중심을 지난다.

(2) 현의 길이

① 한 원에서 원의 중심으로부터 같은 거리에 있는 두 현의 길이는 같다.

② 한 원에서 길이가 같은 두 현은 원의 중심으로부터 같은 거리에 있다.

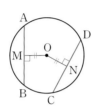

(3) 원의 접선

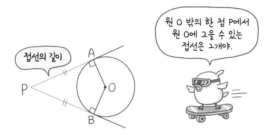

접선의 길이

원 O 밖의 한 점 P에서 원 O에 그을 수 있는 접선은 2개야.

원 O 밖의 한 점 P에서 그 원에 그은 두 접선의 길이는 서로 같다. ⇒ $\overline{PA}=\overline{PB}$

(4) 삼각형의 내접원

① $\overline{AD}=\overline{AF}$, $\overline{BD}=\overline{BE}$, $\overline{CE}=\overline{CF}$

② (△ABC의 둘레의 길이)
$$=a+b+c=2(x+y+z)$$

③ $\triangle ABC = \frac{1}{2}r(a+b+c)$
$$=r(x+y+z)$$

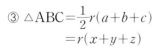

(5) 외접사각형의 성질

① 원에 외접하는 사각형의 두 쌍의 대변의 길이의 합은 서로 같다.

② 두 쌍의 대변의 길이의 합이 같은 사각형은 원에 외접한다.

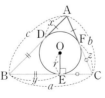

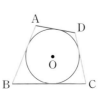

2. 원주각

(1) 원주각 : 원 O에서 호 AB 위에 있지 않은 원 위의 한 점 P에 대하여 ∠APB를 호 AB에 대한 원주각이라 한다.

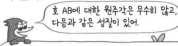
호 AB에 대한 원주각은 무수히 많고, 다음과 같은 성질이 있어.

① 한 호에 대한 원주각의 크기는 그 호에 대한 중심각의 크기의 $\frac{1}{2}$이다.

② 원에서 한 호에 대한 원주각의 크기는 모두 같다.

③ 반원에 대한 원주각의 크기는 90°이다.

(2) 원주각의 크기와 호의 길이

한 원 또는 합동인 두 원에서

① 길이가 같은 호에 대한 원주각의 크기는 서로 같다.

② 크기가 같은 원주각에 대한 호의 길이는 서로 같다.

③ 호의 길이는 그 호에 대한 원주각의 크기에 정비례한다.

(3) 두 점 C, D가 직선 AB에 대하여 같은 쪽에 있을 때,

∠ACB=∠ADB이면 네 점 A, B, C, D는 한 원 위에 있다.

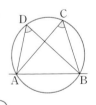

사각형 ABCD는 원에 내접해!

(4) 원에 내접하는 사각형의 성질

① 원에 내접하는 사각형의 한 쌍의 대각의 크기의 합은 180°이다.

② 원에 내접하는 사각형의 한 외각의 크기는 그와 이웃한 내각에 대한 대각의 크기와 같다.

(5) 원의 접선과 그 접점을 지나는 현이 이루는 각의 크기는 그 각의 내부에 있는 호에 대한 원주각의 크기와 같다.

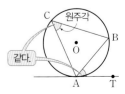

∠BAT = ∠BCA이면 $\overrightarrow{AT}$는 원 O의 접선이야.

각비

2. 삼각비의 활용

(1) 직각삼각형의 변의 길이

∠B＝90°인 직각삼각형 ABC에서

① ∠A의 크기와 빗변의 길이
b를 알 때

→ $a=b \sin A$,
$c=b \cos A$

② ∠A의 크기와 밑변의 길이 c를 알 때

→ $a=c \tan A$, $b=\dfrac{c}{\cos A}$

직각삼각형에서 직각이 아닌 한 각의 크기와 한 변의 길이를 알면 나머지 두 변의 길이를 알 수 있구나.

③ ∠A의 크기와 높이 a를 알 때

→ $b=\dfrac{a}{\sin A}$, $c=\dfrac{a}{\tan A}$

(2) 일반 삼각형의 변의 길이

① △ABC에서 두 변의 길이 a, c와 그 끼인각 ∠B의 크기를 알 때

$\overline{CH}=\overline{BC}-\overline{BH}$
$\quad =a-c \cos B$

$\overline{AC}=\sqrt{\overline{AH}^2+\overline{CH}^2}$
$\quad =\sqrt{(c \sin B)^2+(a-c \cos B)^2}$

② △ABC에서 한 변의 길이 a와 그 양 끝 각 ∠B, ∠C의 크기를 알 때

$180°-(∠B+∠C)$

❶ $\overline{BH}=\overline{AB} \sin A$
$\quad =a \sin C$

→ $\overline{AB}=\dfrac{a \sin C}{\sin A}$

❷ $\overline{CH'}=\overline{AC} \sin A=a \sin B$

→ $\overline{AC}=\dfrac{a \sin B}{\sin A}$

수선을 그어 구하는 변을 빗변으로 하는 직각삼각형을 만든 후, 삼각비와 피타고라스 정리를 이용해!

△ABC에서 한 변의 길이 a와 그 양 끝 각 ∠B, ∠C의 크기를 알면 높이 h를 구할 수 있어!

(3) 삼각형의 높이

① 예각삼각형일 때

$a=h \tan x+h \tan y$

→ $h=\dfrac{a}{\tan x+\tan y}$

② 둔각삼각형일 때

$a=h \tan x-h \tan y$

→ $h=\dfrac{a}{\tan x-\tan y}$

(4) 삼각형의 넓이

① ∠B가 예각인 경우

$S=\dfrac{1}{2}ac \sin B$

② ∠B가 둔각인 경우

$S=\dfrac{1}{2}ac \sin (180°-B)$

$180°-B$

(5) 사각형의 넓이

① 평행사변형의 넓이

$S=ab \sin x$

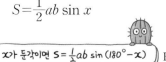
x가 둔각이면 $S=ab \sin (180°-x)$

② 사각형의 넓이

$S=\dfrac{1}{2}ab \sin x$

x가 둔각이면 $S=\dfrac{1}{2}ab \sin (180°-x)$

수
매씽
MATHING
ㅇ
개념

개념북

중학 수학 3·2

구성과 특징

세 가지 코칭으로 개념 이해를 높이는

개념북

코칭 동영상 강의

한눈에 보이는
소단원 개념 설명

▲ 기초 코칭 : 이전 학년 개념

▲ 개념 코칭 : 본 학년 핵심 개념

▲ 집중 코칭 : 집중·심화 개념

자기 주도 학습이
가능해요!

확실한 개념 이해

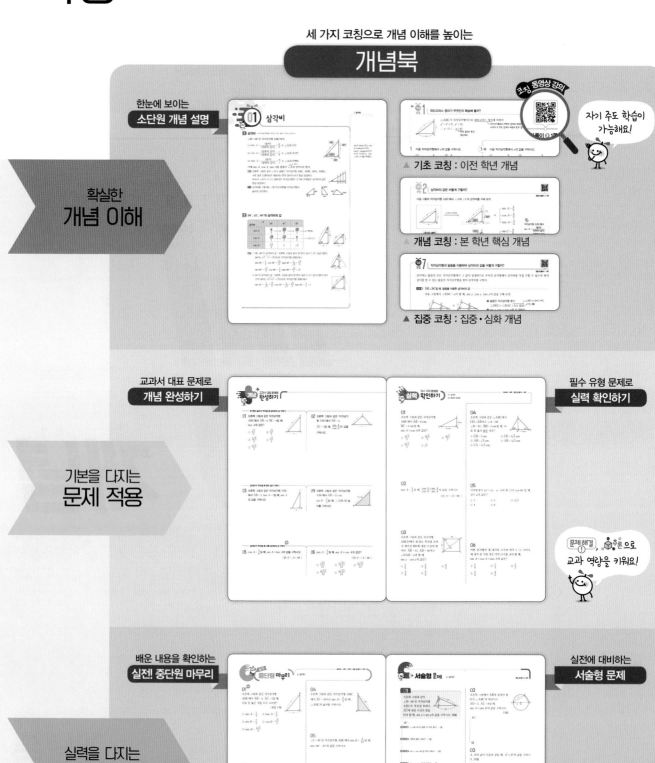

교과서 대표 문제로
개념 완성하기

필수 유형 문제로
실력 확인하기

기본을 다지는 문제 적용

문제해결, 추론으로
교과 역량을 키워요!

배운 내용을 확인하는
실전 중단원 마무리

실전에 대비하는
서술형 문제

실력을 다지는 마무리 점검

개념북과 1:1 매칭

워크북

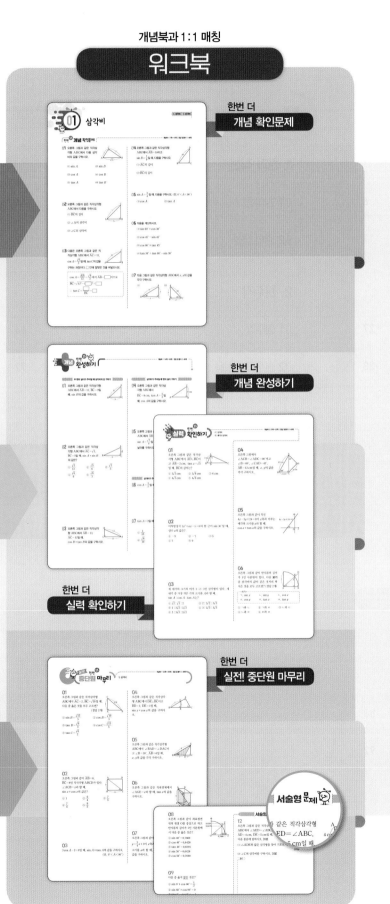

한번 더
개념 확인문제

한번 더
개념 완성하기

한번 더
실력 확인하기

한번 더
실전! 중단원 마무리

서술형 문제

교과서에서 쏙 빼온 문제

특별한 부록

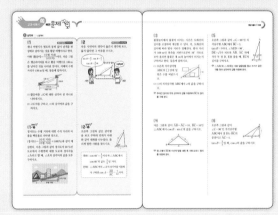

2015개정 교과서 10종의 특이 문제 분석 수록

차례

기본이 탄탄해지는 **개념 기본서**
수매씽 개념

I

삼각비

1. 삼각비

2. 삼각비의 활용

이 단원을 배우면 삼각비의 뜻을 알고 간단한 삼각비의 값을 구할 수 있어요. 또, 삼각비를 활용하여 여러 가지 문제를 해결할 수 있어요.

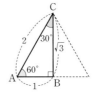

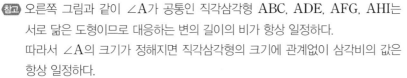

01 삼각비

1 삼각비 → 직각삼각형에서 주어진 각에 대한 두 변의 길이의 비

∠B＝90°인 직각삼각형 ABC에서

(1) $\sin A = \dfrac{(높이)}{(빗변의 \ 길이)} = \dfrac{a}{b}$ → ∠A의 **사인**

(2) $\cos A = \dfrac{(밑변의 \ 길이)}{(빗변의 \ 길이)} = \dfrac{c}{b}$ → ∠A의 **코사인**

(3) $\tan A = \dfrac{(높이)}{(밑변의 \ 길이)} = \dfrac{a}{c}$ → ∠A의 **탄젠트**

이때 $\sin A$, $\cos A$, $\tan A$를 통틀어 ∠A의 **삼각비**라 한다. (→ 기준각)

> **참고** 오른쪽 그림과 같이 ∠A가 공통인 직각삼각형 ABC, ADE, AFG, AHI는 서로 닮은 도형이므로 대응하는 변의 길이의 비가 항상 일정하다.
> 따라서 ∠A의 크기가 정해지면 직각삼각형의 크기에 관계없이 삼각비의 값은 항상 일정하다.

> **주의** 삼각비를 구할 때는 기준각의 대변을 직각삼각형의 높이로 생각한다.

2 30°, 45°, 60°의 삼각비의 값

삼각비 ＼ A	30°	45°	60°	
$\sin A$	$\dfrac{1}{2}$	$\dfrac{\sqrt{2}}{2}$	$\dfrac{\sqrt{3}}{2}$	커진다.
$\cos A$	$\dfrac{\sqrt{3}}{2}$	$\dfrac{\sqrt{2}}{2}$	$\dfrac{1}{2}$	작아진다.
$\tan A$	$\dfrac{\sqrt{3}}{3}$	1	$\sqrt{3}$	

> **참고** (1) 30°, 60°의 삼각비의 값 : 오른쪽 그림과 같이 한 변의 길이가 2인 정삼각형의 높이는 $\sqrt{2^2-1^2}=\sqrt{3}$ 이므로 직각삼각형 ABC에서
> $$\sin 30° = \frac{1}{2}, \ \cos 30° = \frac{\sqrt{3}}{2}, \ \tan 30° = \frac{1}{\sqrt{3}} = \frac{\sqrt{3}}{3}$$
> $$\sin 60° = \frac{\sqrt{3}}{2}, \ \cos 60° = \frac{1}{2}, \ \tan 60° = \frac{\sqrt{3}}{1} = \sqrt{3}$$
>
> (2) 45°의 삼각비의 값 : 오른쪽 그림과 같이 한 변의 길이가 1인 정사각형의 대각선의 길이는 $\sqrt{1^2+1^2}=\sqrt{2}$ 이므로 직각삼각형 ABC에서
> $$\sin 45° = \frac{1}{\sqrt{2}} = \frac{\sqrt{2}}{2}, \ \cos 45° = \frac{1}{\sqrt{2}} = \frac{\sqrt{2}}{2}, \ \tan 45° = \frac{1}{1} = 1$$

> sin은 sine(사인), cos은 cosine(코사인), tan는 tangent(탄젠트)의 약자이고, A는 ∠A의 크기를 의미한다.

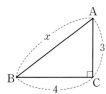 **기초 코칭 1** 피타고라스 정리가 무엇인지 복습해 볼까?

$\triangle ABC$가 직각삼각형이므로 피타고라스 정리에 의하여
$x^2 = 4^2 + 3^2$, $x^2 = 25$
∴ $x = 5$ ($\because x > 0$)
↳ 변의 길이는 항상 양수이다.
↳ 직각삼각형에서 빗변의 길이의 제곱은 나머지 두 변의 길이의 제곱의 합과 같다.

정답 및 풀이 ❯ 1쪽

1 다음 직각삼각형에서 x의 값을 구하시오.

(1)   (2)

1-❶ 다음 직각삼각형에서 x의 값을 구하시오.

(1)   (2)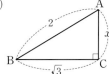

 개념 코칭 2 삼각비의 값은 어떻게 구할까?

정답 및 풀이 ❯ 1쪽

다음 그림의 직각삼각형 ABC에서 ∠A와 ∠C의 삼각비를 구해 보자.

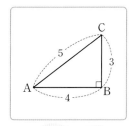

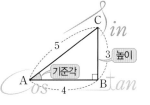

∠A의 삼각비 →
$\sin A = \dfrac{3}{5}$
$\cos A = \dfrac{4}{5}$
$\tan A = \dfrac{3}{4}$

 기준각의 대변이 높이임을 꼭 기억해!

∠C의 삼각비 →
$\sin C = \dfrac{4}{5}$
$\cos C = \dfrac{3}{5}$
$\tan C = \dfrac{4}{3}$

직각삼각형 ABC에서
$\sin A = \dfrac{(높이)}{(빗변의 길이)}$
$\cos A = \dfrac{(밑변의 길이)}{(빗변의 길이)}$
$\tan A = \dfrac{(높이)}{(밑변의 길이)}$

2 오른쪽 그림과 같은 직각삼각형 ABC 에서 다음 삼각비의 값을 구하시오.

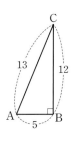

(1) $\sin A$

(2) $\cos A$

(3) $\tan A$

2-❶ 오른쪽 그림과 같은 직각삼각 형 ABC에서 다음 삼각비의 값을 구하시오.

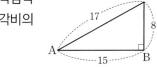

(1) $\sin A$

(2) $\cos A$

(3) $\tan A$

3 오른쪽 그림과 같은 직각삼각형 ABC에서 다음 삼각비의 값을 구하시오.

(1) $\sin C$

(2) $\cos C$

(3) $\tan C$

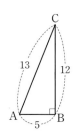

3-➊ 오른쪽 그림과 같은 직각삼각형 ABC에서 다음 삼각비의 값을 구하시오.

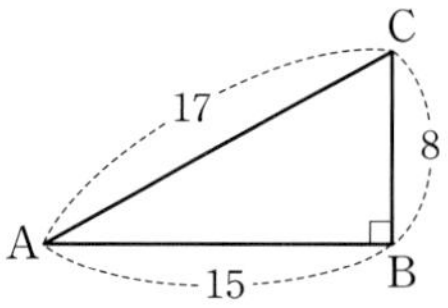

(1) $\sin C$

(2) $\cos C$

(3) $\tan C$

 개념 코칭 3 직각삼각형의 두 변의 길이를 알 때, 삼각비의 값은 어떻게 구할까?

정답 및 풀이 ➊ 1쪽

$\angle B=90°$인 직각삼각형 ABC에서 $\overline{AB}=3$, $\overline{BC}=6$일 때, $\angle A$의 삼각비를 구해 보자.

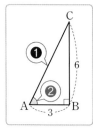

➊ 피타고라스 정리 이용하기
$\overline{AB}=3$, $\overline{BC}=6$이므로 피타고라스 정리에 의하여
$\overline{AC}=\sqrt{3^2+6^2}=\sqrt{45}=3\sqrt{5}$

➋ 삼각비의 값 구하기
$\sin A=\dfrac{\overline{BC}}{\overline{AC}}=\dfrac{6}{3\sqrt{5}}=\dfrac{2\sqrt{5}}{5}$

$\cos A=\dfrac{\overline{AB}}{\overline{AC}}=\dfrac{3}{3\sqrt{5}}=\dfrac{\sqrt{5}}{5}$

$\tan A=\dfrac{\overline{BC}}{\overline{AB}}=\dfrac{6}{3}=2$

직각삼각형에서 두 변의 길이를 알면 피타고라스 정리에 의하여 나머지 한 변의 길이를 구할 수 있어.

---

4 오른쪽 그림과 같은 직각삼각형 ABC에서 다음 물음에 답하시오.

(1) $\overline{AC}$의 길이를 구하시오.

(2) $\angle A$의 삼각비를 구하시오.

① $\sin A$

② $\cos A$

③ $\tan A$

(3) $\angle C$의 삼각비를 구하시오.

① $\sin C$

② $\cos C$

③ $\tan C$

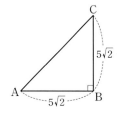

4-➊ 오른쪽 그림과 같은 직각삼각형 ABC에서 다음 물음에 답하시오.

(1) $\overline{AC}$의 길이를 구하시오.

(2) $\angle B$의 삼각비를 구하시오.

(3) $\angle C$의 삼각비를 구하시오.

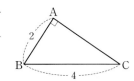

개념 코칭 4 삼각비를 이용하여 직각삼각형의 변의 길이를 어떻게 구할까?

∠C＝90°인 직각삼각형 ABC에서 $\overline{AC}=9$, $\sin B=\dfrac{3}{4}$일 때, $\overline{AB}$, $\overline{BC}$의 길이를 구해 보자.

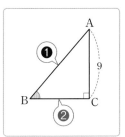

❶ 주어진 삼각비 이용하기

$\sin B=\dfrac{\overline{AC}}{\overline{AB}}=\dfrac{3}{4}$이므로 $\dfrac{9}{\overline{AB}}=\dfrac{3}{4}$ $\therefore \overline{AB}=12$

❷ 피타고라스 정리 이용하기

$\overline{AB}=12$, $\overline{AC}=9$이므로 피타고라스 정리에 의하여

$\overline{BC}=\sqrt{12^2-9^2}$
$\quad=\sqrt{63}=3\sqrt{7}$

---

5 오른쪽 그림과 같은 직각삼각형 ABC에서 $\overline{AB}=3$, $\sin B=\dfrac{2}{3}$일 때, 다음 물음에 답하시오.

(1) 다음은 x의 값을 구하는 과정이다. ☐ 안에 알맞은 수를 써넣으시오.

$$\sin B=\frac{x}{\boxed{}}=\frac{2}{3} \qquad \therefore x=\boxed{}$$

(2) 다음은 y의 값을 구하는 과정이다. ☐ 안에 알맞은 수를 써넣으시오.

$$y=\sqrt{3^2-x^2}=\sqrt{3^2-\boxed{}^2}=\boxed{}$$

5-❶ 오른쪽 그림과 같은 직각삼각형 ABC에서 $\overline{AC}=8$, $\cos C=\dfrac{\sqrt{3}}{2}$일 때, 다음 물음에 답하시오.

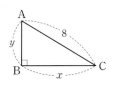

(1) 다음은 x의 값을 구하는 과정이다. ☐ 안에 알맞은 수를 써넣으시오.

$$\cos C=\frac{x}{\boxed{}}=\frac{\sqrt{3}}{2} \qquad \therefore x=\boxed{}$$

(2) 다음은 y의 값을 구하는 과정이다. ☐ 안에 알맞은 수를 써넣으시오.

$$y=\sqrt{8^2-x^2}=\sqrt{8^2-(\boxed{})^2}=\boxed{}$$

---

6 오른쪽 그림과 같은 직각삼각형 ABC에서 $\overline{AB}=6$, $\cos B=\dfrac{2}{3}$일 때, 다음을 구하시오.

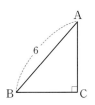

(1) $\overline{BC}$의 길이

(2) $\overline{AC}$의 길이

6-❶ 오른쪽 그림과 같은 직각삼각형 ABC에서 $\overline{BC}=4$, $\tan A=\dfrac{1}{3}$일 때, 다음을 구하시오.

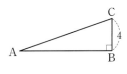

(1) $\overline{AB}$의 길이

(2) $\overline{AC}$의 길이

개념코칭 5 한 삼각비를 알 때, 다른 삼각비의 값은 어떻게 구할까?

정답 및 풀이 ❯ 1쪽

$0° < A < 90°$일 때, 다음 삼각비를 이용하여 다른 두 삼각비의 값을 구해 보자.

 $\sin A = \dfrac{3}{5}$일 때,

 $\cos A = \dfrac{3}{5}$일 때,

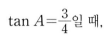 $\tan A = \dfrac{3}{4}$일 때,

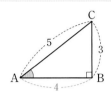

$$\overline{AB} = \sqrt{\overline{AC}^2 - \overline{BC}^2}$$
$$= \sqrt{5^2 - 3^2} = 4$$

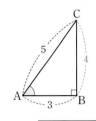

$$\overline{BC} = \sqrt{\overline{AC}^2 - \overline{AB}^2}$$
$$= \sqrt{5^2 - 3^2} = 4$$

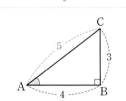

$$\overline{AC} = \sqrt{\overline{AB}^2 + \overline{BC}^2}$$
$$= \sqrt{4^2 + 3^2} = 5$$

$$\cos A = \dfrac{4}{5}$$
$$\tan A = \dfrac{3}{4}$$

$$\sin A = \dfrac{4}{5}$$
$$\tan A = \dfrac{4}{3}$$

$$\sin A = \dfrac{3}{5}$$
$$\cos A = \dfrac{4}{5}$$

> 한 삼각비를 알 때, 다른 삼각비의 값은 다음과 같은 순서로 구한다.
> ❶ 주어진 삼각비를 갖는 가장 간단한 직각삼각형을 그린다.
> ❷ 피타고라스 정리를 이용하여 나머지 한 변의 길이를 구한다.
> ❸ 구하려는 삼각비의 값을 구한다.

---

7 다음은 $\sin A = \dfrac{2}{3}$일 때, $\cos A$, $\tan A$의 값을 구하는 과정이다. ☐ 안에 알맞은 수를 써넣으시오.

(단, $0° < A < 90°$)

$\sin A = \dfrac{2}{3}$이므로 오른쪽 그림과 같이 $\overline{AC} = 3$, $\overline{BC} = $ ☐ 인 직각삼각형 ABC를 그릴 수 있다.

피타고라스 정리를 이용하면
$\overline{AB} = \sqrt{3^2 - \boxed{}^2} = \boxed{}$ 이므로
$\cos A = \boxed{}$, $\tan A = \boxed{}$

7-❶ 다음은 $\tan A = \dfrac{2}{3}$일 때, $\sin A$, $\cos A$의 값을 구하는 과정이다. ☐ 안에 알맞은 수를 써넣으시오.

(단, $0° < A < 90°$)

$\tan A = \dfrac{2}{3}$이므로 오른쪽 그림과 같이 $\overline{AB} = 3$, $\overline{BC} = $ ☐ 인 직각삼각형 ABC를 그릴 수 있다.

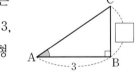

피타고라스 정리를 이용하면
$\overline{AC} = \sqrt{3^2 + \boxed{}^2} = \boxed{}$ 이므로
$\sin A = \boxed{}$, $\cos A = \boxed{}$

---

8 $\cos A = \dfrac{5}{13}$일 때, 다음을 구하시오.

(단, $0° < A < 90°$)

(1) $\sin A$　　　　(2) $\tan A$

8-❶ $\tan A = \dfrac{4}{3}$일 때, 다음을 구하시오.

(단, $0° < A < 90°$)

(1) $\sin A$　　　　(2) $\cos A$

개념 코칭 **6** 특수한 각 $30°$, $45°$, $60°$의 삼각비는 어떤 값을 가질까?

 정답 및 풀이 ▶ 1쪽

한 변의 길이가 $2a$인 정삼각형에서 높이는
$\sqrt{(2a)^2-a^2}=\sqrt{3}a$이므로

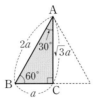

한 변의 길이가 a인 정사각형에서 대각선의 길이는
$\sqrt{a^2+a^2}=\sqrt{2}a$이므로

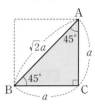

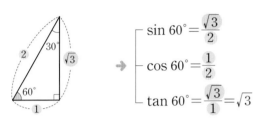

$$\sin 30°=\frac{1}{2}$$
$$\cos 30°=\frac{\sqrt{3}}{2}$$
$$\tan 30°=\frac{1}{\sqrt{3}}=\frac{\sqrt{3}}{3}$$

$$\sin 60°=\frac{\sqrt{3}}{2}$$
$$\cos 60°=\frac{1}{2}$$
$$\tan 60°=\frac{\sqrt{3}}{1}=\sqrt{3}$$

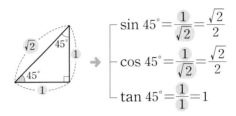

$$\sin 45°=\frac{1}{\sqrt{2}}=\frac{\sqrt{2}}{2}$$
$$\cos 45°=\frac{1}{\sqrt{2}}=\frac{\sqrt{2}}{2}$$
$$\tan 45°=\frac{1}{1}=1$$

특수한 각 $30°$, $45°$, $60°$의 삼각비의 값

삼각비 \ A	$30°$	$45°$	$60°$
$\sin A$	$\frac{1}{2}$	$\frac{\sqrt{2}}{2}$	$\frac{\sqrt{3}}{2}$
$\cos A$	$\frac{\sqrt{3}}{2}$	$\frac{\sqrt{2}}{2}$	$\frac{1}{2}$
$\tan A$	$\frac{\sqrt{3}}{3}$	1	$\sqrt{3}$

9 다음을 계산하시오.

(1) $\sin 45°+\cos 45°$

(2) $\cos 60°+\sin 30°$

(3) $\tan 45°\times\sin 60°+\cos 30°$

9-❶ 다음을 계산하시오.

(1) $\sin 60°-\cos 30°$

(2) $\tan 30°\times\tan 60°$

(3) $\cos 45°\times\sin 45°-\tan 45°$

10 오른쪽 그림과 같은 직각삼각형 ABC에서 x, y의 값을 각각 구하시오.

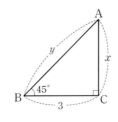

10-❶ 오른쪽 그림과 같은 직각삼각형 ABC에서 x, y의 값을 각각 구하시오.

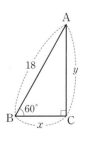

집중 코칭 7 | 직각삼각형의 닮음을 이용하여 삼각비의 값을 어떻게 구할까?

정답 및 풀이 ◐ 1쪽

삼각비는 닮음인 모든 직각삼각형에서 그 값이 일정하므로 주어진 삼각형에서 삼각비를 직접 구할 수 없으면 변의 길이를 알 수 있는 닮음인 직각삼각형을 찾아 삼각비를 구한다.

집중1 $\overline{DE}\perp\overline{BC}$일 때, 닮음을 이용한 삼각비의 값

다음 그림에서 ∠EDC=x라 할 때, sin x, cos x, tan x의 값을 구해 보면

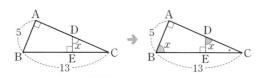

❶ 닮음인 직각삼각형 찾기 ∠DEC=∠BAC=90°,
△DEC∽△BAC ($\overline{AA}$ 닮음) ∠C는 공통

❷ sin x, cos x, tan x의 값 구하기
직각삼각형 ABC에서
∠ABC=∠EDC=x
$\overline{AC}=\sqrt{13^2-5^2}=\sqrt{144}=12$이므로
$\sin x=\dfrac{12}{13}$, $\cos x=\dfrac{5}{13}$, $\tan x=\dfrac{12}{5}$

△DEC에서 두 변의 길이를 알 수 없으므로
△DEC와 닮음인 삼각형을 찾아
삼각비를 구해야 해!

집중2 $\overline{AH}\perp\overline{BC}$일 때, 닮음을 이용한 삼각비의 값

다음 그림에서 ∠BAH=x라 할 때, sin x, cos x, tan x의 값을 구해 보면

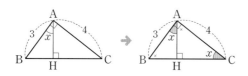

❶ 닮음인 직각삼각형 찾기
△ABH∽△CBA∽△CAH (AA 닮음)

❷ sin x, cos x, tan x의 값 구하기
직각삼각형 ABC에서
∠BCA=∠BAH=x
$\overline{BC}=\sqrt{3^2+4^2}=\sqrt{25}=5$이므로
$\sin x=\dfrac{3}{5}$, $\cos x=\dfrac{4}{5}$, $\tan x=\dfrac{3}{4}$

△ABH에서 두 변의 길이를 알 수 없으므로
△ABH와 닮음인 삼각형을 찾아
삼각비를 구해야 해!

---

11 오른쪽 그림과 같이 ∠A=90°인 직각삼각형 ABC에서 $\overline{DE}\perp\overline{BC}$, ∠BDE=$x$일 때, 다음을 구하시오.

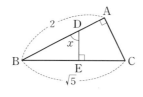

(1) △DBE와 닮은 삼각형

(2) ∠BDE와 크기가 같은 각

(3) $\overline{AC}$의 길이

(4) sin x, cos x, tan x의 값

12 오른쪽 그림과 같이 ∠A=90°인 직각삼각형 ABC에서 $\overline{AH}\perp\overline{BC}$, ∠CAH=$x$일 때, 다음을 구하시오.

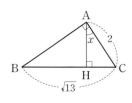

(1) △AHC와 닮은 삼각형(2개)

(2) ∠CAH와 크기가 같은 각

(3) $\overline{AB}$의 길이

(4) sin x, cos x, tan x의 값

집중 코칭 8 입체도형에서의 삼각비는 어떻게 구할까?

직각삼각형을 찾아 피타고라스 정리를 이용하여 변의 길이를 구한 후 삼각비의 값을 구한다.

집중 1 직육면체에서의 삼각비의 활용

다음 직육면체에서 ∠DFH=x라 할 때, $\sin x$, $\cos x$, $\tan x$의 값을 구해 보면

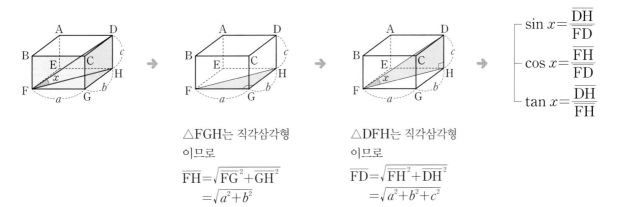

△FGH는 직각삼각형
이므로

$$\overline{FH}=\sqrt{\overline{FG}^2+\overline{GH}^2}$$
$$=\sqrt{a^2+b^2}$$

△DFH는 직각삼각형
이므로

$$\overline{FD}=\sqrt{\overline{FH}^2+\overline{DH}^2}$$
$$=\sqrt{a^2+b^2+c^2}$$

$$\sin x=\frac{\overline{DH}}{\overline{FD}}$$
$$\cos x=\frac{\overline{FH}}{\overline{FD}}$$
$$\tan x=\frac{\overline{DH}}{\overline{FH}}$$

집중 2 정사면체에서의 삼각비의 활용

다음 정사면체에서 ∠ADM=x라 할 때, $\sin x$, $\cos x$, $\tan x$의 값을 구해 보면

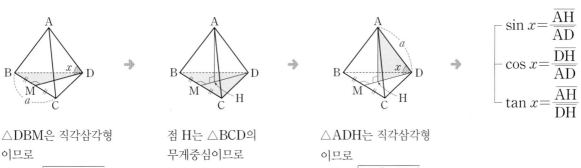

△DBM은 직각삼각형
이므로

$$\overline{DM}=\sqrt{\overline{DB}^2-\overline{BM}^2}$$
$$=\sqrt{a^2-\left(\frac{a}{2}\right)^2}$$
$$=\frac{\sqrt{3}}{2}a$$

점 H는 △BCD의
무게중심이므로

$$\overline{DH}=\frac{2}{3}\overline{DM}$$
$$=\frac{2}{3}\times\frac{\sqrt{3}}{2}a$$
$$=\frac{\sqrt{3}}{3}a$$

△ADH는 직각삼각형
이므로

$$\overline{AH}=\sqrt{\overline{AD}^2-\overline{DH}^2}$$
$$=\sqrt{a^2-\left(\frac{\sqrt{3}}{3}a\right)^2}$$
$$=\frac{\sqrt{6}}{3}a$$

$$\sin x=\frac{\overline{AH}}{\overline{AD}}$$
$$\cos x=\frac{\overline{DH}}{\overline{AD}}$$
$$\tan x=\frac{\overline{AH}}{\overline{DH}}$$

13 오른쪽 그림과 같이 한 모서리의 길이가 3 cm인 정육면체에서 ∠DFH=x라 할 때, $\sin x$의 값을 구하시오.

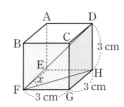

14 오른쪽 그림과 같이 한 모서리의 길이가 12 cm인 정사면체에서 점 M은 $\overline{BC}$의 중점이고 점 H는 꼭짓점 A에서 △BCD에 내린 수선의 발이다. ∠ADM=x라 할 때, $\sin x$의 값을 구하시오.

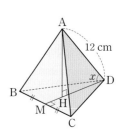

─── │ 두 변의 길이가 주어질 때 삼각비의 값 구하기 │

01 오른쪽 그림과 같은 직각삼각형 ABC에서 $\overline{AB}=6$, $\overline{BC}=4$일 때, $\tan A$의 값은?

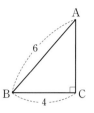

① $\dfrac{\sqrt{2}}{5}$ ② $\dfrac{\sqrt{5}}{5}$

③ $\dfrac{2\sqrt{5}}{5}$ ④ $\dfrac{\sqrt{5}}{2}$

⑤ $\dfrac{5\sqrt{2}}{2}$

02 오른쪽 그림과 같은 직각삼각형 ABC에서 $\overline{AB}=4$, $\overline{AC}=3$일 때, $\dfrac{\sin A}{\cos A}$의 값을 구하시오.

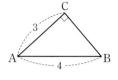

─── │ 삼각비가 주어질 때 변의 길이 구하기 │

03 오른쪽 그림과 같은 직각삼각형 ABC에서 $\overline{AB}=3$, $\tan A=2$일 때, $\sin A$의 값을 구하시오.

04 오른쪽 그림과 같은 직각삼각형 ABC에서 $\overline{AB}=12$ cm, $\sin B=\dfrac{2}{3}$일 때, $\triangle ABC$의 넓이를 구하시오.

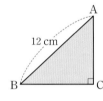

─── │ 삼각비가 주어질 때 다른 삼각비의 값 구하기 │

05 $\cos A=\dfrac{5}{6}$일 때, $\sin A \times \tan A$의 값을 구하시오.

(단, $0°<A<90°$)

06 $\tan A=\dfrac{3}{2}$일 때, $\sin A+\cos A$의 값은?

(단, $0°<A<90°$)

① $\dfrac{\sqrt{13}}{13}$ ② $\dfrac{2\sqrt{13}}{13}$ ③ $\dfrac{3\sqrt{13}}{13}$

④ $\dfrac{4\sqrt{13}}{13}$ ⑤ $\dfrac{5\sqrt{13}}{13}$

직각삼각형의 닮음과 삼각비 (1)

07 오른쪽 그림과 같은 직각삼각형 ABC에서 $\overline{DE} \perp \overline{BC}$이고 $\overline{AB}=12$, $\overline{AC}=9$일 때, $\sin x - \cos x$의 값을 구하시오.

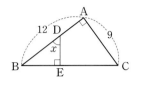

08 오른쪽 그림과 같은 직각삼각형 ABC에서 $\overline{DE} \perp \overline{BC}$이고 $\overline{AB}=8$, $\overline{BC}=17$일 때, $\tan x$의 값을 구하시오.

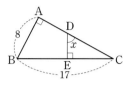

(중요)

직각삼각형의 닮음과 삼각비 (2)

09 오른쪽 그림과 같이 $\angle A = 90°$인 직각삼각형 ABC에서 $\overline{AH} \perp \overline{BC}$이고 $\overline{AB}=6$, $\overline{AC}=8$일 때, $\sin x + \cos x$의 값을 구하시오.

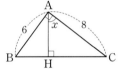

△ABC∽△HBA∽△HAC
(AA 닮음)이므로
$\angle$ABC$=\angle$HAC,
$\angle$BCA$=\angle$BAH

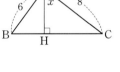

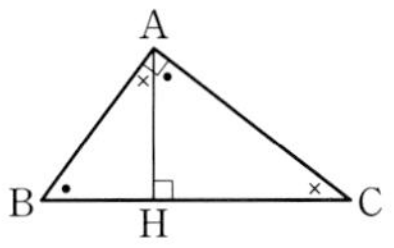

➡ 서로 닮은 직각삼각형에서 대응각에 대한 삼각비의 값은 일정함을 이용한다.

10 오른쪽 그림과 같이 $\angle A = 90°$인 직각삼각형 ABC에서 $\overline{AH} \perp \overline{BC}$이고 $\overline{AB}=2\sqrt{3}$, $\overline{AC}=2$일 때, $\cos x + \sin y$의 값은?

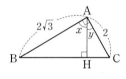

① $\dfrac{1}{2}$　　② $\dfrac{\sqrt{2}}{2}$　　③ $\dfrac{\sqrt{3}}{2}$

④ 1　　⑤ $\dfrac{3}{2}$

(중요)

특수한 각의 삼각비의 값의 계산

11 $\sqrt{2} \times \sin 45° - \sqrt{3} \times \cos 60° \times \tan 30°$를 계산하면?

① $\dfrac{1}{2}$　　② 1　　③ $\sqrt{2}$

④ $\dfrac{3}{2}$　　⑤ 2

12 $\sin 30° + \cos 60° + \sin 45° \times \cos 45°$를 계산하면?

① $\dfrac{1}{2}$　　② 1　　③ $\dfrac{1+\sqrt{2}}{2}$

④ $\dfrac{3}{2}$　　⑤ $\sqrt{2}+\sqrt{3}$

정답 및 풀이 ◐ 3쪽

───── 삼각형에서 특수한 각이 주어질 때 변의 길이 구하기

13 오른쪽 그림과 같은 △ABC
에서 $\overline{AD}\perp\overline{BC}$이고
$\overline{AB}=5\sqrt{2}$, ∠ABC=45°,
∠ACB=60°일 때, x, y의
값을 각각 구하시오.

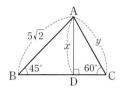

코칭 Plus

직각삼각형의 한 예각의 크기가 30° 또는 45° 또는 60°일 때,
한 변의 길이가 주어지면 삼각비의 값을 이용하여 나머지 두
변의 길이를 구할 수 있다.

14 오른쪽 그림에서
∠ABC=∠BCD=90°이고
∠BAC=60°, ∠BDC=45°,
$\overline{CD}=3\sqrt{3}$일 때, $\overline{AB}$의 길이를
구하시오.

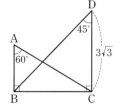

───── 입체도형에서의 삼각비의 값

15 오른쪽 그림과 같은 직육면체에서
∠DFH=x라 할 때, $\cos x$의 값
을 구하시오.

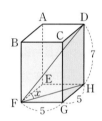

16 오른쪽 그림과 같이 한 모서리
의 길이가 6인 정사면체에서
모서리 BC의 중점을 M,
∠AMD=x라 할 때, $\sin x$
의 값을 구하시오.

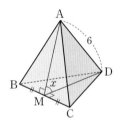

───── 직선의 방정식이 주어질 때 삼각비의 값 구하기

17 오른쪽 그림과 같이 직선
$2x-6y+9=0$이 x축과 이루
는 예각의 크기를 a라 할 때,
$\tan a$의 값을 구하시오.

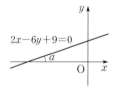

코칭 Plus

직선 l이 x축과 이루는 예각의 크기를 a
라 할 때
❶ x축, y축과의 교점 A, B의 좌표를 구
한다.
❷ 직각삼각형 AOB에서 삼각비의 값을
구한다.

→ $\sin a=\dfrac{\overline{OB}}{\overline{AB}}$, $\cos a=\dfrac{\overline{OA}}{\overline{AB}}$, $\tan a=\dfrac{\overline{OB}}{\overline{OA}}$

18 오른쪽 그림과 같이 직선
$4x-8y+16=0$과 x축, y축의
교점을 각각 A, B라 할 때,
△AOB에서
$\sin A\times\cos A\times\tan A$의 값을 구하시오.

(단, O는 원점)

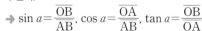

02 예각의 삼각비

1 예각의 삼각비의 값

점 O를 중심으로 하고 반지름의 길이가 1인 사분원을 그렸을 때, 임의의 예각 x에 대한 삼각비의 값은 다음과 같다.

→ $0° < x < 90°$

→ 한 개의 원을 직교하는 두 지름으로 나눈 네 부분 중 하나

(1) $\sin x = \dfrac{\overline{AB}}{\overline{OA}} = \dfrac{\overline{AB}}{1} = \overline{AB}$

(2) $\cos x = \dfrac{\overline{OB}}{\overline{OA}} = \dfrac{\overline{OB}}{1} = \overline{OB}$

(3) $\tan x = \dfrac{\overline{CD}}{\overline{OD}} = \dfrac{\overline{CD}}{1} = \overline{CD}$

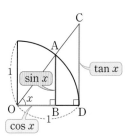

2 0°, 90°의 삼각비의 값

(1) 0°, 90°의 삼각비의 값

① $\sin 0° = 0$, $\sin 90° = 1$

② $\cos 0° = 1$, $\cos 90° = 0$

③ $\tan 0° = 0$, $\tan 90°$의 값은 정할 수 없다.

(2) 각의 크기에 따른 삼각비의 값의 대소 관계

$0° \leq x \leq 90°$인 범위에서 x의 크기가 증가하면

① $\sin x$의 값은 0에서 1까지 증가한다.

② $\cos x$의 값은 1에서 0까지 감소한다.

③ $\tan x$의 값은 0에서 한없이 증가한다.

참고 삼각비의 값의 대소 비교

① $0° \leq A < 45°$일 때, $\sin A < \cos A$

② $A = 45°$일 때, $\sin A = \cos A < \tan A$

③ $45° < A < 90°$일 때, $\cos A < \sin A < \tan A$

3 삼각비의 표

(1) 삼각비의 표 : 0°에서 90°까지의 각을 1° 간격으로 나누어서 이들의 삼각비의 값을 반올림하여 소수점 아래 넷째 자리까지 구하여 나타낸 표

(2) 삼각비의 표를 읽는 방법

삼각비의 표에서 각도의 가로줄과 sin, cos, tan의 세로줄이 만나는 곳의 수가 삼각비의 값이다.

각도	sin	cos	tan
⋮	⋮	⋮	⋮
34°	0.5592	0.8290	0.6745
35°	0.5736	0.8192	0.7002
36°	0.5878	0.8090	0.7265
⋮	⋮	⋮	⋮

→ $\sin 34° = 0.5592$, $\cos 35° = 0.8192$, $\tan 36° = 0.7265$

참고 삼각비의 표에 있는 값은 대부분 반올림하여 구한 값이지만 등호 =를 사용하여 나타낸다.

개념 코칭 1 반지름의 길이가 1인 사분원을 이용하여 예각의 삼각비의 값을 어떻게 정할까?

정답 및 풀이 ▶ 3쪽

다음 그림과 같이 좌표평면 위의 반지름의 길이가 1인 사분원에서 48°의 삼각비의 값을 구해 보면

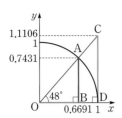

직각삼각형 AOB에서
$$\sin 48° = \frac{\overline{AB}}{1} = \overline{AB} = 0.7431$$
$$\cos 48° = \frac{\overline{OB}}{1} = \overline{OB} = 0.6691$$

직각삼각형 COD에서 $\tan 48° = \frac{\overline{CD}}{1} = \overline{CD} = 1.1106$

참고 위의 그림에서 ∠OAB=∠OCD=90°−48°=42°이므로

$\sin 42° = \frac{\overline{OB}}{1} = \overline{OB} = 0.6691$, $\cos 42° = \frac{\overline{AB}}{1} = \overline{AB} = 0.7431$, $\tan 42° = \frac{1}{\overline{CD}} = \frac{1}{1.1106}$

1 오른쪽 그림과 같이 반지름의 길이가 1인 사분원에서 다음 삼각비의 값을 구하시오.

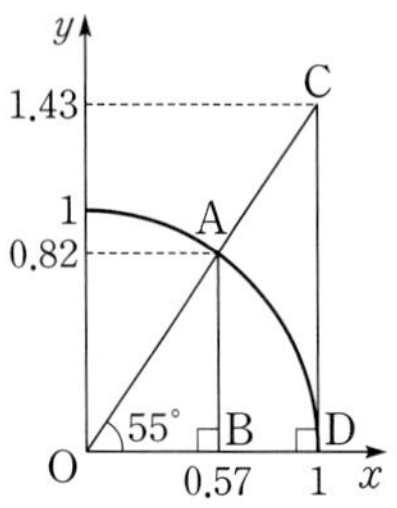

(1) sin 55°　　(2) cos 55°

(3) tan 55°　　(4) sin 35°

(5) cos 35°

1-❶ 오른쪽 그림과 같이 반지름의 길이가 1인 사분원에서 다음 삼각비의 값을 구하시오.

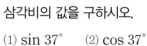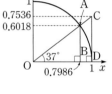

(1) sin 37°　　(2) cos 37°

(3) tan 37°　　(4) sin 53°

(5) cos 53°

개념 코칭 2 0°와 90°의 삼각비는 어떤 값을 가질까?

정답 및 풀이 ▶ 3쪽

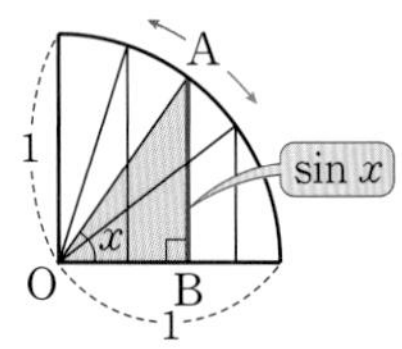 x의 크기가 0°에 가까워지면 $\overline{AB}$, $\overline{CD}$의 길이는 0에 가까워지고 $\overline{OB}$의 길이는 1에 가까워진다.	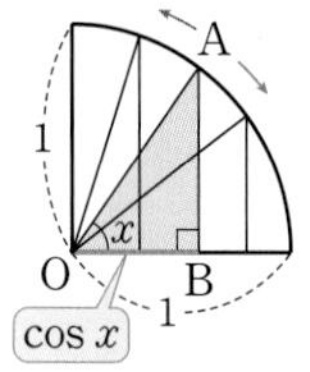 $\sin 0° = 0$　　$\cos 0° = 1$　　$\tan 0° = 0$	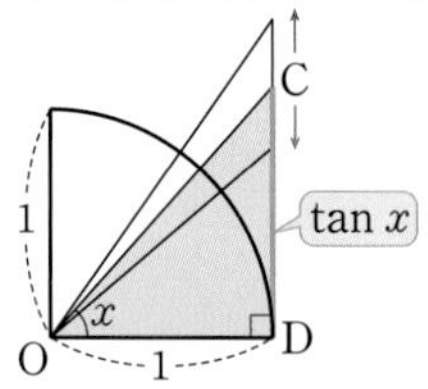 x의 크기가 90°에 가까워지면 $\overline{AB}$, $\overline{OB}$의 길이는 각각 1, 0에 가까워지고 $\overline{CD}$의 길이는 한없이 길어진다.
	$\sin 90° = 1$　　$\cos 90° = 0$　　tan 90°의 값은 정할 수 없다.	

2 다음 삼각비의 값을 구하시오.

(1) sin 0°　　(2) cos 0°

(3) tan 0°　　(4) sin 90°

(5) cos 90°

2-❶ 다음을 계산하시오.

(1) sin 0°+cos 90°

(2) cos 0°×sin 90°

(3) sin 0°+cos 0°−tan 0°

3 각의 크기가 커짐에 따라 삼각비의 값은 어떻게 변할까?

정답 및 풀이 ◉ 3쪽

삼각비 ＼ A	0°	30°	45°	60°	90°
$\sin A$	0	$\dfrac{1}{2}$	$\dfrac{\sqrt{2}}{2}$	$\dfrac{\sqrt{3}}{2}$	1
$\cos A$	1	$\dfrac{\sqrt{3}}{2}$	$\dfrac{\sqrt{2}}{2}$	$\dfrac{1}{2}$	0
$\tan A$	0	$\dfrac{\sqrt{3}}{3}$	1	$\sqrt{3}$	정할 수 없다.

$0°\leq A\leq 90°$인 범위에서 A의 크기가 커지면

→ 사인의 값이 커진다.

→ 코사인의 값이 작아진다.

→ 탄젠트의 값이 한없이 커진다.

$0°\leq A<45°$일 때
$\sin A<\cos A$

$A=45°$일 때
$\sin A=\cos A$

$45°<A<90°$일 때
$\cos A<\sin A<\tan A$

3 $0°\leq A\leq 90°$일 때, 다음 중 옳은 것에는 ○표, 옳지 않은 것에는 ×표를 하시오.

⑴ A의 크기가 커지면 $\sin A$의 값도 커진다.

(　　)

⑵ A의 크기가 커지면 $\cos A$의 값도 커진다.

(　　)

⑶ A의 크기가 커지면 $\tan A$의 값도 커진다.

(　　)

3-❶ $45°\leq A<90°$일 때, 다음 중 옳은 것에는 ○표, 옳지 않은 것에는 ×표를 하시오.

⑴ $A=45°$일 때, $\sin A=\cos A$　(　　)

⑵ $\tan A\geq 1$　(　　)

⑶ $\sin A\leq\cos A$　(　　)

⑷ $\cos A<\tan A$　(　　)

---

 4 삼각비의 표에서 삼각비의 값은 어떻게 찾을까?

정답 및 풀이 ◉ 3쪽

$\sin 49°$의 값은 오른쪽 삼각비의 표에서 각도 49°의 가로줄과 $\sin$의 세로줄이 만나는 곳의 수를 읽으면 구할 수 있다.

➜ $\sin 49°=0.7547$

각도	sin	cos	tan
48°	0.7431	0.6691	1.1106
49°	0.7547	0.6561	1.1504
50°	0.7660	0.6428	1.1918

4 아래 삼각비의 표를 이용하여 다음 삼각비의 값을 구하시오.

각도	sin	cos	tan
43°	0.6820	0.7314	0.9325
44°	0.6947	0.7193	0.9657
45°	0.7071	0.7071	1.0000

⑴ $\sin 45°$

⑵ $\cos 44°$

⑶ $\tan 43°$

4-❶ 아래 삼각비의 표를 이용하여 다음 삼각비를 만족시키는 x의 크기를 구하시오.

각도	sin	cos	tan
53°	0.7986	0.6018	1.3270
54°	0.8090	0.5878	1.3764
55°	0.8192	0.5736	1.4281

⑴ $\sin x=0.8090$

⑵ $\cos x=0.6018$

⑶ $\tan x=1.4281$

─┤ 사분원에서 예각의 삼각비의 값 ├─

01 오른쪽 그림과 같이 반지름의 길이가 1인 사분원에서 $\tan x$, $\sin y$를 나타내는 선분을 차례대로 적은 것은?

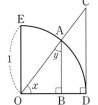

① $\overline{AB}$, $\overline{OB}$ ② $\overline{OB}$, $\overline{CD}$
③ $\overline{OB}$, $\overline{AB}$ ④ $\overline{CD}$, $\overline{OB}$
⑤ $\overline{CD}$, $\overline{AB}$

02 오른쪽 그림과 같이 반지름의 길이가 1인 사분원에서 $\sin x$, $\cos x$를 나타내는 선분을 차례대로 적은 것은?

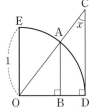

① $\overline{AB}$, $\overline{OB}$ ② $\overline{OB}$, $\overline{AB}$
③ $\overline{OD}$, $\overline{CD}$ ④ $\overline{CD}$, $\overline{OD}$
⑤ $\overline{OA}$, $\overline{BD}$

─┤ 삼각비의 대소 관계 ├─

03 다음 삼각비의 값 중에서 가장 큰 것은?

① $\sin 0°$ ② $\sin 30°$ ③ $\tan 45°$
④ $\tan 60°$ ⑤ $\cos 0°$

 Plus

$\sin A$, $\cos A$, $\tan A$의 대소 관계
$0° \leq A < 45°$ ➡ $\sin A < \cos A$
$A = 45°$ ➡ $\sin A = \cos A < \tan A$
$45° < A < 90°$ ➡ $\cos A < \sin A < \tan A$

04 다음 **보기**에서 삼각비의 값이 작은 것부터 차례대로 나열하시오.

┌─ 보기 ─
ㄱ. $\sin 60°$ ㄴ. $\cos 60°$ ㄷ. $\sin 90°$
ㄹ. $\cos 90°$ ㅁ. $\tan 30°$

─┤ 삼각비의 표를 이용한 삼각비의 값 ├─

05 $\sin x = 0.3746$, $\cos y = 0.9336$, $\tan z = 0.4245$일 때, 다음 삼각비의 표를 이용하여 $x + y + z$의 크기를 구하시오.

각도	sin	cos	tan
20°	0.3420	0.9397	0.3640
21°	0.3584	0.9336	0.3839
22°	0.3746	0.9272	0.4040
23°	0.3907	0.9205	0.4245

06 문제 **05**의 삼각비의 표를 이용하여 다음 그림과 같은 직각삼각형 ABC에서 $\overline{BC}$의 길이를 구하시오.

(1)
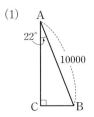

(2)
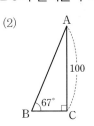

01

오른쪽 그림과 같은 직각삼각형 ABC에서 $\overline{AB}=6$ cm, $\overline{BC}=3$ cm일 때, $\sin A + \cos A$의 값은?

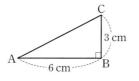

① $\dfrac{2\sqrt{3}}{5}$
② $\dfrac{3\sqrt{5}}{5}$
③ $\dfrac{4\sqrt{5}}{5}$
④ $\dfrac{6\sqrt{3}}{5}$
⑤ $\sqrt{5}$

02

$\tan A = \dfrac{1}{3}$일 때, $\dfrac{\cos A + \sin A}{\cos A - \sin A}$의 값을 구하시오.

(단, $0° < A < 90°$)

03

오른쪽 그림과 같은 직사각형 ABCD에서 점 H는 꼭짓점 A에서 대각선 BD에 내린 수선의 발이다. $\overline{AB}=12$, $\overline{AD}=16$이고 $\angle DAH = x$라 할 때, $\sin x - \cos x$의 값은?

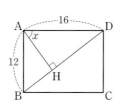

① $\dfrac{1}{5}$
② $\dfrac{3}{5}$
③ $\dfrac{4}{5}$
④ $\dfrac{3}{4}$
⑤ $\dfrac{5}{4}$

04

오른쪽 그림과 같은 △ABC에서 $\overline{CH} \perp \overline{AB}$이고 $\angle A = 60°$, $\angle B = 45°$, $\overline{BH} = 3$ cm일 때, 다음 중 옳지 <u>않은</u> 것은?

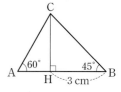

① $\overline{CH} = 3$ cm
② $\overline{CB} = 3\sqrt{2}$ cm
③ $\overline{AH} = \sqrt{3}$ cm
④ $\overline{AB} = 3\sqrt{3}$ cm
⑤ $\overline{CA} = 2\sqrt{3}$ cm

05

이차방정식 $4x^2 + 2x - a = 0$의 한 근이 $\cos 60°$일 때, 상수 a의 값은?

① 2
② 3
③ $2\sqrt{3}$
④ 4
⑤ 6

06

어떤 삼각형의 세 내각의 크기의 비가 $1 : 2 : 3$이다. 세 내각 중 가장 작은 각의 크기를 A라 할 때, $\sin A \times \cos A \times \tan A$의 값은?

① $\dfrac{1}{4}$
② $\dfrac{1}{3}$
③ $\dfrac{1}{2}$
④ $\dfrac{3}{4}$
⑤ $\dfrac{4}{3}$

한걸음 더

07

오른쪽 그림과 같은 직육면체에서
∠BHF=x라 할 때,
$\sin x \times \cos x + \tan x$의 값을 구
하시오.

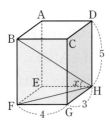

08

오른쪽 그림과 같이 반지름의 길이가
1인 사분원에서 다음 중 옳지 않은
것을 모두 고르면? (정답 2개)

① $\sin x = \overline{BC}$
② $\cos x = \overline{AE}$
③ $\sin y = \overline{AC}$
④ $\cos z = \overline{AD}$
⑤ $\tan z = \dfrac{1}{\overline{DE}}$

09

$\sin x = 0.2079$, $\cos y = 0.9903$일 때, 다음 삼각비의
표를 이용하여 $\tan(x-y)$의 값을 구하면?

각도	sin	cos	tan
4°	0.0698	0.9976	0.0699
6°	0.1045	0.9945	0.1051
8°	0.1392	0.9903	0.1405
10°	0.1736	0.9848	0.1763
12°	0.2079	0.9781	0.2126

① 0.0699   ② 0.1051   ③ 0.1405
④ 0.1763   ⑤ 0.2126

10 문제해결 ①

오른쪽 그림과 같은 직각삼
각형 ABC에서 ∠B=15°,
∠ADC=30°이고 $\overline{AC}=2$
일 때, $\tan 15°$의 값을 구하시오.

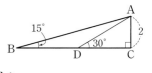

11 문제해결 ①

오른쪽 그림과 같이 반지름의 길이
가 1인 사분원에서 ∠CAB=60°인
직각삼각형 CAB를 그리고 $\overline{AC}$의
연장선과 점 D를 지나는 $\overline{AD}$의 수
선의 교점을 E라 할 때, 사각형
BDEC의 넓이를 구하시오.

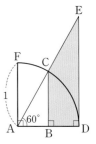

12 추론

$0° < A < 90°$일 때, $\sqrt{(\cos A - 1)^2} - \sqrt{(1 - \sin A)^2}$을
간단히 하시오.

중단원 마무리

1. 삼각비

01 [중요]

오른쪽 그림과 같은 직각삼각형 ABC에서 $\overline{AB}=3$, $\overline{AC}=2$일 때, 다음 중 옳은 것을 모두 고르면?

(정답 2개)

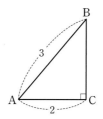

① $\sin A=\dfrac{1}{3}$　② $\tan A=\dfrac{1}{2}$

③ $\sin B=\dfrac{2}{3}$　④ $\cos B=\dfrac{\sqrt{5}}{5}$

⑤ $\tan B=\dfrac{2\sqrt{5}}{5}$

02

오른쪽 그림과 같은 직각삼각형 ABC에서 $\overline{AB}=17$, $\overline{AD}=10$, $\overline{CD}=6$일 때, $\cos B$의 값을 구하시오.

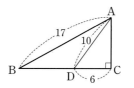

03

오른쪽 그림과 같이 $\angle A=90°$인 직각삼각형 ABC에서 $\overline{BC}=3\overline{AB}$일 때, $\sin B+\tan B$의 값은?

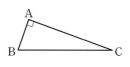

① $\dfrac{\sqrt{10}}{3}$　　② $\dfrac{2\sqrt{10}}{3}$　　③ $\dfrac{4\sqrt{2}}{3}$

④ $2\sqrt{2}$　　⑤ $\dfrac{8\sqrt{2}}{3}$

04

오른쪽 그림과 같은 직각삼각형 ABC에서 $\overline{AC}=10$이고 $\sin A=\dfrac{3}{5}$일 때, $\triangle ABC$의 넓이를 구하시오.

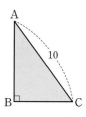

05

$\angle C=90°$인 직각삼각형 ABC에서 $\sin B=\dfrac{5}{13}$일 때, $\sin(90°-B)$의 값을 구하시오.

06 [중요]

오른쪽 그림과 같은 직각삼각형 ABC에서 $\angle AED=\angle ACB$, $\overline{AE}=5\,\mathrm{cm}$, $\overline{DE}=6\,\mathrm{cm}$일 때, $\cos B$의 값은?

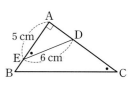

① $\dfrac{\sqrt{11}}{6}$　　② $\dfrac{5}{6}$　　③ $\dfrac{6}{5}$

④ $\dfrac{\sqrt{33}}{6}$　　⑤ $\dfrac{3\sqrt{11}}{11}$

07

$\sin 45°\times\tan 60°-\tan 30°\times\cos 45°$를 계산하면?

① $\dfrac{\sqrt{6}}{6}$　　② $\dfrac{\sqrt{6}}{3}$　　③ $\dfrac{\sqrt{3}}{2}$

④ $\dfrac{\sqrt{6}}{2}$　　⑤ $\sqrt{3}$

08

오른쪽 그림과 같은 직각삼각형
ABC에서 $\overline{AB}=16$, $\overline{AC}=8\sqrt{3}$
일 때, $\angle A$의 크기는?

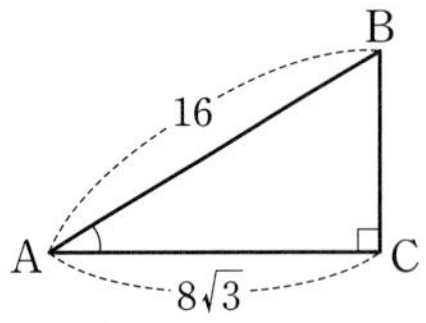

① 15° ② 30°
③ 40° ④ 45°
⑤ 60°

09

$\sin(4x-30°)=\dfrac{1}{2}$일 때, $\sin 3x$의 값을 구하시오.

(단, $0°<4x-30°<90°$)

10

오른쪽 그림과 같은 직각삼각형
ABC에서 $\overline{AB}=8$, $\angle B=30°$,
$\angle ADC=45°$일 때, $\overline{CD}$의 길이
를 구하시오.

11

오른쪽 그림과 같이
$\angle A=90°$인 직각삼각형
ABC에서 $\overline{AD}\perp\overline{BC}$,
$\overline{AC}\perp\overline{DE}$이고, $\angle B=60°$,
$\overline{AB}=12$ cm일 때, $\overline{DE}$의 길이는?

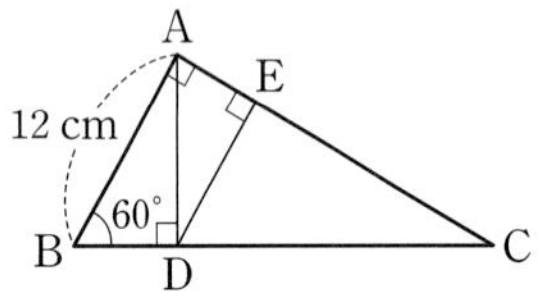

① 6 cm ② $3\sqrt{5}$ cm ③ 8 cm
④ 9 cm ⑤ $4\sqrt{6}$ cm

12

오른쪽 그림과 같이 한 모서리의
길이가 5인 정육면체에서
$\angle DFH=x$라 할 때,
$\sin x \times \cos x$의 값을 구하시오.

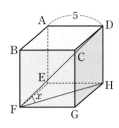

13

오른쪽 그림과 같이 직선
$y=\sqrt{3}x+1$이 x축과 이루는 예각
의 크기를 a라 할 때, $\tan a$의 값
을 구하시오.

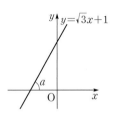

14

다음 그림과 같이 직사각형 모양의 종이를 두 꼭짓점
A와 C가 서로 겹치도록 $\overline{PQ}$를 접는 선으로 하여 접었
다. $\overline{AB}=2$ cm, $\overline{AP}=3$ cm이고 $\angle CPQ=x$라 할 때,
$\tan x$의 값을 구하시오.

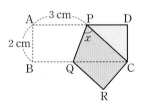

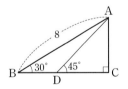

15

오른쪽 그림과 같이 좌표평면 위의 원점 O를 중심으로 하고 반지름의 길이가 1인 사분원에서 다음 중 옳은 것은?

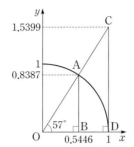

① $\sin 57° = 0.5446$

② $\cos 57° = 0.8387$

③ $\tan 57° = 1$

④ $\sin 33° = 0.5446$

⑤ $\tan 33° = 1.5399$

16

다음 삼각비의 값 중에서 두 번째로 큰 것은?

① $\sin 0°$ ② $\sin 30°$ ③ $\cos 30°$

④ $\sin 45°$ ⑤ $\tan 45°$

17

$45° < A < 90°$일 때,
$$\sqrt{(\sin A - \cos A)^2} + \sqrt{(\cos A - \sin A)^2}$$
을 간단히 하면?

① $-2 \cos A$ ② 0

③ $2 \sin A$ ④ 1

⑤ $2 \sin A - 2 \cos A$

18

오른쪽 그림과 같은 직각삼각형 ABC에서 $\angle B = 28°$, $\overline{BC} = 10$일 때, 다음 삼각비의 표를 이용하여 x의 값을 구하시오.

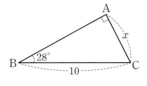

각도	sin	cos	tan
27°	0.45	0.89	0.51
28°	0.47	0.88	0.53
29°	0.48	0.87	0.55

19

삼각비를 이용하여 삼각형의 변과 각 사이의 관계를 조사하거나 주어진 조건에 맞는 삼각형을 결정하는 연구를 '삼각법'이라 한다. 고대 그리스의 수학자이자 천문학자인 히파르코스(Hipparchos, B.C. 190?~B.C. 125?)는 최초로 삼각비의 표를 만들고, 삼각법을 이용하여 지구의 반지름의 길이, 지구에서 달까지의 거리 등을 구하였는데 이 값들은 실제 값과 매우 가깝다고 한다.

오른쪽 그림과 같이 반지름의 길이가 1인 사분원에서 다음 삼각비의 표를 이용하여 $\overline{BD}$의 길이를 구하시오.

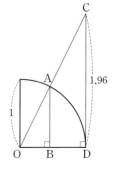

각도	sin	cos	tan
61°	0.87	0.48	1.80
62°	0.88	0.47	1.88
63°	0.89	0.45	1.96
64°	0.90	0.44	2.05

1

오른쪽 그림과 같이
∠B=90°인 직각삼각형
ABC의 꼭짓점 B에서
$\overline{AC}$에 내린 수선의 발을
H라 할 때, sin x+sin y의 값을 구하시오. [6점]

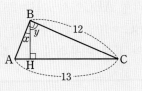

풀이

채점 기준 ① x, y와 크기가 같은 각 각각 찾기 … 1점

채점 기준 ② $\overline{AB}$의 길이 구하기 … 2점

채점 기준 ③ sin x, sin y의 값 각각 구하기 … 2점

채점 기준 ④ sin x+sin y의 값 구하기 … 1점

답

1-1

한번 ↗

오른쪽 그림과 같은 직각
삼각형 ABC에서
$\overline{DE}\perp\overline{BC}$일 때,
cos x+cos y의 값을 구
하시오. [6점]

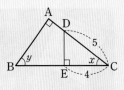

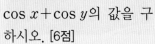

풀이

채점 기준 ① y와 크기가 같은 각 찾기 … 1점

채점 기준 ② $\overline{DE}$의 길이 구하기 … 2점

채점 기준 ③ cos x, cos y의 값 각각 구하기 … 2점

채점 기준 ④ cos x+cos y의 값 구하기 … 1점

답

02

오른쪽 그림에서 $\overline{AB}$의 중점인 점
O가 △ABC의 외심이고
$\overline{AO}=5$, $\overline{AC}=8$일 때,
sin A×tan B의 값을 구하시오.

[7점]

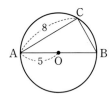

풀이

답

03

A, B의 값이 다음과 같을 때, A^2+B^2의 값을 구하시오. [5점]

$A=\sin 60°\times\sin 0°+\cos 30°\times\cos 0°$
$B=\sin 90°\times\cos 60°-\cos 90°\times\tan 60°$

풀이

답

04

오른쪽 그림과 같이 모선의 길이가
12 cm이고, 모선과 밑면이 이루는
각의 크기가 60°인 원뿔의 부피를
구하시오. [6점]

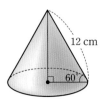

풀이

답

01 삼각비와 변의 길이

1 직각삼각형의 변의 길이

직각삼각형에서 한 예각의 크기와 한 변의 길이를 알면 삼각비를 이용하여 나머지 두 변의 길이를 구할 수 있다.

$\angle B=90°$인 직각삼각형 ABC에서

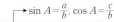

(1) $\angle A$의 크기와 빗변의 길이 b를 알 때 → $a=b\sin A$, $c=b\cos A$

(2) $\angle A$의 크기와 밑변의 길이 c를 알 때 → $a=c\tan A$, $b=\dfrac{c}{\cos A}$

(3) $\angle A$의 크기와 높이 a를 알 때 → $b=\dfrac{a}{\sin A}$, $c=\dfrac{a}{\tan A}$ → $\sin A=\dfrac{a}{b}$, $\tan A=\dfrac{a}{c}$

2 일반 삼각형의 변의 길이

수선을 그어 구하는 변을 빗변으로 하는 직각삼각형을 만든 후, 삼각비와 피타고라스 정리를 이용하면 나머지 변의 길이를 구할 수 있다.

(1) △ABC에서 두 변의 길이 a, c와 그 끼인각 $\angle B$의 크기를 알 때

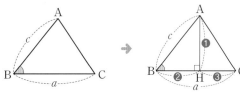

❶ $\overline{AH}=c\sin B$

❷ $\overline{BH}=c\cos B$

❸ $\overline{CH}=\overline{BC}-\overline{BH}=a-c\cos B$이므로

→ $\overline{AC}=\sqrt{\overline{AH}^2+\overline{CH}^2}$
$=\sqrt{(c\sin B)^2+(a-c\cos B)^2}$

(2) △ABC에서 한 변의 길이 a와 그 양 끝 각 $\angle B$, $\angle C$의 크기를 알 때

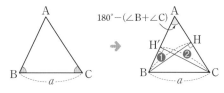

❶ $\overline{BH}=\overline{AB}\sin A=a\sin C$이므로

→ $\overline{AB}=\dfrac{a\sin C}{\sin A}$

❷ $\overline{CH'}=\overline{AC}\sin A=a\sin B$이므로

→ $\overline{AC}=\dfrac{a\sin B}{\sin A}$

3 삼각형의 높이

△ABC에서 한 변의 길이 a와 그 양 끝 각 $\angle B$, $\angle C$의 크기를 알면 높이 h를 구할 수 있다.

(1) 예각삼각형일 때

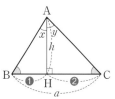

❶ $\overline{BH}=h\tan x$

❷ $\overline{CH}=h\tan y$

$\overline{BC}=\overline{BH}+\overline{CH}$이므로 $a=h\tan x+h\tan y$

→ $h=\dfrac{a}{\tan x+\tan y}$

(2) 둔각삼각형일 때

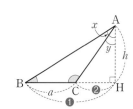

❶ $\overline{BH}=h\tan x$

❷ $\overline{CH}=h\tan y$

$\overline{BC}=\overline{BH}-\overline{CH}$이므로 $a=h\tan x-h\tan y$

→ $h=\dfrac{a}{\tan x-\tan y}$

정답 및 풀이 ⊙ 7쪽

개념 코칭 1 직각삼각형에서 한 예각의 크기와 한 변의 길이를 알 때, 나머지 두 변의 길이는 어떻게 구할까?

빗변의 길이가 주어지면	밑변의 길이가 주어지면	높이가 주어지면
↓	↓	↓
빗변을 활용하는 sin, cos 이용	밑변을 활용하는 cos, tan 이용	높이를 활용하는 sin, tan 이용
↓	↓	↓

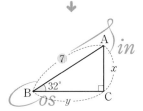

$x = 7 \sin 32° \leftarrow \sin 32° = \dfrac{x}{7}$

$y = 7 \cos 32° \leftarrow \cos 32° = \dfrac{y}{7}$

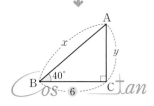

$x = \dfrac{6}{\cos 40°} \leftarrow \cos 40° = \dfrac{6}{x}$

$y = 6 \tan 40° \leftarrow \tan 40° = \dfrac{y}{6}$

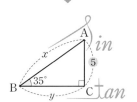

$x = \dfrac{5}{\sin 35°} \leftarrow \sin 35° = \dfrac{5}{x}$

$y = \dfrac{5}{\tan 35°} \leftarrow \tan 35° = \dfrac{5}{y}$

참고 기준각에 대하여 주어진 변과 구하려는 변 사이의 관계가
빗변과 높이의 관계이면 ➜ sin, 빗변과 밑변의 관계이면 ➜ cos, 밑변과 높이의 관계이면 ➜ tan를 이용한다.

---

1 다음은 오른쪽 그림과 같은 직각삼각형 ABC에서 $\overline{AC}$, $\overline{BC}$의 길이를 구하는 과정이다. ☐ 안에 알맞은 수를 써넣으시오.

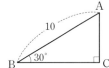

$\sin 30° = \dfrac{\overline{AC}}{10}$이므로

$\overline{AC} = \boxed{} \times \sin 30° = \boxed{}$

$\cos 30° = \dfrac{\overline{BC}}{10}$이므로

$\overline{BC} = \boxed{} \times \cos 30° = \boxed{}$

1-❶ 오른쪽 그림과 같은 직각삼각형 ABC에서 다음을 구하시오.

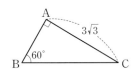

(1) $\overline{AB}$의 길이

(2) $\overline{BC}$의 길이

---

2 오른쪽 그림과 같은 직각삼각형 ABC에서 다음을 구하시오. (단, $\sin 43° = 0.68$, $\cos 43° = 0.73$으로 계산한다.)

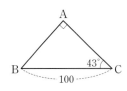

(1) $\overline{AB}$의 길이

(2) $\overline{AC}$의 길이

2-❶ 오른쪽 그림과 같은 직각삼각형 ABC에서 다음을 구하시오. (단, $\sin 37° = 0.6$, $\cos 37° = 0.8$, $\tan 37° = 0.75$로 계산한다.)

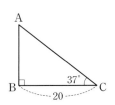

(1) $\overline{AB}$의 길이

(2) $\overline{AC}$의 길이

개념 코칭 2 일반 삼각형에서 두 변의 길이와 그 끼인각의 크기를 알 때, 나머지 변의 길이는 어떻게 구할까?

정답 및 풀이 ▶ 7쪽

다음 그림의 $\triangle ABC$에서 $\overline{AC}$의 길이를 구해 보면

$\overline{AH}=4\sqrt{2}\times\frac{\sqrt{2}}{2}=4$

$\overline{BH}=4\sqrt{2}\times\frac{\sqrt{2}}{2}=4$

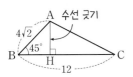

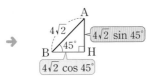

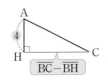

$\overline{CH}=12-4=8$

$\overline{AC}=\sqrt{4^2+8^2}=4\sqrt{5}$

↳ 피타고라스 정리를 이용

3 오른쪽 그림과 같은 $\triangle ABC$에서 $\overline{AH}\perp\overline{BC}$일 때, 다음을 구하시오.

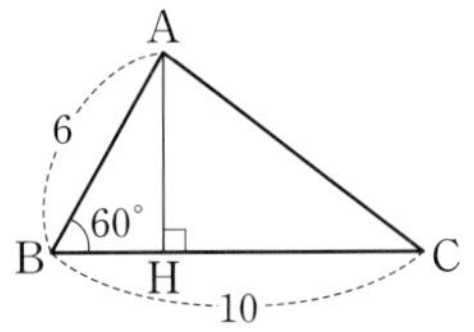

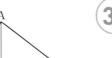

(1) $\overline{AH}$의 길이

(2) $\overline{BH}$의 길이

(3) $\overline{CH}$의 길이

(4) $\overline{AC}$의 길이

3-1 오른쪽 그림과 같은 $\triangle ABC$에서 $\overline{AC}$의 길이를 구하시오.

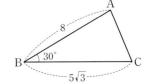

개념 코칭 3 일반 삼각형에서 한 변의 길이와 그 양 끝 각의 크기를 알 때, 다른 한 변의 길이는 어떻게 구할까?

정답 및 풀이 ▶ 7쪽

다음 그림의 $\triangle ABC$에서 $\overline{AB}$의 길이를 구해 보면

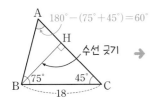

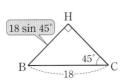

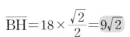

$\overline{BH}=18\times\frac{\sqrt{2}}{2}=9\sqrt{2}$

$\sin 60°=\frac{9\sqrt{2}}{\overline{AB}}$

$\overline{AB}=\frac{9\sqrt{2}}{\sin 60°}=9\sqrt{2}\div\frac{\sqrt{3}}{2}=6\sqrt{6}$

4 오른쪽 그림과 같은 $\triangle ABC$에서 $\overline{AB}\perp\overline{CH}$일 때, 다음을 구하시오.

(1) $\overline{CH}$의 길이

(2) $\overline{AC}$의 길이

4-1 오른쪽 그림과 같은 $\triangle ABC$에서 $\overline{AB}$의 길이를 구하시오.

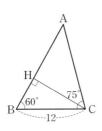

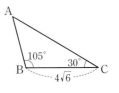

4 예각삼각형에서 삼각비를 이용하여 높이를 어떻게 구할까?

정답 및 풀이 ◑ 7쪽

다음 그림의 △ABC에서 높이인 $\overline{\text{AH}}$의 길이를 구해 보면

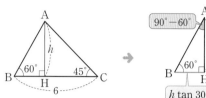 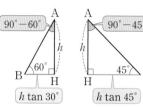

→ $\overline{\text{BH}}=h\tan 30°=\dfrac{\sqrt{3}}{3}h$, $\overline{\text{CH}}=h\tan 45°=h$

$\overline{\text{BC}}=\overline{\text{BH}}+\overline{\text{CH}}$이므로 $6=\dfrac{\sqrt{3}}{3}h+h$

$\dfrac{3+\sqrt{3}}{3}h=6$ $\qquad \therefore h=\dfrac{18}{3+\sqrt{3}}=3(3-\sqrt{3})$

분모의 유리화

5 오른쪽 그림과 같은 △ABC에 대하여 다음 물음에 답하시오.

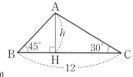

(1) $\overline{\text{BH}}$, $\overline{\text{CH}}$의 길이를 h에 대한 식으로 각각 나타내시오.

(2) h의 값을 구하시오.

5-❶ 오른쪽 그림과 같은 △ABC에서 h의 값을 구하시오. (단, $\tan 18°=0.3$, $\tan 25°=0.5$로 계산한다.)

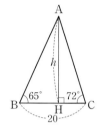

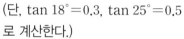

---

5 둔각삼각형에서 삼각비를 이용하여 높이를 어떻게 구할까?

정답 및 풀이 ◑ 7쪽

다음 그림의 △ABC에서 높이인 $\overline{\text{AH}}$의 길이를 구해 보면

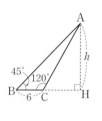 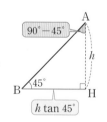 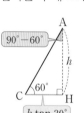

→ $\overline{\text{BH}}=h\tan 45°=h$, $\overline{\text{CH}}=h\tan 30°=\dfrac{\sqrt{3}}{3}h$

$\overline{\text{BC}}=\overline{\text{BH}}-\overline{\text{CH}}$이므로 $6=h-\dfrac{\sqrt{3}}{3}h$

$\dfrac{3-\sqrt{3}}{3}h=6$ $\qquad \therefore h=\dfrac{18}{3-\sqrt{3}}=3(3+\sqrt{3})$

분모의 유리화

6 오른쪽 그림과 같은 △ABC에 대하여 다음 물음에 답하시오.

(1) $\overline{\text{BH}}$, $\overline{\text{CH}}$의 길이를 h에 대한 식으로 각각 나타내시오.

(2) h의 값을 구하시오.

6-❶ 오른쪽 그림과 같은 △ABC에서 h의 값을 구하시오. (단, $\tan 20°=0.4$, $\tan 50°=1.2$로 계산한다.)

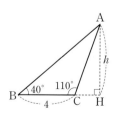

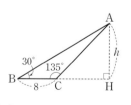

 직각삼각형의 변의 길이

01 오른쪽 그림과 같은 직각삼각형 ABC에 대하여 다음 중 옳지 <u>않은</u> 것은?

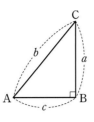

① $a=b \sin A$ ② $a=b \cos C$

③ $a=\dfrac{c}{\tan C}$ ④ $c=b \cos A$

⑤ $c=a \sin C$

02 오른쪽 그림과 같은 직각삼각형 ABC에서 $\angle A=25°$, $\overline{AC}=20$일 때, $x+y$의 값을 구하시오.

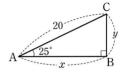

(단, $\sin 65°=0.91$, $\cos 65°=0.42$로 계산한다.)

실생활에서 직각삼각형의 변의 길이의 활용 중요

03 오른쪽 그림과 같이 지면으로부터 높이가 15 m인 지점까지 에스컬레이터를 설치하려고 한다. 다음 중 $\overline{AB}$의 길이를 나타내는 것은?

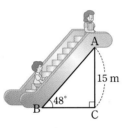

① $15 \sin 48°$ m ② $15 \cos 48°$ m

③ $\dfrac{15}{\sin 48°}$ m ④ $\dfrac{15}{\cos 48°}$ m

⑤ $\dfrac{15}{\tan 48°}$ m

04 오른쪽 그림과 같이 어느 건물의 높이를 재기 위하여 각의 크기와 거리를 측정하였더니 $\overline{AC}=300$ m, $\angle A=50°$이었다. 이 건물의 높이를 구하시오. (단, $\tan 50°=1.19$로 계산한다.)

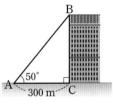

일반 삼각형의 변의 길이

05 오른쪽 그림과 같은 △ABC에서 $\overline{AB}=8\sqrt{2}$, $\overline{BC}=14$, $\angle B=45°$일 때, $\overline{AC}$의 길이를 구하시오.

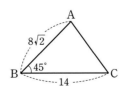

 Plus

일반 삼각형의 변의 길이를 구할 때는 특수한 각(30°, 45°, 60°)의 삼각비를 이용할 수 있도록 수선을 그어 2개의 직각삼각형으로 나눈다.

06 오른쪽 그림과 같은 △ABC에서 $\overline{AC}=6$, $\angle A=75°$, $\angle C=60°$일 때, $\overline{AB}$의 길이를 구하시오.

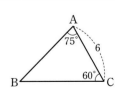

중요

── | 실생활에서 일반 삼각형의 변의 길이의 활용 |

07 오른쪽 그림과 같이 두 지점 A, C 사이에 도로를 건설하기 위하여 각의 크기와 거리를 측정하였더니 $\overline{AB}=2$ km, $\overline{BC}=3$ km, ∠B=60°이었다. 두 지점 A, C 사이의 거리를 구하시오.

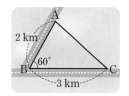

코칭 Plus

일반 삼각형에서

(1) 두 변의 길이와 그 끼인각의 크기를 알 때
➡ 두 변 중 한 변의 끝 점에서 다른 변에 수선을 긋는다.

(2) 한 변의 길이와 그 양 끝 각의 크기를 알 때
➡ 특수한 각이 아닌 각에서 대변에 수선을 긋는다.

08 오른쪽 그림과 같이 호수의 폭 $\overline{AB}$의 길이를 구하기 위하여 호수의 바깥쪽에 한 지점 C를 정하고 각의 크기와 거리를 측정하였더니 $\overline{AC}=8$ m, ∠A=75°, ∠B=45°이었다. 호수의 폭인 $\overline{AB}$의 길이를 구하시오.

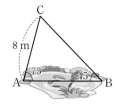

── | 삼각형의 높이 |

09 오른쪽 그림과 같은 △ABC에서 $\overline{AH}\perp\overline{BC}$, ∠B=45°, ∠C=50°, $\overline{BC}=10$일 때, 다음 중 $\overline{AH}$의 길이를 나타내는 것은?

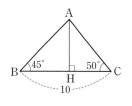

① $\dfrac{10}{\tan 50°-1}$ ② $\dfrac{10}{\tan 50°+1}$

③ $\dfrac{10}{1-\tan 40°}$ ④ $\dfrac{10}{1+\tan 40°}$

⑤ $10(\tan 50°-1)$

10 오른쪽 그림과 같은 △ABC에서 ∠B=45°, ∠ACH=60°, $\overline{BC}=8$일 때, $\overline{AH}$의 길이를 구하시오.

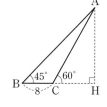

── | 실생활에서 삼각형의 높이의 활용 |

11 오른쪽 그림과 같이 40 m 떨어진 두 지점 A, B에서 하늘에 떠 있는 기구 C를 올려본 각의 크기가 각각 45°, 60°일 때, 이 기구의 높이를 구하시오.

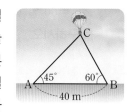

12 오른쪽 그림과 같이 60 m 떨어져 있는 두 지점 A, B에서 산꼭대기의 C 지점을 올려본각의 크기가 각각 30°, 45°일 때, 산의 높이를 구하시오.

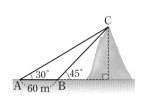

02 삼각비와 넓이

1 삼각형의 넓이

삼각형에서 두 변의 길이와 그 끼인각의 크기를 알면 삼각비를 이용하여 넓이를 구할 수 있다.

즉, $\triangle ABC$에서 두 변의 길이 a, c와 그 끼인각 $\angle B$의 크기를 알면 삼각형의 넓이 S는

(1) $\angle B$가 예각인 경우

❶ $\overline{AH} = c \sin B$이므로 → 높이

➡ $S = \dfrac{1}{2}ac \sin B$

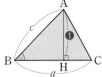

(2) $\angle B$가 둔각인 경우

❶ $\overline{AH} = c \sin(180° - B)$이므로 → 높이

➡ $S = \dfrac{1}{2}ac \sin(180° - B)$

참고 $\triangle ABC$에서 $\angle B = 90°$인 경우 $\sin B = 1$이므로 $S = \dfrac{1}{2}ac$이다.

2 사각형의 넓이

(1) 평행사변형의 넓이 : 평행사변형 ABCD에서 이웃하는 두 변의 길이가 각각 a, b이고 그 끼인각 x가 예각이면 평행사변형의 넓이 S는

➡ $S = ab \sin x$

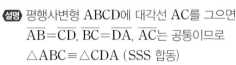

설명 평행사변형 ABCD에 대각선 AC를 그으면

$\overline{AB} = \overline{CD}$, $\overline{BC} = \overline{DA}$, $\overline{AC}$는 공통이므로

$\triangle ABC \equiv \triangle CDA$ (SSS 합동)

$\therefore \square ABCD = 2\triangle ABC$

$\qquad = 2 \times \dfrac{1}{2}ab \sin x$

$\qquad = ab \sin x$

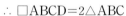

참고 x가 둔각일 때는 $S = ab \sin(180° - x)$이다.

(2) 사각형의 넓이 : 사각형 ABCD에서 두 대각선의 길이가 각각 a, b이고 두 대각선이 이루는 각 x가 예각이면 사각형의 넓이 S는

➡ $S = \dfrac{1}{2}ab \sin x$

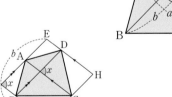

설명 오른쪽 그림과 같이 점 A, B, C, D를 지나고 대각선 AC, BD에 각각 평행한 직선을 그어 이들이 만나는 점을 각각 E, F, G, H라 하면

$\square ABCD = \dfrac{1}{2}\square EFGH$

$\qquad\quad = \dfrac{1}{2}ab \sin x$

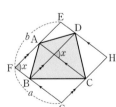

참고 · x가 둔각일 때는 $S = \dfrac{1}{2}ab \sin(180° - x)$이다.

· $\overline{AD} = a$, $\overline{BC} = b$, $\overline{AB} = c$인 사다리꼴 ABCD의 넓이 S는

$S = \dfrac{1}{2}(a + b)h = \dfrac{1}{2}(a + b)c \sin B$

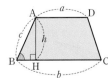

개념 코칭 1 삼각형에서 두 변의 길이와 그 끼인각(예각)의 크기를 알 때, 넓이는 어떻게 구할까?

정답 및 풀이 ◐ 9쪽

다음 그림의 △ABC의 넓이를 구해 보면

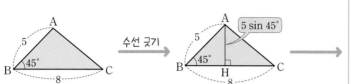

1 다음 그림과 같은 △ABC의 넓이를 구하시오.

(1)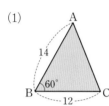

(2)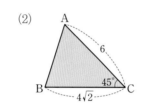

1-❶ 다음 그림과 같은 △ABC의 넓이를 구하시오.

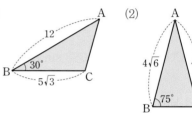

 개념 코칭 2 삼각형에서 두 변의 길이와 그 끼인각(둔각)의 크기를 알 때, 넓이는 어떻게 구할까?

정답 및 풀이 ◐ 9쪽

다음 그림의 △ABC의 넓이를 구해 보면

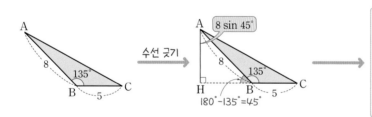

2 다음 그림과 같은 △ABC의 넓이를 구하시오.

(1)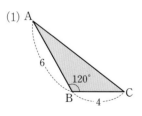

(2)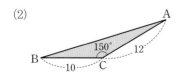

2-❶ 다음 그림과 같은 △ABC의 넓이를 구하시오.

(1)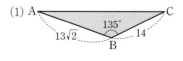

(2)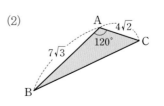

34 I. 삼각비

개념 코칭 3 평행사변형에서 두 변의 길이와 그 끼인각의 크기를 알 때, 넓이는 어떻게 구할까?

정답 및 풀이 ⊙ 9쪽

다음 그림의 평행사변형 ABCD의 넓이를 구해 보면

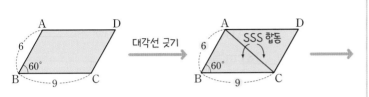

$$\square ABCD = 2\triangle ABC$$
$$= 2 \times \left(\frac{1}{2} \times 6 \times 9 \times \sin 60°\right)$$
$$= 6 \times 9 \times \sin 60°$$
$$= 6 \times 9 \times \frac{\sqrt{3}}{2} = 27\sqrt{3}$$

참고 두 변이 이루는 각 x가 둔각일 때는 $\sin(180° - x)$를 이용한다.

3 다음 그림과 같은 평행사변형 ABCD의 넓이를 구하시오.

(1) 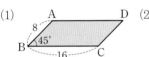 (2)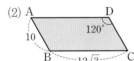

3-① 다음 그림과 같은 마름모 ABCD의 넓이를 구하시오.

(1) 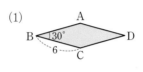 (2)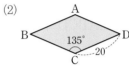

개념 코칭 4 사각형에서 두 대각선의 길이와 두 대각선이 이루는 각의 크기를 알 때, 넓이는 어떻게 구할까?

정답 및 풀이 ⊙ 9쪽

다음 그림의 □ABCD의 넓이를 구해 보면

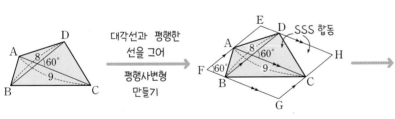

$$\square ABCD = \frac{1}{2}\square EFGH$$
$$= \frac{1}{2} \times (8 \times 9 \times \sin 60°)$$
$$= \frac{1}{2} \times 8 \times 9 \times \frac{\sqrt{3}}{2}$$
$$= 18\sqrt{3}$$

참고 두 대각선이 이루는 각 x가 둔각일 때는 $\sin(180° - x)$를 이용한다.

4 다음 그림과 같은 □ABCD의 넓이를 구하시오.

(1) 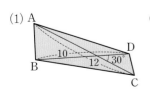 (2)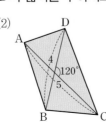

4-① 다음 그림과 같은 □ABCD의 넓이를 구하시오.

(1) 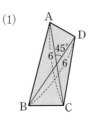 (2)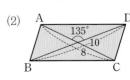

2. 삼각비의 활용 **35**

── 삼각형의 넓이 ──

01 오른쪽 그림과 같은 △ABC의 넓이가 $24\sqrt{2}$ cm²일 때, ∠B의 크기를 구하시오.
(단, $0° < ∠B < 90°$)

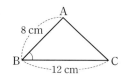

02 오른쪽 그림과 같은 △ABC의 넓이가 18 cm²일 때, $\overline{BC}$의 길이를 구하시오.

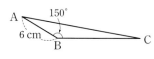

── 다각형의 넓이 ──

03 오른쪽 그림과 같은 □ABCD의 넓이를 구하시오.

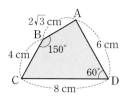

코칭 Plus

다각형의 넓이는 보조선을 그어 삼각형 또는 사각형으로 나눈 후 각 도형의 넓이를 구하여 합한다.

04 오른쪽 그림과 같은 □ABCD의 넓이를 구하시오.

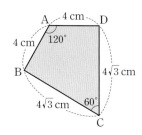

── 평행사변형의 넓이 ──

05 오른쪽 그림과 같은 평행사변형 ABCD의 넓이가 $18\sqrt{3}$ cm²일 때, $\overline{BC}$의 길이를 구하시오.

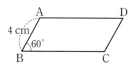

06 오른쪽 그림과 같은 마름모 ABCD의 넓이가 36 cm²일 때, 마름모의 한 변의 길이를 구하시오.

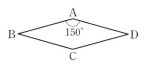

── 사각형의 넓이 ──

07 오른쪽 그림과 같은 사각형 ABCD에서 두 대각선이 이루는 각의 크기가 45°이고 $\overline{BD} = \dfrac{3}{2}\overline{AC}$이다. □ABCD의 넓이가 $6\sqrt{2}$ cm²일 때, $\overline{BD}$의 길이를 구하시오.

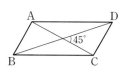

08 오른쪽 그림과 같은 등변사다리꼴 ABCD에서 두 대각선이 이루는 각의 크기가 120°이고 □ABCD의 넓이가 $20\sqrt{3}$ cm²일 때, $\overline{BD}$의 길이를 구하시오.

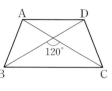

01

다음 중 오른쪽 그림과 같이 ∠B=30°, ∠C=45°인 △ABC에서 $\overline{BC}$의 길이를 a, b에 대한 식으로 나타낸 것은?

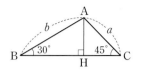

① $\dfrac{2a+3b}{6}$ ② $\dfrac{a+\sqrt{2}b}{2}$ ③ $\dfrac{a+\sqrt{3}b}{2}$

④ $\dfrac{\sqrt{2}a+\sqrt{3}b}{2}$ ⑤ $\dfrac{\sqrt{3}a+2b}{2}$

02

오른쪽 그림과 같은 직육면체에서 $\overline{FG}=10$ cm, $\overline{DG}=8$ cm, ∠DGH=30°일 때, 이 직육면체의 부피는?

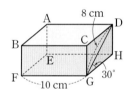

① $120\sqrt{3}$ cm³   ② $140\sqrt{3}$ cm³   ③ $160\sqrt{3}$ cm³

④ $180\sqrt{3}$ cm³   ⑤ $200\sqrt{3}$ cm³

03

오른쪽 그림과 같은 △ABC에서 $\overline{CH}\perp\overline{AB}$이고 $\overline{AC}=6$ cm, $\overline{AB}=9$ cm, ∠A=60°일 때, △CHB의 둘레의 길이를 구하시오.

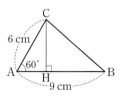

04

오른쪽 그림과 같이 ∠B=30°, ∠ACH=45°이고 $\overline{BC}=4$ cm인 △ABC의 넓이를 구하시오.

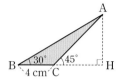

05

오른쪽 그림과 같이 육지에서 섬 A까지의 거리를 구하기 위하여 육지에 두 지점 B, C를 정하고 각의 크기와 거리를 측정하였더니 $\overline{BC}=100$ m, ∠B=45°, ∠C=30°이었다. 육지에서 섬까지의 가장 짧은 거리를 구하시오.

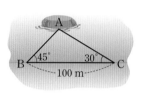

06

오른쪽 그림과 같은 △ABC에서 $\overline{AB}=4$ cm, $\overline{BC}=5$ cm이고 $\tan B=\dfrac{1}{2}$일 때, △ABC의 넓이를 구하시오. (단, 0°<B<90°)

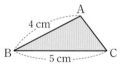

07

오른쪽 그림과 같이 $\overline{AB}=16$ cm, $\overline{BC}=9$ cm인 △ABC의 넓이가 $36\sqrt{3}$ cm²일 때, ∠B의 크기를 구하시오.
(단, 90°<∠B<180°)

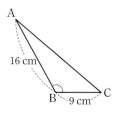

08

오른쪽 그림과 같이 폭이 8 cm 로 일정한 종이테이프를 $\overline{AC}$를 접는 선으로 하여 접었다. $\angle ABC=45°$일 때, $\triangle ABC$의 넓이는?

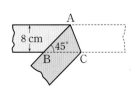

① $24\sqrt{2}\,\text{cm}^2$ ② $26\sqrt{2}\,\text{cm}^2$ ③ $28\sqrt{2}\,\text{cm}^2$

④ $30\sqrt{2}\,\text{cm}^2$ ⑤ $32\sqrt{2}\,\text{cm}^2$

09

오른쪽 그림과 같이 반지름의 길이가 6인 원 O에 내접하는 정팔각형의 넓이를 구하시오.

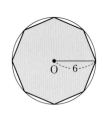

10

오른쪽 그림과 같은 평행사변형 ABCD에서 점 M은 $\overline{BC}$의 중점이고 $\overline{AB}=8\,\text{cm}$, $\overline{AD}=10\,\text{cm}$, $\angle D=60°$일 때, $\triangle AMC$의 넓이는?

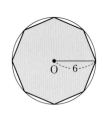

① $10\,\text{cm}^2$ ② $10\sqrt{3}\,\text{cm}^2$ ③ $20\,\text{cm}^2$

④ $20\sqrt{3}\,\text{cm}^2$ ⑤ $40\,\text{cm}^2$

한걸음 **더**

11 문제해결 ①

오른쪽 그림과 같이 $\overline{AB}=2\,\text{cm}$, $\overline{BC}=3\,\text{cm}$이고 $\angle ABC=60°$인 평행사변형 ABCD에서 대각선 BD의 길이를 구하시오.

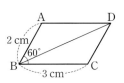

12 문제해결 ①

오른쪽 그림과 같은 $\triangle ABC$에서 $\angle BAC=60°$, $\overline{AB}=6\,\text{cm}$, $\overline{AC}=8\,\text{cm}$이다. $\angle A$의 이등분선이 $\overline{BC}$와 만나는 점을 D라 할 때, $\overline{AD}$의 길이를 구하시오.

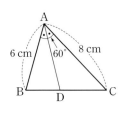

13 문제해결 ①

오른쪽 그림과 같이 반지름의 길이가 $8\sqrt{3}\,\text{cm}$인 반원 O에서 색칠한 부분의 넓이를 구하시오.

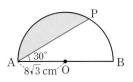

실전! **중단원 마무리**

2. 삼각비의 활용

01

다음 중 오른쪽 그림과 같은 직각
삼각형 ABC에서 $\overline{BC}$의 길이를
나타내는 것은?

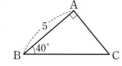

① 5 sin 40°　　② 5 cos 40°　　③ 5 tan 40°

④ $\dfrac{5}{\sin 40°}$　　⑤ $\dfrac{5}{\cos 40°}$

02 중요

오른쪽 그림과 같이 나무의
B 지점으로부터 10 m 떨어
진 A 지점에서 나무의 꼭대
기 C 지점을 올려본각의 크
기가 35°, 사람의 눈높이가
1.5 m일 때, 이 나무의 높이는?

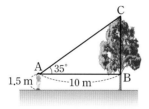

(단, tan 35°＝0.7로 계산한다.)

① 7 m　　② 8.5 m　　③ 9.1 m
④ 9.5 m　　⑤ 10 m

03

오른쪽 그림은 기둥에 설치되어 있
는 광고판의 높이를 알아보기 위하
여 각의 크기와 거리를 측정한 결과
이다. 광고판의 높이인 $\overline{AD}$의 길이
를 구하시오.

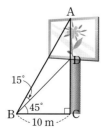

04

오른쪽 그림과 같이 시계의 추가
B 지점과 B′ 지점 사이를 일정한
속도로 움직이고 있다. 추의 길이
는 30 cm이고, $\overline{OA}$와 $\overline{OB}$가 이루
는 각의 크기는 45°이다. 추가 가

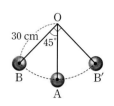

장 높은 위치에 있을 때, 추는 A 지점을 기준으로 몇
cm의 높이에 있는가? (단, 추의 크기는 무시한다.)

① $(15-5\sqrt{2})$ cm　　② $(15-10\sqrt{2})$ cm
③ $(30-10\sqrt{2})$ cm　　④ $(30-15\sqrt{2})$ cm
⑤ $(30-20\sqrt{2})$ cm

05

오른쪽 그림과 같이
$\overline{AB}=\overline{CD}=6$ cm,
$\overline{BC}=11$ cm이고 ∠B=60°
인 등변사다리꼴 ABCD의
넓이는?

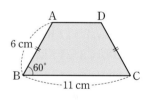

① 20 cm²　　② $20\sqrt{2}$ cm²　　③ $22\sqrt{2}$ cm²
④ $24\sqrt{3}$ cm²　　⑤ $24\sqrt{6}$ cm²

06

오른쪽 그림은 강의 양쪽에 있
는 두 지점 A, B 사이의 거리
를 알아보기 위하여 각의 크기
와 거리를 측정한 것이다. 두
지점 A, B 사이의 거리는?

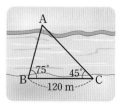

① $30\sqrt{2}$ m　　② $40\sqrt{3}$ m　　③ $40\sqrt{6}$ m
④ $80\sqrt{2}$ m　　⑤ $80\sqrt{6}$ m

07

오른쪽 그림과 같은 △ABC
에서 ∠B=45°, ∠C=30°,
$\overline{BC}$=8이고 $\overline{AH}\perp\overline{BC}$일 때,
△ABC의 넓이를 구하시오.

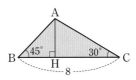

08 중요

오른쪽 그림과 같이 하늘에 떠
있는 인공위성을 100 km 떨어
진 두 관측소 A, B에서 동시에
올려본각의 크기가 각각 30°, 45°
일 때, 지면에서 인공위성까지의
높이는?

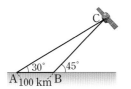

① $50(\sqrt{3}-1)$ km   ② $50(\sqrt{3}+1)$ km

③ $100(\sqrt{3}-1)$ km   ④ $100(\sqrt{3}+1)$ km

⑤ $200(\sqrt{3}-1)$ km

09 중요

오른쪽 그림과 같이
$\overline{AB}=\overline{AC}=5\sqrt{3}$ cm인 이등변삼
각형 ABC에서 ∠B=75°일 때,
△ABC의 넓이는?

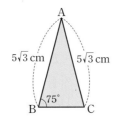

① $\dfrac{75}{4}$ cm²   ② $\dfrac{25\sqrt{3}}{2}$ cm²

③ $\dfrac{75\sqrt{2}}{4}$ cm²   ④ $\dfrac{75\sqrt{3}}{4}$ cm²

⑤ $\dfrac{75}{2}$ cm²

10

오른쪽 그림과 같은 △ABC에
서 ∠B=60°, $\overline{AB}$=6 cm,
$\overline{BC}$=8 cm이다. 점 G가
△ABC의 무게중심일 때,
△AGC의 넓이를 구하시오.

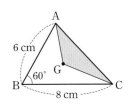

11

오른쪽 그림과 같은 △ABC에서
∠BAC=60°, $\overline{AB}$=10 cm,
$\overline{AC}$=8 cm이다. ∠A의 이등분
선이 $\overline{BC}$와 만나는 점을 D라 할
때, $\overline{AD}$의 길이를 구하시오.

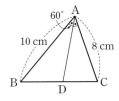

12

오른쪽 그림과 같이 반지름의 길
이가 6 cm인 반원 O에서 색칠한
부분의 넓이를 구하시오.

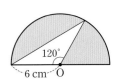

13

오른쪽 그림에서 $\overline{AC}$ ∥ $\overline{DE}$이
고 $\overline{AB}$=6 cm, $\overline{BC}$=8 cm,
$\overline{CE}$=4 cm, ∠B=60°일 때,
□ABCD의 넓이는?

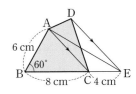

① $12\sqrt{2}$ cm²   ② $14\sqrt{3}$ cm²   ③ $16\sqrt{2}$ cm²

④ $18\sqrt{3}$ cm²   ⑤ $20\sqrt{2}$ cm²

14

오른쪽 그림과 같이 반지름의 길이가 4 cm인 원 O에 내접하는 정육각형의 넓이는?

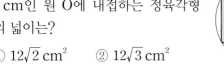

① $12\sqrt{2}$ cm²   ② $12\sqrt{3}$ cm²

③ 24 cm²   ④ $24\sqrt{2}$ cm²

⑤ $24\sqrt{3}$ cm²

15

오른쪽 그림과 같은 평행사변형 ABCD에서 두 대각선 AC와 BD의 교점을 P라 하자. $\overline{AB}=10$ cm, $\overline{BC}=12$ cm, $\angle ABC=45°$일 때, 색칠한 부분의 넓이는?

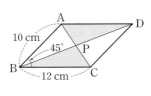

① $30\sqrt{2}$ cm²   ② $30\sqrt{3}$ cm²   ③ 60 cm²

④ $60\sqrt{2}$ cm²   ⑤ $60\sqrt{3}$ cm²

16

오른쪽 그림과 같이 폭이 각각 6 cm, 3 cm인 직사각형 모양의 두 종이테이프가 겹쳐져 있다. 겹쳐진 부분인 □ABCD의 넓이를 구하시오.

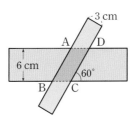

17

오른쪽 그림과 같이 두 대각선의 길이가 각각 6 cm, 8 cm인 사각형 ABCD의 넓이의 최댓값은?

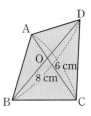

① $12\sqrt{2}$ cm²   ② $12\sqrt{3}$ cm²

③ 24 cm²   ④ $24\sqrt{2}$ cm²

⑤ $24\sqrt{3}$ cm²

18

오른쪽 그림과 같이 □ABCD의 두 대각선의 교점을 P라 하자. $\overline{PA}=10$ cm, $\overline{PC}=4$ cm, $\overline{PD}=9$ cm, $\angle APB=60°$이고 □ABCD의 넓이가 $56\sqrt{3}$ cm²일 때, $\overline{PB}$의 길이를 구하시오.

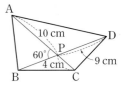

19

창의·융합 수학+실생활

다음 그림과 같이 900 m 상공에서 지면과 평행하게 날고 있던 구조 비행기가 C 지점의 사람을 보고 A 지점에서 지면과 20°의 각을 이루면서 C 지점으로 내려갔다. A 지점에서 지면에 내린 수선의 발을 B라 하면 B 지점에 있던 구조 요원이 분속 500 m로 달려 C 지점에 도착하는 데 걸린 시간을 구하시오.

(단, tan 20°=0.36으로 계산한다.)

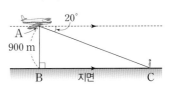

01

오른쪽 그림은 산의 높이를 구하기 위하여 산 아래쪽의 지면 위에 $\overline{AB}=200$ m가 되도록 두 지점 A, B를 잡고 각의 크기와 거리를 측정한 것이다. 산의 높이인 $\overline{CH}$의 길이를 구하시오. [6점]

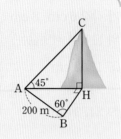

풀이

채점 기준 1 $\overline{AH}$의 길이 구하기 … 3점

채점 기준 2 산의 높이인 $\overline{CH}$의 길이 구하기 … 3점

답

01-1

한번더↗

오른쪽 그림과 같이 60 m 떨어진 두 건물 (가), (나)가 있다. (가) 건물의 옥상 C 지점에서 (나) 건물의 A 지점을 올려본각의 크기는 30°, B 지점을 내려본각의 크기는 45°일 때, (나) 건물의 높이를 구하시오. [6점]

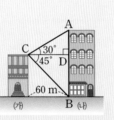

풀이

채점 기준 1 $\overline{AD}$의 길이 구하기 … 2점

채점 기준 2 $\overline{BD}$의 길이 구하기 … 2점

채점 기준 3 (나) 건물의 높이 구하기 … 2점

답

02

오른쪽 그림과 같이 ∠B=90°인 직각삼각형 ABC에서 $\overline{AD}:\overline{DB}=2:1$이고 ∠BCD=30°이다. ∠ACD=$x$라 할 때, tan x의 값을 구하시오. [6점]

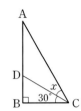

풀이

답

03

오른쪽 그림과 같이 $\overline{AB}=6$ cm, ∠B=60°인 직각삼각형 ABC를 직선 l을 회전축으로 하여 1회전 시킬 때 생기는 입체도형의 부피를 구하시오. [6점]

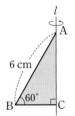

풀이

답

04

오른쪽 그림과 같은 □ABCD의 넓이를 구하시오. [5점]

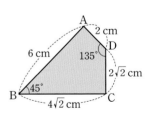

풀이

답

II

원의 성질

1. 원과 직선
2. 원주각

이 단원을 배우면 원의 현에 관한 성질과 접선에 관한 성질을 이해하고, 원주각의 성질을 이해할 수 있어요.

01 원의 현

1 현의 수직이등분선

(1) 원의 중심에서 현에 내린 수선은 그 현을 이등분한다.

→ $\overline{OM} \perp \overline{AB}$이면 $\overline{AM} = \overline{BM}$

설명 오른쪽 그림과 같이 원의 중심 O에서 현 AB에 내린
수선의 발을 M이라 하면
△OAM과 △OBM에서
∠OMA = ∠OMB = 90°, $\overline{OA} = \overline{OB}$ (반지름),
$\overline{OM}$은 공통이므로
△OAM ≡ △OBM (RHS 합동)
∴ $\overline{AM} = \overline{BM}$

(2) 현의 수직이등분선은 그 원의 중심을 지난다.

설명 오른쪽 그림과 같이 현 AB의 양 끝 점으로부터 같은 거리에 있는 점들은 모두
현 AB의 수직이등분선 위에 있다. 이때 원의 중심 O는 현 AB의 양 끝 점으
로부터 같은 거리에 있으므로 현 AB의 수직이등분선 위에 있다.
따라서 현 AB의 수직이등분선은 원의 중심 O를 지난다.

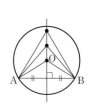

2 현의 길이

(1) 한 원에서 원의 중심으로부터 같은 거리에 있는 두 현의 길이는 같다.

→ $\overline{OM} = \overline{ON}$이면 $\overline{AB} = \overline{CD}$

설명 오른쪽 그림과 같은 △OAM과 △OCN에서
∠OMA = ∠ONC = 90°, $\overline{OA} = \overline{OC}$ (반지름),
$\overline{OM} = \overline{ON}$이므로
△OAM ≡ △OCN (RHS 합동)
∴ $\overline{AM} = \overline{CN}$
이때 $\overline{AB} = 2\overline{AM}$, $\overline{CD} = 2\overline{CN}$이므로 $\overline{AB} = \overline{CD}$

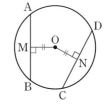

(2) 한 원에서 길이가 같은 두 현은 원의 중심으로부터 같은 거리에 있다.

→ $\overline{AB} = \overline{CD}$이면 $\overline{OM} = \overline{ON}$

설명 오른쪽 그림과 같은 △OAM과 △OCN에서
$\overline{AB} = \overline{CD}$이므로 $\overline{AM} = \overline{CN}$이고
∠OMA = ∠ONC = 90°, $\overline{OA} = \overline{OC}$ (반지름)
이므로 △OAM ≡ △OCN (RHS 합동)
∴ $\overline{OM} = \overline{ON}$

참고 △ABC의 외접원 O에서
$\overline{OM} = \overline{ON}$이면 $\overline{AB} = \overline{AC}$이므로
△ABC는 이등변삼각형이다.
→ ∠B = ∠C

중1

• **호** : 원 위의 두 점을
양 끝 점으로 하는 원
의 일부분

• **현** : 원 위의 두 점을
이은 선분

호 AB = $\widehat{AB}$

현 CD = $\overline{CD}$

중1

중심각과 호, 현의 길이
한 원 또는 합동인 두
원에서

(1) 크기가 같은 중심각
에 대한 호의 길이
와 현의 길이는 각
각 같다.

(2) 길이가 같은 호(또는
현)에 대한 중심각
의 크기는 같다.

1 원의 중심각의 크기와 호, 현의 길이 사이의 관계에 대해 복습해 볼까?

정답 및 풀이 ◐ 15쪽

- 원의 중심각의 크기와 호의 길이 사이의 관계

  한 원에서 크기가 같은 중심각에 대한 호의 길이는 같으므로

  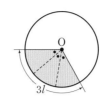

→ 부채꼴의 호의 길이는 중심각의 크기에 정비례한다.

- 원의 중심각의 크기와 현의 길이 사이의 관계

  한 원에서 크기가 같은 중심각에 대한 현의 길이는 같으므로 $\angle AOB = \angle BOC$이면

  $\overline{AB} = \overline{BC}$이지만

  $\overline{AC} < \overline{AB} + \overline{BC} = 2\overline{AB}$

  └─ 삼각형의 결정 조건

→ 현의 길이는 중심각의 크기에 정비례하지 않는다.

1 다음 그림에서 x의 값을 구하시오.

(1)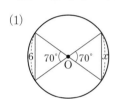

(2)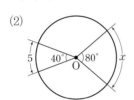

1-❶ 다음 그림에서 x의 값을 구하시오.

(1)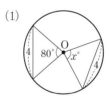

(2)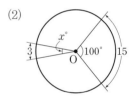

2 현의 수직이등분선의 성질을 이용하여 선분의 길이를 어떻게 구할까?

정답 및 풀이 ◐ 15쪽

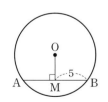

원의 중심에서 현에 내린 수선은 그 현을 이등분하므로

→ $\overline{AM} = \overline{BM} = 5$

$\overline{AB} = 2\overline{BM} = 2 \times 5 = 10$

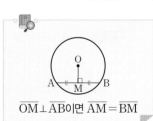

$\overline{OM} \perp \overline{AB}$이면 $\overline{AM} = \overline{BM}$

2 다음 그림에서 x의 값을 구하시오.

(1)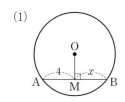

(2)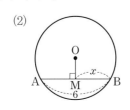

2-❶ 다음 그림에서 x의 값을 구하시오.

(1)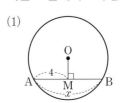

(2)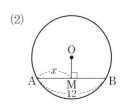

현의 수직이등분선의 성질과 피타고라스 정리를 이용하여 선분의 길이를 어떻게 구할까?

정답 및 풀이 ▶ 15쪽

다음 그림에서 $\overline{AB}$의 길이를 구해 보면

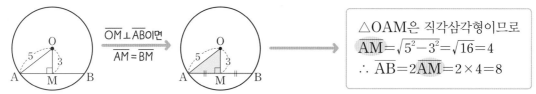

$\overline{OM} \perp \overline{AB}$이면
$\overline{AM} = \overline{BM}$

$\triangle OAM$은 직각삼각형이므로
$\overline{AM} = \sqrt{5^2 - 3^2} = \sqrt{16} = 4$
$\therefore \overline{AB} = 2\overline{AM} = 2 \times 4 = 8$

3 다음 그림에서 x의 값을 구하시오.

(1)
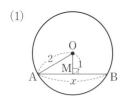

(2)
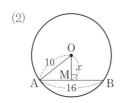

 3-❶ 다음 그림에서 x의 값을 구하시오.

(1)
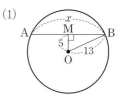

(2)

 집중 코칭 4

현의 수직이등분선의 성질을 활용한 다양한 문제에서 원의 반지름의 길이는 어떻게 구할까?

정답 및 풀이 ▶ 15쪽

직각삼각형을 찾거나 만든 후, 피타고라스 정리를 이용하여 원의 반지름의 길이를 구한다.

집중 1 원의 일부분이 주어진 경우

❶ 원의 중심을 찾아 반지름의 길이를 r로 놓기 → 현의 수직이등분선은 원의 중심을 지나므로
❷ $\overline{OM}$의 길이를 r를 이용하여 나타내기 ➡ $\overline{OM} = r - a$ $\overline{CM}$의 연장선은 점 O를 지난다.
❸ $\triangle AOM$에서 $r^2 = b^2 + (r-a)^2$임을 이용하기

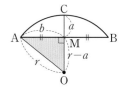

집중 2 원의 일부분을 접은 경우

❶ 반지름의 길이를 r로 놓기
❷ $\overline{OM}$의 길이를 r를 이용하여 나타내기 ➡ $\overline{OM} = \overline{MC} = \dfrac{1}{2}r$
❸ $\triangle OAM$에서 $r^2 = \left(\dfrac{1}{2}r\right)^2 + a^2$임을 이용하기

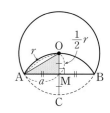

집중 3 중심이 같은 두 원이 주어진 경우

❶ $\overline{AB}$와 작은 원의 접점을 M으로 놓기 → 원의 접선은 그 접점을 지나는 반지름에 수직이다.
❷ 작은 원과 큰 원의 반지름의 길이를 각각 r_1, r_2로 놓기
❸ $\triangle OAM$에서 $r_2^2 = r_1^2 + a^2$임을 이용하기

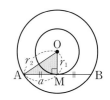

4 오른쪽 그림에서 $\overset{\frown}{AB}$는 원 O의 일부분이다. $\overline{CM} \perp \overline{AB}$이고 $\overline{AM}=\overline{BM}$일 때, ☐ 안에 알맞은 것을 써넣으시오.

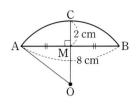

현의 수직이등분선은 원의 중심을 지나므로 위의 그림과 같이 $\overline{CM}$의 연장선은 점 O를 지난다. 원 O의 반지름의 길이를 r cm라 하면

$\overline{OA}=r$ cm, $\overline{OM}=($ ☐ $)$ cm

$\overline{AM}=\dfrac{1}{2}$ ☐ $=\dfrac{1}{2} \times$ ☐ $=$ ☐ (cm)이므로

직각삼각형 AOM에서

$r^2=$ ☐$^2+($ ☐ $)^2$　　$\therefore r=$ ☐

4-❶ 오른쪽 그림은 원 모양의 접시의 깨진 조각의 일부분이다. $\overline{CM} \perp \overline{AB}$일 때, 원래 원 모양의 접시의 반지름의 길이를 구하시오.

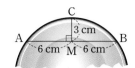

5 오른쪽 그림과 같이 원 모양의 종이를 $\overline{AB}$를 접는 선으로 하여 원주 위의 한 점이 원의 중심 O를 지나도록 접었다. 이때 원 O의 반지름의 길이를 구하시오.

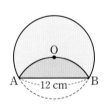

5-❶ 오른쪽 그림과 같이 원 모양의 종이를 $\overline{AB}$를 접는 선으로 하여 원주 위의 한 점이 원의 중심 O를 지나도록 접었다. 이때 원 O의 반지름의 길이를 구하시오.

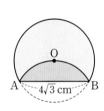

6 오른쪽 그림과 같이 점 O를 중심으로 하는 두 원의 반지름의 길이가 각각 2 cm, 4 cm이고 큰 원의 현 AB가 작은 원의 접선일 때, $\overline{AB}$의 길이를 구하시오.

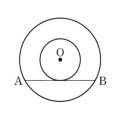

6-❶ 오른쪽 그림과 같이 점 O를 중심으로 하는 두 원의 반지름의 길이가 각각 5 cm, 13 cm이고 큰 원의 현 AB가 작은 원의 접선일 때, $\overline{AB}$의 길이를 구하시오.

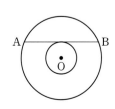

개념 코칭 5 현의 길이의 성질을 이용하여 선분의 길이를 어떻게 구할까?

정답 및 풀이 ▶ 15쪽

• 현의 길이 구하기

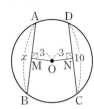

원의 중심으로부터 같은 거리에 있는 두 현의 길이는 같으므로
$\overline{AB} = \overline{CD}$
∴ $x = 10$

• 중심으로부터의 거리 구하기

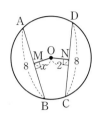

길이가 같은 두 현은 원의 중심으로부터 같은 거리에 있으므로
$\overline{OM} = \overline{ON}$
∴ $x = 2$

7 다음 그림에서 x의 값을 구하시오.

(1)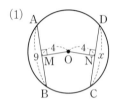

(2)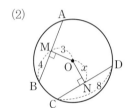

7-① 다음 그림에서 x의 값을 구하시오.

(1)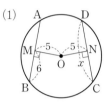

(2)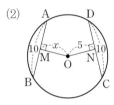

개념 코칭 6 삼각형이 주어진 경우 현의 길이의 성질을 어떻게 이용할까?

정답 및 풀이 ▶ 15쪽

다음 그림의 원 O에서 ∠B의 크기를 구해 보면

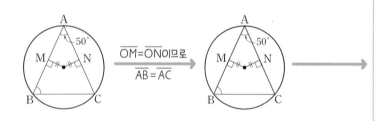

$\overline{OM} = \overline{ON}$이므로
$\overline{AB} = \overline{AC}$

△ABC는 $\overline{AB} = \overline{AC}$인 이등변삼각형이므로
∠B = ∠C
∴ ∠B = $\frac{1}{2} \times (180° - 50°)$
= $\frac{1}{2} \times 130° = 65°$

8 오른쪽 그림의 원 O에서 $\overline{OM} \perp \overline{AB}$, $\overline{ON} \perp \overline{AC}$이고 $\overline{OM} = \overline{ON}$이다. ∠C = 55°일 때, ∠$x$의 크기를 구하시오.

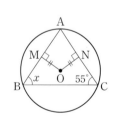

8-① 오른쪽 그림의 원 O에서 $\overline{OM} \perp \overline{AB}$, $\overline{ON} \perp \overline{AC}$이고 $\overline{OM} = \overline{ON}$이다. ∠B = 70°일 때, ∠$x$의 크기를 구하시오.

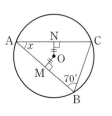

---| 중심각의 크기와 호의 길이 |

01 오른쪽 그림에서 $\overline{AB}$는 원
O의 지름이고 $\overline{AB} /\!/ \overline{CD}$,
$\angle BOD = 40°$, $\overparen{BD} = 6$ cm
일 때, $\overparen{CD}$의 길이를 구하
시오.

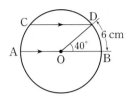

코칭 Plus

평행한 두 직선과 다른 한 직선이 만나서
생기는 동위각과 엇각의 크기는 각각 서로
같다.

02 오른쪽 그림에서 $\overline{AB}$는 원
O의 지름이고 $\overline{AD} /\!/ \overline{OC}$,
$\angle BOC = 30°$, $\overparen{AD} = 12$ cm
일 때, $\overparen{BC}$의 길이를 구하시오.

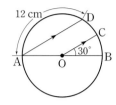

---| **중요** 현의 수직이등분선 |

03 오른쪽 그림의 원 O에서
$\overline{OM} \perp \overline{AB}$이고 $\overline{OM} = 4$ cm,
$\overline{AB} = 12$ cm일 때, 원 O의 반지
름의 길이를 구하시오.

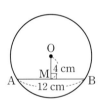

04 오른쪽 그림의 원 O에서
$\overline{OC} \perp \overline{AB}$이고 $\overline{AM} = 4$ cm,
$\overline{CM} = 2$ cm일 때, $\overline{OB}$의 길이를
구하시오.

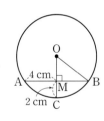

---| **중요** 원의 일부분에서 현의 수직이등분선 |

05 오른쪽 그림에서 $\overparen{AB}$는 반
지름의 길이가 10 cm인 원
의 일부분이다. $\overline{AB} \perp \overline{CM}$
이고 $\overline{AM} = \overline{BM}$,
$\overline{AB} = 16$ cm일 때, $\overline{CM}$의 길이를 구하시오.

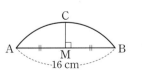

06 오른쪽 그림은 원 모양의 접시의
깨진 조각의 일부분이다.
$\overline{AB} \perp \overline{CM}$이고 $\overline{AM} = \overline{BM}$,
$\overline{AB} = 12$ cm, $\overline{CM} = 2$ cm일 때,
원래 원 모양의 접시의 둘레의 길이를 구하시오.

정답 및 풀이 ▶ 16쪽

| 접은 원에서 현의 수직이등분선 |

07 오른쪽 그림과 같이 반지름의 길
이가 8 cm인 원 모양의 종이를
$\overline{\mathrm{AB}}$를 접는 선으로 하여 원주 위
의 한 점이 원의 중심 O를 지나
도록 접었을 때, $\overline{\mathrm{AB}}$의 길이를 구
하시오.

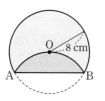

코칭 Plus

원주 위의 한 점이 원의 중심을 지나도록 접으면

→ (원의 중심에서 현에 이르는 거리)$=\dfrac{1}{2}\times$(반지름의 길이)

08 오른쪽 그림과 같이 원 모양의 종
이를 $\overline{\mathrm{AB}}$를 접는 선으로 하여 원
주 위의 한 점이 원의 중심 O를
지나도록 접었다. $\overline{\mathrm{AB}}=18$ cm
일 때, 원의 중심 O에서 $\overline{\mathrm{AB}}$까지
의 거리를 구하시오.

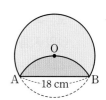

| 현의 길이 |

09 오른쪽 그림의 원 O에서
$\overline{\mathrm{OM}}\perp\overline{\mathrm{AB}}$, $\overline{\mathrm{ON}}\perp\overline{\mathrm{CD}}$이고
$\overline{\mathrm{OM}}=\overline{\mathrm{ON}}=6$ cm,
$\overline{\mathrm{OB}}=10$ cm일 때, $\overline{\mathrm{CD}}$의 길이
를 구하시오.

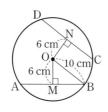

10 오른쪽 그림의 원 O에서
$\overline{\mathrm{OM}}\perp\overline{\mathrm{AB}}$, $\overline{\mathrm{ON}}\perp\overline{\mathrm{CD}}$이고
$\overline{\mathrm{OA}}=6$ cm, $\overline{\mathrm{BM}}=4$ cm,
$\overline{\mathrm{CD}}=8$ cm일 때, $\overline{\mathrm{ON}}$의 길이
를 구하시오.

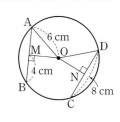

| 현의 길이의 활용 |

11 오른쪽 그림의 원 O에서
$\overline{\mathrm{OM}}\perp\overline{\mathrm{AB}}$, $\overline{\mathrm{ON}}\perp\overline{\mathrm{AC}}$이고
$\overline{\mathrm{OM}}=\overline{\mathrm{ON}}$이다.
$\angle\mathrm{MON}=100^\circ$일 때,
$\angle x$의 크기를 구하시오.

코칭 Plus

원에 내접하는 삼각형에서 원의 중심으로부터 두 변에 이르는
거리가 서로 같으면 두 변의 길이가 같으므로 내접하는 삼각
형은 이등변삼각형이다.

12 오른쪽 그림의 원 O에서
$\overline{\mathrm{OM}}\perp\overline{\mathrm{AB}}$, $\overline{\mathrm{OH}}\perp\overline{\mathrm{BC}}$, $\overline{\mathrm{ON}}\perp\overline{\mathrm{AC}}$
이고 $\overline{\mathrm{OM}}=\overline{\mathrm{ON}}$이다.
$\angle\mathrm{MOH}=115^\circ$일 때, $\angle x$의 크기
를 구하시오.

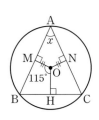

01

오른쪽 그림과 같이 반지름의 길이가 8 cm인 원 O에서 $\overline{OC} \perp \overline{AB}$이고 $\overline{AB} = 4\sqrt{7}$ cm일 때, $\overline{PC}$의 길이를 구하시오.

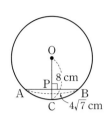

02

오른쪽 그림에서 $\overline{CD}$는 원 O의 지름이고 $\overline{AB} \perp \overline{CD}$이다. $\overline{CD} = 20$ cm, $\overline{MD} = 4$ cm일 때, $\overline{AB}$의 길이를 구하시오.

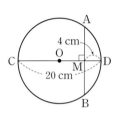

03

오른쪽 그림과 같이 반지름의 길이가 4 cm인 원 O에 내접하는 △ABC에서 $\overline{AB} = \overline{AC}$, $\overline{BC} = 4\sqrt{3}$ cm일 때, △ABC의 넓이를 구하시오.

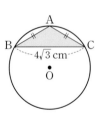

04

오른쪽 그림과 같이 중심이 같은 두 원에서 작은 원에 그은 접선이 큰 원과 만나는 점을 각각 A, B라 하자. $\overline{OP} = 5$ cm, $\overline{PQ} = 8$ cm일 때, $\overline{AB}$의 길이는?

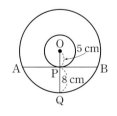

① 18 cm   ② 20 cm   ③ 22 cm
④ 24 cm   ⑤ 26 cm

05

오른쪽 그림에서 $\overline{BC}$는 원 O의 지름이고 $\overline{AB} /\!/ \overline{CD}$이다. $\overline{AB} = \overline{CD} = 8$ cm, $\overline{BC} = 10$ cm일 때, 두 현 AB, CD 사이의 거리는?

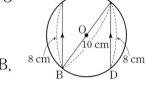

① 2 cm   ② 3 cm   ③ 4 cm
④ 5 cm   ⑤ 6 cm

06

오른쪽 그림의 원 O에서 $\overline{OM} \perp \overline{AB}$, $\overline{ON} \perp \overline{AC}$이고 $\overline{OM} = \overline{ON}$이다. $\overline{AM} = 4$ cm, $\angle MON = 120°$일 때, $\overline{BC}$의 길이를 구하시오.

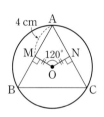

한걸음 더

07 [문제해결]

오른쪽 그림과 같이 원 모양의 종이를 $\overline{AB}$를 접는 선으로 하여 원주 위의 한 점이 원의 중심 O를 지나도록 접었다. $\overline{AB} = 6\sqrt{3}$ cm일 때, 색칠한 부분의 넓이를 구하시오.

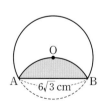

02 원의 접선

1 원의 접선

(1) 원의 접선의 길이

① 원 O 밖의 한 점 P에서 원 O에 그을 수 있는 접선은 2개이다.

② 점 P에서 원 O의 접점까지의 거리를 점 P에서 원 O에 그은 접선의 길이라 한다.

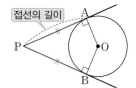

(2) 원의 접선의 성질

원 O 밖의 한 점 P에서 그 원에 그은 두 접선의 길이는 서로 같다.

→ $\overline{PA} = \overline{PB}$

설명 $\overrightarrow{PA}$, $\overrightarrow{PB}$가 원 O의 접선일 때, △PAO와 △PBO에서

$\angle PAO = \angle PBO = 90°$, $\overline{PO}$는 공통,

$\overline{OA} = \overline{OB}$(반지름)이므로

△PAO≡△PBO (RHS 합동)

∴ $\overline{PA} = \overline{PB}$

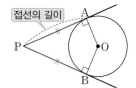

중2

(1) 원과 한 점에서 만나는 직선을 원의 접선이라 하고, 접선이 원과 만나는 점을 접점이라 한다.

(2) 원의 접선은 그 접점을 지나는 반지름에 수직이다.

2 삼각형의 내접원

반지름의 길이가 r인 원 O가 △ABC에 내접하고 세 점 D, E, F가 접점일 때

(1) $\overline{AD} = \overline{AF}$, $\overline{BD} = \overline{BE}$, $\overline{CE} = \overline{CF}$

(2) (△ABC의 둘레의 길이) $= a + b + c = 2(x + y + z)$

설명 $a = y + z$, $b = x + z$, $c = x + y$이므로

(△ABC의 둘레의 길이) $= a + b + c$

$= (y+z) + (x+z) + (x+y) = 2(x+y+z)$

(3) $\triangle ABC = \dfrac{1}{2}r(a+b+c) = r(x+y+z)$

설명 $\triangle ABC = \triangle OAB + \triangle OBC + \triangle OCA$

$= \dfrac{1}{2}cr + \dfrac{1}{2}ar + \dfrac{1}{2}br$

$= \dfrac{1}{2}r\underbrace{(a+b+c)}_{\text{△ABC의 둘레의 길이}}$

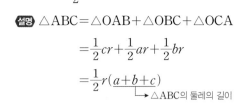

용어

내접원 : 한 다각형의 모든 변이 원에 접할 때, 이 원을 그 다각형의 내접원이라 한다.

3 외접사각형의 성질

(1) 원에 외접하는 사각형의 두 쌍의 대변의 길이의 합은 서로 같다.

→ $\overline{AB} + \overline{CD} = \overline{AD} + \overline{BC}$

설명 $\overline{AB} + \overline{CD} = (\overline{AP} + \overline{BP}) + (\overline{CR} + \overline{DR})$

$= (\overline{AS} + \overline{BQ}) + (\overline{CQ} + \overline{DS})$

$= (\overline{AS} + \overline{DS}) + (\overline{BQ} + \overline{CQ}) = \overline{AD} + \overline{BC}$

(2) 두 쌍의 대변의 길이의 합이 같은 사각형은 원에 외접한다.

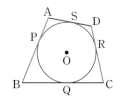

용어

외접사각형 : 원의 바깥에 접하는 사각형

개념 코칭 1 원의 접선과 반지름 사이의 관계를 이용하여 선분의 길이를 어떻게 구할까?

정답 및 풀이 ❯ 18쪽

다음 그림에서 $\overline{PA}$는 원 O의 접선이고 점 A는 접점일 때, $\overline{PO}$의 길이를 구해 보면

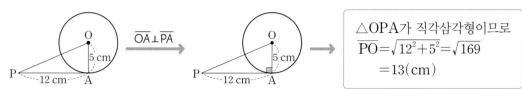

$\triangle OPA$가 직각삼각형이므로
$$\overline{PO}=\sqrt{12^2+5^2}=\sqrt{169}$$
$$=13\,(cm)$$

1 오른쪽 그림에서 $\overline{PA}$는 원 O의 접선이고 점 A는 접점이다. $\overline{PO}=10\ cm$, $\overline{PA}=8\ cm$일 때, 원 O의 반지름의 길이를 구하시오.

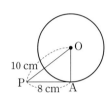

1-❶ 오른쪽 그림에서 $\overline{PA}$는 원 O의 접선이고 점 A는 접점, 점 B는 원 O와 $\overline{OP}$의 교점이다. $\overline{PB}=2$, $\overline{OB}=3$일 때, $\overline{PA}$의 길이를 구하시오.

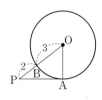

개념 코칭 2 원의 접선의 성질을 이용하여 각의 크기는 어떻게 구할까?

정답 및 풀이 ❯ 18쪽

다음 그림에서 $\overline{PA}$, $\overline{PB}$는 원 O의 접선이고 두 점 A, B는 접점일 때, $\angle x$, $\angle y$의 크기를 구해 보면

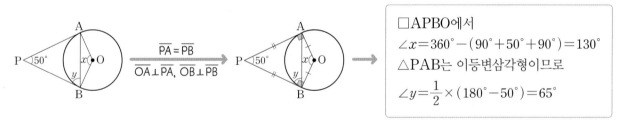

□APBO에서
$$\angle x=360°-(90°+50°+90°)=130°$$
$\triangle PAB$는 이등변삼각형이므로
$$\angle y=\frac{1}{2}\times(180°-50°)=65°$$

2 오른쪽 그림에서 $\overline{PA}$, $\overline{PB}$는 원 O의 접선이고 두 점 A, B는 접점이다. $\angle AOB=110°$일 때, $\angle P$의 크기를 구하시오.

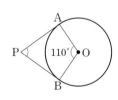

2-❶ 오른쪽 그림에서 $\overline{PA}$, $\overline{PB}$는 원 O의 접선이고 두 점 A, B는 접점이다. $\angle APB=55°$일 때, $\angle AOB$의 크기를 구하시오.

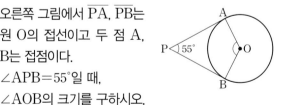

3 오른쪽 그림에서 $\overrightarrow{PA}$, $\overrightarrow{PB}$는 원 O의 접선이고 두 점 A, B는 접점이다. $\angle P=40°$일 때, $\angle PBA$의 크기를 구하시오.

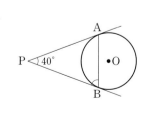

3-❶ 오른쪽 그림에서 $\overrightarrow{PA}$, $\overline{PB}$는 원 O의 접선이고 두 점 A, B는 접점이다. $\angle PAB=75°$일 때, $\angle P$의 크기를 구하시오.

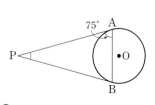

3 원의 접선의 성질을 활용하여 삼각형과 그 내접원에서 선분의 길이는 어떻게 구할까?

다음 그림에서 원 O는 △ABC의 내접원이고 세 점 D, E, F는 접점일 때, $\overline{AC}$의 길이를 구해 보면

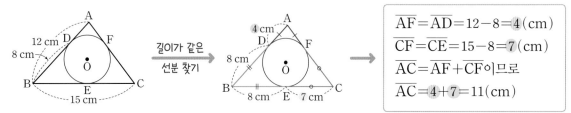

$\overline{AF}=\overline{AD}=12-8=4\,(cm)$
$\overline{CF}=\overline{CE}=15-8=7\,(cm)$
$\overline{AC}=\overline{AF}+\overline{CF}$이므로
$\overline{AC}=4+7=11\,(cm)$

4 오른쪽 그림에서 원 O는 △ABC의 내접원이고 세 점 D, E, F는 접점일 때, 다음을 구하시오.

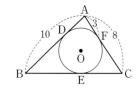

(1) $\overline{BD}$, $\overline{CF}$의 길이

(2) $\overline{BC}$의 길이

4-❶ 오른쪽 그림에서 원 O는 △ABC의 내접원이고 세 점 D, E, F는 접점일 때, $\overline{AB}$의 길이를 구하시오.

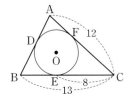

4 원의 접선의 성질을 활용하여 원에 외접하는 사각형에서 선분의 길이는 어떻게 구할까?

다음 그림에서 □ABCD가 원 O에 외접할 때, □ABCD의 둘레의 길이를 구해 보면

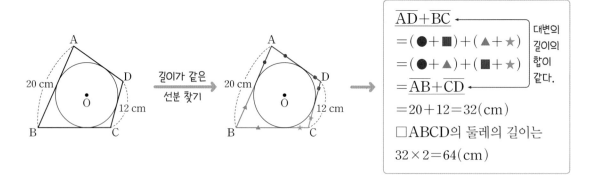

$\overline{AD}+\overline{BC}$
$=(●+■)+(▲+★)$
$=(●+▲)+(■+★)$
$=\overline{AB}+\overline{CD}$
대변의 길이의 합이 같다.
$=20+12=32\,(cm)$
□ABCD의 둘레의 길이는
$32×2=64\,(cm)$

5 오른쪽 그림에서 □ABCD가 원 O에 외접할 때, x의 값을 구하시오.

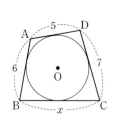

5-❶ 오른쪽 그림에서 □ABCD가 원 O에 외접할 때, x의 값을 구하시오.

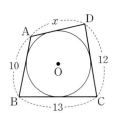

---| 원의 접선의 길이 |---

01 오른쪽 그림에서 $\overline{PA}$, $\overline{PB}$는 원 O의 접선이고 두 점 A, B는 접점이다. $\overline{OA}=9$ cm, $\overline{OP}=15$ cm일 때, $\overline{PA}+\overline{PB}$의 길이를 구하시오.

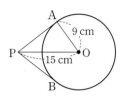

02 오른쪽 그림에서 $\overrightarrow{PT}$, $\overrightarrow{PT'}$은 반지름의 길이가 4 cm인 원 O의 접선이고 두 점 T, T'은 접점, 점 A는 원 O와 $\overline{OP}$의 교점이다. $\overline{PA}=4$ cm일 때, $\overline{PT}$의 길이를 구하시오.

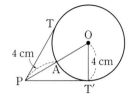

---| 원의 접선의 성질(1) |---

03 오른쪽 그림에서 $\overrightarrow{PA}$, $\overrightarrow{PB}$는 원 O의 접선이고 두 점 A, B는 접점이다. $\angle AOB=120°$, $\overline{PA}=9$ cm일 때, △PAB의 둘레의 길이를 구하시오.

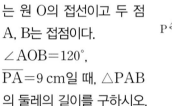

04 오른쪽 그림에서 $\overrightarrow{PA}$, $\overrightarrow{PB}$는 각각 두 점 A, B를 접점으로 하는 원 O의 접선이다. $\angle BAO=35°$일 때, $\angle P$의 크기를 구하시오.

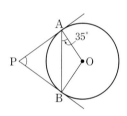

---| 원의 접선의 성질(2) |---

05 오른쪽 그림에서 $\overline{PA}$, $\overline{PB}$는 원 O의 접선이고 두 점 A, B는 접점이다. $\overline{OA}=6$ cm, $\angle APB=80°$일 때, 색칠한 부분의 넓이를 구하시오.

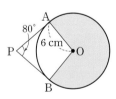

 Plus

원 O 밖의 한 점 P에서 원 O에 그은 접선의 두 접점을 각각 A, B라 하면
(1) △APO≡△BPO (RHS 합동)
(2) $\overline{PA}=\overline{PB}$
(3) $\angle APB+\angle AOB=180°$

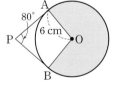

06 오른쪽 그림에서 $\overline{PA}$, $\overline{PB}$는 원 O의 접선이고 두 점 A, B는 접점이다. $\overline{PO}=4$ cm, $\angle OPB=30°$일 때, □APBO의 넓이를 구하시오.

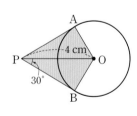

| 원의 접선의 성질의 활용 |

07 오른쪽 그림에서 $\overrightarrow{AD}$, $\overrightarrow{AE}$, $\overline{BC}$는 원 O의 접선이고 세 점 D, E, F는 접점이다. $\overline{AB}=7$ cm, $\overline{AC}=9$ cm, $\overline{AD}=11$ cm일 때, $\overline{BC}$의 길이를 구하시오.

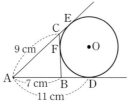

점 A에서 그은 접선에서 $\overline{AD}=\overline{AE}$
점 B에서 그은 접선에서 $\overline{BD}=\overline{BF}$
점 C에서 그은 접선에서 $\overline{CE}=\overline{CF}$
∴ (△ABC의 둘레의 길이)
$=\overline{AB}+\overline{BF}+\overline{CF}+\overline{AC}$
$=\overline{AD}+\overline{AE}=2\overline{AD}$

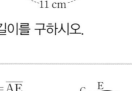

08 오른쪽 그림에서 $\overrightarrow{AD}$, $\overrightarrow{AE}$, $\overline{BC}$는 원 O의 접선이고 세 점 D, E, F는 접점이다. $\overline{AC}=6$ cm, $\overline{CE}=3$ cm일 때, △ABC의 둘레의 길이를 구하시오.

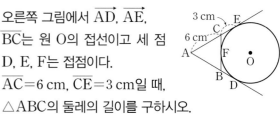

| 반원에서의 접선의 성질 |

09 오른쪽 그림에서 $\overline{AB}$는 반원 O의 지름이고 $\overline{AD}$, $\overline{BC}$, $\overline{CD}$는 접선이다. $\overline{AD}=4$ cm, $\overline{BC}=9$ cm일 때, $\overline{AB}$의 길이를 구하시오.

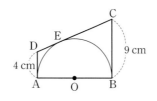

10 오른쪽 그림에서 $\overline{AB}$는 반원 O의 지름이고 $\overline{AD}$, $\overline{BC}$, $\overline{CD}$는 접선이다. $\overline{AD}=8$ cm, $\overline{OA}=4$ cm일 때, $\overline{BC}$의 길이를 구하시오.

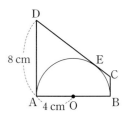

🔵중요
| 삼각형의 내접원에서의 접선의 길이 |

11 오른쪽 그림에서 원 O는 △ABC의 내접원이고 세 점 D, E, F는 접점이다. $\overline{AB}=8$ cm, $\overline{BC}=11$ cm, $\overline{AC}=9$ cm일 때, $\overline{AF}$의 길이를 구하시오.

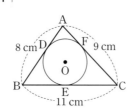

12 오른쪽 그림에서 원 O는 △ABC의 내접원이고 세 점 D, E, F는 접점이다. $\overline{AB}=12$ cm, $\overline{BC}=14$ cm, $\overline{AC}=10$ cm일 때, $\overline{AD}+\overline{BE}+\overline{CF}$의 길이를 구하시오.

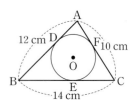

정답 및풀이 ⊙ 19쪽 ◆

직각삼각형의 내접원

13 오른쪽 그림에서 원 O는
∠C=90°인 직각삼각형 ABC의
내접원이고 세 점 D, E, F는 접점
이다. $\overline{AB}$=10 cm, $\overline{BC}$=6 cm일
때, 원 O의 반지름의 길이를 구하
시오.

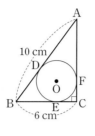

코칭 Plus

원 O가 직각삼각형 ABC의 내접원일 때
(1) $\overline{AD}=\overline{AF}$, $\overline{BD}=\overline{BE}$, $\overline{CE}=\overline{CF}$
(2) □OECF는 정사각형
(3) △ABC
    =△OAB+△OBC+△OCA

14 다음 그림에서 원 O는 ∠C=90°인 직각삼각형
ABC의 내접원이고 세 점 D, E, F는 접점이다.
$\overline{AD}$=3 cm, $\overline{BD}$=10 cm일 때, 원 O의 반지름의
길이를 구하시오.

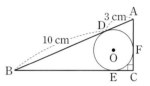

외접사각형의 성질

15 오른쪽 그림에서 □ABCD
는 원 O에 외접하고
$\overline{AB}$=6 cm, $\overline{CD}$=9 cm일
때, □ABCD의 둘레의 길
이를 구하시오.

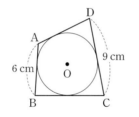

16 오른쪽 그림에서 □ABCD
는 반지름의 길이가 3 cm인
원 O에 외접한다.
∠A=∠B=90°,
$\overline{CD}$=10 cm일 때, □ABCD의 넓이를 구하시오.

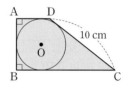

외접사각형의 성질의 응용

17 오른쪽 그림에서 원 O는
직사각형 ABCD의 세 변
과 접하고 $\overline{DE}$는 원 O의
접선이다. $\overline{CD}$=12 cm,
$\overline{DE}$=15 cm일 때, $\overline{BE}$의
길이를 구하시오.

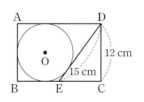

원 O에 외접하는 사각형에서
(1) $\overline{DF}=\overline{DI}$, $\overline{EH}=\overline{EI}$이므로
    $\overline{DE}=\overline{DF}+\overline{EH}$
(2) $\overline{AB}+\overline{DE}=\overline{AD}+\overline{BE}$
(3) $\overline{DE}^2=\overline{EC}^2+\overline{CD}^2$

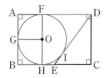

18 오른쪽 그림에서 원 O는 직
사각형 ABCD의 세 변과
접하고 $\overline{DE}$는 원 O의 접선
이다. $\overline{AB}$=8 cm,
$\overline{BC}$=12 cm일 때, $\overline{DE}$의
길이를 구하시오.

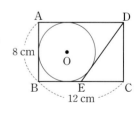

01

오른쪽 그림에서 $\overrightarrow{PA}$, $\overrightarrow{PB}$는 반지름의 길이가 5 cm인 원 O의 접선이고 두 점 A, B는 접점이다. $\overline{PO} \perp \overline{AB}$이고 $\overline{PA}=10$ cm일 때, $\overline{AB}$의 길이를 구하시오.

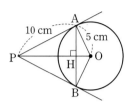

02

오른쪽 그림에서 $\overrightarrow{PA}$, $\overrightarrow{PB}$는 원 O의 접선이고 두 점 A, B는 접점이다. $\overline{BC}$는 원 O의 지름이고 $\angle ABC=25°$일 때, $\angle P$의 크기는?

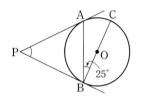

① 40° ② 45° ③ 50°
④ 55° ⑤ 60°

03

오른쪽 그림에서 $\overrightarrow{AD}$, $\overrightarrow{AE}$, $\overrightarrow{BC}$는 원 O의 접선이고 세 점 D, E, F는 접점이다. $\overline{AB}=7$ cm, $\overline{AC}=6$ cm, $\overline{BC}=5$ cm일 때, $\overline{CE}$의 길이를 구하시오.

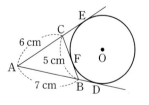

04

오른쪽 그림에서 $\overrightarrow{AD}$, $\overrightarrow{AE}$, $\overline{BC}$는 원 O의 접선이고 세 점 D, E, F는 접점이다. $\overline{AO}=13$ cm, $\overline{OD}=5$ cm일 때, △ABC의 둘레의 길이를 구하시오.

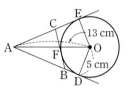

05

오른쪽 그림에서 $\overline{AB}$는 반원 O의 지름이고 $\overline{AD}$, $\overline{BC}$, $\overline{CD}$는 접선이다. $\overline{AD}=4$ cm, $\overline{BC}=6$ cm일 때, □ABCD의 넓이를 구하시오.

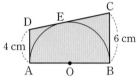

06

오른쪽 그림에서 원 O는 △ABC의 내접원이고 세 점 D, E, F는 접점이다. $\angle A=40°$, $\angle C=60°$일 때, $\angle x$의 크기를 구하시오.

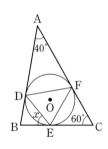

07

오른쪽 그림에서 원 O는 △ABC의 내접원이고 세 점 D, E, F는 접점이다. $\overline{AB}=13$ cm, $\overline{AF}=5$ cm, $\overline{CE}=3$ cm일 때, △ABC의 둘레의 길이를 구하시오.

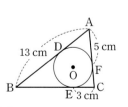

08

오른쪽 그림에서 원 O는 ∠C=90°인 직각삼각형 ABC의 내접원이고 세 점 D, E, F는 접점이다. $\overline{BC}=5$, $\overline{AC}=12$ 일 때, 원 O의 반지름의 길이는?

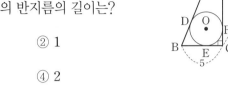

① $\dfrac{1}{2}$ ② 1

③ $\dfrac{3}{2}$ ④ 2

⑤ $\dfrac{5}{2}$

09

오른쪽 그림에서 원 O는 ∠A=90°인 직각삼각형 ABC의 내접원이고 세 점 D, E, F는 접점이다. $\overline{BE}=9$ cm, $\overline{CE}=6$ cm일 때, 원 O의 넓이를 구하시오.

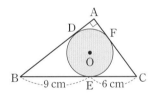

10

오른쪽 그림과 같이 원 O에 외접하는 등변사다리꼴 ABCD에서 $\overline{AD}=6$ cm, $\overline{BC}=12$ cm일 때, 원 O의 지름의 길이를 구하시오.

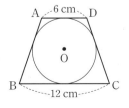

한걸음 더

11 문제해결①

오른쪽 그림에서 □ABCD는 한 변의 길이가 10 cm인 정사각형이다. $\overline{AB}$, $\overline{AE}$, $\overline{DC}$는 $\overline{BC}$를 지름으로 하는 반원 O의 접선이고 세 점 B, F, C는 접점일 때, $\overline{AE}$의 길이를 구하시오.

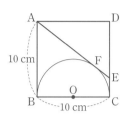

12 문제해결①

오른쪽 그림에서 $\overline{CD}$는 반원 O의 지름이고 $\overline{AB}$, $\overline{AD}$, $\overline{BC}$는 접선이다. $\overline{AD}=4$ cm, $\overline{BC}=7$ cm일 때, △ABO의 넓이를 구하시오.

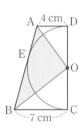

13 추론

오른쪽 그림과 같이 $\overline{AB}=8$ cm, $\overline{AD}=9$ cm인 직사각형 ABCD의 변에 접하는 두 원 O, O′이 외접할 때, 원 O′의 반지름의 길이를 구하시오.

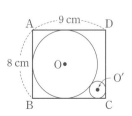

01

오른쪽 그림의 원 O에서
$\overline{OM}\perp\overline{AB}$이고 $\overline{OA}=10$ cm,
$\overline{OM}=6$ cm일 때, $\overline{AB}$의 길이는?

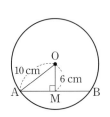

① 12 cm   ② 13 cm

③ 14 cm   ④ 15 cm

⑤ 16 cm

02 ^{중요}

오른쪽 그림과 같이 반지름의 길
이가 6 cm인 원 O에서 $\overline{AB}\perp\overline{OC}$
이고 $\overline{OH}=2$ cm일 때, $\overline{BC}$의 길
이를 구하시오.

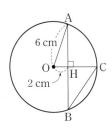

03

오른쪽 그림은 원 모양의 접시의 일
부분이다. $\overline{AB}\perp\overline{CH}$, $\overline{AH}=\overline{BH}$이
고 $\overline{AB}=\overline{CH}=8$ cm일 때, 원래 원
모양의 접시의 반지름의 길이는?

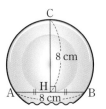

① 3 cm   ② 4 cm

③ 5 cm   ④ 6 cm

⑤ 7 cm

04

오른쪽 그림과 같이 중심이 같은
두 원에서 $\overline{AB}=50$ cm이고
$\overline{AB}:\overline{CD}=5:3$일 때, $\overline{BD}$의
길이를 구하시오.

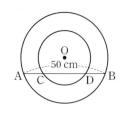

05

오른쪽 그림과 같이 중심이 같은
두 원이 있다. 큰 원의 현 AB가
작은 원의 접선이고 $\overline{AB}=10$ cm
일 때, 색칠한 부분의 넓이는?

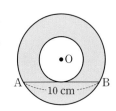

① 21π cm^2 ② 25π cm^2

③ 30π cm^2 ④ 36π cm^2

⑤ 42π cm^2

06

오른쪽 그림의 원 O에서
$\overline{OM}\perp\overline{AB}$, $\overline{ON}\perp\overline{CD}$이고
$\overline{OA}=13$ cm, $\overline{AM}=12$ cm,
$\overline{ON}=5$ cm일 때, $\overline{CD}$의 길이는?

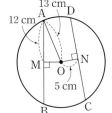

① 16 cm   ② 18 cm

③ 20 cm   ④ 24 cm

⑤ 26 cm

07 ^{중요}

오른쪽 그림의 원 O에서
$\overline{OM}\perp\overline{AB}$이고 $\overline{AB}=\overline{CD}$이다.
$\overline{OM}=4$ cm, $\overline{OD}=5$ cm일 때,
△OCD의 넓이를 구하시오.

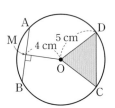

08

오른쪽 그림과 같이 원 모양의 상자 뚜껑에 거리가 18 cm가 되도록 길이가 같은 끈 모양 스티커를 2개 붙이려고 한다. 이 원의 지름의 길이가 30 cm일 때, 스티커 한 개의 길이인 $\overline{AB}$의 길이를 구하시오.

(단, 스티커의 폭은 생각하지 않는다.)

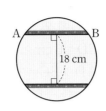

09 중요

오른쪽 그림의 원 O에서 $\overline{OM} \perp \overline{AB}$, $\overline{ON} \perp \overline{AC}$이고 $\overline{OM} = \overline{ON}$이다. $\angle BAC = 40°$일 때, $\angle x$의 크기를 구하시오.

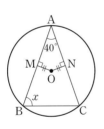

10

오른쪽 그림에서 $\overrightarrow{PA}$는 원 O의 접선이고 점 A는 접점, 점 B는 원 O와 $\overline{OP}$의 교점이다. $\overline{PB} = 4$ cm, $\angle P = 30°$일 때, △OAB의 둘레의 길이는?

① 10 cm ② 11 cm ③ 12 cm
④ 13 cm ⑤ 14 cm

11

오른쪽 그림에서 $\overrightarrow{PA}$, $\overrightarrow{PB}$는 원 O의 접선이고 두 점 A, B는 접점이다. $\angle APB = 80°$일 때, $\angle x + \angle y$의 크기를 구하시오.

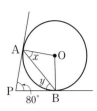

12

오른쪽 그림에서 $\overrightarrow{PA}$, $\overrightarrow{PB}$는 원 O의 접선이고 두 점 A, B는 접점, 점 C는 원 O와 $\overline{OP}$의 교점이다. $\overline{OA} = 4$ cm, $\overline{PC} = 2$ cm일 때, $\overline{PB}$의 길이를 구하시오.

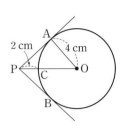

13

오른쪽 그림에서 $\overrightarrow{PA}$, $\overrightarrow{PB}$는 두 점 A, B를 각각 접점으로 하는 원 O의 접선이다. $\overline{PA} = 6$ cm, $\angle P = 60°$일 때, △PAB의 넓이를 구하시오.

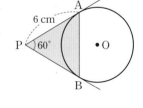

14 중요

오른쪽 그림에서 $\overrightarrow{AD}$, $\overrightarrow{AE}$, $\overrightarrow{BC}$는 원 O의 접선이고 세 점 D, E, F는 접점이다. $\overline{AC} = 7$ cm, $\overline{BC} = 5$ cm, $\overline{CE} = 3$ cm일 때, $\overline{AB}$의 길이를 구하시오.

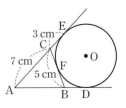

15

오른쪽 그림과 같이 반원 O의 지름
의 양 끝 점 A, B에서 그은 접선과
원 위의 점 E에서 그은 접선의 교점
을 각각 C, D라 할 때, ∠COD의
크기를 구하시오.

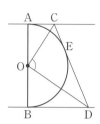

16

오른쪽 그림에서 원 O는
△ABC의 내접원이고 세 점
D, E, F는 접점이다.
$\overline{AB}=8$ cm, $\overline{BC}=12$ cm,
$\overline{AC}=10$ cm일 때, $\overline{BE}$의 길
이를 구하시오.

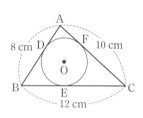

17

오른쪽 그림에서 □ABCD가 원
O에 외접할 때, x의 값은?

① 5   ② 6
③ 7   ④ 8
⑤ 9

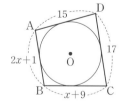

18

오른쪽 그림에서 □ABCD는
원 O에 외접하고 $\overline{AB}=9$ cm,
$\overline{CD}=6$ cm이다.
$\overline{AD}:\overline{BC}=2:3$일 때, $\overline{BC}$의
길이를 구하시오.

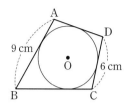

19

오른쪽 그림에서 원 O는 직사
각형 ABCD의 세 변과 접하고
$\overline{DE}$는 원 O의 접선이다.
$\overline{AB}=15$ cm, $\overline{BC}=20$ cm일
때, $\overline{DE}$의 길이는?

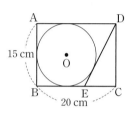

① 16 cm   ② $\frac{33}{2}$ cm   ③ 17 cm
④ $\frac{35}{2}$ cm   ⑤ 18 cm

20

 창의·융합 수학＋역사

오른쪽 그림은 어느 고분에서
발굴된 원 모양의 접시의 일부
분으로 이를 이용하여 원래 접
시의 실제 크기를 추정하려고
한다. $\overline{AB}\perp\overline{CD}$이고 $\overline{AD}=\overline{BD}=6$ cm, $\overline{CD}=4$ cm
일 때, 원래 원 모양의 접시의 둘레의 길이를 구하시오.

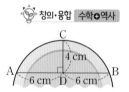

01

오른쪽 그림에서 원 O는
∠A=90°인 직각삼각형
ABC의 내접원이고 세
점 D, E, F는 접점이다.
$\overline{BC}$=15 cm,
$\overline{AC}$=12 cm일 때, 원 O의 넓이를 구하시오. [6점]

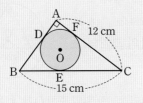

풀이

채점 기준 **1** $\overline{AB}$의 길이 구하기 … 2점

채점 기준 **2** 원 O의 반지름의 길이 구하기 … 3점

채점 기준 **3** 원 O의 넓이 구하기 … 1점

답

01-1

한번↻

오른쪽 그림에서 원 O는
∠A=90°인 직각삼각형
ABC의 내접원이고 세
점 D, E, F는 접점이다.
$\overline{BE}$=4 cm, $\overline{EC}$=6 cm일 때, △ABC의 넓이를
구하시오. [6점]

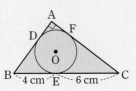

풀이

채점 기준 **1** $\overline{AB}$, $\overline{AC}$의 길이를 원 O의 반지름의 길이를 이용하여 각각 나타내
기 … 2점

채점 기준 **2** 원 O의 반지름의 길이 구하기 … 3점

채점 기준 **3** △ABC의 넓이 구하기 … 1점

답

02

오른쪽 그림과 같이 원 모양의 종
이를 원주 위의 한 점이 원의 중심
O에 겹쳐지도록 접었다. 접힌 현
의 길이가 12√3 cm일 때, 원 O의
반지름의 길이를 구하시오. [6점]

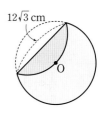

풀이

답

03

오른쪽 그림에서 $\overrightarrow{PA}$, $\overrightarrow{PB}$는 원
O의 접선이고 두 점 A, B는 접
점이다. $\overline{PA}$=6√3 cm이고
∠AOB=120°일 때, □PAOB
의 넓이를 구하시오. [7점]

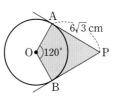

풀이

답

04

오른쪽 그림에서 반지름의 길이
가 3 cm인 원 O는 사다리꼴
ABCD에 내접하고 네 점 E,
F, G, H는 접점이다.
$\overline{AB}$=8 cm이고
∠C=∠D=90°일 때, □ABCD의 둘레의 길이를 구
하시오. [6점]

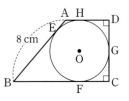

풀이

답

01 원주각

1 원주각과 중심각의 크기

(1) **원주각** : 원 O에서 호 AB 위에 있지 않은 원 위의 한 점 P에 대하여
∠APB를 호 AB에 대한 원주각이라 한다. → 호 AB에 대한 원주각은 무수히 많다.

(2) 원에서 한 호에 대한 원주각의 크기는 그 호에 대한 중심각의 크기의
$\dfrac{1}{2}$이다. ➡ $\angle APB = \dfrac{1}{2}\angle AOB$

> **중1**
> 두 반지름 OA, OB가 이루는 각 AOB를 $\overarc{AB}$에 대한 중심각이라 한다.

설명 ① 원의 중심 O가 ∠APB의 한 변 위에 있는 경우

∠OPA=∠OAP이므로
∠AOB
=∠OPA+∠OAP
=2∠APB
∴ $\angle APB = \dfrac{1}{2}\angle AOB$

② 원의 중심 O가 ∠APB의 내부에 있는 경우

∠APB
=∠APQ+∠BPQ
=$\dfrac{1}{2}$(∠AOQ+∠BOQ)
=$\dfrac{1}{2}$∠AOB

③ 원의 중심 O가 ∠APB의 외부에 있는 경우

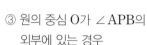

∠APB
=∠QPB−∠QPA
=$\dfrac{1}{2}$(∠QOB−∠QOA)
=$\dfrac{1}{2}$∠AOB

(3) 원에서 한 호에 대한 원주각의 크기는 모두 같다.
➡ ∠APB=∠AQB=∠ARB

(4) 반원에 대한 원주각의 크기는 90°이다.
➡ $\overline{AB}$가 원 O의 지름이면
$\angle APB = \dfrac{1}{2} \times 180° = 90°$

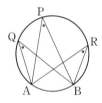
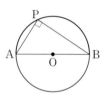

2 원주각의 크기와 호의 길이

한 원 또는 합동인 두 원에서

(1) 길이가 같은 호에 대한 원주각의 크기는 서로 같다.
➡ $\overarc{AB}=\overarc{CD}$이면 ∠APB=∠CQD

(2) 크기가 같은 원주각에 대한 호의 길이는 서로 같다.
➡ ∠APB=∠CQD이면 $\overarc{AB}=\overarc{CD}$

(3) 호의 길이는 그 호에 대한 원주각의 크기에 정비례한다.

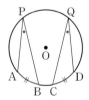

3 네 점이 한 원 위에 있을 조건

두 점 C, D가 직선 AB에 대하여 같은 쪽에 있을 때,
∠ACB=∠ADB
이면 네 점 A, B, C, D는 한 원 위에 있다.— 사각형 ABCD는 원에 내접한다.

참고 네 점 A, B, C, D가 한 원 위에 있으면 ∠ACB=∠ADB

개념 코칭 1 원주각의 크기와 중심각의 크기 사이에는 어떤 관계가 있을까?

정답 및 풀이 ⊙ 24쪽

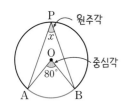

$$\angle x = \frac{1}{2} \times 80° = 40°$$

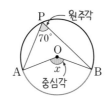

$$\angle x = 2 \times 70° = 140°$$

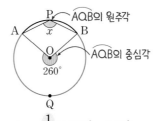

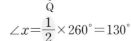

$$\angle x = \frac{1}{2} \times 260° = 130°$$

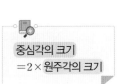

중심각의 크기
$= 2 \times$ 원주각의 크기

1 다음 그림에서 $\angle x$의 크기를 구하시오.

(1)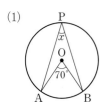

(2)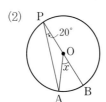

(3)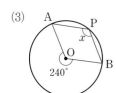

(4)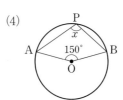

1-❶ 다음 그림에서 $\angle x$의 크기를 구하시오.

(1)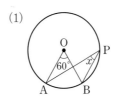

(2)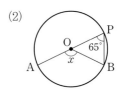

(3)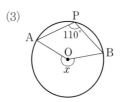

(4)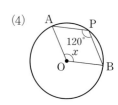

개념 코칭 2 원에서 한 호에 대한 원주각의 크기 사이에는 어떤 관계가 있을까?

정답 및 풀이 ⊙ 24쪽

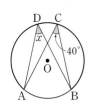

한 호에 대한
원주각의 크기는 모두 같다.

$$\angle x = \angle ACB = 40°$$

↳ $\overarc{AB}$에 대한 원주각

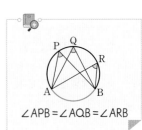

$$\angle APB = \angle AQB = \angle ARB$$

2 다음 그림에서 $\angle x$의 크기를 구하시오.

(1)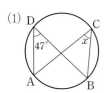

(2)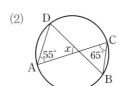

2-❶ 다음 그림에서 $\angle x$의 크기를 구하시오.

(1)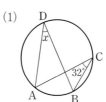

(2)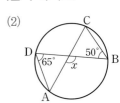

2. 원주각 **65**

반원(지름)에 대한 원주각의 크기는 얼마일까?

정답 및 풀이 ● 24쪽

$(\overset{\frown}{AB}$에 대한 원주각$)=\angle APB=\dfrac{1}{2}\times \underline{180°}=90°$

└ 반원에 대한 중심각의 크기

➡ 반원에 대한 원주각의 크기는 90°이다.

[참고] 지름을 한 변으로 하고 원에 내접하는 삼각형의 한 내각의 크기는 항상 90°이므로 직각삼각형이다.

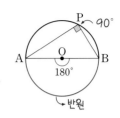

3 오른쪽 그림에서 $\overline{AB}$가 원 O 의 지름이고 $\angle CBA=20°$일 때, $\angle x$의 크기를 구하시오.

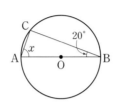

3-❶ 오른쪽 그림에서 $\overline{AB}$가 원 O 의 지름이고 $\angle BAC=60°$일 때, $\angle x$의 크기를 구하시오.

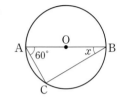

4 오른쪽 그림에서 $\overline{AB}$가 원 O 의 지름이고 $\angle ADC=65°$일 때, 다음을 구하시오.

(1) $\angle x$의 크기

(2) $\angle y$의 크기

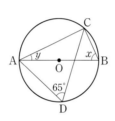

4-❶ 오른쪽 그림에서 $\overline{AB}$가 원 O 의 지름이고 $\angle CDB=50°$일 때, 다음을 구하시오.

(1) $\angle x$의 크기

(2) $\angle y$의 크기

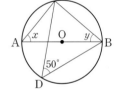

호의 길이와 원주각의 크기는 어떤 관계가 있을까?

정답 및 풀이 ● 24쪽

$\overset{\frown}{AB}=\overset{\frown}{CD}$ ⇄ $\angle AOB=\angle COD$ ⇄ $\angle APB=\angle CQD$

호의 길이가 같다.　　　　중심각의 크기가 같다.　　　　원주각의 크기가 같다.

5 다음 그림에서 x의 값을 구하시오.

(1)

(2)

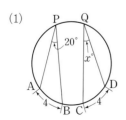
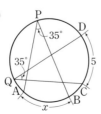

5-❶ 다음 그림에서 x의 값을 구하시오.

(1)

(2)

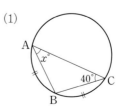
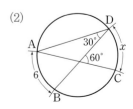

5 호의 길이가 2배, 3배, …가 될 때, 원주각의 크기는 어떻게 될까?

정답 및 풀이 ▶ 24쪽

• 원주각의 크기 구하기

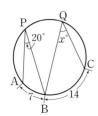

$20° : x° = 7 : 14$
원주각의 크기는
호의 길이에 정비례
$\therefore x = 40$

• 호의 길이 구하기

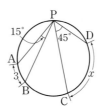

$3 : x = 15° : 45°$
호의 길이는
원주각의 크기에 정비례
$\therefore x = 9$

6 다음 그림에서 x의 값을 구하시오.

(1)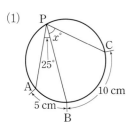

(2)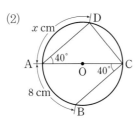

(단, $\overline{AC}$는 원 O의 지름)

6-❶ 다음 그림에서 x의 값을 구하시오.

(1)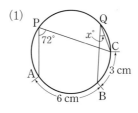

(2)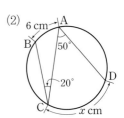

 6 네 점이 한 원 위에 있으려면 어떤 조건이 필요할까?

정답 및 풀이 ▶ 24쪽

세 점 A, B, C를 지나는 원은 항상 그릴 수 있다. 점 D의 위치에 따라 네 점이 한 원 위에 있을 조건을 알아보자.

(1) ∠ADB > ∠ACB일 때

네 점 A, B, C, D는 한 원 위에 있지 않다.

(2) ∠ADB = ∠ACB일 때

네 점 A, B, C, D는 한 원 위에 있다.

(3) ∠ADB < ∠ACB일 때

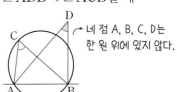

네 점 A, B, C, D는 한 원 위에 있지 않다.

7 다음 그림에서 네 점 A, B, C, D가 한 원 위에 있으면 ○표, 한 원 위에 있지 않으면 ×표를 하시오.

(1)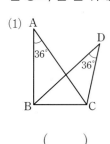

(   )

(2)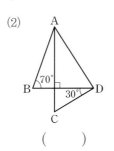

(   )

7-❶ 다음 그림에서 네 점 A, B, C, D가 한 원 위에 있으면 ○표, 한 원 위에 있지 않으면 ×표를 하시오.

(1)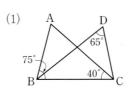

(   )

(2)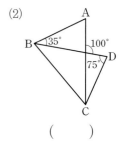

(   )

─┤ 원주각과 중심각의 크기 ├─

01 오른쪽 그림에서 $\overline{PA}$, $\overline{PB}$
는 원 O의 접선이고 두 점
A, B는 접점이다.
∠P=40°일 때, 다음을 구
하시오.

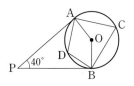

(1) ∠AOB의 크기

(2) ∠ACB의 크기

(3) ∠ADB의 크기

$\overline{PA}$, $\overline{PB}$가 원 O의 접선이면
(1) ∠x+∠y=180°
(2) ∠z=$\frac{1}{2}$∠y

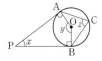

02 오른쪽 그림에서 $\overline{PA}$, $\overline{PB}$는
원 O의 접선이고 두 점 A, B
는 접점이다. ∠P=58°일 때,
∠x의 크기를 구하시오.

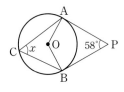

─┤ 한 호에 대한 원주각의 크기 ├─

03 오른쪽 그림에서
∠CBD=30°,
∠DFE=40°일 때, ∠x의
크기를 구하시오.

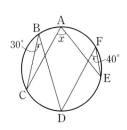

04 오른쪽 그림에서 $\overline{AC}$⊥$\overline{BD}$이고
∠BDC=50°일 때, ∠x, ∠y의
크기를 각각 구하시오.

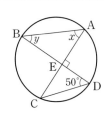

─┤ 반원에 대한 원주각의 크기 (1) ├─

05 오른쪽 그림에서 $\overline{BD}$는 원 O의
지름이고 ∠ABD=65°일 때,
∠x의 크기를 구하시오.

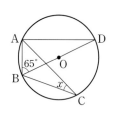

06 오른쪽 그림에서 $\overline{AC}$는 원 O
의 지름이고 ∠BDC=35°일
때, ∠x의 크기를 구하시오.

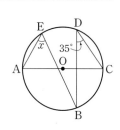

───┤ 반원에 대한 원주각의 크기 (2) ├────────────────

07 오른쪽 그림에서 $\overline{AB}$는 반원
O의 지름이고 점 P는 $\overline{AC}$,
$\overline{BD}$의 연장선의 교점이다.
∠P=62°일 때, 다음을 구
하시오.

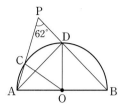

(1) ∠ADB의 크기

(2) ∠PAD의 크기

(3) ∠COD의 크기

08 오른쪽 그림에서 $\overline{AB}$는 반원
O의 지름이고 점 P는 $\overline{AC}$,
$\overline{BD}$의 연장선의 교점이다.
∠P=70°일 때, ∠x의 크기
를 구하시오.

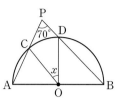

───┤ 원주각의 크기와 호의 길이 ├────────────────

09 오른쪽 그림에서 $\overset{\frown}{AB}=\overset{\frown}{BC}$이고
∠BDC=35°, ∠DBC=75°일
때, ∠x의 크기를 구하시오.

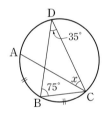

10 오른쪽 그림에서
∠APD=80°이고
$\overset{\frown}{AD}$=3 cm, $\overset{\frown}{BC}$=9 cm일 때,
∠x의 크기를 구하시오.

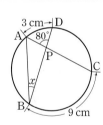

───┤ 🔴중요 ├

───┤ 호의 길이의 비가 주어질 때 원주각의 크기 ├────────────────

11 오른쪽 그림의 원 O는 △ABC
의 외접원이다.
$\overset{\frown}{AB}$: $\overset{\frown}{BC}$: $\overset{\frown}{CA}$=2 : 3 : 4일
때, ∠x의 크기를 구하시오.

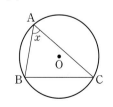

한 원에서 모든 호에 대한 원주각의 크기의 합은 180°이다.
➡ ∠ACB+∠BAC+∠CBA=180°

12 오른쪽 그림에서 $\overset{\frown}{AB}$의 길이는
원주의 $\dfrac{1}{6}$이고
$\overset{\frown}{AB}$: $\overset{\frown}{CD}$=3 : 4일 때, ∠x의
크기를 구하시오.

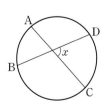

─── 삼각형의 외각의 성질을 이용한 원주각의 크기 ───

13 다음 그림과 같이 두 현 AB, CD의 연장선의 교점을 P라 하자. ∠P=35°, ∠ADC=40°일 때, ∠BCD의 크기를 구하시오.

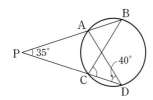

14 다음 그림과 같이 두 현 AB, CD의 연장선의 교점을 P라 하자. ∠P=40°, ∠ABC=70°일 때, ∠x의 크기를 구하시오.

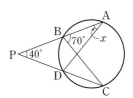

─── 원주각의 성질과 삼각비의 활용 ───

15 오른쪽 그림과 같이 반지름의 길이가 4인 원 O에 내접하는 △ABC에서 $\overline{BC}=6$일 때, cos A의 값을 구하시오.

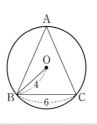

코칭 **Plus**

△ABC가 원 O에 내접할 때
∠BAC=∠BA′C이고 △A′BC는 직각삼각형이므로
➡ sin A=sin $A′$, cos A=cos $A′$, tan A=tan $A′$

16 오른쪽 그림과 같이 원 O에 내접하는 △ABC에서 ∠BAC=60°, $\overline{BC}=9$일 때, 원 O의 반지름의 길이를 구하시오.

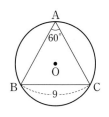

─── 네 점이 한 원 위에 있을 조건 ───

17 오른쪽 그림에서 네 점 A, B, C, D가 한 원 위에 있고 ∠ADB=50°, ∠BCD=80°일 때, ∠x의 크기를 구하시오.

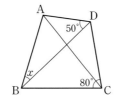

18 오른쪽 그림에서 네 점 A, B, C, D가 한 원 위에 있고 점 P는 $\overline{AD}$와 $\overline{BC}$의 연장선의 교점이다. ∠P=48°, ∠DAC=80°일 때, ∠x의 크기를 구하시오.

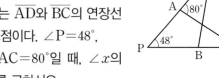

실력 확인하기

01

오른쪽 그림과 같이 $\overline{BA}=\overline{BC}$인 이등변삼각형 ABC가 원 O에 내접한다. ∠BCA=35°일 때, ∠x의 크기를 구하시오.

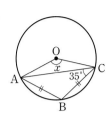

02

오른쪽 그림에서 △ABC는 원 O에 내접하고 ∠ABC=80°일 때, ∠OAC의 크기를 구하시오.

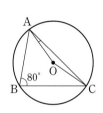

03

오른쪽 그림에서 $\overline{AB}$는 반원 O의 지름이고 점 P는 $\overline{AC}$, $\overline{BD}$의 연장선의 교점이다. ∠COD=40°일 때, ∠x의 크기를 구하시오.

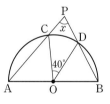

04

오른쪽 그림에서 $\overrightarrow{PA}$, $\overrightarrow{PB}$는 원 O의 접선이고 두 점 A, B는 접점이다. $\overarc{AC}=\overarc{BC}$이고 ∠ABC=55°일 때, ∠$x$의 크기를 구하시오.

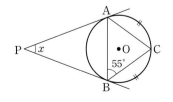

05

오른쪽 그림과 같은 원 O에서 $\overarc{AB}=2\pi$ cm, $\overarc{CD}=6\pi$ cm이고 ∠CPD=60°일 때, 원 O의 둘레의 길이는?

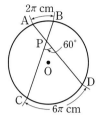

① 20π cm   ② 22π cm

③ 24π cm   ④ 26π cm

⑤ 28π cm

06

오른쪽 그림에서 네 점 A, B, C, D가 한 원 위에 있고 점 P는 $\overline{AB}$와 $\overline{CD}$의 연장선의 교점이다. ∠ACP=25°, ∠BEC=80°일 때, ∠x의 크기를 구하시오.

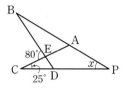

07 (문제해결)

오른쪽 그림에서 점 P는 두 현 AB와 CD의 연장선의 교점이다. ∠AOC=30°, ∠BOD=70°일 때, ∠x의 크기를 구하시오.

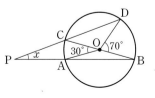

02 원주각의 활용

1 원에 내접하는 사각형의 성질

(1) 원에 내접하는 사각형의 한 쌍의 대각의 크기의 합은 $180°$이다.
→ $∠A+∠C=180°$, $∠B+∠D=180°$

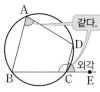

(2) 원에 내접하는 사각형의 한 외각의 크기는 그와 이웃한 내각에 대한 대각의 크기와 같다.
→ $∠DCE=∠BAD$

설명 (1) $∠BAD=\dfrac{1}{2}∠x$, $∠BCD=\dfrac{1}{2}∠y$이고
$∠x+∠y=360°$이므로
$∠BAD+∠BCD=\dfrac{1}{2}(∠x+∠y)$
$=\dfrac{1}{2}×360°=180°$

(2) $∠BAD+∠BCD=180°$, $∠BCD+∠DCE=180°$이므로 $∠BAD=∠DCE$

중1

대각(마주할 對, 각 角)
서로 마주 보고 있는 각

2 사각형이 원에 내접하기 위한 조건

(1) 한 쌍의 대각의 크기의 합이 $180°$인 사각형은 원에 내접한다.
참고 정사각형, 직사각형, 등변사다리꼴은 모두 한 쌍의 대각의 크기의 합이 $180°$이므로 항상 원에 내접한다.

(2) 한 외각의 크기와 그와 이웃한 내각에 대한 대각의 크기가 같은 사각형은 원에 내접한다.

3 원의 접선과 현이 이루는 각의 성질

(1) 원의 접선과 그 접점을 지나는 현이 이루는 각의 크기는 그 각의 내부에 있는 호에 대한 원주각의 크기와 같다.
→ $∠BAT=∠BCA$

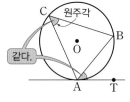

(2) 원 O에서 $∠BAT=∠BCA$이면 $\overrightarrow{AT}$는 원 O의 접선이다.

설명 ① $∠BAT$가 직각인 경우

현 AB는 원 O의 지름이므로
$∠BCA=90°$
∴ $∠BAT=∠BCA=90°$

② $∠BAT$가 예각인 경우

원 O의 지름 AD를 그으면
$∠DAT=∠DCA=90°$
∴ $∠BAT$
$=90°-∠DAB$ ← BD에 대한 원주각
$=90°-∠DCB$
$=∠BCA$

③ $∠BAT$가 둔각인 경우

원 O의 지름 AD를 그으면
$∠DAT=∠DCA=90°$
∴ $∠BAT$
$=90°+∠BAD$ ← BD에 대한 원주각
$=90°+∠BCD$
$=∠BCA$

개념 코칭 1

원에 내접하는 사각형의 마주 보는 두 각의 크기의 합은 얼마일까?

정답 및 풀이 ▶ 26쪽

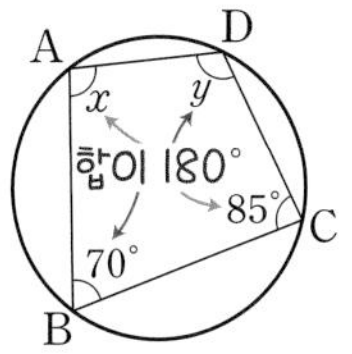

$\angle x+85^\circ=180^\circ \quad \therefore \angle x=95^\circ$

$\angle y+70^\circ=180^\circ \quad \therefore \angle y=110^\circ$

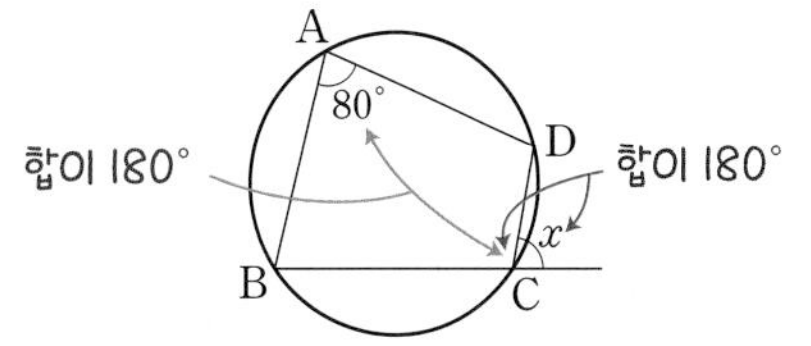

$80^\circ+\angle BCD=180^\circ \quad \therefore \angle BCD=100^\circ$

$100^\circ+\angle x=180^\circ \quad \therefore \underline{\angle x=80^\circ}$

↳ ∠x=∠BAD

1 다음 그림에서 □ABCD가 원 O에 내접할 때, $\angle x$의 크기를 구하시오.

(1)

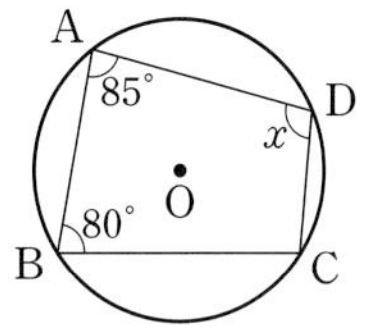

(2)

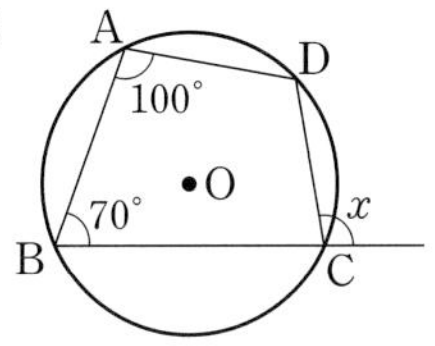

1-❶ 다음 그림에서 □ABCD가 원 O에 내접할 때, $\angle x$의 크기를 구하시오.

(1)

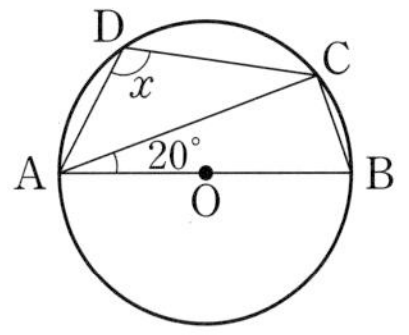

(단, $\overline{AB}$는 원 O의 지름)

(2)

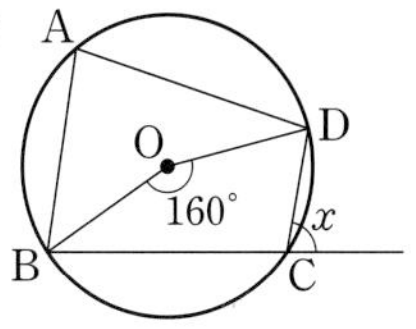

개념 코칭 2

사각형이 원에 내접하려면 어떤 조건이 필요할까?

정답 및 풀이 ▶ 26쪽

다음의 어느 한 조건을 만족시키는 사각형은 원에 내접한다.

(1) (대각의 크기의 합)=180°

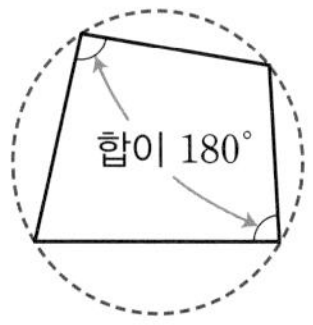

(2) (한 외각의 크기)
=(그 내각의 대각의 크기)

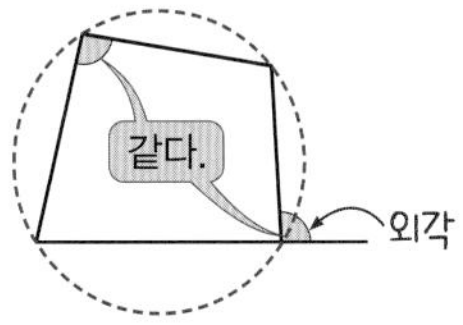

(3) 한 선분에 대하여 같은 쪽에 있는 각의 크기가 같다.

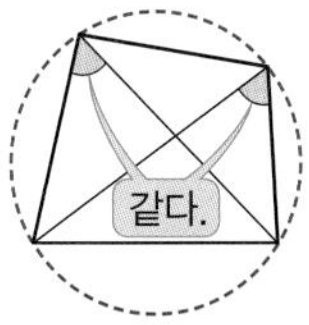

2 다음 그림에서 □ABCD가 원에 내접하면 ○표, 내접하지 않으면 ×표를 하시오.

(1)

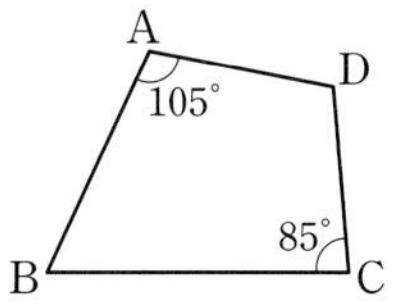

(　　)

(2)

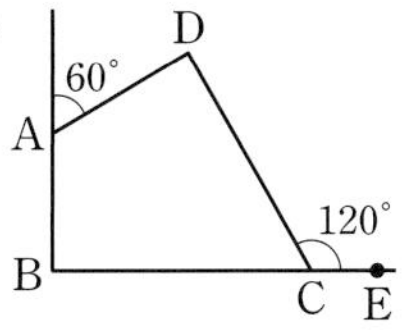

(　　)

2-❶ 다음 그림에서 □ABCD가 원에 내접하면 ○표, 내접하지 않으면 ×표를 하시오.

(1)

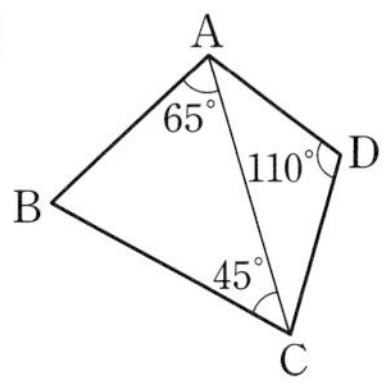

(　　)

(2)

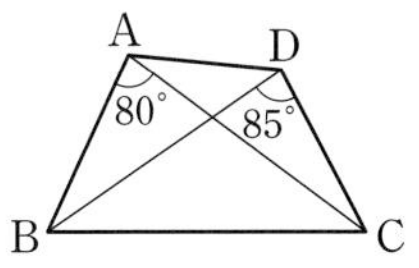

(　　)

개념코칭 3 접선과 현이 이루는 각과 크기가 같은 각은 무엇일까?

정답 및 풀이 ⦿ 26쪽

직선 AT가 원 O의 접선이고 점 A는 접점일 때

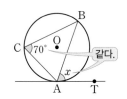

∠BAT＝∠BCA이므로
∠x＝70°

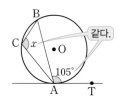

∠BCA＝∠BAT이므로
∠x＝105°

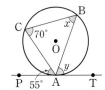

∠ABC＝∠CAP이므로
∠x＝55°
∠BAT＝∠BCA이므로
∠y＝70°

---

3 다음 그림에서 AT가 원 O의 접선이고 점 A는 접점일 때, ∠x의 크기를 구하시오.

(1)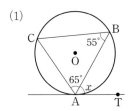

(2)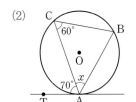

3-① 다음 그림에서 AT가 원 O의 접선이고 점 A는 접점일 때, ∠x의 크기를 구하시오.

(1)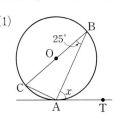

(2)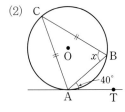

(단, BC는 원 O의 지름)

---

4 다음 그림에서 AT가 원 O의 접선이고 점 A는 접점일 때, ∠x의 크기를 구하시오.

(1)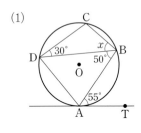

(2)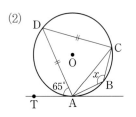

4-① 다음 그림에서 AT가 원 O의 접선이고 점 A는 접점일 때, ∠x의 크기를 구하시오.

(1)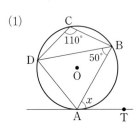

(2)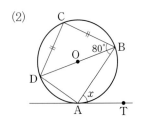

(단, BD는 원 O의 지름)

집중 코칭 4 | 두 원에서 접선과 현이 이루는 각과 크기가 같은 각은 무엇일까?

다음 그림에서 $\overleftrightarrow{PQ}$는 두 원 O, O′의 공통인 접선이고 점 T는 접점이다. 점 T를 지나는 두 직선이 두 원과 만나는 점을 각각 A, B, C, D라 할 때, $\overline{AB}\,/\!/\,\overline{CD}$이다.

집중 1

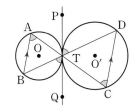

∠BAT
= ∠BTQ (원 O에서 접선과 현이 이루는 각)
= ∠DTP (맞꼭지각)
= ∠DCT (원 O′에서 접선과 현이 이루는 각)
➡ 엇각의 크기가 같으므로
  $\overline{AB}\,/\!/\,\overline{CD}$

집중 2

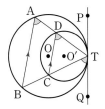

∠BAT
= ∠BTQ (원 O에서 접선과 현이 이루는 각)
= ∠CDT (원 O′에서 접선과 현이 이루는 각)
➡ 동위각의 크기가 같으므로
  $\overline{AB}\,/\!/\,\overline{CD}$

---

5 오른쪽 그림에서 $\overleftrightarrow{PQ}$가 두 원 O, O′의 공통인 접선이고 점 T는 접점이다. ∠BAT=50°, ∠CDT=60°일 때, 다음을 구하시오.

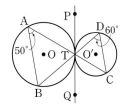

(1) ∠BTQ의 크기

(2) ∠DTP의 크기

(3) ∠DCT의 크기

(4) $\overline{AB}$와 평행한 선분

5-❶ 오른쪽 그림에서 $\overleftrightarrow{PQ}$가 두 원 O, O′의 공통인 접선이고 점 T는 접점이다. ∠BTQ=70°일 때, ∠x, ∠y의 크기를 각각 구하시오.

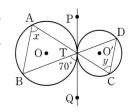

---

6 오른쪽 그림에서 $\overleftrightarrow{PQ}$가 두 원 O, O′의 공통인 접선이고 점 T는 접점이다. ∠BAT=40°일 때, 다음을 구하시오.

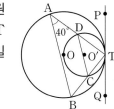

(1) ∠BTQ의 크기

(2) ∠CDT의 크기

(3) $\overline{AB}$와 평행한 선분

6-❶ 오른쪽 그림에서 $\overleftrightarrow{PQ}$가 두 원 O, O′의 공통인 접선이고 점 T는 접점이다. ∠BTQ=60°일 때, ∠x, ∠y의 크기를 각각 구하시오.

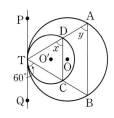

원에 내접하는 사각형의 성질(1)

01 오른쪽 그림과 같이 □ABCD
와 □ABCE가 각각 원에 내접
하고 ∠ADC=70°,
∠EAD=30°일 때,
∠x＋∠y의 크기를 구하시오.

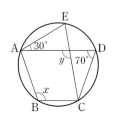

02 오른쪽 그림과 같이 □ABCD가
원에 내접하고 ∠ABD=35°,
∠BDA=85°일 때, ∠x의 크기
를 구하시오.

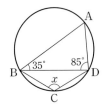

원에 내접하는 사각형의 성질(2)

03 오른쪽 그림에서 □ABCD는
원에 내접한다. $\overline{AD}$, $\overline{BC}$의
연장선의 교점을 P라 하면
∠P=35°, ∠BCD=80°일
때, ∠x의 크기를 구하시오.

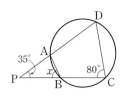

04 오른쪽 그림에서 □ABCD
가 원 O에 내접하고
∠OBC=20°,
∠CAD=15°일 때, ∠x의
크기를 구하시오.

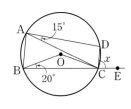

중요

원에 내접하는 사각형의 외각의 성질

05 오른쪽 그림과 같이
□ABCD가 원에 내접하
고 ∠P=35°, ∠Q=25°
일 때, ∠x의 크기를 구
하시오.

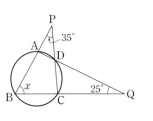

 Plus

□ABCD가 원에 내접하므로
∠CDQ=∠x
△PBC에서 ∠DCQ=∠x＋∠a
➡ △DCQ에서
∠x＋(∠x＋∠a)＋∠b=180°

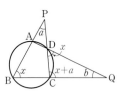

06 오른쪽 그림과 같이
□ABCD가 원에 내접하고
∠P=35°, ∠ABC=130°
일 때, ∠x의 크기를 구하시
오.

원에 내접하는 다각형 중요

07 오른쪽 그림과 같이 오각형 ABCDE가 원 O에 내접하고 ∠BOC=70°, ∠CDE=95°일 때, ∠x의 크기를 구하시오.

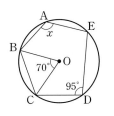

코칭 Plus

원에 내접하는 다각형에서 각의 크기를 구할 때는 보조선을 그어 그 원에 내접하는 사각형을 만든다.

08 오른쪽 그림과 같이 오각형 ABCDE가 원 O에 내접하고 ∠AOB=82°일 때, ∠x+∠y의 크기를 구하시오.

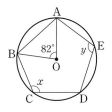

두 원에서 원에 내접하는 사각형의 성질

09 오른쪽 그림과 같이 두 원 O, O′이 두 점 P, Q에서 만나고 ∠BAP=105°일 때, 다음을 구하시오.

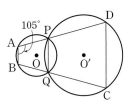

(1) ∠PQC의 크기

(2) ∠PDC의 크기

10 오른쪽 그림과 같이 두 원 O, O′이 두 점 P, Q에서 만나고 ∠BAP=100°일 때, ∠x의 크기를 구하시오.

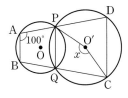

사각형이 원에 내접하기 위한 조건

11 오른쪽 그림에서 □ABCD가 원에 내접하고 ∠ABD=35°, ∠ADB=40°일 때, ∠x의 크기를 구하시오.

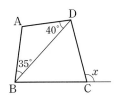

12 오른쪽 그림에서 □ABCD가 원에 내접하고 ∠ABD=25°, ∠BCD=80°, ∠BEC=60°일 때, ∠x의 크기를 구하시오.

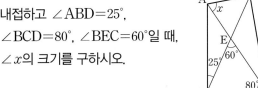

───┤ 접선과 현이 이루는 각 ├───

13 오른쪽 그림에서 $\overleftrightarrow{AT}$는 원 O의 접선이고 점 A는 접점이다. ∠AOB=146°일 때, ∠x의 크기를 구하시오.

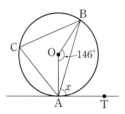

14 오른쪽 그림에서 $\overleftrightarrow{AT}$는 원 O의 접선이고 점 A는 접점이다. ∠ACB=80°이고 $\overline{AC}=\overline{BC}$일 때, ∠$x$의 크기는?

① 45° ② 50°
③ 55° ④ 60°
⑤ 65°

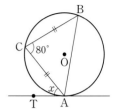

───┤ 접선과 현이 이루는 각 – 원에 내접하는 사각형 (1) ├───

15 오른쪽 그림에서 □ABCD는 원에 내접하고 직선 PQ는 원의 접선이다. ∠BCP=40°, ∠DCQ=50°일 때, ∠x+∠y의 크기를 구하시오.

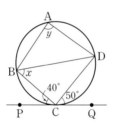

16 오른쪽 그림에서 □ABCD는 원 O에 내접하고 직선 AT는 원 O의 접선이다. ∠BAT=70°, ∠DCB=85°일 때, ∠ABD의 크기를 구하시오.

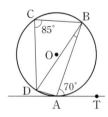

───┤ 접선과 현이 이루는 각 – 원에 내접하는 사각형 (2) ├───

17 오른쪽 그림에서 □ABCD는 원 O에 내접하고 $\overleftrightarrow{BT}$는 원 O의 접선이다. $\overline{AD}$는 원 O의 지름이고 ∠DCB=136°일 때, ∠x의 크기를 구하시오.

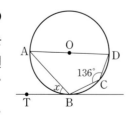

18 오른쪽 그림에서 □ABCD는 원에 내접하고 $\overleftrightarrow{CT}$는 원의 접선이다. $\overparen{AB}=\overparen{BC}$, ∠ABC=80°일 때, ∠$x$의 크기를 구하시오.

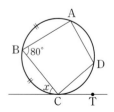

───┤ 접선과 현이 이루는 각의 활용 (1) ├───

19 오른쪽 그림에서 $\overrightarrow{PQ}$는 원 O의 접선이고 점 T는 접점이다. $\overline{PB}$는 원 O의 중심을 지나고 ∠P=36°일 때, ∠x의 크기는?

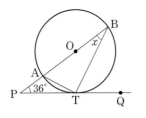

① 23°   ② 25°   ③ 27°
④ 29°   ⑤ 31°

20 오른쪽 그림에서 $\overrightarrow{PQ}$는 원 O의 접선이고 점 T는 접점이다. $\overline{PB}$는 원 O의 중심을 지나고 ∠BTQ=70°일 때, ∠x의 크기를 구하시오.

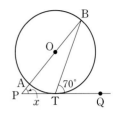

───┤ 접선과 현이 이루는 각의 활용 (2) ├───

21 오른쪽 그림에서 $\overrightarrow{PD}$, $\overrightarrow{PE}$는 원 O의 접선이고 두 점 A, B는 접점이다. ∠P=50°, ∠CAD=70°일 때, ∠x의 크기를 구하시오.

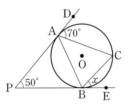

코칭 Plus

$\overrightarrow{PA}$, $\overrightarrow{PB}$가 원 O의 접선일 때
(1) △APB는 $\overline{PA}=\overline{PB}$인 이등변삼각형
(2) ∠PAB=∠PBA=∠ACB

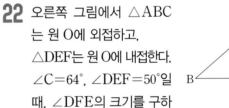

22 오른쪽 그림에서 △ABC는 원 O에 외접하고, △DEF는 원 O에 내접한다. ∠C=64°, ∠DEF=50°일 때, ∠DFE의 크기를 구하시오.

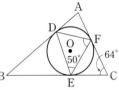

───┤ 두 원에서 접선과 현이 이루는 각 ├───

23 오른쪽 그림에서 $\overleftrightarrow{PQ}$는 두 원의 공통인 접선이고 점 T는 접점이다. ∠TAB=35°, ∠TDC=75°일 때, ∠DTC의 크기를 구하시오.

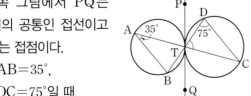

24 오른쪽 그림에서 $\overleftrightarrow{PQ}$는 두 원의 공통인 접선이고 점 T는 접점이다. ∠ABT=54°일 때, ∠x, ∠y의 크기를 각각 구하시오.

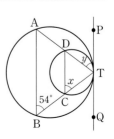

01

오른쪽 그림에서 $\overline{AB}$는 원 O의 지름이다. $\overparen{AD}=\overparen{CD}$이고 $\angle CAB=40°$일 때, $\angle x$의 크기는?

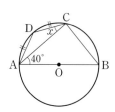

① 20° ② 25°
③ 30° ④ 35°
⑤ 40°

02

오른쪽 그림과 같이 □ABCD가 원에 내접하고 $\angle P=25°$, $\angle Q=47°$일 때, $\angle x$의 크기를 구하시오.

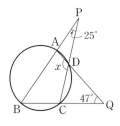

03

오른쪽 그림과 같이 두 원 O, O′이 두 점 P, Q에서 만나고 $\angle PDC=110°$일 때, $\angle x+\angle y$의 크기를 구하시오.

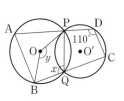

04

오른쪽 그림에서 원 O는 △ABC의 외접원이고 $\overrightarrow{AT}$는 원 O의 접선이다.
$\overparen{AB}:\overparen{BC}:\overparen{CA}=4:5:3$일 때, $\angle x$의 크기를 구하시오.

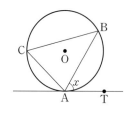

05

오른쪽 그림에서 □ABCD는 원 O에 내접하고 $\overline{PA}$는 원 O의 접선, 점 D는 원 O와 $\overline{PC}$의 교점이다. $\angle P=45°$, $\angle CBA=100°$일 때, $\angle x$의 크기를 구하시오.

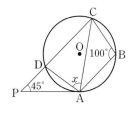

한걸음 더

06 추론

오른쪽 그림과 같이 육각형 ABCDEF가 원에 내접할 때, $\angle A+\angle C+\angle E$의 크기를 구하시오.

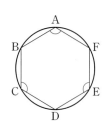

07 문제해결

오른쪽 그림과 같이 $\overline{BC}$를 지름으로 하는 원 O에서 $\overline{PA}$는 원 O의 접선이고 점 A는 접점, 점 C는 원 O와 $\overline{PB}$의 교점이다. $\overline{BC}=12$ cm, $\angle CBA=30°$일 때, $\overline{CP}$의 길이를 구하시오.

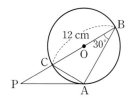

실전! 중단원 **마무리**　2. 원주각

01

오른쪽 그림의 원 O에서
∠APB=20°, ∠BOC=64°일 때,
∠x의 크기를 구하시오.

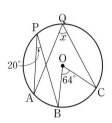

02

오른쪽 그림에서 ∠ADB=25°,
∠DPC=75°일 때, ∠y−∠x의 크기를 구하시오.

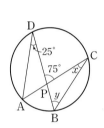

03

오른쪽 그림에서 $\overline{AB}$는 원 O의
지름이고 ∠CAB=38°일 때,
∠x의 크기는?

① 22°　　② 32°
③ 42°　　④ 52°
⑤ 62°

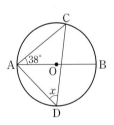

04

오른쪽 그림에서 $\overline{AB}$는 반원 O
의 지름이고 점 P는 $\overline{AC}$, $\overline{BD}$의
연장선의 교점이다. ∠P=58°
일 때, ∠x의 크기를 구하시오.

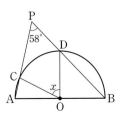

05

오른쪽 그림에서 $\overarc{AB}$=$\overarc{BC}$이고
∠DAC=65°, ∠ABD=55°일
때, ∠x의 크기는?

① 30°　　② 31°
③ 32°　　④ 33°
⑤ 34°

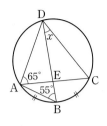

06

오른쪽 그림에서 점 P는 $\overline{AB}$,
$\overline{CD}$의 연장선의 교점이다.
∠P=32°, ∠BED=86°일
때, ∠ABC의 크기는?

① 25°　　② 27°　　③ 29°
④ 31°　　⑤ 33°

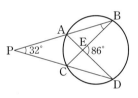

07

오른쪽 그림에서 네 점 A, B, C,
D가 한 원 위에 있고
∠ABD=45°, ∠BDC=65°일 때,
∠x의 크기는?

① 100°　　② 105°　　③ 110°
④ 115°　　⑤ 120°

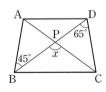

08

오른쪽 그림에서 점 P는 $\overline{AB}$, $\overline{CD}$의 연장선의 교점이다. $\overparen{AB}=\overparen{BC}=\overparen{CD}$이고 ∠P=36°일 때, ∠BDC의 크기는?

① 36°　　② 40°　　③ 44°
④ 46°　　⑤ 54°

09

오른쪽 그림에서 □ABCD는 원에 내접하고 ∠A : ∠B=4 : 3이다. ∠D=∠A+5°일 때, ∠x의 크기를 구하시오.

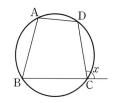

10

오른쪽 그림과 같이 □ABCD 가 원에 내접하고 ∠P=30°, ∠Q=40°일 때, ∠x의 크기는?

① 40°　　② 45°
③ 50°　　④ 55°
⑤ 60°

11 ^{중요}

오른쪽 그림에서 오각형 ABCDE 가 원 O에 내접한다. ∠COD=70° 일 때, ∠B+∠E의 크기를 구하시오.

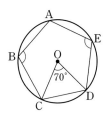

12

다음 중 네 점 A, B, C, D가 한 원 위에 있지 않은 것 은?

① 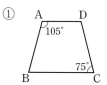　　②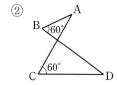

③ 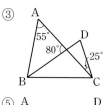　　④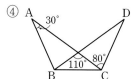

⑤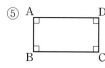

13

오른쪽 그림에서 원 O는 △ABC의 외접원이고 $\overline{AB}=\overline{BC}$, $\overparen{AB}$: $\overparen{AC}$=5 : 2이 다. $\overrightarrow{TA}$는 원 O의 접선이고 점 A는 접점일 때, ∠CAT의 크기 를 구하시오.

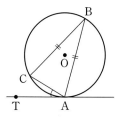

14

오른쪽 그림과 같이 $\overleftrightarrow{AT}$는 원 O의
접선이고 점 A는 접점이다.
□ABCD가 원 O에 내접하고
∠BAT=70°, ∠DCB=105°일
때, ∠x의 크기는?

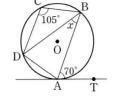

① 35°　　　　② 40°　　　　③ 45°

④ 50°　　　　⑤ 55°

15 중요

오른쪽 그림에서 $\overrightarrow{PT}$는 원 O의
접선이고 점 A는 접점이다. $\overline{PC}$
는 원 O의 중심을 지나고
∠CAT=68°일 때, ∠x의 크기
는?

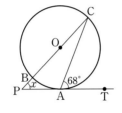

① 34°　　　　② 38°　　　　③ 42°

④ 46°　　　　⑤ 50°

16

오른쪽 그림에서 △ABC는
원 O에 외접하고, △DEF는
원 O에 내접한다.
∠DEF=60°, ∠EDF=70°
일 때, ∠x의 크기를 구하시오.

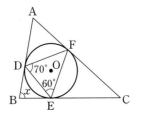

17

다음 중 $\overline{AB}/\!/\overline{CD}$가 아닌 것은?

①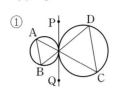

②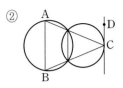

③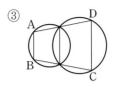

④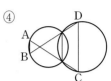

⑤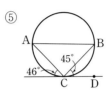

18

오른쪽 그림에서 $\overleftrightarrow{PQ}$가 두 원의
공통인 접선이고 점 T는 접점일
때, 다음 중 옳지 않은 것은?

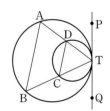

① $\overline{AB}/\!/\overline{CD}$

② ∠BAT=∠CDT

③ ∠ABT=∠ATP

④ △ABT∽△DCT

⑤ $\overline{TA}:\overline{TB}=\overline{TC}:\overline{TD}$

19

창의·융합 수학➕실생활

오른쪽 그림과 같이 원 모양
의 연못의 한쪽에 정자가 있
다. 연못의 경계 위의 한 지
점 A에서 정자의 양 끝 지점
B, C를 바라본 각의 크기가
30°이고 $\overline{BC}$=3 m일 때, 이
연못의 둘레의 길이를 구하
시오.

01

오른쪽 그림의 원에서 점 P
는 두 현 AC와 BD의 교점
이다. $\overset{\frown}{AB}$의 길이는 원주의
$\dfrac{1}{9}$, $\overset{\frown}{CD}$의 길이는 원주의 $\dfrac{1}{5}$
일 때, $\angle x$의 크기를 구하시오. [6점]

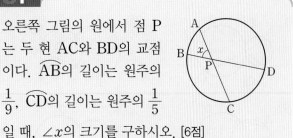

풀이

채점 기준 1 ∠ADB의 크기 구하기 … 2점

채점 기준 2 ∠CAD의 크기 구하기 … 2점

채점 기준 3 ∠x의 크기 구하기 … 2점

답

01-1 한번 더↗

오른쪽 그림의 원에서 점 P
는 두 현 AC와 BD의 교점
이다. $\overset{\frown}{AB}$의 길이는 원주의
$\dfrac{1}{4}$이고 $\overset{\frown}{AB}:\overset{\frown}{CD}=9:5$일 때,
∠x의 크기를 구하시오. [6점]

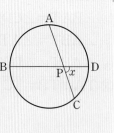

풀이

채점 기준 1 ∠ADB의 크기 구하기 … 2점

채점 기준 2 ∠CAD의 크기 구하기 … 2점

채점 기준 3 ∠x의 크기 구하기 … 2점

답

02

오른쪽 그림에서 $\overset{\frown}{AC}=\overset{\frown}{BD}$이고
∠BCD=38°일 때, ∠APD의
크기를 구하시오. [5점]

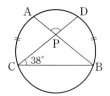

풀이

답

03

오른쪽 그림에서 $\overline{AC}\perp\overline{BE}$,
$\overline{BD}\perp\overline{AE}$이고 $\overline{AM}=\overline{BM}$이다.
∠E=65°일 때, ∠x의 크기를
구하시오. [6점]

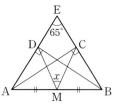

풀이

답

04

오른쪽 그림에서 $\overline{PT}$는 원 O의
접선이고 점 T는 접점이다.
$\overline{PB}$는 원 O의 중심을 지나고
$\overline{AB}=8$ cm, ∠ATP=30°일
때, △APT의 넓이를 구하시
오. [7점]

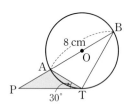

풀이

답

III

통계

1. 대푯값과 산포도
2. 상관관계

이 단원을 배우면 중앙값, 최빈값,
평균과 분산, 표준편차의 의미를 이해하고
이를 구할 수 있어요. 또, 자료를 산점도로 나타내고
이를 이용하여 상관관계를 말할 수 있어요.

01 대푯값

1 대푯값

(1) **대푯값** : 자료 전체의 특징을 대표적인 하나의 수로 나타낸 값

(2) 대푯값에는 평균, 중앙값, 최빈값 등이 있으며 평균을 주로 사용한다.

2 평균

평균 : 변량의 총합을 변량의 개수로 나눈 값 → $(평균) = \dfrac{(변량)의\ 총합}{(변량)의\ 개수}$

3 중앙값

(1) **중앙값** : 변량을 작은 값부터 크기순으로 나열하였을 때, 한가운데 있는 값

(2) n개의 변량을 작은 값부터 크기순으로 나열하였을 때

① n이 홀수이면 $\dfrac{n+1}{2}$번째 변량이 중앙값 → 한가운데 있는 변량

② n이 짝수이면 $\dfrac{n}{2}$번째와 $\left(\dfrac{n}{2}+1\right)$번째 변량의 평균이 중앙값 → 한가운데 있는 두 변량의 평균

예 ① 자료가 2, 3, 5, 7, 8일 때 → 5개의 변량
    (중앙값)=(한가운데 있는 값)=(3번째 변량)=5

② 자료가 2, 3, 5, 7, 8, 10일 때 → 6개의 변량
    (중앙값)=(한가운데 있는 두 값의 평균)=(3번째와 4번째 변량의 평균)=$\dfrac{5+7}{2}=6$

4 최빈값

(1) **최빈값** : 자료에서 가장 많이 나타나는 값, 즉 도수가 가장 큰 값

(2) 자료에서 도수가 가장 큰 값이 한 개 이상 있으면 그 값이 모두 최빈값이다.

예 자료가 1, 2, 2, 3, 5, 7, 7, 8일 때, 최빈값은 2, 7이다.

참고 평균, 중앙값, 최빈값의 특징

(1) 평균
  • 자료의 모든 변량을 포함하여 계산한다.
  • 자료 중에 극단적인 변량이 있는 경우에는 그 영향을 받는다.

(2) 중앙값
  • 자료 중에 극단적인 변량이 있는 경우에는 평균보다 자료 전체의 특징을 더 잘 대표할 수 있다.
  • 자료의 모든 정보를 활용한다고 볼 수 없다.

(3) 최빈값
  • 최빈값은 자료에 따라 두 개 이상일 수도 있다.
  • 자료가 문자나 기호인 경우에도 사용할 수 있다.
  • 변량의 개수가 적은 경우에는 자료 전체의 특징을 잘 나타내지 못할 수도 있다.

용어
• **대푯값**(대신할 代, 겉 表, 값)
  자료 전체의 특징을 대표하는 값
• **중앙값**(가운데 中, 가운데 央, 값)
  가운데 위치한 값
• **최빈값**(가장 最, 자주 頻, 값)
  가장 많이 나타나는 값

기초 코칭 1 줄기와 잎 그림을 해석하는 방법에 대하여 복습해 볼까?

정답 및 풀이 ➋ 32쪽

공 던지기 기록 (1|3은 13 m)

줄기	잎
1	3 5 6
2	0 4 5 7 9
3	2 8

→ (잎의 총개수) = (변량의 개수)

• (전체 학생 수) = 3 + 5 + 2 = 10(명)
• 잎이 가장 많은 줄기 : 2
• 공 던지기 기록이 30 m 이상인 학생 수 : 2명
  └ 줄기가 3인 잎의 개수

1 다음은 수현이네 반 학생들의 등교 시간을 조사하여 나타낸 줄기와 잎 그림이다. 물음에 답하시오.

등교 시간   (0|5는 5분)

줄기	잎
0	5 6 7 7 9
1	0 0 2 3 5 5 7 9
2	0 2 5 6 6 7 8 8 9

(1) 수현이네 반 전체 학생은 몇 명인지 구하시오.

(2) 등교 시간이 10분대인 학생은 몇 명인지 구하시오.

(3) 등교 시간이 가장 긴 학생과 가장 짧은 학생의 등교 시간 차를 구하시오.

1-❶ 다음은 연극 동호회 회원들의 나이를 조사하여 나타낸 줄기와 잎 그림이다. 물음에 답하시오.

나이   (1|1은 11세)

줄기	잎
1	1 1 2 5 6 8
2	0 2 3 3 6 7 9
3	1 1 3 4 7
4	7 9

(1) 전체 회원은 몇 명인지 구하시오.

(2) 잎이 가장 많은 줄기를 구하시오.

(3) 나이가 20세 미만인 회원은 몇 명인지 구하시오.

(4) 나이가 5번째로 많은 회원의 나이를 구하시오.

개념 코칭 2 대푯값으로 평균은 어떻게 구할까?

정답 및 풀이 ➋ 32쪽

과목	국어	영어	수학	과학	사회
점수(점)	90	75	85	65	80

→ 변량의 개수는 5
→ 변량의 총합은 395점

→ (평균) $= \dfrac{90+75+85+65+80}{5} = \dfrac{395}{5} = 79$(점)

 대푯값은 자료 전체의 특징을 하나의 수로 나타낸 값으로 평균, 중앙값, 최빈값 등이 있어.

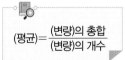 (평균) $= \dfrac{(변량)의\ 총합}{(변량)의\ 개수}$

2 다음 자료의 평균을 구하시오.

(1) 2, 4, 4, 5, 7, 8

(2) 20, 25, 28, 31

2-❶ 다음 자료의 평균을 구하시오.

(1) 2, 5, 6, 8, 9

(2) 13, 14, 18, 18, 19, 20

개념 코칭 3 · 대푯값으로 중앙값은 어떻게 구할까?

정답 및 풀이 ❯ 32쪽

n개의 변량을 작은 값부터 크기순으로 나열하였을 때

(1) 변량의 개수 n이 홀수인 경우 : 중앙값은 $\dfrac{n+1}{2}$번째 변량

| 5, 8, 2, 1, 6 | 작은 값부터 크기순으로 나열 | 1, 2, 5, 6, 8 | 한가운데 있는 변량 | 중앙값 : 5 |

(2) 변량의 개수 n이 짝수인 경우 : 중앙값은 $\dfrac{n}{2}$번째 변량과 $\left(\dfrac{n}{2}+1\right)$번째 변량의 평균

| 7, 2, 6, 4, 9, 2 | 작은 값부터 크기순으로 나열 | 2, 2, 4, 6, 7, 9 | 한가운데 있는 두 변량의 평균 | 중앙값 : $\dfrac{4+6}{2}=5$ |

3 다음 자료의 중앙값을 구하시오.

(1) 3, 2, 9, 6, 4

(2) 100, 70, 80, 70, 180, 90, 120

(3) 51, 39, 47, 28, 83, 56

3-❶ 다음 자료의 중앙값을 구하시오.

(1) 3, 7, 1, 9, 6

(2) 24, 29, 22, 28, 24, 21, 27

(3) 240, 210, 290, 230

개념 코칭 4 · 대푯값으로 최빈값은 어떻게 구할까?

정답 및 풀이 ❯ 32쪽

| 1, 2, 3, 3, 3, 4 | 가장 많이 나타나는 값 | 최빈값 : 3 |

3개

| 1, 2, 2, 4, 5, 5 | 가장 많이 나타나는 값 | 최빈값 : 2, 5 |

2개　　2개

최빈값은 선호도 조사에서 대푯값으로 많이 쓰여.

4 다음 자료의 최빈값을 구하시오.

(1) 2, 4, 8, 4, 3, 4

(2) 31, 33, 32, 34, 35, 34, 33

(3) 8, 4, 5, 2, 6, 4, 5, 2

4-❶ 다음 자료의 최빈값을 구하시오.

(1) 8, 7, 9, 5, 4, 10, 7, 6

(2) 100, 101, 105, 101, 100, 103, 100

(3) 5, 10, 15, 5, 5, 10, 15, 15

변량이 주어질 때 평균, 중앙값, 최빈값 구하기

01 다음은 윤우네 반 학생들의 오래 매달리기 기록을 조사하여 나타낸 것이다. 물음에 답하시오.

(단위 : 초)

> 13, 22, 24, 10, 1, 24, 18

(1) 평균, 중앙값, 최빈값을 각각 구하시오.

(2) 평균, 중앙값, 최빈값 중 이 자료의 대푯값으로 가장 적절한 것을 말하시오.

02 다음은 어느 옷 가게에서 하루 동안 판매된 티셔츠의 크기를 조사하여 나타낸 것이다. 물음에 답하시오.

(단위 : 호)

> 85, 75, 85, 100, 95, 105, 90, 85

(1) 평균, 중앙값, 최빈값을 각각 구하시오.

(2) 공장에 가장 많이 주문해야 할 티셔츠의 크기를 정하려고 할 때, 평균, 중앙값, 최빈값 중 이 자료의 대푯값으로 가장 적절한 것을 말하시오.

표로 주어진 자료에서 평균, 중앙값, 최빈값 구하기 중요

03 다음은 지수네 반 학생 20명이 1학기 동안 구입한 책 수를 조사하여 나타낸 표이다. 책 수의 평균, 중앙값, 최빈값을 각각 구하시오.

책 수(권)	1	2	3	4	5
학생 수(명)	1	5	8	3	3

04 다음은 학생 10명의 국어 수행평가 점수를 조사하여 나타낸 표이다. 점수의 평균, 중앙값, 최빈값을 각각 구하시오.

점수(점)	6	7	8	9	10
학생 수(명)	1	1	4	3	1

줄기와 잎 그림에서 중앙값, 최빈값 구하기

05 다음은 서준이네 반 학생 15명이 1년 동안 읽은 책 수를 조사하여 나타낸 줄기와 잎 그림이다. 읽은 책 수의 중앙값과 최빈값을 각각 구하시오.

읽은 책 수   (0|1은 1권)

줄기	잎
0	1 2 2 3 4 4 5 8 9
1	0 1 1 1 4
2	5

06 다음은 어느 신발 가게에서 하루 동안 판매한 운동화의 크기를 조사하여 나타낸 줄기와 잎 그림이다. 운동화의 크기의 중앙값과 최빈값을 각각 구하시오.

운동화의 크기
(23|0은 230 mm)

줄기	잎
23	0 5 5 5
24	0 0 0 5 5 5 5 5
25	0 0 0 5
26	0 0 5 5

─┤ 평균이 주어질 때 변량 구하기 ├─

07 다음은 정욱이네 반 학생 8명의 일주일 동안의 컴퓨터 사용 시간을 조사하여 나타낸 것이다. 컴퓨터 사용 시간의 평균이 6시간일 때, x의 값을 구하시오.

(단위 : 시간)

> 1, 2, 2, 5, 6, x, 10, 13

08 다음은 프로 야구 선수 10명의 홈런 수를 조사하여 나타낸 것이다. 홈런 수의 평균이 9개일 때, x의 값을 구하시오.

(단위 : 개)

> 2, 3, 5, 6, 7, x, 12, 13, 15, 16

─┤ 중앙값이 주어질 때 변량 구하기 ├─

09 다음은 어느 반 학생 6명의 영어 듣기평가 점수를 조사하여 작은 값부터 크기순으로 나열한 것이다. 이 자료의 중앙값이 14점일 때, x의 값을 구하시오.

(단위 : 점)

> 5, 9, 12, x, 18, 20

중앙값이 주어질 때
➡ 작은 값부터 크기순으로 나열한 후, 변량 x가 몇 번째에 있는지 파악한다.

10 다음은 8명의 학생들이 1년 동안 관람한 영화 수를 조사하여 작은 값부터 크기순으로 나열한 것이다. 이 자료의 중앙값이 8편일 때, x의 값을 구하시오.

(단위 : 편)

> 1, 3, 4, x, 9, 10, 12, 19

─┤ 최빈값이 주어질 때 변량 구하기 ├─

11 다음 자료의 평균과 최빈값이 같을 때, x의 값을 구하시오.

> 5, x, 4, 6, 5, 5, 9

12 다음은 9개의 변량을 작은 값부터 크기순으로 나열한 것이다. 이 자료의 평균이 6이고 최빈값이 4일 때, a, b의 값을 각각 구하시오. (단, a, b는 자연수)

> 2, 4, 4, a, 5, 7, 7, 8, b

01

다음 자료의 평균, 중앙값, 최빈값을 각각 A, B, C라 할 때, A, B, C의 대소를 비교하시오.

> 100, 500, 200, 100, 100, 500, 100, 400

02

오른쪽 그림은 지석이네 반 학생 15명의 턱걸이 횟수를 조사하여 나타낸 막대그래프이다. 이 자료의 평균, 중앙값, 최빈값을 각각 a회, b회, c회라 할 때, $a+b-c$의 값을 구하시오.

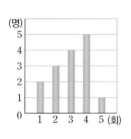

03

다음 중 자료 A, B, C에 대하여 바르게 설명한 사람을 모두 고르시오.

자료 A	2, 2, 5, 5, 5, 10
자료 B	1, 2, 3, 4, 5, 8, 100
자료 C	1, 2, 3, 4, 5, 6, 7, 8, 9

> 수혁 : 자료 A는 중앙값과 최빈값이 서로 같아.
> 정민 : 자료 B는 평균을 대푯값으로 정하는 것이 가장 적절해.
> 미영 : 자료 C는 평균이나 중앙값을 대푯값으로 정하는 것이 적절해.

04

다음 자료의 최빈값이 6일 때, 중앙값을 구하시오.

> 4, 6, a, 2, 6, 2, 8

05

다음 9개의 변량의 평균이 3이고 $a-b=4$일 때, 중앙값은?

> 5, -4, -2, a, 8, b, 9, 0, -1

① -1 ② 0   ③ 4
④ 5   ⑤ 8

06

어느 모둠 학생 10명의 몸무게를 작은 값부터 크기순으로 나열하였더니 5번째 변량이 59 kg이고, 중앙값은 60 kg이었다. 이 모둠에 몸무게가 62 kg인 학생이 들어올 때, 이 모둠 학생 11명의 몸무게의 중앙값을 구하시오.

02 산포도

1 산포도

(1) **산포도** : 변량들이 흩어져 있는 정도를 하나의 수로 나타낸 값
(2) 변량들이 대푯값으로부터 멀리 떨어져 있으면 산포도가 크고, 대푯값 주위에 모여 있으면 산포도가 작다.
(3) 산포도에는 분산, 표준편차 등이 있다.

2 편차

(1) **편차** : 각 변량에서 평균을 뺀 값을 그 변량의 편차라 한다.
  ➔ (편차)＝(변량)−(평균) ← 빼는 순서에 주의한다.
(2) **편차의 성질**
  ① 편차의 총합은 항상 0이다.
  ② 변량이 평균보다 크면 편차는 양수이고, 변량이 평균보다 작으면 편차는 음수이다.
  ③ 편차의 절댓값이 클수록 변량은 평균에서 멀리 떨어져 있고, 편차의 절댓값이 작을수록 변량은 평균 가까이에 있다.

3 분산과 표준편차

(1) **분산** : 각 편차의 제곱의 총합을 변량의 개수로 나눈 값, 즉 편차의 제곱의 평균

  ➔ $(분산)=\dfrac{(편차)^2의\ 총합}{(변량)의\ 개수}$

(2) **표준편차** : 분산의 음이 아닌 제곱근 ← 분산은 0일 수도 있다.

  ➔ $(표준편차)=\sqrt{(분산)}$

참고 분산과 표준편차가 작을수록 변량들이 평균 가까이에 모여 있다. 즉, 자료의 분포 상태가 고르다.

주의 표준편차는 주어진 변량과 단위가 같고, 분산은 단위를 쓰지 않는다.

예 변량 4, 7, 10의 분산과 표준편차를 각각 구하면

❶ 평균 구하기　　$(평균)=\dfrac{4+7+10}{3}=7$ ← $(평균)=\dfrac{(변량)의\ 총합}{(변량)의\ 개수}$

❷ 각 변량의 편차 구하기　　$-3,\ 0,\ 3$ ← (편차)=(변량)−(평균)

❸ (편차)²의 총합 구하기　　$(-3)^2+0^2+3^2=18$

❹ 분산 구하기　　$(분산)=\dfrac{18}{3}=6$ ← $(분산)=\dfrac{(편차)^2의\ 총합}{(변량)의\ 개수}$

❺ 표준편차 구하기　　$(표준편차)=\sqrt{6}$ ← $(표준편차)=\sqrt{(분산)}$

[분산(표준편차) 구하는 순서]

평균
↓
편차
↓
(편차)²의 총합
↓
분산
↓
표준편차

용어
- **산포도**(흩어질 散, 펼 布, 정도 度)
  자료가 흩어진 정도
- **편차**(치우칠 偏, 견줄 差)
  평균을 중심으로 치우친 정도

1 편차는 어떻게 구할까?

정답 및 풀이 ▶ 34쪽

자료 A	7	8	8	8	9

➡ (자료 A의 평균)$=\dfrac{7+8+8+8+9}{5}=8$

➡ (편차)=(변량)-(평균)이므로

자료 A	7	8	8	8	9	합계
편차	-1	0	0	0	1	0

평균보다 작다. 평균과 같다. 평균보다 크다. 편차의 총합은 0

자료 B	6	7	8	9	10

➡ (자료 B의 평균)$=\dfrac{6+7+8+9+10}{5}=8$

➡ (편차)=(변량)-(평균)이므로

자료 B	6	7	8	9	10	합계
편차	-2	-1	0	1	2	0

평균보다 작다. 평균과 같다. 평균보다 크다. 편차의 총합은 0

1 다음 자료의 평균을 구하고, 표를 완성하시오.

변량	6	8	4	9	2	7
편차						

1-❶ 다음 자료의 평균을 구하고, 표를 완성하시오.

변량	13	18	10	15	17	11
편차						

2 다음은 수현이네 반 학생 6명의 줄넘기 2단 뛰기 횟수의 편차를 조사하여 나타낸 표이다. 이 자료의 평균이 8회일 때, 6명의 줄넘기 2단 뛰기 횟수를 구하여 표를 완성하시오.

학생	보람	수현	지은	영주	희빈	은비
줄넘기 2단 뛰기 횟수(회)						
편차(회)	-2	1	0	3	4	-6

2-❶ 다음은 어느 동네의 5가구에 대한 자녀 수의 편차를 조사하여 나타낸 표이다. 이 자료의 평균이 2명일 때, 5가구의 자녀 수를 구하여 표를 완성하시오.

가구	A	B	C	D	E
자녀 수(명)					
편차(명)	-1	-1	1	2	-1

3 어떤 자료의 편차가 다음과 같을 때, x의 값을 구하시오.

$$x, \ -10, \ 6, \ 3$$

3-❶ 어떤 자료의 편차가 다음과 같을 때, x의 값을 구하시오.

$$-5, \ x, \ -3, \ 12$$

개념 코칭 2 분산과 표준편차는 어떻게 구할까?

정답 및 풀이 ❯ 34쪽

변량 6, 7, 8, 9, 10의 분산과 표준편차를 구해 보면

❶ 평균	$(평균)=\dfrac{6+7+8+9+10}{5}=8$
❷ 각 변량의 편차	$-2, -1, 0, 1, 2$
❸ (편차)²의 총합	$(-2)^2+(-1)^2+0^2+1^2+2^2=10$
❹ 분산	$(분산)=\dfrac{(편차)^2의\ 총합}{(변량)의\ 개수}=\dfrac{10}{5}=2$
❺ 표준편차	$(표준편차)=\sqrt{(분산)}=\sqrt{2}$

(편차) = (변량) - (평균)

표준편차의 단위는 주어진 변량의 단위와 같아.
분산은 편차의 제곱의 평균이므로 단위를 쓰지 않아.

4 아래 자료에 대하여 다음 순서에 따라 표를 완성하여 분산과 표준편차를 각각 구하시오.

$$10, \quad 9, \quad 7, \quad 13, \quad 11$$

❶ 평균	
❷ 각 변량의 편차	
❸ (편차)²의 총합	
❹ 분산	
❺ 표준편차	

4-❶ 아래는 민재네 반 학생들의 윗몸 일으키기 기록을 조사하여 나타낸 것이다. 다음 순서에 따라 표를 완성하여 분산과 표준편차를 각각 구하시오.

(단위 : 회)

$$9, \quad 12, \quad 15, \quad 13, \quad 10, \quad 7$$

❶ 평균	
❷ 각 변량의 편차	
❸ (편차)²의 총합	
❹ 분산	
❺ 표준편차	

5 다음은 어느 지역의 월요일부터 금요일까지의 최저 기온을 조사하여 나타낸 표이다. 이를 이용하여 최저 기온의 평균, 분산, 표준편차를 각각 구하시오.

요일	월	화	수	목	금
최저 기온(℃)	4	6	5	3	7

평균 : _____

분산 : _____

표준편차 : _____

5-❶ 다음 자료의 평균, 분산, 표준편차를 각각 구하시오.

$$5, \quad 8, \quad 4, \quad 7, \quad 2, \quad 10$$

평균 : _____

분산 : _____

표준편차 : _____

3 산포도를 이용하여 두 집단의 분포를 비교해 볼까?

정답 및 풀이 ◎ 34쪽

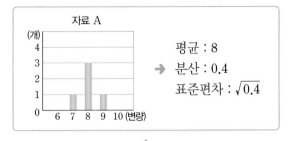

자료 A

평균 : 8
분산 : 0.4
표준편차 : $\sqrt{0.4}$

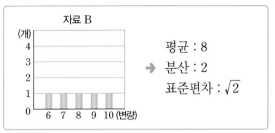

자료 B

평균 : 8
분산 : 2
표준편차 : $\sqrt{2}$

• 표준편차가 작을수록 산포도가 작다.
• 변량이 평균을 중심으로 가까이 모여 있다.
• 자료의 분포가 고르다.

• 표준편차가 클수록 산포도가 크다.
• 변량이 평균을 중심으로 넓게 흩어져 있다.
• 자료의 분포가 고르지 않다.

참고 자료 A, B의 평균은 8로 같다. 그러나 자료 A의 변량은 평균 가까이에 모여 있지만 자료 B의 변량은 평균에서 멀리 흩어져 있다. 따라서 자료 A가 자료 B에 비해 산포도가 작다.

---

6 다음은 학생 수가 모두 같은 다섯 반 학생들의 수학 수행평가 성적의 평균과 표준편차를 조사하여 나타 낸 표이다. 물음에 답하시오.

반	A	B	C	D	E
평균(점)	17	15	16	13	15
표준편차(점)	$\sqrt{10}$	$\sqrt{5}$	$\sqrt{7}$	$2\sqrt{3}$	2

(1) 성적이 가장 고르게 분포된 반을 말하시오.

(2) 성적이 가장 고르지 않게 분포된 반을 말하시 오.

6-❶ 다음은 학생 5명의 한 달 동안의 하루 수면 시간의 평균과 표준편차를 조사하여 나타낸 표이다. 물음에 답하시오.

학생	A	B	C	D	E
평균(시간)	7.2	6.5	8	7.9	6.8
표준편차(시간)	2	$\sqrt{0.5}$	$\sqrt{3}$	$\sqrt{2}$	1

(1) 수면 시간이 가장 고른 학생을 말하시오.

(2) 수면 시간이 가장 불규칙한 학생을 말하시오.

---

7 다음 그림은 A, B 두 반 학생들의 형성평가 점수를 조사하여 나타낸 막대그래프이다. 학생들의 형성평 가 점수의 표준편차가 더 작은 반을 구하시오.

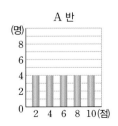 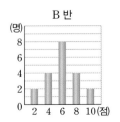

7-❶ 다음 그림은 A, B 두 반 학생들이 일주일 동안 도서 관을 이용한 횟수를 조사하여 나타낸 막대그래프이 다. 학생들의 도서관 이용 횟수의 표준편차가 더 큰 반을 구하시오.

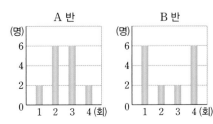

1. 대푯값과 산포도 **95**

4 주어진 변량이 변하면 평균, 분산, 표준편차는 어떻게 변할까?

정답 및 풀이 ● 34쪽

오른쪽 표는 학생 3명의 음악 수행평가 점수를 조사하여 나타낸 것이다.

학생	A	B	C
점수(점)	12	15	18

$$(평균) = \frac{12+15+18}{3} = \frac{45}{3} = 15(점)$$

학생 3명의 편차가 각각 −3점, 0점, 3점이므로

$$(분산) = \frac{(-3)^2 + 0^2 + 3^2}{3} = \frac{18}{3} = 6$$

$$(표준편차) = \sqrt{6}(점)$$

집중 1 점수를 1점씩 올렸을 때

각 학생의 점수를 1점씩 올리면 A, B, C의 점수는 각각 13점, 16점, 19점이므로

$$(평균) = \frac{13+16+19}{3} = \frac{48}{3} = 16(점)$$

학생 3명의 편차가 각각 −3점, 0점, 3점이므로

$$(분산) = \frac{(-3)^2 + 0^2 + 3^2}{3} = \frac{18}{3} = 6$$

$$(표준편차) = \sqrt{6}(점)$$

각 학생의 점수가 1점씩 오르면 평균도 1점 오르네.

각 변량의 편차는 변화가 없어서 분산과 표준편차는 그대로야.

집중 2 점수를 2배씩 올렸을 때

각 학생의 점수를 2배씩 올리면 A, B, C의 점수는 각각 24점, 30점, 36점이므로

$$(평균) = \frac{24+30+36}{3} = \frac{90}{3} = 30(점)$$

학생 3명의 편차가 각각 −6점, 0점, 6점이므로

$$(분산) = \frac{(-6)^2 + 0^2 + 6^2}{3} = \frac{72}{3} = 24$$

$$(표준편차) = \sqrt{24} = 2\sqrt{6}(점)$$

각 학생의 점수가 2배씩 오르면 평균도 2배가 되네.

각 변량의 편차도 2배로 커졌기 때문에 분산은 4배, 표준편차는 2배가 되는구나.

---

8 3개의 변량 a, b, c의 평균이 5이고 분산이 4일 때, $a+3$, $b+3$, $c+3$의 평균과 분산을 각각 구하시오.

 9 3개의 변량 a, b, c의 평균이 5이고 분산이 4일 때, $3a$, $3b$, $3c$의 평균과 분산을 각각 구하시오.

──┤ 편차가 주어질 때 변량 구하기 ├──

01 다음은 학생 6명의 과학 성적의 편차를 조사하여 나타낸 표이다. 물음에 답하시오.

학생	A	B	C	D	E	F
편차(점)	-3	-2	x	8	-4	2

(1) x의 값을 구하시오.

(2) 6명의 과학 성적의 평균이 75점일 때, 학생 C의 과학 성적을 구하시오.

02 다음은 은아네 반 학생 7명의 1분 동안 맥박 수의 편차를 조사하여 나타낸 표이다. 7명의 1분 동안 맥박 수의 평균이 72회일 때, 학생 D의 맥박 수를 구하시오.

학생	A	B	C	D	E	F	G
편차(회)	-1	3	-7		2	-3	2

──┤ 분산과 표준편차 ├── (중요)

03 다음은 민우네 반 학생 5명의 일주일 동안의 운동 시간을 조사하여 나타낸 것이다. 5명의 운동 시간의 평균이 8시간일 때, 표준편차를 구하시오.

(단위 : 시간)

$$4, \quad 10, \quad 6, \quad 13, \quad x$$

04 다음은 서현이가 8회에 걸쳐 실시한 윗몸 일으키기 기록의 편차를 조사하여 나타낸 표이다. 이때 윗몸 일으키기 기록의 표준편차를 구하시오.

회차	1회	2회	3회	4회	5회	6회	7회	8회
편차(회)	-4	5	-3	1	0	-2	3	0

──┤ 평균과 표준편차가 주어질 때 식의 값 구하기 ├──

05 5개의 변량 $3, 2, x, y, 11$의 평균이 5이고 표준편차가 $\sqrt{10}$일 때, x^2+y^2의 값은?

① 41 ② 45 ③ 53
④ 59 ⑤ 65

 Plus ◻

5개의 변량 a, b, c, d, e의 평균이 m이고 분산이 s^2이면

(1) $\dfrac{a+b+c+d+e}{5}=m$

(2) $\dfrac{(a-m)^2+(b-m)^2+(c-m)^2+(d-m)^2+(e-m)^2}{5}=s^2$

06 5개의 변량 $6, x, 9, y, 7$의 평균이 6이고 분산이 4일 때, xy의 값은?

① 10 ② 12 ③ 14
④ 15 ⑤ 18

편차의 성질을 이용하여 표준편차 구하기

07 어떤 자료의 편차가 다음과 같을 때, 분산과 표준편차를 각각 구하시오.

$$-2, \quad 0, \quad -3, \quad x, \quad 1$$

Plus

편차의 총합은 항상 0임을 이용하여 x의 값을 먼저 구한 후에 분산을 구한다.

08 다음은 어느 농장에서 생산된 5개의 복숭아 무게의 편차를 조사하여 나타낸 표이다. 복숭아 무게의 표준편차를 구하시오.

복숭아	A	B	C	D	E
편차(g)	2	x	-2	-5	4

자료의 분석⑴

09 다음은 학생 5명의 일주일 동안 운동 시간의 평균과 표준편차를 조사하여 나타낸 표이다. 운동 시간이 가장 불규칙한 학생을 구하시오.

학생	희재	태은	정온	예진	정욱
평균(시간)	5	7	6	5	8
표준편차(시간)	3	1.6	2	0.8	1.2

10 다음은 학생 5명의 1학기 기말고사 성적의 평균과 표준편차를 조사하여 나타낸 표이다. 성적이 평균을 중심으로 가장 밀집되어 있는 학생을 구하시오.

학생	종국	시은	동훈	은지	명수
평균(점)	83	76	87	80	83
표준편차(점)	4	$2\sqrt{3}$	$3\sqrt{2}$	$\sqrt{17}$	$\sqrt{14}$

자료의 분석⑵

11 오른쪽은 학생 수가 같은 A, B 두 중학교 3학년 학생들의 영어 성적의 평균과 표준편차를 조사하여 나타낸 표이다. 다음 설명 중 옳은 것을 모두 고르면? (정답 2개)

중학교	A	B
평균(점)	72	72
표준편차(점)	5.4	6.9

① 두 중학교 전체의 평균은 72점이다.
② A 중학교의 영어 성적이 B 중학교보다 우수하다.
③ A 중학교의 영어 성적이 B 중학교보다 고르다.
④ A 중학교의 편차의 총합이 B 중학교의 편차의 총합보다 작다.
⑤ 두 중학교의 영어 성적의 분포는 같다.

12 오른쪽은 어느 반 학생들의 음악 성적과 체육 성적의 평균과 표준편차를 조사하여 나타낸 표이다. 다음 설명 중 옳은 것은?

과목	음악	체육
평균(점)	80	80
표준편차(점)	$3\sqrt{2}$	4

① 음악 성적이 체육 성적보다 우수하다.
② 체육 성적이 음악 성적보다 우수하다.
③ 음악 성적이 체육 성적보다 고르다.
④ 체육 성적이 음악 성적보다 고르다.
⑤ 어느 과목의 성적이 더 고른지 알 수 없다.

01

다음 설명 중 옳지 <u>않은</u> 것은?

① 편차는 변량에서 평균을 뺀 것이다.

② 편차의 총합은 항상 0이다.

③ 분산은 편차의 평균이다.

④ 표준편차는 분산의 음이 아닌 제곱근이다.

⑤ 변량이 평균 가까이에 모여 있을수록 분산은 작아진다.

02

다음은 학생 5명의 키와 그에 대한 편차를 조사하여 나타낸 표이다. $a+b$의 값은?

학생	A	B	C	D	E
키(cm)	167	155	165	b	163
편차(cm)	a	-7	3	-2	1

① 155 ② 158 ③ 159

④ 162 ⑤ 165

03

오른쪽은 119 구조대의 출동 시간에 대한 편차와 도수를 조사하여 나타낸 표이다. 119 구조대의 출동 시간의 분산을 구하시오.

편차(분)	도수(대)
-2	3
-1	6
0	3
1	4
2	4

04

다음은 평균이 7인 자료들이다. 이 자료들 중에서 표준편차가 가장 큰 것은?

① 9, 7, 5, 9, 7, 5 ② 3, 5, 7, 7, 9, 11

③ 3, 11, 3, 11, 3, 11 ④ 7, 7, 7, 7, 7, 7

⑤ 3, 3, 7, 7, 11, 11

05

다음 5개의 변량의 평균이 10일 때, 표준편차를 구하시오.

$$8, \quad 9, \quad 6, \quad 12, \quad x$$

06

어떤 자료의 분산이 7이고 편차가 다음과 같을 때, x^2+y^2의 값을 구하시오.

$$-3, \quad 0, \quad x, \quad 2, \quad y, \quad -4$$

07

오른쪽 그림은 서언이네 반 학생 20명의 일주일 동안의 TV 시청 시간을 조사하여 나타낸 막대그래프이다. 이 자료의 표준편차를 구하시오.

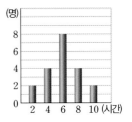

한걸음 더

08

세 수 $6-a$, 6, $6+a$의 표준편차가 $\sqrt{6}$일 때, 양수 a의 값을 구하시오.

09

다음 세 자료 A, B, C의 표준편차를 각각 a, b, c라 할 때, a, b, c의 대소를 바르게 비교한 것은?

자료 A : 1부터 5까지의 자연수
자료 B : 1부터 9까지의 홀수
자료 C : 2부터 10까지의 짝수

① $a<b<c$ ② $a=b<c$ ③ $a<b=c$
④ $a>b>c$ ⑤ $a>b=c$

10

어느 중학교 3학년 학생 100명의 미술 수행평가 점수를 모두 10점씩 올려 주면 평균과 표준편차는 어떻게 변하는가?

① 평균과 표준편차 모두 변함이 없다.
② 평균과 표준편차 모두 10점씩 올라간다.
③ 평균은 변함이 없고, 표준편차는 10점 올라간다.
④ 평균은 10점 올라가고, 표준편차는 변함이 없다.
⑤ 평균은 10점 올라가고, 표준편차는 $\sqrt{10}$점 올라간다.

11 추론

다음 5개의 변량의 평균이 0이고 중앙값이 2일 때, 표준편차를 구하시오. (단, $a<b$)

$$-6,\ -12,\ a,\ b,\ 6$$

12 문제해결 ①

어느 반 학생 5명의 운동화 크기를 측정한 결과 평균이 240 mm, 분산이 50이었다. 그런데 나중에 조사해 보니 운동화 크기가 240 mm, 250 mm로 입력된 두 학생의 운동화 크기가 실제로는 235 mm, 255 mm인 것이 발견되었다. 학생 5명의 실제 운동화 크기의 분산을 구하시오.

13 문제해결 ①

다음은 어느 학급 학생들의 제기차기 기록을 조사하여 나타낸 표이다. 전체 학생 20명의 제기차기 개수의 분산을 구하시오.

	학생 수(명)	평균(개)	분산
남학생	12	8	6
여학생	8	8	1

01

5개의 변량 $a+2$, $b-4$, $c+5$, $d+7$, 9의 평균이 11일 때, 4개의 변량 a, b, c, d의 평균은?

① 7　　　　　② 8　　　　　③ 9
④ 10　　　　⑤ 11

02

다음은 어느 반 학생 18명을 대상으로 좋아하는 분식을 조사하여 나타낸 것이다. 이 자료의 최빈값은?

김밥	라면	떡볶이	어묵	김밥	라면
라면	김밥	김밥	어묵	라면	김밥
떡볶이	김밥	순대	김밥	순대	떡볶이

① 김밥　　　　② 라면　　　　③ 떡볶이
④ 어묵　　　　⑤ 순대

03

다음 자료의 평균과 최빈값이 모두 20일 때, $a-b$의 값을 구하시오. (단, $a>b$)

$$22,\ 26,\ 18,\ a,\ 24,\ b,\ 20$$

04 ^{중요}

학생 11명의 수학 점수를 작은 값부터 크기순으로 나열할 때, 7번째 학생의 점수는 80점이고 중앙값은 76점이다. 수학 점수가 82점인 학생 1명을 추가할 때, 학생 12명의 수학 점수의 중앙값을 구하시오.

05

세 수 3, 9, a의 중앙값이 9이고, 네 수 14, 18, 20, a의 중앙값이 16일 때, 다음 중 자연수 a의 값이 될 수 없는 것은?

① 9　　　　　② 10　　　　　③ 12
④ 14　　　　⑤ 16

06

오른쪽 그림은 A, B, C 지역의 하루 중 최고 기온을 15일 동안 조사하여 나타낸 꺾은선 그래프이다. 다음 중 이 그래프에 대하여 바르게 설명한 학생을 모두 고르시오.

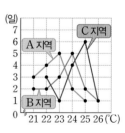

> 은지 : A 지역의 중앙값이 가장 작다.
> 명환 : B 지역의 최빈값은 24 ℃이다.
> 가민 : C 지역의 중앙값과 최빈값은 서로 같다.

07

다음은 어느 도시의 10일 동안의 최고 기온을 조사하여 나타낸 것이다. 이 자료의 중앙값이 21 ℃, 최빈값이 22 ℃일 때, $a+b+c$의 값을 구하시오.

(단, a, b, c는 자연수)

(단위 : ℃)

23, 19, a, b, c, 18, 23, 22, 14, 15

08 (중요)

다음 설명 중 옳은 것을 모두 고르면? (정답 2개)

① 대푯값에는 분산, 표준편차 등이 있다.
② 평균은 극단적인 값의 영향을 받는다.
③ 중앙값은 항상 주어진 변량 중에 존재한다.
④ 분산이 다른 두 집단은 평균도 다르다.
⑤ 편차의 절댓값이 작을수록 그 변량들은 평균에 가깝다.

09 (중요)

아래 자료는 남학생 5명의 턱걸이 횟수를 조사하여 나타낸 것이다. 다음 중 이 자료에 대한 설명으로 옳지 않은 것을 모두 고르면? (정답 2개)

(단위 : 회)

4, 6, 10, 6, 9

① 평균은 7회이다.
② 중앙값은 6회이다.
③ 최빈값은 10회이다.
④ 편차의 총합은 0이다.
⑤ 표준편차는 4.8회이다.

10

오른쪽은 서울역 주변의 소음도를 10일 동안 조사하여 나타낸 줄기와 잎 그림이다. 이 자료의 표준편차는?

① $\sqrt{51}$ dB
② $2\sqrt{13}$ dB
③ $\sqrt{53}$ dB
④ $3\sqrt{6}$ dB
⑤ $\sqrt{55}$ dB

소음도

(6|7은 67 dB)

줄기	잎
6	7
7	1 2 8 9 9
8	0 3
9	0 1

11

아래 표는 학생 5명의 100 m 달리기 기록에 대한 편차를 조사하여 나타낸 것이다. 다음 설명 중 옳지 않은 것은?

학생	정우	기영	지선	소민	호태
편차(초)	-1	0.5	0	2.5	-2

① 지선이의 100 m 달리기 기록은 평균과 같다.
② 정우와 기영이의 100 m 달리기 기록 차이는 1.5초이다.
③ 표준편차는 $\sqrt{2.3}$초이다.
④ 100 m 달리기 기록이 가장 빠른 학생은 호태이다.
⑤ 100 m 달리기 기록이 가장 느린 학생은 기영이다.

12

세 수 a, b, c의 평균이 12이고 표준편차가 3일 때, 세 수 $4a+1$, $4b+1$, $4c+1$의 평균은 m, 표준편차는 n이다. 이때 $m-n$의 값을 구하시오.

13

어느 모둠 학생 5명의 과학 실험평가 점수의 평균은 7점이고 분산은 2이다. 5명 중에서 점수가 7점인 학생한 명이 다른 모둠으로 갔을 때, 나머지 학생 4명의 과학 실험평가 점수의 표준편차를 구하시오.

14 중요

아래 표는 5개의 회사 A, B, C, D, E의 직원들의 임금에 대한 평균과 표준편차를 조사하여 나타낸 것이다. 다음 설명 중 옳은 것은?

회사	A	B	C	D	E
평균(만 원)	180	176	205	194	168
표준편차(만 원)	82	55	96	37	64

① E 회사의 직원 수가 가장 적다.
② 임금이 가장 높은 사람은 C 회사에 있다.
③ B 회사에는 임금이 180만 원 이상인 직원이 없다.
④ 5개 회사 중에서 임금이 가장 고른 회사는 D 회사이다.
⑤ 임금이 200만 원 이상인 직원은 A 회사보다 D 회사에 더 많다.

15

A 모둠 6명의 국어 성적과 B 모둠 8명의 국어 성적의 평균이 같고 표준편차가 각각 3점, x점이다. A, B 두 모둠을 합친 전체의 국어 성적의 표준편차가 $\sqrt{13}$점일 때, x의 값을 구하시오.

16

아래 그림은 세 모둠 A, B, C의 학생들이 하루에 외우는 영어 단어의 수를 조사하여 나타낸 막대그래프이다. 다음 보기에서 이 그래프에 대한 설명으로 옳은 것을 모두 고르시오.

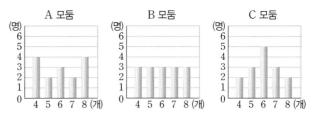

•보기•
ㄱ. 세 모둠 A, B, C의 평균은 같다.
ㄴ. 세 모둠 A, B, C의 중앙값은 같다.
ㄷ. A 모둠의 최빈값은 6개이다.
ㄹ. 세 모둠 A, B, C 중 B 모둠의 분산이 가장 크다.
ㅁ. 세 모둠 A, B, C 중 C 모둠의 표준편차가 가장 작다.

17 창의·융합 수학+건강

하루의 적정 수면 시간은 7~8시간이지만 잠을 짧게 잘수밖에 없다면, 짧은 시간 동안 깊이 자는 것이 좋다고 한다. 유미는 요즈음 잠이 안 와서 월요일부터 금요일까지 5일 동안의 수면 시간을 측정하여 기록하였는데, 기록지의 일부가 다음 그림과 같이 찢어졌다. 유미의 5일 동안의 수면 시간의 평균이 5시간이었을 때, 5일 동안의 수면 시간의 표준편차를 구하시오.

월	화	수	목	금
7시간	5시간	3시간	4시간	

01

다음 자료의 평균, 중앙값, 최빈값을 각각 a, b, c 라 할 때, a, b, c의 대소를 비교하시오. [7점]

> 3, 10, 4, 7, 5, 9, 6, 7, 7, 2

풀이

채점 기준 **1** a의 값 구하기 … 2점

채점 기준 **2** b의 값 구하기 … 2점

채점 기준 **3** c의 값 구하기 … 2점

채점 기준 **4** a, b, c의 대소 비교하기 … 1점

답

01-1

한번↗

오른쪽 꺾은선그래프는 학생 20명을 대상으로 배구 서브 횟수를 조사하여 나타낸 것이다. 배구 서브 횟수의 평균, 중앙값, 최빈값을 각각 a회, b회, c회라 할 때, $a+2b-c$의 값을 구하시오. [7점]

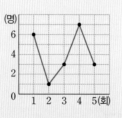

풀이

채점 기준 **1** a의 값 구하기 … 2점

채점 기준 **2** b의 값 구하기 … 2점

채점 기준 **3** c의 값 구하기 … 2점

채점 기준 **4** $a+2b-c$의 값 구하기 … 1점

답

02

다음은 준호네 모둠 학생 10명이 승부차기를 5회씩 시도하여 성공한 횟수를 조사하여 나타낸 표이다. 승부차기 성공 횟수의 표준편차를 구하시오. [5점]

성공 횟수(회)	1	2	3	4	5
학생 수(명)	2	1	3	3	1

풀이

답

03

다음은 학생 5명이 각자 관리하고 있는 SNS의 수를 조사하여 나타낸 것이다. 이 자료의 평균이 5개, 분산이 3.2일 때, a^2+b^2의 값을 구하시오. [6점]

(단위 : 개)

> 2, 4, a, b, 6

풀이

답

04

5개의 변량 a, b, c, d, e의 평균이 3이고 분산이 2일 때, $3a-1$, $3b-1$, $3c-1$, $3d-1$, $3e-1$의 평균과 분산을 각각 구하시오. [8점]

풀이

답

01 산점도와 상관관계

1 산점도

(1) **산점도** : 두 변량 x, y 사이의 관계를 알아보기 위하여 순서쌍 (x, y)를 좌표로 하는 점을 좌표평면 위에 나타낸 그래프

용어
산점도(흩어질 散, 점 點, 그림 圖)
흩어지는 점으로 나타낸 그림

예 야구 선수 10명의 이번 시즌 홈런과 도루의 수가 다음 표와 같을 때, 홈런을 x개, 도루를 y개라 하고 산점도로 나타내면 오른쪽과 같다.

선수	A	B	C	D	E	F	G	H	I	J
홈런(개)	15	10	8	9	11	13	12	16	13	9
도루(개)	8	12	13	12	9	10	15	13	16	11

(2) 산점도를 통해 두 변량 사이의 관계를 파악할 수 있다.

참고 x, y의 산점도를 분석할 때, 다음과 같이 기준이 되는 보조선을 이용하면 편리하다.

x는 a 이상/이하이다.	y는 b 이상/이하이다.	x와 y가 같다.	x는 y보다 크다.	x는 y보다 작다.
$x \le a$ $x \ge a$	$y \ge b$ $y \le b$	$x = y$	$x > y$	$x < y$

2 상관관계

(1) **상관관계** : 산점도의 두 변량 x와 y 중 한쪽의 값이 증가함에 따라 다른 한쪽의 값이 대체로 증가 또는 감소할 때, x와 y 사이에 상관관계가 있다고 한다.

(2) 상관관계의 종류

중2

일차함수 $y = ax$의 그래프
① $a > 0$일 때, x의 값이 증가하면 y의 값도 증가한다.
$a > 0$

② $a < 0$일 때, x의 값이 증가하면 y의 값은 감소한다.
$a < 0$

① 양의 상관관계

x와 y 중 한쪽의 값이 증가할 때 다른 한쪽의 값도 대체로 증가하는 관계

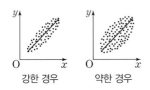

강한 경우   약한 경우

② 음의 상관관계

x와 y 중 한쪽의 값이 증가할 때 다른 한쪽의 값은 대체로 감소하는 관계

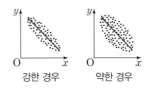

강한 경우   약한 경우

참고 산점도의 점들이 한 직선 주위에 가까이 모여 있을수록 상관관계가 강하다고 한다.

③ 상관관계가 없다

x와 y 중 한쪽의 값이 증가할 때 다른 한쪽의 값이 증가하거나 감소하는지 분명하지 않은 관계

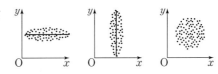

예 실생활에서 상관관계
- 양의 상관관계 : 발의 길이와 신발의 크기, 여름철 기온과 전기 소비량
- 음의 상관관계 : 자동차 속력과 소요 시간, 불을 켠 시간과 초의 길이
- 상관관계가 없다 : 등교 시간과 영어 성적, 손의 길이와 시력

개념 코칭 1 산점도는 어떻게 그릴까?

정답 및 풀이 ❯ 41쪽

5명의 학생 A, B, C, D, E의 1차, 2차에 걸친 투호 성공 수가 다음 표와 같다. 이를 산점도로 나타내 보자.

학생	A	B	C	D	E
1차(개)	6	3	2	5	8
2차(개)	4	2	6	7	8

순서쌍으로 나타내기

1차 성공 수를 x개, 2차 성공 수를 y개라 하고 순서쌍 (x, y)로 나타내면
$(6, 4), (3, 2), (2, 6), (5, 7), (8, 8)$

↓

좌표평면 위에 나타내기

순서쌍을 좌표평면 위에 나타내면

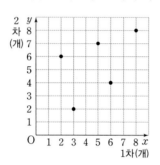

산점도 ➜ 두 변량 x, y 사이의 관계를 알아보기 위하여 순서쌍 (x, y)를 좌표로 하는 점을 좌표평면 위에 나타낸 그래프

1 다음은 방송반 학생 10명의 일주일 동안 도서관에서 대출한 책 수와 휴대 전화 사용 시간을 조사하여 나타낸 표이다. 대출한 책 수를 x권, 휴대 전화 사용 시간을 y시간이라 할 때, x와 y에 대한 산점도를 그리시오.

학생	A	B	C	D	E
책 수(권)	4	3	1	5	2
사용 시간(시간)	2	3	8	2	5

학생	F	G	H	I	J
책 수(권)	6	1	0	2	2
사용 시간(시간)	1	11	9	6	10

↓

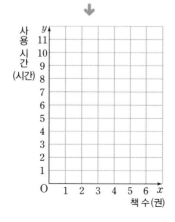

1-❶ 다음은 최근에 개봉한 10편의 영화에 대한 전문가 평점과 관객 평점을 조사하여 나타낸 표이다. 전문가 평점을 x점, 관객 평점을 y점이라 할 때, x와 y에 대한 산점도를 그리시오.

영화	A	B	C	D	E
전문가 평점(점)	7	8	7	9	10
관객 평점(점)	7	9	8	10	9

영화	F	G	H	I	J
전문가 평점(점)	5	6	3	5	10
관객 평점(점)	7	9	5	6	10

↓

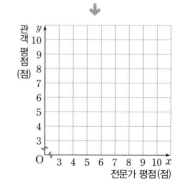

개념 코칭 2 산점도에서 변량의 값이 어떤 값 이상(또는 이하)인 문제는 어떻게 해결할까?

정답 및 풀이 ○ 41쪽

(1) x의 값이 a 이상 또는 a 이하일 때
→ y축과 평행한 세로선을 기준선으로 그어서 해결한다. ↘ $x=a$

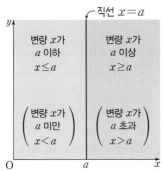

(2) y의 값이 b 이상 또는 b 이하일 때
→ x축과 평행한 가로선을 기준선으로 그어서 해결한다. ↘ $y=b$

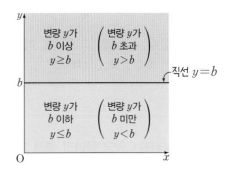

참고 이상, 이하는 기준선의 경계의 값을 포함하고 초과, 미만은 기준선의 경계의 값을 포함하지 않는다.

---

2 아래 그래프는 민수네 반 학생 15명의 팔굽혀펴기 횟수와 턱걸이 횟수 사이의 관계를 나타낸 산점도이다. 다음 물음에 답하시오.

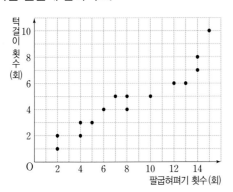

(1) 팔굽혀펴기 횟수가 14회인 학생은 몇 명인지 구하시오.

(2) 턱걸이 횟수가 5회인 학생은 몇 명인지 구하시오.

(3) 팔굽혀펴기 횟수가 5회 이하인 학생은 몇 명인지 구하시오.

(4) 턱걸이 횟수가 8회 이상인 학생은 몇 명인지 구하시오.

(5) 팔굽혀펴기 횟수가 12회 이상이고 턱걸이 횟수가 7회 미만인 학생은 몇 명인지 구하시오.

2-❶ 아래 그래프는 어느 해 어느 도시의 월평균 기온과 월평균 습도 사이의 관계를 나타낸 산점도이다. 다음 물음에 답하시오.

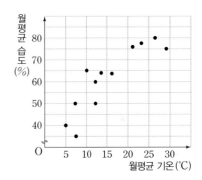

(1) 월평균 기온이 가장 낮은 달의 월평균 기온을 구하시오.

(2) 월평균 습도가 가장 높은 달의 월평균 습도를 구하시오.

(3) 월평균 기온이 10 °C 이하인 달은 몇 개월인지 구하시오.

(4) 월평균 습도가 60 % 초과인 달은 몇 개월인지 구하시오.

(5) 월평균 기온이 25 °C 이상이고 월평균 습도가 70 % 이상인 달은 몇 개월인지 구하시오.

개념 코칭 3 두 변량을 비교하는 문제는 어떻게 해결할까? (1)

정답 및 풀이 ◐ 41쪽

'x와 y가 같다.', 'x가 y보다 크다.', 'x가 y보다 작다.'와 같이 두 변량을 비교할 때

↓

일차함수 $y=x$의 그래프를 기준선으로 그어서 해결한다. ↳대각선

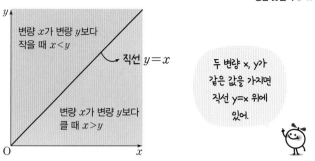

변량 x가 변량 y보다 작을 때 $x<y$

직선 $y=x$

변량 x가 변량 y보다 클 때 $x>y$

두 변량 x, y가 같은 값을 가지면 직선 y=x 위에 있어.

3 아래 그래프는 양궁 동아리 학생 20명이 두 차례에 걸쳐 활을 쏘아 얻은 1차 점수와 2차 점수 사이의 관계를 나타낸 산점도이다. 다음 물음에 답하시오.

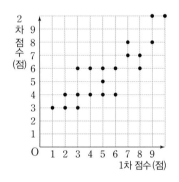

(1) 1차 점수와 2차 점수가 같은 학생은 몇 명인지 구하시오.

(2) 1차 점수가 2차 점수보다 높은 학생은 몇 명인지 구하시오.

(3) 1차 점수가 2차 점수보다 낮은 학생은 몇 명인지 구하시오.

3-❶ 아래 그래프는 민주네 반 학생 20명의 영어 듣기평가 1학기 점수와 2학기 점수 사이의 관계를 나타낸 산점도이다. 다음 물음에 답하시오.

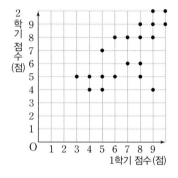

(1) 1학기 점수와 2학기 점수가 같은 학생은 몇 명인지 구하시오.

(2) 1학기 점수가 2학기 점수보다 낮거나 같은 학생은 몇 명인지 구하시오.

(3) 1학기 점수가 2학기 점수보다 높거나 같은 학생은 몇 명인지 구하시오.

4 오른쪽 그래프는 수민이네 반 학생 25명의 중간고사 국어 점수와 영어 점수 사이의 관계를 나타낸 산점도이다. 국어 점수와 영어 점수가 같은 학생은 전체의 몇 %인지 구하시오.

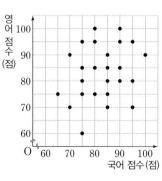

4-❶ 오른쪽 그래프는 어느 반 학생 20명의 미술 수행평가 점수와 지필고사 점수 사이의 관계를 나타낸 산점도이다. 수행평가 점수에 비해 지필고사 점수가 높은 학생을 a명, 수행평가 점수에 비해 지필고사 점수가 낮은 학생을 b명이라 할 때, $a-b$의 값을 구하시오.

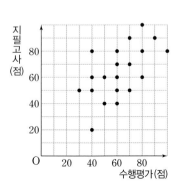

개념 코칭 4 두 변량을 비교하는 문제는 어떻게 해결할까? (2)

정답 및 풀이 ▶ 41쪽

(1) 두 변량 x, y의 합이 a 이상 또는 a 이하일 때
→ x, y의 합이 a가 되는 직선을 그어서 해결한다.
↘ $x+y=a$

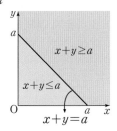

참고 두 변량 x, y의 평균이 a일 때 → $\dfrac{x+y}{2}=a$

(2) 두 변량 x, y의 차가 a 이상 또는 a 이하일 때
→ x, y의 차가 a가 되는 직선을 그어서 해결한다.
↘ $x-y=a$, $y-x=a$

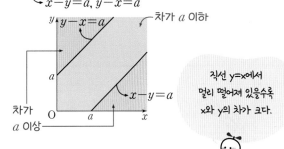

직선 y=x에서 멀리 떨어져 있을수록 x와 y의 차가 크다.

---

5 오른쪽 좌표평면에 다음 직선을 그리시오.

(1) 두 변량 x, y의 합이 6인 직선

(2) 두 변량 x, y의 차가 4인 직선

5-❶ 오른쪽 좌표평면에 다음 영역을 나타내시오.

(1) 두 변량 x, y의 합이 5 미만인 영역

(2) 두 변량 x, y의 차가 5 이상인 영역

---

6 아래 그래프는 어느 반 학생 30명의 중간고사 성적과 기말고사 성적 사이의 관계를 나타낸 산점도이다. 다음 물음에 답하시오.

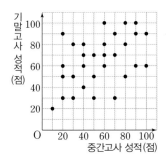

(1) 중간고사 성적과 기말고사 성적의 평균이 80점인 학생은 몇 명인지 구하시오.

(2) 중간고사 성적과 기말고사 성적의 차가 40점 이상인 학생은 몇 명인지 구하시오.

(3) 중간고사 성적에 비해 기말고사 성적이 가장 많이 오른 학생의 기말고사 성적을 구하시오.

6-❶ 아래 그래프는 하준이네 반 학생 20명의 국어 수행평가 1차 점수와 2차 점수 사이의 관계를 나타낸 산점도이다. 다음 물음에 답하시오.

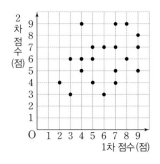

(1) 1차 점수와 2차 점수의 합이 16점 이상인 학생은 몇 명인지 구하시오.

(2) 1차 점수와 2차 점수의 차가 2점 미만인 학생은 몇 명인지 구하시오.

(3) 1차 점수에 비해 2차 점수가 가장 많이 낮아진 학생의 1차 점수를 구하시오.

양의 상관관계, 음의 상관관계, 상관관계가 없다는 어떻게 구분할까?

정답 및 풀이 ⊙ 41쪽

양의 상관관계	음의 상관관계	상관관계가 없다
x와 y 중 한쪽의 값이 증가할 때 다른 한쪽의 값도 대체로 증가하는 관계	x와 y 중 한쪽의 값이 증가할 때 다른 한쪽의 값은 대체로 감소하는 관계	x와 y 중 한쪽의 값이 증가할 때 다른 한쪽의 값이 증가하거나 감소하는지 분명하지 않은 관계

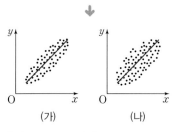

(가)의 산점도가 (나)의 산점도보다 양의 상관관계가 강하다.

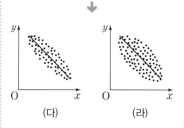

(다)의 산점도가 (라)의 산점도보다 음의 상관관계가 강하다.

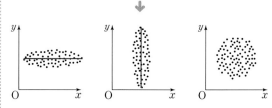

산점도의 점들이 한 직선 주위에 가까이 모여 있을수록 상관관계가 강하다고 하고, 흩어져 있을수록 상관관계가 약하다고 한다.

양 또는 음의 상관관계가 있을 때를 통틀어 상관관계가 있다고 한다.

---

7 **보기**의 산점도를 보고, 다음 물음에 답하시오.

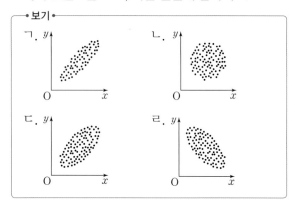

(1) 양의 상관관계가 있는 것을 모두 고르시오.

(2) 음의 상관관계가 있는 것을 고르시오.

(3) 상관관계가 없는 것을 고르시오.

(4) ㄱ과 ㄷ 중 상관관계가 더 강한 것을 고르시오.

(5) 산의 높이와 기온 사이의 상관관계를 나타내는 산점도로 알맞은 것을 고르시오.

7-❶ **보기**의 산점도를 보고, 다음 물음에 답하시오.

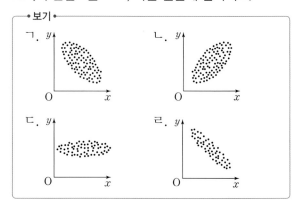

(1) x의 값이 증가함에 따라 y의 값도 대체로 증가하는 관계가 있는 것을 고르시오.

(2) x의 값이 증가함에 따라 y의 값은 대체로 감소하는 관계가 있는 것을 모두 고르시오.

(3) 상관관계가 없는 것을 고르시오.

(4) 도시의 인구수와 교통량 사이의 상관관계를 나타내는 산점도로 알맞은 것을 고르시오.

정답 및 풀이 ❯ 41쪽

개념 코칭 6 | 산점도에서 상관관계의 분석은 어떻게 할까?

산점도가 양의 상관관계가 있는지, 음의 상관관계가 있는지 먼저 확인하고 산점도의 특정한 점에서
x의 값과 y의 값을 비교한다.

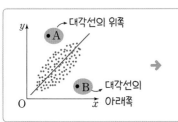

- 주어진 산점도는 양의 상관관계를 나타낸다.
- 점 A는 x의 값에 비해 y의 값이 크다.
- 점 B는 x의 값에 비해 y의 값이 작다.

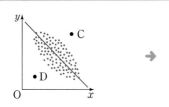

- 주어진 산점도는 음의 상관관계를 나타낸다.
- 점 C는 x의 값도 크고 y의 값도 크다.
- 점 D는 x의 값도 작고 y의 값도 작다.

---

8 아래 그래프는 지윤이네 반 학생들의 휴대 전화 사용 시간과 수면 시간 사이의 관계를 나타낸 산점도이다. 다음 물음에 답하시오.

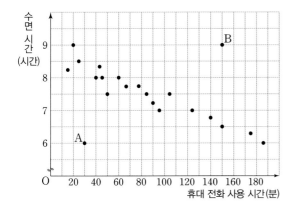

(1) 휴대 전화 사용 시간과 수면 시간 사이의 상관 관계를 말하시오.

(2) A, B 두 학생 중 다른 학생에 비해 수면 시간 과 휴대 전화 사용 시간이 모두 적은 학생을 말하시오.

(3) A, B 두 학생 중 다른 학생에 비해 수면 시간 과 휴대 전화 사용 시간이 모두 많은 학생을 말하시오.

8-❶ 아래 그래프는 민서네 반 학생들의 키와 몸무게 사이의 관계를 나타낸 산점도이다. 다음 물음에 답하시오.

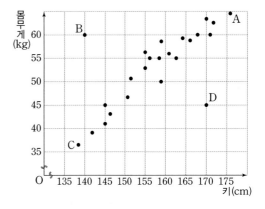

(1) 키와 몸무게 사이의 상관관계를 말하시오.

(2) A, B, C, D 네 명의 학생 중 키와 몸무게가 모두 작은 학생과 키와 몸무게가 모두 큰 학생 을 차례대로 말하시오.

(3) A, B, C, D 네 명의 학생 중 키에 비해 몸무 게가 가장 많이 나가는 학생을 말하시오.

(4) A, B, C, D 네 명의 학생 중 키에 비해 몸무 게가 가장 적게 나가는 학생을 말하시오.

---| 산점도 분석 (1) |---

01 아래 그래프는 재욱이네 반 학생 20명의 영어 듣기 점수와 영어 말하기 점수 사이의 관계를 나타낸 산점도이다. 다음 물음에 답하시오.

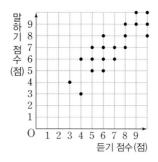

(1) 듣기 점수가 7점 이상이고 말하기 점수가 8점 이상인 학생은 몇 명인지 구하시오.

(2) 듣기 점수가 6점인 학생의 말하기 점수의 평균을 구하시오.

(3) 말하기 점수가 듣기 점수보다 높은 학생은 몇 명인지 구하시오.

02 아래 그래프는 20개의 음식을 대상으로 100 g당 함유하고 있는 열량과 지방 사이의 관계를 나타낸 산점도이다. 다음 물음에 답하시오.

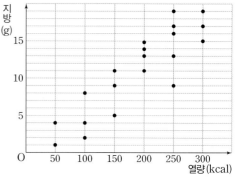

(1) 열량이 150 kcal 미만이면서 지방 함량이 10 g 미만인 음식은 전체의 몇 %인지 구하시오.

(2) 열량이 250 kcal인 음식의 100 g당 지방 함량의 평균을 구하시오.

---| 산점도 분석 (2) |---

03 아래 그래프는 어느 중학교 3학년 1반 학생 20명의 윗몸 일으키기 횟수와 팔굽혀펴기 횟수 사이의 관계를 나타낸 산점도이다. 다음 물음에 답하시오.

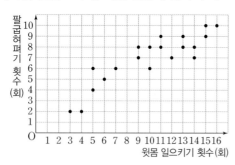

(1) 윗몸 일으키기 횟수와 팔굽혀펴기 횟수의 평균이 6회 이하인 학생은 몇 명인지 구하시오.

(2) 윗몸 일으키기 횟수와 팔굽혀펴기 횟수의 합이 25회 이상인 학생은 전체의 몇 %인지 구하시오.

04 아래 그래프는 욱이네 반 학생 25명의 중간고사와 기말고사 수학 점수 사이의 관계를 나타낸 산점도이다. 다음 물음에 답하시오.

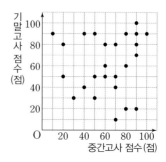

(1) 중간고사 점수보다 기말고사 점수가 60점 이상 하락한 학생들을 대상으로 보충 수업을 하려고 한다. 보충 수업에 참여해야 하는 학생은 몇 명인지 구하시오.

(2) 중간고사 점수보다 기말고사 점수가 30점 이상 상승한 학생은 전체의 몇 %인지 구하시오.

| 상관관계 |

05 두 변량에 대한 상관관계가 나머지 넷과 다른 하나는?

① 신발 크기와 키
② 흡연량과 폐암 발생률
③ 겨울철 기온과 난방비
④ 가족 수와 전기 사용량
⑤ 도시의 학생 수와 학교 수

06 다음 중 오른쪽 그래프와 같은 산점도로 나타낼 수 있는 것은?

① 시력과 팔 길이
② 학습 시간과 여가 시간
③ 영어 듣기 점수와 몸무게
④ 지구의 위도와 평균 기온
⑤ 도시의 인구수와 자동차 수

| 상관관계와 그래프 |

07 다음 중 음의 상관관계를 나타내는 산점도는?

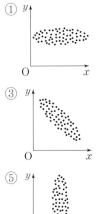

08 다음 **보기**에서 오른쪽 두 산점도 A, B에 대한 설명으로 옳은 것을 모두 고르시오.

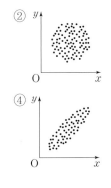

A   B

┌ 보기 ┐
ㄱ. A 산점도는 x의 값이 증가할수록 y의 값도 대체로 증가한다.
ㄴ. B 산점도는 x의 값이 증가할수록 y의 값도 대체로 증가한다.
ㄷ. B 산점도는 A 산점도보다 강한 상관관계가 있다.

| 상관관계의 분석 |

09 오른쪽 그래프는 지유네 반 학생들의 한 달 동안의 용돈과 저금액 사이의 관계를 나타낸 산점도이다. 다음 물음에 답하시오.

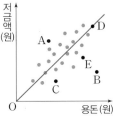

(1) A, B, C, D, E 5명의 학생 중 저금액이 가장 적은 학생을 구하시오.

(2) A, B, C, D, E 5명의 학생 중 용돈에 비해 저금액이 많은 학생을 구하시오.

10 오른쪽 그래프는 민재네 반 학생들의 중간고사 수학 점수와 국어 점수 사이의 관계를 나타낸 산점도이다. 다음 물음에 답하시오.

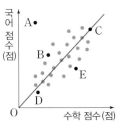

(1) A, B, C, D, E 5명의 학생 중 국어 점수가 가장 높은 학생을 구하시오.

(2) A, B, C, D, E 5명의 학생 중 수학 점수에 비해 국어 점수가 높은 학생을 모두 구하시오.

[01~02] 오른쪽 그래프는 농구 동아리 학생 23명이 두 차례에 걸쳐 10회씩 자유투를 던져 얻은 1차 점수와 2차 점수 사이의 관계를 나타낸 산점도이다. 다음 물음에 답하시오.

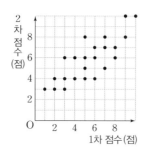

01
1차 점수가 8점 이상인 학생들의 2차 점수의 평균을 구하시오.

02
1차 점수와 2차 점수의 합이 8점 미만인 학생들의 1차 점수와 2차 점수의 합의 평균을 구하시오.

03
아래 그래프는 현성이네 반 학생 20명의 한 달 동안 학교 도서관의 도서 대출 수와 중간고사 국어 점수 사이의 관계를 나타낸 산점도이다. 다음 **보기**에서 옳은 것을 모두 고르시오.

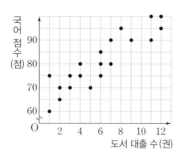

> • 보기 •
> ㄱ. 국어 점수가 높은 학생이 대체로 도서 대출 수가 많다.
> ㄴ. 도서 대출 수가 7권 이상인 학생들의 국어 점수의 평균은 92.5점이다.
> ㄷ. 국어 점수가 80점 미만인 학생은 전체의 55 %이다.

04
오른쪽 그래프는 어느 과수원의 사과나무 25그루의 나이와 수확량 사이의 관계를 나타낸 산점도이다. 다음 중 이 과수원의 사과나무의 나이와 수확량에 대한 설명으로 옳은 것은?

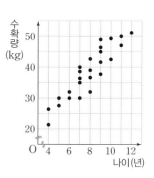

① 나이와 수확량 사이에는 음의 상관관계가 있다.
② 나이가 8년 이상인 나무의 수확량은 45 kg 이상이다.
③ 나이가 6년 이하인 나무의 수확량은 나이가 9년 이상인 나무의 수확량보다 적다.
④ 수확량이 45 kg 이하인 나무의 나이는 9년 이하이다.
⑤ 수확량이 가장 많은 나무의 나이가 가장 많은 것은 아니다.

한걸음 더

[05~06] 오른쪽 그래프는 어느 중학교의 교내 영어 토론 대회에 참가한 16개 팀의 1차 점수와 2차 점수 사이의 관계를 나타낸 산점도이다. 다음 물음에 답하시오.

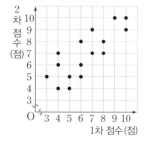

05 문제해결 ①
1차 점수와 2차 점수 중 적어도 한 번은 8점 이상을 받은 팀은 몇 개 팀인지 구하시오.

06 문제해결 ①
1차 점수와 2차 점수의 총점이 높은 순으로 5개 팀을 학교 대표로 선발하고자 한다. 학교 대표가 되는 팀의 1차 점수와 2차 점수의 총점의 평균을 구하시오.

[01~03] 아래 그래프는 진수네 반 학생 20명의 중간고사 국어 점수와 영어 점수 사이의 관계를 나타낸 산점도이다. 다음 물음에 답하시오.

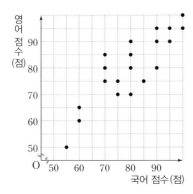

01

국어 점수와 영어 점수가 모두 90점 이상인 학생은 몇 명인가?

① 3명　　　② 4명　　　③ 5명
④ 6명　　　⑤ 7명

02

국어 점수보다 영어 점수가 높은 학생은 전체의 몇 % 인지 구하시오.

03

다음 **보기**에서 위의 산점도에 대한 설명으로 옳은 것을 모두 고른 것은?

─ 보기 ─
ㄱ. 영어 점수가 75점인 학생은 2명이다.
ㄴ. 국어 점수와 영어 점수가 같은 학생은 6명이다.
ㄷ. 국어 점수와 영어 점수 사이에는 음의 상관관계가 있다.
ㄹ. 국어 점수가 최고점인 학생 중에 영어 점수가 최고점인 학생이 있다.

① ㄱ, ㄴ　　② ㄱ, ㄷ　　③ ㄱ, ㄹ
④ ㄴ, ㄹ　　⑤ ㄷ, ㄹ

[04~06] 아래 그래프는 어느 중학교 사격 동아리 학생 20명의 1차 점수와 2차 점수 사이의 관계를 나타낸 산점도이다. 다음 물음에 답하시오.

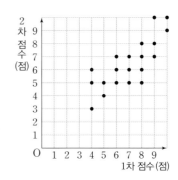

04

2차 점수가 8점인 학생들의 1차 점수의 평균은?

① 6.5점　　② 7점　　　③ 7.5점
④ 8점　　　⑤ 8.5점

05

1차 점수와 2차 점수의 차가 2점 이상인 학생은 몇 명인가?

① 2명　　　② 4명　　　③ 5명
④ 6명　　　⑤ 7명

06

위의 산점도를 보면서 학생들이 나눈 이야기이다. 다음 중 틀리게 말한 학생은?

① 시원 : 1차 점수가 9점 이상인 학생은 5명이네.
② 현서 : 1차 점수와 2차 점수가 같은 학생은 5명이야.
③ 민경 : 1차 점수와 2차 점수 사이에는 양의 상관관계가 있어.
④ 원교 : 1차 점수와 2차 점수의 합이 10점 미만인 학생은 전체의 15 %야.
⑤ 지윤 : 1차 점수와 2차 점수의 평균이 7점 이상인 학생은 전체의 55 %야.

[07~09] 보기의 산점도를 보고, 다음 물음에 답하시오.

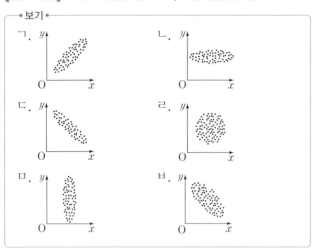

07

위의 **보기**에서 상관관계가 없는 산점도를 모두 고른 것은?

① ㄱ, ㄴ   ② ㄷ, ㅂ   ③ ㄹ, ㅁ
④ ㄱ, ㄹ, ㅂ   ⑤ ㄴ, ㄹ, ㅁ

08

신발의 크기와 발의 길이 사이의 관계를 나타낸 산점 도는?

① ㄱ   ② ㄴ   ③ ㄷ
④ ㄹ   ⑤ ㅁ

09

다음 중 ㄷ과 같은 산점도로 나타낼 수 있는 것은?

① 초등학생의 나이와 키
② 몸무게와 시력
③ 배추의 생산량과 배추의 가격
④ 등교 시간과 영어 점수
⑤ 나무의 나이와 둘레의 길이

[10~11] 오른쪽 그래프는 어느 해 8월 한 달 동안 일평균 기온과 아이스크림 판매량 사이의 관계를 나타낸 산점도이다. 다음 물음에 답하시오.

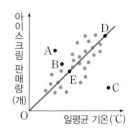

10

A, B, C, D, E 5일 중 일평균 기온에 비해 아이스크림 판매량이 적은 날을 구하시오.

11

다음 중 위의 산점도에 대한 설명으로 옳지 <u>않은</u> 것은?

① B는 E보다 기온이 낮지만 아이스크림 판매량은 많다.
② A는 D보다 기온이 낮고 아이스크림 판매량도 적다.
③ A, B, C, D, E 5일 중 아이스크림 판매량이 가장 많은 날은 D이다.
④ A, B, C, D, E 5일 중 일평균 기온이 가장 낮은 날은 E이다.
⑤ A, B, C, D, E 5일 중 A보다 일평균 기온이 낮은 날은 없다.

12

창의·융합   수학+스포츠

다음은 수영 대회 예선에 참가한 학생 25명의 다이빙 1차 성적과 2차 성적을 조사하여 나타낸 산점도이다. 이들 중 1차 성적과 2차 성적의 합이 높은 순으로 20 % 만 본선에 진출한다고 할 때, 본선 진출자의 1차 성적과 2차 성적의 합의 평균을 구하시오.

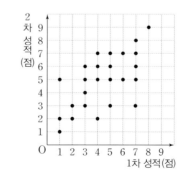

01

오른쪽 그래프는 재민 이네 반 학생 20명의 수학 성적과 영어 성적 사이의 관계를 나타낸 산점도이다. 영어 성적보다 수학 성적이 더 높은 학생들의 수학 성적의 평균을 구하시오. [5점]

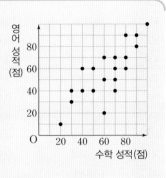

풀이

채점 기준 1 영어 성적보다 수학 성적이 더 높은 학생 수 구하기 … 2점

채점 기준 2 평균 구하기 … 3점

답

01-1

한번 더↗

오른쪽 그래프는 찬이네 반 학생 25명의 수학 수행평가 1학기 점수와 2학기 점수 사이의 관계를 나타낸 산점도이다. 1학기 점수와 2학기 점수가 같은 학생들의 1학기 점수와 2학기 점수의 합의 평균을 구하시오. [5점]

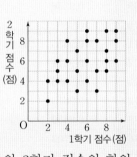

풀이

채점 기준 1 1학기 점수와 2학기 점수가 같은 학생 수 구하기 … 2점

채점 기준 2 평균 구하기 … 3점

답

02

오른쪽 그래프는 두 변량 x, y에 대한 산점도인데 일부가 찢어졌다. 찢어진 부분의 자료가 다음 표와 같을 때, 찢어진 부분의 산점도를 그리고, 두 변량 x와 y 사이의 상관관계를 말하시오. [4점]

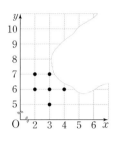

x	4	4	5	5	6
y	7	8	8	9	8

풀이

답

03

오른쪽 그래프는 민솔 이네 반 학생 20명이 두 차례에 걸쳐 실시한 윗몸 일으키기 횟수 사이의 관계를 나타낸 산점도이다. 다음 물음에 답하시오. [6점]

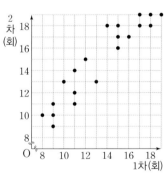

(1) 윗몸 일으키기 횟수가 1차보다 2차에서 2회 이상 향상된 학생은 전체의 몇 %인지 구하시오. [3점]

(2) 1차 횟수와 2차 횟수의 합이 높은 순으로 등수를 정할 때, 5등인 학생의 1차 횟수와 2차 횟수의 평균을 구하시오. [3점]

풀이

답

삼각비의 표

각도	sin	cos	tan	각도	sin	cos	tan
0°	0.0000	1.0000	0.0000	45°	0.7071	0.7071	1.0000
1°	0.0175	0.9998	0.0175	46°	0.7193	0.6947	1.0355
2°	0.0349	0.9994	0.0349	47°	0.7314	0.6820	1.0724
3°	0.0523	0.9986	0.0524	48°	0.7431	0.6691	1.1106
4°	0.0698	0.9976	0.0699	49°	0.7547	0.6561	1.1504
5°	0.0872	0.9962	0.0875	50°	0.7660	0.6428	1.1918
6°	0.1045	0.9945	0.1051	51°	0.7771	0.6293	1.2349
7°	0.1219	0.9925	0.1228	52°	0.7880	0.6157	1.2799
8°	0.1392	0.9903	0.1405	53°	0.7986	0.6018	1.3270
9°	0.1564	0.9877	0.1584	54°	0.8090	0.5878	1.3764
10°	0.1736	0.9848	0.1763	55°	0.8192	0.5736	1.4281
11°	0.1908	0.9816	0.1944	56°	0.8290	0.5592	1.4826
12°	0.2079	0.9781	0.2126	57°	0.8387	0.5446	1.5399
13°	0.2250	0.9744	0.2309	58°	0.8480	0.5299	1.6003
14°	0.2419	0.9703	0.2493	59°	0.8572	0.5150	1.6643
15°	0.2588	0.9659	0.2679	60°	0.8660	0.5000	1.7321
16°	0.2756	0.9613	0.2867	61°	0.8746	0.4848	1.8040
17°	0.2924	0.9563	0.3057	62°	0.8829	0.4695	1.8807
18°	0.3090	0.9511	0.3249	63°	0.8910	0.4540	1.9626
19°	0.3256	0.9455	0.3443	64°	0.8988	0.4384	2.0503
20°	0.3420	0.9397	0.3640	65°	0.9063	0.4226	2.1445
21°	0.3584	0.9336	0.3839	66°	0.9135	0.4067	2.2460
22°	0.3746	0.9272	0.4040	67°	0.9205	0.3907	2.3559
23°	0.3907	0.9205	0.4245	68°	0.9272	0.3746	2.4751
24°	0.4067	0.9135	0.4452	69°	0.9336	0.3584	2.6051
25°	0.4226	0.9063	0.4663	70°	0.9397	0.3420	2.7475
26°	0.4384	0.8988	0.4877	71°	0.9455	0.3256	2.9042
27°	0.4540	0.8910	0.5095	72°	0.9511	0.3090	3.0777
28°	0.4695	0.8829	0.5317	73°	0.9563	0.2924	3.2709
29°	0.4848	0.8746	0.5543	74°	0.9613	0.2756	3.4874
30°	0.5000	0.8660	0.5774	75°	0.9659	0.2588	3.7321
31°	0.5150	0.8572	0.6009	76°	0.9703	0.2419	4.0108
32°	0.5299	0.8480	0.6249	77°	0.9744	0.2250	4.3315
33°	0.5446	0.8387	0.6494	78°	0.9781	0.2079	4.7046
34°	0.5592	0.8290	0.6745	79°	0.9816	0.1908	5.1446
35°	0.5736	0.8192	0.7002	80°	0.9848	0.1736	5.6713
36°	0.5878	0.8090	0.7265	81°	0.9877	0.1564	6.3138
37°	0.6018	0.7986	0.7536	82°	0.9903	0.1392	7.1154
38°	0.6157	0.7880	0.7813	83°	0.9925	0.1219	8.1443
39°	0.6293	0.7771	0.8098	84°	0.9945	0.1045	9.5144
40°	0.6428	0.7660	0.8391	85°	0.9962	0.0872	11.4301
41°	0.6561	0.7547	0.8693	86°	0.9976	0.0698	14.3007
42°	0.6691	0.7431	0.9004	87°	0.9986	0.0523	19.0811
43°	0.6820	0.7314	0.9325	88°	0.9994	0.0349	28.6363
44°	0.6947	0.7193	0.9657	89°	0.9998	0.0175	57.2900
45°	0.7071	0.7071	1.0000	90°	1.0000	0.0000	

Memo

Memo

교과서에서

쏙

빼온 문제

특별한 부록

중학 수학 3·2

동아출판

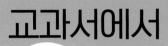

교고서에서 쏙 빼온 문제

중학 수학 10종 교과서를
분석하여 수록하였습니다.

중학 수학

3·2

01

최다 교과서 수록 문제

새나 비행기가 별도의 동력 없이 날개를 편 상태로 날아가는 것을 활공 비행이라고 한다. 이때 (활공비)$=\dfrac{(\text{수평 거리})}{(\text{고도차})}$이다. 다음 그림은 행글라이더를 타고 활공 비행으로 130 m를 날아간 것을 나타낸 것이다. 이때의 수평 거리가 120 m일 때, 물음에 답하시오.

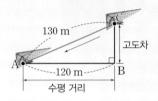

(1) 활공비를 ∠C에 대한 삼각비 중 하나로 나타내시오.

(2) 고도차를 구하고, (1)의 삼각비의 값을 구하시오.

02

최다 교과서 수록 문제

다음 시연이의 생각이 옳은지 생각해 보고, 옳지 않다면 그 이유를 쓰시오.

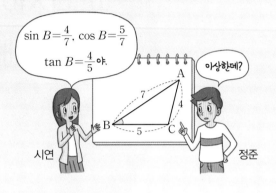

01-❶

경사도는 수평 거리에 대한 수직 거리의 비율을 백분율로 나타낸 것으로,
$(\text{경사도})=\dfrac{(\text{수직 거리})}{(\text{수평 거리})}\times100(\%)$과 같이 계산한다. 다음 그림과 같이 경사도가 20 %인 도로에서 수평면에 대한 도로의 경사각을 ∠A라고 할 때, ∠A의 삼각비의 값을 모두 구하시오.

02-❶

오른쪽 그림과 같은 삼각형을 보고 주하와 민재가 아래와 같이 대화를 나누었다. 틀리게 말한 사람을 찾으시오.

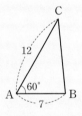

주하 : $\cos 60°=\dfrac{1}{2}$이니까 △ABC에서 $\cos 60°$의 값도 $\dfrac{1}{2}$일 거야.

민재 : △ABC에서 ∠A의 삼각비를 이용해서 구하면 $\cos A=\dfrac{\overline{AB}}{\overline{AC}}=\dfrac{7}{12}$이야.

03

불꽃놀이에서 불꽃이 터지는 시간은 도화선의 길이를 조절하여 계산할 수 있다. 즉, 도화선의 길이에 따라 발사 거리가 정해진다. 발사 거리가 100 m인 폭죽을 지면으로부터 30° 각도로 쏘아 올리면 불꽃은 몇 m의 높이에서 터지는지 구하려고 한다. 물음에 답하시오.

(1) 오른쪽 직각삼각형 ABC의 □ 안에 알맞은 수를 써넣으시오.

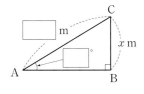

(2) (1)의 직각삼각형 ABC에서 x의 값을 구하시오.

📶 주어진 길이와 각의 삼각비의 값을 이용하여 $\overline{BC}$의 길이를 구해 본다.

04

다음 그림과 같이 $\overline{AB}=\overline{AC}=10$, $\overline{BC}=16$인 △ABC에서 $\cos B - \sin C$의 값을 구하시오.

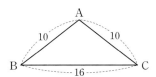

📶 점 A에서 $\overline{BC}$에 수선의 발을 내린 후, 피타고라스 정리를 이용해 본다.

05

오른쪽 그림과 같이 ∠C=90°인 직각삼각형 ABC에서 $\overline{BC}=3$, $\tan B=3$이다. ∠AED=90°, $\overline{DE}=\sqrt{5}$가 되도록 $\overline{AB}$, $\overline{AC}$ 위에 각각 두 점 D, E를 잡을 때, $\overline{EC}$의 길이를 구하시오.

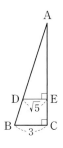

📶 △ABC와 △ADE는 서로 닮음임을 알고 크기가 같은 각을 찾아 삼각비의 값을 이용해 본다.

06

오른쪽 그림과 같이 ∠C=90°인 직각삼각형 ABC에서 점 D는 $\overline{BC}$의 중점이고 $\overline{AC}=4$, $\tan B=\dfrac{2}{3}$일 때, $\cos x$의 값을 구하시오.

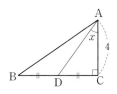

07

오른쪽 그림과 같이 $\angle AOB = 30°$인 직각삼각형 AOB의 빗변을 한 변으로 하고 $\angle BOC = 30°$인 직각삼각형 BOC를 그린 후, 이와 같은 과정을 반복하여 직각삼각형 COD, DOE, EOF를 연속하여 그렸다. $\overline{OA} = 3$일 때, $\overline{OF}$의 길이를 구하시오.

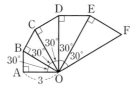

📶 $\cos 30°$의 값을 이용하여 빗변의 길이를 차례대로 구해 본다.

08

이차방정식 $x^2 - 2x + 1 = 0$을 만족시키는 x의 값이 $\tan A$의 값과 같을 때, $\sin A + \cos A$의 값을 구하시오. (단, $0° < A < 90°$)

📶 이차방정식의 해를 구하고, 삼각비의 값을 구해 본다.

09

오른쪽 그림과 같이 기울기가 3이고 점 $(-1, 3)$을 지나는 직선이 x축, y축과 만나는 점을 각각 A, B라고 하자. $\angle BAO = \angle a$라고 할 때, $\sin a - \cos a$의 값을 구하시오.

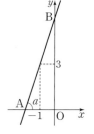

📶 직선의 방정식을 구해 두 점 A, B의 좌표를 먼저 구해 본다.

10

아래 그림과 같이 반지름의 길이가 1인 사분원에 대하여 다음 **보기**에서 그 값이 같은 것끼리 짝 지으시오.

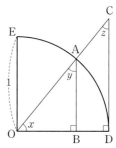

---- 보기 ----

ㄱ. $\sin x$ ㄴ. $\cos x$ ㄷ. $\sin y$

ㄹ. $\cos z$ ㅁ. $\tan x$ ㅂ. $\tan z$

📶 사분원에서 예각에 대한 삼각비의 값을 선분의 길이로 나타내어 본다.

11

다음 그림과 같이 반지름의 길이가 1인 사분원에서 ∠AOB=30°일 때, □ABDC의 넓이를 구하시오.

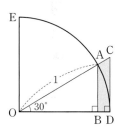

🛜 사분원에서 ∠AOB의 삼각비의 값을 이용하여 선분의 길이를 구해 본다.

12

어떤 삼각형의 세 내각의 크기의 비가 $1:2:3$ 이다. 세 내각 중 가장 큰 각의 크기를 A라 할 때, $\sin A + \cos A + \tan(90° - A)$의 값을 구하시오.

🛜 삼각형의 세 내각의 크기의 합을 이용하여 A의 크기를 구해 본다.

13

$0° < A < 45°$일 때,
$$\sqrt{(\sin A - \cos A)^2} + \sqrt{(\cos A - \sin A)^2}$$
을 간단히 하시오.

🛜 $0° < A < 45°$일 때, $\sin A$와 $\cos A$의 값의 크기를 비교해 본다.

14

다음은 삼각비의 값에 대한 세 학생의 대화이다. 바르게 말한 사람을 찾으시오.

🛜 사분원에서 예각에 대한 삼각비의 값을 나타내는 선분의 길이의 변화를 생각해 본다.

15

다음은 네 학생이 **보기**의 등식 중 하나를 고르고, 그 등식이 성립하도록 30°, 45°, 60° 중에서 □ 안에 알맞은 각도를 차례대로 구한 것이다. 바르게 구한 학생을 모두 고르시오.

(단, 각도는 중복하여 사용할 수 있다.)

┌─ •보기• ──────────────────
│ ㄱ. cos□ − sin□ = 0
│ ㄴ. tan□ × tan□ = 1
└──────────────────────────

서희 : ㄱ ➡ 30°, 30°
민준 : ㄴ ➡ 30°, 60°
지석 : ㄱ ➡ 60°, 30°
은서 : ㄴ ➡ 45°, 60°

📶 30°, 45°, 60°에 대한 삼각비의 값을 생각해 본다.

16

건축에서 지붕의 경사도를 지붕 물매라고 한다. 오른쪽 그림과 같은 건축물의 지붕 물매는 직각삼각형

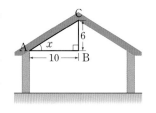

ABC에서 $\overline{AB}=10$, $\overline{BC}=6$임을 이용하여 $\dfrac{6}{10}$ 과 같이 나타낸다. 이때 아래 삼각비의 표를 이용하여 x의 크기를 구하시오.

각도	sin	cos	tan
30°	0.50	0.87	0.58
31°	0.52	0.86	0.60
32°	0.53	0.85	0.62
33°	0.54	0.84	0.65

📶 $\dfrac{\overline{BC}}{\overline{AB}}$의 비율로 나타내어지는 삼각비를 생각해 본다.

17

다음 그림과 같이 도로를 빗변으로 하는 직각삼각형 ABC에 대하여 물음에 답하시오.

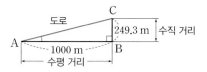

(1) 도로의 경사도를 구하시오.

$$\left(단, (경사도) = \frac{(수직\ 거리)}{(수평\ 거리)} \times 100(\%) \right)$$

(2) tan A의 값과 아래 삼각비의 표를 이용하여 ∠A의 크기를 구하시오.

각도	sin	cos	tan
12°	0.2079	0.9781	0.2126
13°	0.2250	0.9744	0.2309
14°	0.2419	0.9703	0.2493
15°	0.2588	0.9659	0.2679

18

오른쪽 그림과 같이 반지름의 길이가 1인 사분원에서 $\overline{OB}=0.8090$일 때, 다음 삼각비의 표를 이용하여 $\overline{AB}+\overline{CD}$의 길이를 구하시오.

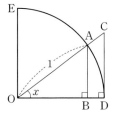

각도	sin	cos	tan
35°	0.5736	0.8192	0.7002
36°	0.5878	0.8090	0.7265
37°	0.6018	0.7986	0.7536
38°	0.6157	0.7880	0.7813

📶 $\overline{OB}$의 길이를 이용하여 삼각비의 표에서 x의 크기를 먼저 구해 본다.

01

최다 교과서 수록 문제

물체를 올려본각 또는 내려본각의 크기를 측정하는 기구를 클리노미터라고 한다. 다음은 서준이가 친구와 함께 클리노미터를 이용하여 학교 건물의 높이를 구하는 과정이다.

---

❶ 운동장의 한 지점을 정하고, 줄자를 사용하여 ㉠그 지점에서부터 학교 건물까지의 거리를 측정한다.

❷ ❶의 지점에서 클리노미터의 빨대 구멍으로 학교 건물의 꼭대기를 올려본다. 이때 ㉡빨대와 실이 이루는 각의 크기를 읽는다.

❸ ❷에서 구한 각도를 이용하여 건물을 ㉢올려본각의 크기 A를 구한다.

❹ 삼각비의 표를 이용하여 ㉣$\tan A$의 값을 구한다.

❺ ㉤서준이의 눈높이와 ❹에서 구한 $\tan A$의 값을 이용하여 ㉥학교 건물의 높이를 구한다.

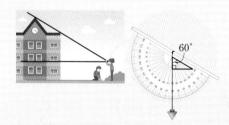

각도	sin	cos	tan
30°	0.5000	0.8660	0.5774
60°	0.8660	0.5000	1.7321

각 과정에서 구한 값을 표로 나타낼 때, 다음 표를 완성하시오.

㉠	㉡	㉢	㉣	㉤	㉥
6 m	60°			1.6 m	

01-❶ 한번↗

다음 그림과 같이 민재가 나무로부터 2 m 떨어진 지점에서 나무 위쪽 끝인 C 지점을 올려본각의 크기가 50°이었다. 민재의 눈높이가 1.5 m일 때, 아래 삼각비의 표를 이용하여 나무의 높이를 구하려고 한다. 물음에 답하시오.

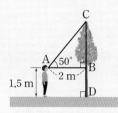

각도	sin	cos	tan
40°	0.6428	0.7660	0.8391
50°	0.7660	0.6428	1.1918

(1) $\overline{BD}$의 길이를 구하시오.

(2) $\overline{BC}$의 길이를 구하시오.

(3) 나무의 높이를 구하시오.

📶 나무의 높이는 지면으로부터 민재의 눈높이까지의 거리와 민재의 눈높이에서 나무 위쪽 끝까지의 거리의 합임을 이용하여 구해 본다.

02

항공기가 착륙하려면 활주로가 있는 상공에서 일정한 각도를 유지하고 고도를 낮추어야 하는데, 이때 가장 안전한 착륙 각도는 3°라고 한다. 다음 그림과 같이 항공기가 착륙 각도 3°를 유지하면서 고도 104.6 m에서 하강하고 있을 때, A 지점에서부터 착륙 지점 C까지의 거리인 $\overline{AC}$의 길이를 구하시오. (단, sin 3°=0.0523, cos 3°=0.9986, tan 3°=0.0524로 계산한다.)

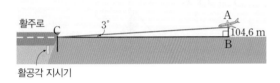

📶 $\overline{AC}$와 $\overline{AB}$의 길이를 이용하는 삼각비를 생각해 본다.

03

다음 그림과 같은 비탈길에서 C 지점의 높이는 20 m이다. A 지점에서 출발하여 비탈길을 분속 25 m로 걸을 때, C 지점까지 가는 데 걸리는 시간은 몇 분인지 구하시오.
　(단, sin 24°=0.4, cos 24°=0.9로 계산한다.)

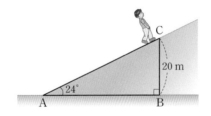

📶 삼각비의 값을 이용하여 $\overline{AC}$의 길이를 구해 본다.

04

다음 그림과 같이 길이가 30 cm인 줄에 매달린 시계추가 좌우로 45°씩 일정한 속도로 움직이고 있다. 이때 B 지점은 A 지점보다 몇 cm 더 높이 있는지 구하시오.
　　　　　　(단, 추의 크기는 생각하지 않는다.)

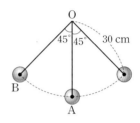

📶 점 B에서 $\overline{OA}$에 수선의 발을 내려 삼각비의 값을 이용해 본다.

05

오른쪽 그림과 같이 폭과 높이가 일정한 10개의 계단으로 이루어진 층계가 있다. 계단 1개의 폭은 30 cm이고 계단과 지면이 이루는 각의 크기가 38°일 때, 층계의 높이인 $\overline{AC}$의 길이는 몇 cm인지 구하시오.
(단, sin 38°=0.62, cos 38°=0.79, tan 38°=0.78로 계산한다.)

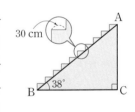

📶 계단 10개의 폭이 일정함을 이용하여 $\overline{BC}$의 길이를 먼저 구해 본다.

06

그리스의 천문학자 아리스타르코스는 삼각비를 이용하여 아래와 같이 지구와 달 사이의 거리를 구했다고 한다. ㉠, ㉡, ㉢에 알맞은 것을 **보기**에서 찾아 그 과정을 완성하시오.

┌─ 보기 ─────────────────────────┐
$\overline{AB}$, $\overline{AC}$, $\overline{BC}$, sin, cos, tan
└──────────────────────────────┘

다음 그림과 같이 지구와 달의 중심을 각각 A, B라 하고 달의 중심 B에서 그은 직선이 지구와 접하는 지점을 C라 하면 △ABC는 ∠C＝90°인 직각삼각형이다.

지구의 반지름의 길이를 7000 km로 놓았고 직각삼각형 ABC에서 ∠A＝89°로 측정되었을 때, 지구와 달 사이의 거리는 $\overline{AB}$이다.

$\cos A = \dfrac{\boxed{㉡}}{\boxed{㉠}}$ 이고 삼각비의 표에서

$\boxed{㉢}$ 89°＝0.0175이므로 $0.0175 = \dfrac{7000}{\overline{AB}}$

∴ $\overline{AB}$＝7000÷0.0175＝400000(km)

따라서 지구와 달 사이의 거리는 약 400000 km 이다.

📶 $\overline{AC}$의 길이를 알 때, $\overline{AB}$의 길이를 구하는 데 이용되는 삼각비를 생각해 본다.

07

조선 후기 축성된 수원 화성의 성벽에는 몸을 숨긴 채 총을 쏠 수 있도록 만든 원총안과 근총안이라는 구멍이 있다. 원총안은 멀리 떨어진 적을, 근총안은 가까이 있는 적을 맞히기 위해 만들어 놓은 것이다. 원총안과 근총안에서 지면을 바라본 경사각의 범위는 각각 0° 이상 10° 이하, 38° 이상 45° 이하라고 할 때, 다음 물음에 답하시오. (단, 총알은 직선으로 움직이고, tan 10°＝0.1763, tan 38°＝0.7813으로 계산한다.)

⑴ 높이가 5 m인 원총안과 근총안에서 총이 수평 방향과 이루는 각의 크기가 각각 10°, 38°일 때, 성벽으로부터 총알이 떨어지는 지점까지의 거리를 반올림하여 소수 첫째 자리까지 차례대로 나타내시오. (단, 성벽의 두께는 생각하지 않는다.)

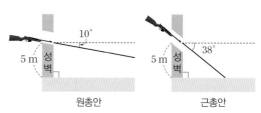

⑵ 높이가 5 m인 근총안에서 사격할 때, 성벽으로부터 사격이 가능한 지점까지의 거리의 범위를 반올림하여 소수 첫째 자리까지 나타내시오.(단, 성벽의 두께는 생각하지 않는다.)

📶 높이 5 m와 tan 10°, tan 38°, tan 45°를 이용하여 성벽으로부터 총알이 떨어지는 지점까지의 거리를 각각 구해 본다.

08

다음 그림과 같이 측정하는 사람의 위치가 다를 때, 아래 삼각비의 표를 이용하여 각 폭포의 높이 h를 구하시오. (단, 측정하는 사람의 눈높이는 1.8 m, 측정하는 사람으로부터 폭포의 시작점까지의 거리는 100 m, 폭포의 시작점을 바라본 각의 크기는 40°이다.)

각도	sin	cos	tan
25°	0.42	0.91	0.47
40°	0.64	0.77	0.84
65°	0.91	0.42	2.14

(1) 폭포 건너편 아래쪽
    에 있는 경우

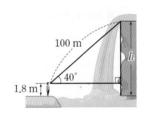

(2) 폭포보다 낮은 건너편 언
    덕에 있는 경우

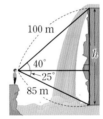

(3) 폭포보다 높은 건너편 언덕
    에 있는 경우

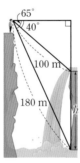

📶 각 경우에 대하여 높이 h를 구하기 위해 이용되는 삼각비를 생각해 본다.

09

똑바로 서 있던 나무가 벼락을 맞아 부러져 쓰러졌다. 쓰러진 나무에서 길이와 각의 크기를 측정하였더니 다음 그림과 같을 때, 이 나무의 원래 높이를 반올림하여 소수점 아래 첫째 자리까지 나타내시오. (단, sin 23°=0.3907, cos 23°=0.9205로 계산한다.)

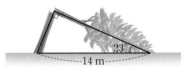

📶 삼각비의 값을 이용하여 나머지 두 변의 길이를 각각 구해 본다.

10

다음 그림과 같이 높이가 같은 두 전봇대 사이의 거리가 16 m이고, A 지점에서 두 전봇대 끝을 올려본각의 크기가 각각 45°, 30°일 때, 전봇대의 높이를 구하시오.

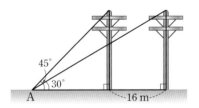

📶 두 직각삼각형에서 삼각비의 값을 이용하여 각각의 밑변의 길이를 전봇대의 높이에 대한 식으로 나타내어 본다.

11

오른쪽 그림은 6개의 합동인 마름모로 이루어진 도형이다. 마름모의 한 변의 길이가 2 cm일 때, 이 도형의 넓이를 구하시오.

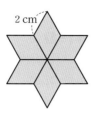
2 cm

12

다음 그림의 $\triangle ABC$에서 $\overline{AB}=5$ cm, $\overline{AC}=4$ cm이고, $\angle BAD=\angle DAC=30°$일 때, $\overline{AD}$의 길이를 구하시오.

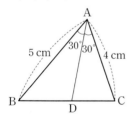
5 cm 30° 30° 4 cm
B   D   C

📶 $\triangle ABC=\triangle ABD+\triangle ADC$이므로 삼각비를 이용하여 삼각형의 넓이를 구해 본다.

13

다음 그림의 $\triangle ABC$에서 점 G는 $\triangle ABC$의 무게중심이고 $\overline{AB}=8$ cm, $\overline{BC}=9$ cm, $\angle B=30°$일 때, $\triangle AGC$의 넓이를 구하시오.

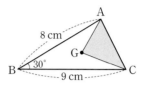
A 8 cm G 30° 9 cm C

📶 삼각비의 값을 이용하여 삼각형의 넓이를 구하고 무게중심의 성질을 이용해 본다.

14

다음 그림과 같이 중심각의 크기가 30°인 부채꼴 AOB가 있다. 점 A에서 $\overline{OB}$에 내린 수선의 발 H에 대하여 $\overline{HO}=12$ cm일 때, 색칠한 부분의 넓이를 구하시오.

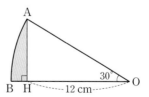
A 30° O 12 cm B H

📶 삼각비의 값을 이용하여 주어진 부채꼴의 반지름의 길이를 먼저 구해 본다.

01

최다 교과서 수록 문제

원의 일부를 이용하여 원의 반지름의 길이를 아래와 같은 방법으로 구할 수 있다.

❶ 접이식 자를 이용하여 자가 교차하는 점 A에서부터 자가 접하는 점 B(또는 점 C)까지의 거리를 측정한다.

❷ 각도기로 자가 이루는 각 ∠BAC의 크기를 측정한다.

❸ 각의 이등분선을 이용하여 점 A에서부터 원까지의 거리를 측정한다.

❹ ❶과 ❸에서 측정한 거리를 이용하여 원의 반지름의 길이를 구한다.

위의 과정에서 측정한 값이 다음 그림과 같을 때, 원 O의 반지름의 길이를 구하시오.

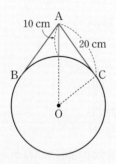

📶 피타고라스 정리를 이용하여 원 O의 반지름의 길이를 구해 본다.

01-❶ 한번더↗

지구를 반지름의 길이가 6000 km인 원 O라고 할 때, 지구 표면으로부터 500 km 높이에 떠 있는 인공위성에서 지구의 사진을 찍으려고 한다. 다음 그림과 같이 P 지점에 있는 인공위성에서 사진을 찍을 수 있는 가장 먼 지점을 T라고 할 때, 물음에 답하시오.

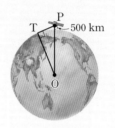

(1) $\overline{OT}$의 길이를 구하시오.

(2) $\overline{OP}$의 길이를 구하시오.

(3) 두 지점 P와 T 사이의 거리는 몇 km인지 구하시오.

📶 피타고라스 정리를 이용하여 $\overline{PT}$의 길이를 구해 본다.

02

다음 그림의 원 O에서 $\overline{CD}$는 원 O의 지름이고, $\overline{AB} \perp \overline{CD}$이다. $\overline{CD}=10\,cm$, $\overline{CM}=2\,cm$일 때, $\overline{AB}$의 길이를 구하시오.

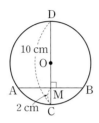

📶 원의 중심에서 현에 내린 수선은 그 현을 이등분함을 이용한다.

03

희성이와 친구들이 시계 만들기를 하고 있다. 원 모양 시계판의 중심을 찾아 오른쪽 그림과 같이 시곗바늘을 꽂으려고 할 때, 원의 중심을 바르게 찾을 수 있는 사람을 찾으시오.

희성 : 원에 내접하는 삼각형을 그린 다음 두 중선의 교점을 찾아야 해.

준서 : 원에 내접하는 삼각형을 그린 다음 두 내각의 이등분선이 만나는 점을 찾아야 해.

지우 : 원에 서로 다른 두 현을 긋고 각 현의 수직이등분선이 만나는 점을 찾아야 해.

교은 : 원에 서로 다른 두 현을 긋고 각 현의 중점을 선분으로 연결한 후 그 선분의 중점을 찾아야 해.

📶 원의 중심을 지나는 경우를 생각해 본다.

04

다음 그림은 활꼴 모양의 나무틀 위에 호 AB를 8등분하여 크기와 모양이 같은 홍예석 8개를 올린 아치 모형을 만들려고 설계한 것이다. $\overline{AB}=18$이고 $\overset{\frown}{AC}=\overset{\frown}{BC}$인 점 C에서 $\overline{AB}$에 내린 수선의 발 H에 대하여 $\overline{CH}=3$일 때, 부채꼴 AOB의 반지름의 길이를 구하시오.

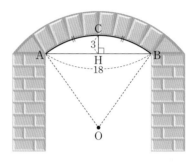

📶 $\overline{AB}$의 수직이등분선은 점 O를 지남을 이용하여 보조선을 그어 본다.

05

다음 그림은 탱크로리에 탑재된 원기둥 모양의 탱크의 단면이다. 단면은 반지름의 길이가 2인 원이고, 탱크에 들어 있는 액체의 높이가 1일 때, 단면에서 색칠한 부분의 넓이를 구하시오.

📶 원의 중심에서 현에 수선을 그어 직각삼각형을 그려 본다.

06

다음 그림의 원 O에서 $\overline{OD}=\overline{OE}=\overline{OF}$이고 $\overline{AB}=8$ cm일 때, △ABC의 넓이를 구하시오.

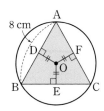

📡 원의 중심으로부터 같은 거리에 있는 현의 길이는 모두 같음을 이용한다.

07

다음 그림과 같이 반지름의 길이가 26 cm인 원 모양의 철판이 있다. 이 철판에서 평행한 두 개의 굵은 철사의 길이는 같고 그 사이의 간격은 20 cm라고 할 때, 평행한 두 굵은 철사 중 하나의 길이를 구하시오.

(단, 철사의 굵기는 생각하지 않는다.)

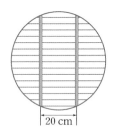

📡 길이가 같은 두 현은 원의 중심으로부터 같은 거리에 있음을 이용한다.

08

오른쪽 그림은 반지름의 길이가 4 m인 구 모양의 열기구의 단면을 원 모양으로 나타낸 것이다. $\overline{PA}$, $\overline{PB}$는 원 O의 접선이고, 두 점 A, B는 그 접점이다. ∠APB=60°일 때, $\overline{PA}$와 $\overline{PB}$의 길이의 합을 구하시오.

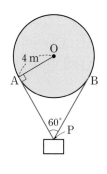

📡 △OAP≡△OBP이므로 $\overline{PA}=\overline{PB}$이다.

09

다음 그림과 같이 크고 작은 두 개의 바퀴가 벨트로 연결되어 있다. 작은 바퀴 쪽의 벨트가 이루는 각의 크기가 35°일 때, 큰 바퀴에서 벨트가 닿지 않는 부분이 이루는 호의 중심각의 크기를 구하시오.

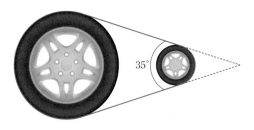

📡 원의 접선은 그 접점을 지나는 원의 반지름에 수직임을 이용한다.

10

오른쪽 그림과 같이 크기가 서로 다른 세 동전이 서로 접해 있고 점 P에서 세 동전에 그은 접선의 접점을 각각 A, B, C, D라 할 때, 승환이와 혜지 중에 바르게 말한 사람을 찾으시오.

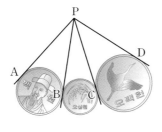

> 승환 : 반지름의 길이가 작은 원의 접선의 길이가 더 길어. 원의 반지름의 길이에 따라 접선의 길이는 다 달라.
>
> 혜지 : 네 점 A, B, C, D는 한 원 위에 있는 점이야.

🛜 점 P에서 각 동전에 그은 접선의 길이는 모두 같음을 이용한다.

11

오른쪽 그림의 원 O에서 $\overline{AD}$, $\overline{BC}$, $\overline{AF}$는 원 O의 접선이고 세 점 D, E, F는 그 접점이다. 다음 **보기**에서 옳은 것을 모두 고르시오. (단, 두 점 B, C는 각각 $\overline{AD}$, $\overline{AF}$ 위의 점이다.)

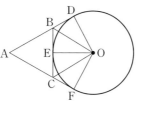

> ┌• 보기 •
> ㄱ. $\overline{AB}=\overline{AC}$　　　ㄴ. $\overline{AD}=\overline{AF}$
> ㄷ. $\overline{BE}=\overline{CE}$　　　ㄹ. $\overline{BD}=\overline{CF}$
> ㅁ. $\overline{CE}=\overline{CF}$　　　ㅂ. $\overline{DO}=\overline{EO}=\overline{FO}$

🛜 원 밖의 한 점에서 원에 그은 두 접선의 길이는 같다.

12

다음 그림과 같이 $\angle C=\angle D=90°$인 사다리꼴 ABCD가 반지름의 길이가 5 cm인 원 O에 외접한다. $\overline{AB}=12$ cm일 때, □ABCD의 넓이를 구하시오.

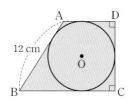

🛜 원에 외접하는 사각형에서 두 쌍의 대변의 길이의 합이 서로 같음을 이용한다.

13

오른쪽 그림과 같이 밑면의 반지름의 길이가 3 cm인 원기둥 모양의 유리병 2개가 꼭 맞게 들어가도록 밑면이 정사각형 모양인 상자를 만들려고 한다. 이 상자의 밑면인 정사각형의 한 변의 길이를 구하시오.

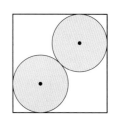

🛜 두 원의 중심을 지나는 선분을 빗변으로 하는 직각삼각형을 그려 본다.

01

최다 교과서 수록 문제

영화나 드라마에서 피사체의 폭을 일정하게 유지하면서 이동 촬영할 때는 아래 그림과 같이 원형 레일을 이용한다. 두 점 A, B가 촬영 대상의 양 끝일 때, 원형 레일 위의 두 점 P, Q에 대하여 ∠APB와 ∠AQB의 크기를 비교하시오.

01-❶

카메라가 렌즈를 통해서 피사체를 담을 수 있는 각을 화각이라고 한다. 오른쪽 그림과 같은 원형 극

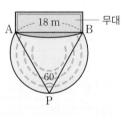

장에서 성재는 P 지점의 좌석에서 화각의 크기가 60°인 렌즈로 무대 AB만 담았다. 다음 물음에 답하시오.

(1) 성재가 원의 중심으로 옮겨 앉아 무대 AB만 렌즈에 담으려고 할 때, 카메라 렌즈의 화각의 크기는 몇 도로 해야 하는지 구하시오.

(2) 무대의 길이가 18 m일 때, 이 원형 극장의 지름의 길이를 구하시오.

02

최다 교과서 수록 문제

사람이 자신의 눈높이보다 위에 놓여 있는 작품을 감상할 때, 가까이에서 보면 작품 전체가 한눈에 들어오지 않고 멀리서 보면 자세히 볼 수 없다. 작품을 감상하기 좋은 위치는 작품이 시야에 가장 크게 들어올 때이다. [그림 1]에서 작품의 위쪽 끝을 A, 아래쪽 끝을 B라 하고, 사람의 눈높이의 수평선을 직선 l이라 하면, [그림 2]와 같이 두 점 A, B를 지나고 직선 l에 접하는 원을 그릴 수 있다. [그림 2]의 어느 점에서 작품을 바라보는 각의 크기가 가장 큰지 찾으시오.

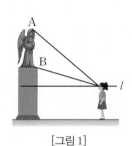
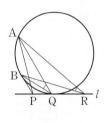

[그림 1]   [그림 2]

02-❶

다음 그림과 같은 축구 경기장에서 수현이는 사이드라인과 평행하게 달리면서 골 넣는 연습을 하고 있다. 수현이의 이동 경로에 접하고 골대의 양 끝 점을 지나는 원을 이용하여 수현이가 골을 넣을 수 있는 각의 크기가 가장 큰 지점을 찾으시오.

03

고대 그리스의 피타고라스 학파는 정오각형의 대각선을 이어서 그린 별 모양을 그들의 상징으로 정했다고 한다. 오른쪽 그림은 원 O에 내접하는 정오각형과 그 대각선을 이어서 그린 별 모양이다. ∠CAD의 크기를 구하시오.

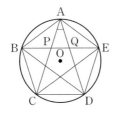

🛜 한 원에서 중심각의 크기의 합은 360°임을 이용한다.

05

오른쪽 그림에서 ∠a+∠b+∠c+∠d+∠e의 크기를 구하시오.

04

다음 그림에서 $\overline{PT}$는 원 O의 접선이고 점 T는 접점이다. $\overline{PB}$가 원의 중심 O를 지나고 ∠P=40°일 때, ∠TCB의 크기를 구하시오.

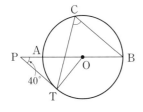

🛜 한 호에 대한 원주각의 크기와 중심각의 크기 사이의 관계를 이용한다.

06

오른쪽 그림과 같이 원 O에서 현 AB와 현 CD가 평행할 때, 다음 **보기**에서 길이가 항상 같은 것끼리 짝 지으시오.

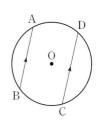

ㄱ. $\widehat{AB}$　ㄴ. $\widehat{BC}$　ㄷ. $\widehat{CD}$　ㄹ. $\widehat{AD}$

🛜 평행선이 한 직선과 만날 때 엇각의 크기가 같음을 이용한다.

07

오른쪽 그림과 같이 12개의 관람차가 일정한 간격으로 설치된 원 모양의 놀이기구가 있다. 이때 ∠x의 크기를 구하시오.

(단, 관람차는 원 위의 한 점이라고 생각한다.)

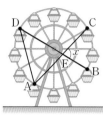

한 원에서 원주각의 크기의 합은 180°임을 이용한다.

08

오른쪽 그림은 바퀴에 막대기가 걸쳐 있는 모습이다. 바퀴의 중심을 O, 걸쳐 있는 막대기를 $\overline{AB}$라 하면 두 점 T, C는 원 O의 접점이고 ∠CAT=44°이다. 이때 ∠CDT의 크기를 구하시오.

(단, 막대와 바퀴의 두께는 생각하지 않는다.)

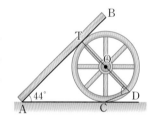

원 밖의 한 점에서 그은 두 접선의 길이가 같음을 이용한다.

09

아영이가 오른쪽 그림과 같은 원 모양의 산책로를 일정한 속력으로 화살표 방향을 따라 걷고 있다. A 지점에서 B 지점까지 가는 데 10분이 걸렸다고 할 때, B 지점에서 C 지점까지 가는 데 몇 분이 걸리는지 구하시오.

(단, 산책로의 너비는 생각하지 않는다.)

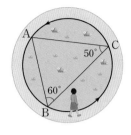

10

다음 그림은 평행사변형 ABCD를 대각선 AC를 따라 접은 것이다. 이 그림을 이용하여 네 점 A, C, D, B′은 한 원 위에 있음을 설명하시오.

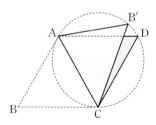

평행사변형의 성질을 이용하여 크기가 같은 각을 찾아본다.

11

다음 그림과 같은 원 O에서 ∠A=60°,
∠D=140°일 때, ∠BOC의 크기를 구하시오.

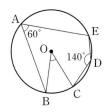

🛜 보조선을 그어 원에 내접하는 사각형을 만든 후 대각의
크기의 합은 180°임을 이용한다.

12

다음 그림과 같이 원 O 위의 점 A에서 접하는 접
선과 지름 BC의 연장선이 만나는 점을 P라 하
자. ∠BAQ=50°일 때, ∠x−∠y의 크기를 구
하시오.

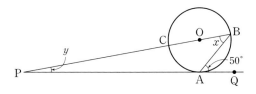

🛜 보조선을 그어 원의 접선과 현이 이루는 각에 대한 성질
을 이용한다.

13

다음 그림에서 $\overrightarrow{PA}$, $\overrightarrow{PB}$는 원 O의 접선이고 두
점 A, B는 접점이다. ∠P=46°, ∠CAD=84°
일 때, ∠CBE의 크기를 구하시오.

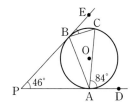

🛜 원의 접선의 성질과 원의 접선과 현이 이루는 각에 대한
성질을 이용한다.

14

다음 그림에서 □ABTC는 원 O에 내접하고
$\overrightarrow{PT}$는 원 O의 접선이다. ∠P=55°, ∠ACT=85°
일 때, ∠BAT의 크기를 구하시오.

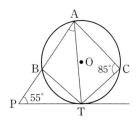

🛜 원에 내접하는 사각형의 성질과 원의 접선과 현이 이루
는 각에 대한 성질을 이용한다.

01

최다 교과서 수록 문제

다음은 서우네 반에서 반 학생들의 자료를 수집하여 우리반을 대표하는 가상 인물을 만든 것이다. ㉠~㉢ 중 각 자료에서 이용된 대푯값으로 적절하지 <u>않은</u> 것을 모두 찾으시오.

우리반을 대표하는 가상 인물

자료	남	여	
키	170.5 cm	159.2 cm	㉠ 최댓값
몸무게	62.0 kg	52.5 kg	㉡ 평균
신발 치수	275 mm	235 mm	㉢ 최댓값
티셔츠 치수	L	M	㉣ 최빈값
좋아하는 색	파랑	노랑	㉤ 중앙값
태어난 달	9월	6월	㉥ 최빈값
등교하는 데 걸리는 시간	12분	15분	㉦ 평균
일일 게임 시간	80분	20분	◎ 최솟값
일일 미디어 시청 시간	25분	90분	㉨ 평균
하루 공부 시간	120분	120분	㉩ 평균

01-❶ 한번더↗

다음 각 자료의 특징을 더 잘 나타낼 수 있는 대푯값을 평균, 중앙값, 최빈값 중에서 선택하시오.

(1) 중학생 10명이 한 달 동안 읽은 책의 권수

(단위 : 권)

> 1, 2, 3, 3, 4, 4, 5, 6, 6, 26

(2) 반 학생 10명의 수학 성적

(단위 : 점)

> 75, 76, 78, 83, 84,
> 88, 92, 96, 98, 100

(3) 어느 옷 가게에서 하루 동안 팔린 블라우스 치수

(단위 : 호)

> 90, 90, 90, 90, 90,
> 100, 100, 100, 110, 110

02

다음은 준우와 병주의 사격 점수를 조사하여 나타낸 표이다. 준우의 사격 점수의 중앙값을 a점, 병주의 사격 점수의 최빈값을 b점이라 할 때, $a-b$의 값을 구하시오.

	1차	2차	3차	4차	5차	6차	7차	8차
준우(점)	1	7	3	9	3	8	10	2
병주(점)	3	2	10	3	7	9	3	2

📶 중앙값과 최빈값의 의미를 이해하고 이를 구해 본다.

03

다음 그림은 학생 15명의 턱걸이 횟수를 조사하여 나타낸 막대그래프이다. 평균, 중앙값, 최빈값의 대소 관계를 구하시오.

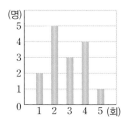

📶 평균, 중앙값, 최빈값을 각각 구하고 대소를 비교해 본다.

04

오른쪽 그림은 A, B 두 모둠 학생들을 대상으로 각자 만들 수 있는 요리 수를 조사하여 나타낸 꺾은선 그래프이다. 다음 **보기** 중 옳은 것을 고르시오.

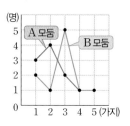

┌ 보기 ┐
ㄱ. B 모둠의 평균이 A 모둠의 평균보다 더 크다.
ㄴ. A 모둠의 중앙값은 3가지이다.
ㄷ. 두 모둠의 최빈값은 같다.

05

다음은 지후가 매주 SNS에 올린 게시글의 수를 8주 동안 조사한 것이다. 게시글 수의 평균은 5이고, $a-b=3$일 때, 이 자료의 중앙값과 최빈값을 차례대로 구하시오.

게시글의 수

┌─────────────────────────────┐
 5, 1, 7, 6, a, 4, b, 2
└─────────────────────────────┘

📶 평균과 주어진 변량 사이의 관계를 이용하여 a, b의 값과 중앙값, 최빈값을 각각 구해 본다.

06

다음 그림은 사격 선수 A, B, C가 5발의 사격을 마친 후의 표적판이다. A, B, C 세 선수의 사격 점수의 표준편차가 각각 a점, b점, c점일 때, a, b, c의 대소 관계를 구하시오.

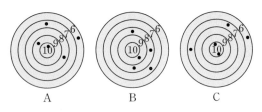

📶 평균을 먼저 구한 다음 편차의 제곱의 평균을 구해 본다.

07

다음은 다영이의 5회에 걸친 수학 성적에 대한 편차를 나타낸 표이다. 다영이의 수학 성적의 평균이 60점일 때, 3회의 수학 성적과 수학 성적의 분산을 각각 구하시오.

	1회	2회	3회	4회	5회
편차(점)	-2	-1	x	2	3

📶 편차의 의미를 이해하고 이를 이용하여 x의 값을 먼저 구해 본다.

08

다음은 무선 소형 선풍기 5종의 사용 시간에 대한 설명이다. 무선 소형 선풍기 5종의 사용 시간의 표준편차를 구하시오.

> A 기종 : 5종 전체의 사용 시간의 평균보다 사용 시간이 2시간 더 짧다.
> B 기종 : 5종 전체의 사용 시간의 평균보다 4시간 더 길게 사용할 수 있다.
> C 기종 : B 기종보다 사용 시간이 3시간 더 짧다.
> D 기종 : C 기종보다 사용 시간이 1시간 더 길다.
> E 기종 : A 기종보다 사용 시간이 더 짧다.

📶 5종의 사용 시간의 편차를 먼저 구해 본다.

09

4개의 변량의 평균과 분산을 각각 구하였더니 평균이 4, 분산이 25이었다. 그런데 결과를 확인하는 과정에서 4개의 변량 중 5, 7인 두 변량을 각각 4, 8로 잘못 보고 계산한 것을 발견하였다. 이때 실제 4개의 변량의 분산을 구하시오.

📶 평균과 분산의 관계를 이해하고 이를 이용하여 실제 변량의 분산을 구해 본다.

01

최다 교과서 수록 문제

다음 산점도를 보고, 누구의 생각이 옳은지
고르시오.

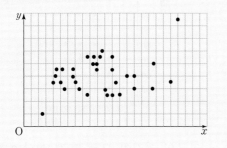

> 지혜 : x가 가장 작은 점이 y도 작고 x가
> 가장 큰 점이 y도 크니까 x와 y 사
> 이에는 양의 상관관계가 있어.
> 원기 : y가 가장 작은 점과 가장 큰 점의
> 두 점을 제외하고 보면 전체적으로
> 상관관계가 없으니까 x와 y 사이에
> 는 상관관계가 없어.

01-❶ 한번더↗

오른쪽 산점도를 보
고, 누구의 생각이
옳은지 고르시오.

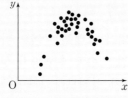

> 정문 : x의 값이 증가함에 따라 y의 값이
> 대체로 감소하는 경향이 있으니까
> x와 y 사이에는 음의 상관관계가
> 있어.
> 아현 : 일정 부분까지는 x의 값이 증가함
> 에 따라 y의 값이 증가하다가 그 이
> 후로는 y의 값이 감소하므로 두 변
> 량 사이에는 상관관계가 없어.

02

다음 그림은 A 중학교 3학년 학생 15명의 왼손
과 오른손의 쥐는 힘 사이의 관계를 나타낸 산
점도이다. 왼손과 오른손의 쥐는 힘 사이에 어
떤 상관관계가 있는지 말하시오.

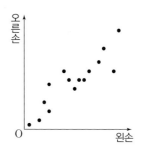

📶 산점도에서 두 변량 사이의 관계를 보고 상관관계를 파
악해 본다.

03

다음 **보기**를 보고, 물음에 답하시오.

┌ 보기 ┐
ㄱ. 겨울철 기온과 난방비
ㄴ. 수명과 발의 길이
ㄷ. 수학 성적과 키
ㄹ. 흡연량과 폐암 발생률
ㅁ. 입장객 수와 입장료 총액
ㅂ. 산의 높이와 기온
ㅅ. 일정한 거리를 달리는 자동차의 속력과 주
   행 시간
ㅇ. 교통량과 공기 오염도

(1) 양의 상관관계가 있는 것을 모두 고르시오.

(2) 음의 상관관계가 있는 것을 모두 고르시오.

(3) 상관관계가 없는 것을 모두 고르시오.

📶 실생활의 다양한 상황에서 변량 사이의 상관관계를 생각
해 본다.

04

다음은 미세 먼지에 대한 내용이다. ㉠~㉣ 중에서 미세 먼지 농도와의 상관관계가 나머지 셋과 다른 하나를 고르시오.

> 미세 먼지는 ㉠자동차 배기가스, 공장 내 원자재, 소각장 연기 등에 의하여 발생하고 가정에서 가스레인지를 사용하여 조리를 할 때도 발생한다. 미세 먼지는 계절별 기후 변화에 영향을 받기도 한다. 봄에는 황사를 동반한 미세 먼지 농도가 높아질 수 있고, ㉡강수량이 높은 여름에는 ㉢대기 오염 물질이 제거돼 미세 먼지 농도가 낮아질 수 있다. 가을에는 대기 순환이 원활해 미세 먼지 농도가 낮아질 수 있고, ㉣난방 등 연료 사용이 증가하는 겨울이 되면 다시 미세 먼지 농도가 높아질 수 있다. 최근에는 기후 변화 외에 중국의 영향을 많이 받고 있다.

05

다음은 어느 중학교 3학년 7반 학생들의 한 달 용돈과 저축 금액 사이의 관계를 나타낸 산점도이다. 5명의 학생 A, B, C, D, E 중에서 용돈에 비해 비교적 저축을 많이 한 학생은 누구인지 구하시오.

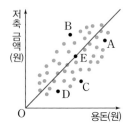

📶 산점도를 보고 상관관계와 자료의 특징을 찾아본다.

06

다음 그래프는 승연이네 반 학생 15명의 사회 성적과 역사 성적 사이의 관계를 나타낸 산점도이다. 물음에 답하시오.

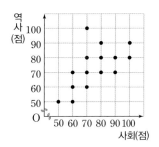

(1) 두 과목의 성적이 모두 70점 이상인 학생은 몇 명인지 구하시오.

(2) 역사 성적보다 사회 성적이 좋은 학생은 몇 명인지 구하시오.

(3) 두 과목 성적의 총점이 높은 순으로 35 % 이내에 드는 학생들에게 상을 주려고 한다. 상을 받는 학생들의 총점의 평균을 구하시오.

📶 산점도에 주어진 조건에 따라 적절한 보조선을 그어 문제를 해결한다.

07

다음 그래프는 어느 학급 학생 15명의 1, 2차에 걸친 수학 수행평가 성적을 나타낸 산점도이다. 1차 성적보다 2차 성적이 향상된 학생들의 2차 성적의 평균을 구하시오.

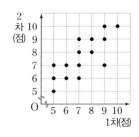

📶 산점도에서 두 변량의 크기를 비교할 때는 직선 $y=x$를 그어서 확인해 본다.

수
매씽
MATHING
개념

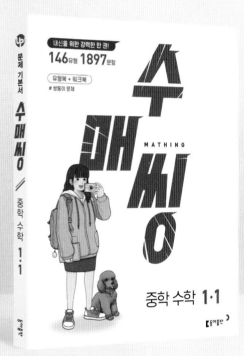
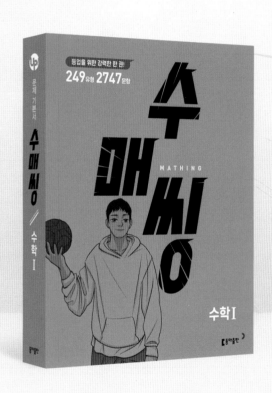

중학 수학
개념 3·2

내신과 등업을 위한 강력한 한 권!

 개념 연산서
수매씽 **개념연산**
중학교 1~3학년 1·2학기

 개념 기본서
수매씽 **개념**
중학교 1~3학년 1·2학기
공통수학1, 공통수학2

유형 기본서
수매씽
중학교 1~3학년 1·2학기
수학(상), 수학(하), 수학I, 수학II, 확률과 통계, 미적분

 동아출판

📞 **Telephone** 1644-0600
🏠 **Homepage** www.bookdonga.com
✉ **Address** 서울시 영등포구 은행로 30 (우 07242)

• 정답 및 풀이는 동아출판 홈페이지 내 학습자료실에서 내려받을 수 있습니다.
• 교재에서 발견된 오류는 동아출판 홈페이지 내 정오표에서 확인 가능하며, 잘못 만들어진 책은 구입처에서 교환해 드립니다.
• 학습 상담, 제안 사항, 오류 신고 등 어떠한 이야기라도 들려주세요.

개념북과 1:1 매칭되는
워크북으로 반복 학습

수

매씽

MATHING

개념

워크북

중학 수학 3·2

동아출판

기본이 탄탄해지는 **개념 기본서**
수매씽 개념

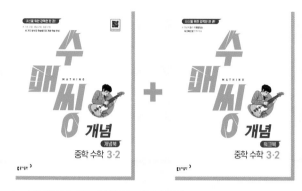

▶ 개념북과 워크북으로 개념 완성

수매씽 개념 중학 수학 3·2

발행일	2023년 8월 30일
인쇄일	2023년 8월 20일
펴낸곳	동아출판㈜
펴낸이	이욱상
등록번호	제300-1951-4호(1951. 9. 19.)
개발총괄	김영지
개발책임	이상민
개발	김인영, 권혜진, 윤찬미, 이현아, 김다은
디자인책임	목진성
디자인	송현아
표지 일러스트	여는
대표번호	1644-0600
주소	서울시 영등포구 은행로 30 (우 07242)

수
매씽
MATHING
개념

워크북

중학 수학 3·2

01 삼각비

개념북 ◉ 7쪽~13쪽 | 정답 및 풀이 ◉ 46쪽

한번 더 개념 확인문제

01 오른쪽 그림과 같은 직각삼각형 ABC에서 다음 삼각비의 값을 구하시오.

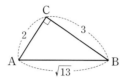

(1) $\sin A$ (2) $\sin B$

(3) $\cos A$ (4) $\cos B$

(5) $\tan A$ (6) $\tan B$

02 오른쪽 그림과 같은 직각삼각형 ABC에서 다음을 구하시오.

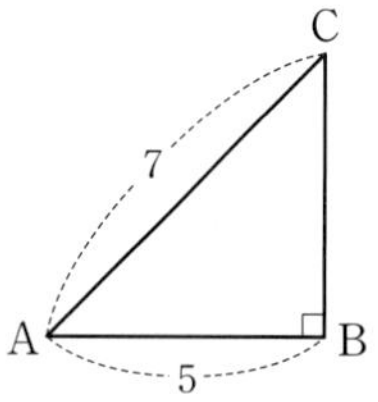

(1) $\overline{BC}$의 길이

(2) ∠A의 삼각비

(3) ∠C의 삼각비

03 다음은 오른쪽 그림과 같은 직각삼각형 ABC에서 $\overline{AC}=12$, $\cos A=\dfrac{\sqrt{6}}{3}$일 때, $\tan C$의 값을 구하는 과정이다. □ 안에 알맞은 것을 써넣으시오.

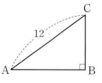

$$\cos A=\frac{\overline{AB}}{12}=\frac{\sqrt{6}}{3} \text{에서 } \overline{AB}=\boxed{}\text{이므로}$$

$$\overline{BC}=\sqrt{12^2-(\boxed{})^2}=\boxed{}$$

$$\therefore \tan C=\frac{\boxed{}}{\overline{BC}}=\boxed{}$$

04 오른쪽 그림과 같은 직각삼각형 ABC에서 $\overline{AB}=18$이고 $\sin B=\dfrac{7}{9}$일 때, 다음을 구하시오.

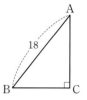

(1) $\overline{AC}$의 길이

(2) $\overline{BC}$의 길이

05 $\sin A=\dfrac{3}{4}$일 때, 다음을 구하시오. (단, $0°<A<90°$)

(1) $\cos A$ (2) $\tan A$

06 다음을 계산하시오.

(1) $\sin 60°+\cos 30°$

(2) $\cos 45°-\sin 45°$

(3) $\cos 60°\times\tan 45°$

(4) $\tan 30°\div\tan 60°-\sin 30°$

07 다음 그림과 같은 직각삼각형 ABC에서 x, y의 값을 각각 구하시오.

(1)
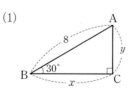

(2)
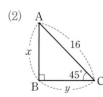

두 변의 길이가 주어질 때 삼각비의 값 구하기

01 오른쪽 그림과 같은 직각삼각형 ABC에서 $\overline{AB}=12$, $\overline{BC}=9$일 때, $\sin B$의 값을 구하시오.

02 오른쪽 그림과 같은 직각삼각형 ABC에서 $\overline{AC}=\sqrt{5}$, $\overline{BC}=5$일 때, $\sin A \times \sin B$의 값은?

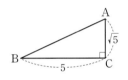

① $\dfrac{\sqrt{5}}{12}$ ② $\dfrac{\sqrt{5}}{6}$ ③ $\dfrac{\sqrt{5}}{5}$

④ $\dfrac{\sqrt{6}}{6}$ ⑤ $\dfrac{\sqrt{6}}{3}$

03 오른쪽 그림과 같은 직각삼각형 ABC에서 $\overline{AB}=13$, $\overline{AC}=12$일 때, $\cos B \times \tan B$의 값을 구하시오.

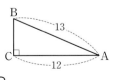

삼각비가 주어질 때 변의 길이 구하기

04 오른쪽 그림과 같은 직각삼각형 ABC에서 $\overline{BC}=8$ cm, $\tan A = \dfrac{2}{3}$일 때, $\cos A$의 값을 구하시오.

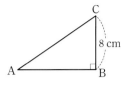

05 오른쪽 그림과 같은 직각삼각형 ABC에서 $\overline{AB}=8$ cm, $\sin A = \dfrac{\sqrt{7}}{4}$일 때, $\triangle ABC$의 넓이를 구하시오.

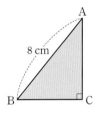

삼각비가 주어질 때 다른 삼각비의 값 구하기

06 $\cos A = \dfrac{2}{5}$일 때, $\sin A \times \tan A$의 값을 구하시오.

(단, $0° < A < 90°$)

07 $\tan A = 3$일 때, $\sin A \times \cos A$의 값은?

(단, $0° < A < 90°$)

① $\dfrac{1}{10}$ ② $\dfrac{\sqrt{3}}{10}$ ③ $\dfrac{\sqrt{5}}{10}$

④ $\dfrac{\sqrt{6}}{10}$ ⑤ $\dfrac{3}{10}$

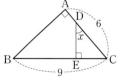

직각삼각형의 닮음과 삼각비 (1)

08 오른쪽 그림과 같은 직각삼 각형 ABC에서 $\overline{DE} \perp \overline{BC}$ 이고 $\overline{AC}=6$, $\overline{BC}=9$일 때, $\cos x$의 값은?

① $\dfrac{\sqrt{2}}{3}$ ② $\dfrac{\sqrt{3}}{3}$ ③ $\dfrac{2}{3}$

④ $\dfrac{\sqrt{5}}{3}$ ⑤ $\dfrac{\sqrt{6}}{3}$

09 오른쪽 그림과 같은 직각 삼각형 ABC에서 $\overline{DE} \perp \overline{BC}$이고 $\overline{BD}=5$, $\overline{DE}=3$일 때, $\sin x$의 값 을 구하시오.

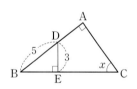

직각삼각형의 닮음과 삼각비 (2)

10 오른쪽 그림과 같이 $\angle A=90°$인 직각삼각형 ABC에서 $\overline{AD} \perp \overline{BC}$이고 $\overline{AB}=24$, $\overline{AC}=7$일 때, $\sin x+\cos x$의 값을 구하 시오.

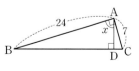

11 오른쪽 그림과 같이 $\angle C=90°$인 직각삼각형 ABC에서 $\overline{AB} \perp \overline{CD}$이 고 $\overline{AB}=13$ cm, $\overline{AC}=5$ cm일 때, $\cos x+\cos y$의 값을 구하시오.

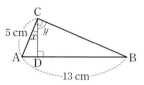

특수한 각의 삼각비의 값의 계산

12 $\cos 60° \times \tan 30° - \tan 45° \times \sin 60°$를 계산하면?

① $-\dfrac{\sqrt{3}}{2}$ ② $-\dfrac{\sqrt{3}}{3}$ ③ $-\dfrac{1}{3}$

④ $\dfrac{\sqrt{3}}{2}$ ⑤ $\sqrt{3}$

13 $\sqrt{3} \times \sin 30° \times \tan 60° + \sqrt{2} \times \cos 45°$를 계산하시오.

14 다음을 계산하시오.

$$\cos 30° \times \tan 30° + \sin 30° \times \tan 45°$$
$$- \sin 45° \times \cos 45°$$

삼각형에서 특수한 각이 주어질 때 변의 길이 구하기

15 오른쪽 그림에서
∠ABC=∠BCD=90°이고
∠BAC=60°, ∠BDC=45°,
$\overline{AB}=\sqrt{2}$ cm일 때, $\overline{BD}$의 길이를 구하시오.

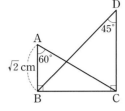

16 오른쪽 그림과 같이
∠C=90°인 직각삼각형
ABC에서 $\overline{AB}\perp\overline{CH}$이고
∠B=30°, $\overline{HB}=8$ cm일
때, x, y의 값을 각각 구하시오.

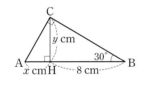

17 오른쪽 그림에서
∠BAC=∠ADC=90°이고
∠B=60°, ∠DAC=45°이
다. $\overline{BC}=8$일 때, 다음을 구하
시오.

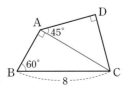

(1) $\overline{AB}$의 길이

(2) $\overline{AD}$의 길이

(3) 사각형 ABCD의 둘레의 길이

입체도형에서의 삼각비의 값

18 오른쪽 그림과 같이 한 모서리
의 길이가 4인 정육면체에서
∠CEG=x라 할 때, cos x의
값을 구하시오.

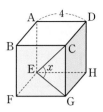

19 오른쪽 그림과 같은 직육면체에
서 ∠AGE=x라 할 때, cos x
의 값을 구하시오.

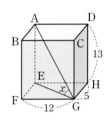

직선의 방정식이 주어질 때 삼각비의 값 구하기

20 오른쪽 그림과 같이 직선
$x-5y+10=0$이 x축과 이
루는 예각의 크기를 a라 할
때, tan a의 값을 구하시오.

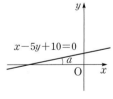

21 오른쪽 그림과 같이 직선
$6x-2y+3=0$과 x축, y축의
교점을 각각 A, B라 할 때,
△AOB에서
sin $A \times$ cos $A \times$ tan A의
값을 구하시오. (단, O는 원점)

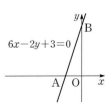

02 예각의 삼각비

한번더 개념 확인문제

01 오른쪽 그림과 같이 반지름의 길이
가 1인 사분원에서 다음 삼각비의
값을 나타내는 선분을 구하시오.

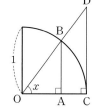

(1) $\sin x$

(2) $\cos x$

(3) $\tan x$

02 오른쪽 그림과 같이 반지름의
길이가 1인 사분원에서 다음
삼각비의 값을 구하시오.

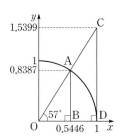

(1) $\sin 57°$

(2) $\cos 57°$

(3) $\tan 57°$

03 다음을 계산하시오.

(1) $\cos 0° + \sin 90° - \tan 0°$

(2) $\cos 90° \times \sin 0° - \tan 0° \div \cos 0°$

(3) $2 \sin 90° - \cos 90° + 3 \tan 45°$

04 다음 ○ 안에 >, =, < 중 알맞은 것을 써넣으시오.

(1) $\sin 0°$ ◯ $\sin 60°$

(2) $\cos 40°$ ◯ $\cos 80°$

(3) $\tan 20°$ ◯ $\tan 60°$

05 아래 삼각비의 표를 이용하여 다음 삼각비의 값을 구
하시오.

각도	sin	cos	tan
36°	0.5878	0.8090	0.7265
37°	0.6018	0.7986	0.7536
38°	0.6157	0.7880	0.7813

(1) $\sin 37°$

(2) $\cos 38°$

(3) $\tan 36°$

06 아래 삼각비의 표를 이용하여 다음 삼각비를 만족시
키는 x의 크기를 구하시오.

각도	sin	cos	tan
13°	0.2250	0.9744	0.2309
14°	0.2419	0.9703	0.2493
15°	0.2588	0.9659	0.2679

(1) $\sin x = 0.2588$

(2) $\cos x = 0.9744$

(3) $\tan x = 0.2493$

사분원에서 예각의 삼각비의 값

01 오른쪽 그림과 같이 반지름의 길이가 1인 사분원에서 다음 중 옳지 <u>않은</u> 것은?

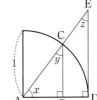

① $\cos x = \overline{AB}$
② $\tan x = \overline{DE}$
③ $\sin y = \overline{AB}$
④ $\cos z = \overline{BC}$
⑤ $\sin z = \overline{AE}$

02 오른쪽 그림과 같이 반지름의 길이가 1인 사분원에서 $\tan 54° + \cos 36°$의 값을 구하시오.

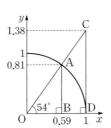

삼각비의 대소 관계

03 다음 삼각비의 값 중에서 두 번째로 작은 것은?

① $\sin 45°$ ② $\tan 30°$ ③ $\sin 90°$
④ $\cos 90°$ ⑤ $\cos 60°$

04 $45° < x < 90°$일 때, $\sin x$, $\cos x$, $\tan x$의 값을 큰 것부터 차례대로 나열하시오.

삼각비의 표를 이용한 삼각비의 값

05 $\sin x = 0.4226$, $\cos y = 0.9135$일 때, 다음 삼각비의 표를 이용하여 $x+y$의 크기를 구하시오.

각도	sin	cos	tan
23°	0.3907	0.9205	0.4245
24°	0.4067	0.9135	0.4452
25°	0.4226	0.9063	0.4663

06 오른쪽 그림과 같은 직각삼각형 ABC에서 $\overline{AB} = 100$, $\overline{AC} = 73$일 때, 다음 삼각비의 표를 이용하여 $\angle A$의 크기를 구하면?

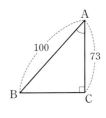

각도	sin	cos	tan
43°	0.68	0.73	0.93
44°	0.69	0.72	0.97
45°	0.71	0.71	1.00
46°	0.72	0.69	1.04
47°	0.73	0.68	1.07

① 43°   ② 44°   ③ 45°
④ 46°   ⑤ 47°

01

오른쪽 그림과 같은 직각삼각형 ABC에서 $\overline{AD} \perp \overline{BC}$이고 $\overline{AB}=2$ cm, $\tan x = \sqrt{5}$일 때, $\overline{BC}$의 길이는?

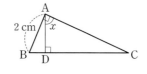

① $2\sqrt{3}$ cm ② $2\sqrt{6}$ cm ③ 6 cm

④ $4\sqrt{3}$ cm ⑤ $4\sqrt{6}$ cm

02

이차방정식 $2x^2+ax-5=0$의 한 근이 $\sin 30°$일 때, 상수 a의 값은?

① -9 ② -7 ③ 5

④ 7 ⑤ 9

03

세 내각의 크기의 비가 $1:2:3$인 삼각형이 있다. 세 내각 중 가장 작은 각의 크기를 A라 할 때, $\sin A : \cos A : \tan A$는?

① $\sqrt{2}:\sqrt{3}:2$ ② $2:2\sqrt{2}:3\sqrt{3}$

③ $2:3\sqrt{2}:2\sqrt{3}$ ④ $3:2\sqrt{3}:3\sqrt{3}$

⑤ $3:3\sqrt{3}:2\sqrt{3}$

04

오른쪽 그림에서 $\angle ACB = \angle ADC = 90°$이고 $\angle B = 60°$, $\angle CAD = 45°$, $\overline{AB}=12$ cm일 때, x, y의 값을 각각 구하시오.

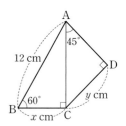

05

오른쪽 그림과 같이 직선 $4x-3y+24=0$이 x축과 이루는 예각의 크기를 a라 할 때, $\cos a \times \tan a$의 값을 구하시오.

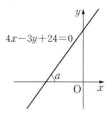

06

오른쪽 그림과 같이 반지름의 길이가 1인 사분원이 있다. 다음 **보기** 중 삼각비의 값이 같은 것끼리 짝지은 것을 모두 고르면? (정답 2개)

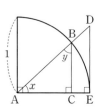

┌ **보기** ┐

ㄱ. $\sin x$ ㄴ. $\sin y$ ㄷ. $\cos x$

ㄹ. $\cos y$ ㅁ. $\tan x$ ㅂ. $\tan y$

① ㄱ과 ㄴ ② ㄱ과 ㄹ ③ ㄴ과 ㄷ

④ ㄴ과 ㄹ ⑤ ㅁ과 ㅂ

01

오른쪽 그림과 같은 직각삼각형 ABC에서 $\overline{AC}=2$, $\overline{BC}=\sqrt{10}$일 때, 다음 중 옳은 것을 모두 고르면?

(정답 2개)

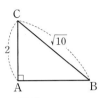

① $\sin B=\dfrac{\sqrt{15}}{5}$
② $\cos B=\dfrac{\sqrt{10}}{5}$
③ $\tan B=\dfrac{\sqrt{6}}{3}$
④ $\cos C=\dfrac{\sqrt{15}}{5}$
⑤ $\tan C=\dfrac{\sqrt{6}}{2}$

02

오른쪽 그림과 같이 $\overline{AB}=6$, $\overline{BC}=8$인 직사각형 ABCD가 있다. $\angle ACB=x$라 할 때, $\sin x+\cos x$의 값은?

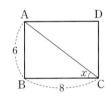

① 1
② $\dfrac{5}{4}$
③ $\dfrac{7}{5}$
④ $\dfrac{7}{4}$
⑤ $\dfrac{9}{5}$

03

$3\cos A-2=0$일 때, $\sin A\times\tan A$의 값을 구하시오.

(단, $0°<A<90°$)

04

오른쪽 그림과 같은 직각삼각형 ABC에서 $\overline{DE}\perp\overline{BC}$이고 $\overline{BD}=2$, $\overline{DE}=1$일 때, $\sin x\times\cos x$의 값을 구하시오.

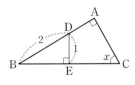

05

오른쪽 그림과 같은 직각삼각형 ABC에서 $\angle BAD=\angle DAC$이고 $\angle B=30°$, $\overline{AB}=6$일 때, x, y의 값을 각각 구하시오.

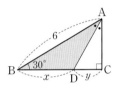

06

오른쪽 그림과 같은 직육면체에서 $\angle AGE=x$라 할 때, $\tan x$의 값을 구하시오.

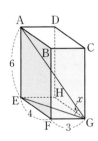

07

오른쪽 그림과 같이 직선 $y=\dfrac{3}{4}x+3$이 x축과 이루는 예각의 크기를 a라 할 때, $\sin a+\cos a$의 값을 구하시오.

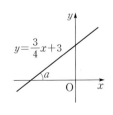

08

오른쪽 그림과 같이 좌표평면 위의 원점 O를 중심으로 하고 반지름의 길이가 1인 사분원에서 다음 중 옳은 것은?

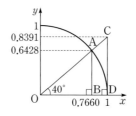

① $\sin 40° = 0.7660$

② $\cos 40° = 0.6428$

③ $\tan 40° = 0.8391$

④ $\sin 50° = 0.6428$

⑤ $\cos 50° = 0.7660$

09

다음 중 옳지 <u>않은</u> 것은?

① $\sin 0° + \cos 60° = \dfrac{1}{2}$

② $\sin 60° \times \cos 90° = 0$

③ $\tan 0° - \cos 0° = -1$

④ $\tan 45° \times \sin 90° = 0$

⑤ $\cos 45° \div \sin 30° = \sqrt{2}$

10

다음 중 대소 관계가 옳지 <u>않은</u> 것은?

① $\tan 60° > \tan 45°$ ② $\sin 45° = \cos 45°$

③ $\cos 30° > \cos 60°$ ④ $\sin 20° < \sin 50°$

⑤ $\sin 50° < \cos 50°$

11

$0° < A < 90°$일 때,

$$\sqrt{(\sin A - 1)^2} - \sqrt{(\sin A + 1)^2}$$

을 간단히 하면?

① $-2\sin A$ ② 0 ③ 2

④ $2\sin A$ ⑤ $\sin A + \cos A$

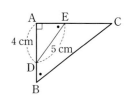 서술형 문제

12

오른쪽 그림과 같은 직각삼각형 ABC에서 $\angle AED = \angle ABC$, $\overline{AD} = 4\ cm$, $\overline{DE} = 5\ cm$일 때, 다음 물음에 답하시오. [5점]

(1) △ADE와 닮은 삼각형을 찾아 기호로 나타내시오. [2점]

(2) $\angle C$의 삼각비를 구하시오. [3점]

풀이

답

13

오른쪽 그림과 같이 $\overline{AB} = 10$, $\angle B = 37°$인 직각삼각형 ABC에서 다음 삼각비의 표를 이용하여 $\overline{AC} + \overline{BC}$의 길이를 구하시오. [5점]

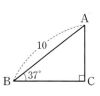

각도	sin	cos	tan
37°	0.6018	0.7986	0.7536

풀이

답

01 삼각비와 변의 길이

01 다음은 직각삼각형 ABC에서 삼각비를 이용하여 $\overline{BC}$의 길이를 구하는 과정이다. □ 안에 알맞은 수를 써넣으시오.

(1)

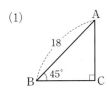

$$\cos 45° = \frac{\overline{BC}}{18} \text{이므로}$$

$$\overline{BC} = \boxed{} \times \cos 45°$$

$$= \boxed{}$$

(2)

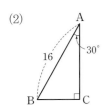

$$\sin 30° = \frac{\overline{BC}}{16} \text{이므로}$$

$$\overline{BC} = \boxed{} \times \sin 30°$$

$$= \boxed{}$$

02 오른쪽 그림과 같은 직각삼각형 ABC에서 다음을 구하시오.
(단, $\sin 40° = 0.64$, $\cos 40° = 0.77$로 계산한다.)

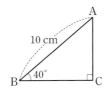

(1) $\overline{AC}$의 길이   (2) $\overline{BC}$의 길이

03 오른쪽 그림과 같은 △ABC에서 다음을 구하시오.

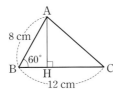

(1) $\overline{AH}$의 길이

(2) $\overline{BH}$의 길이

(3) $\overline{CH}$의 길이

(4) $\overline{AC}$의 길이

04 오른쪽 그림과 같은 △ABC에서 다음을 구하시오.

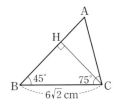

(1) $\overline{CH}$의 길이

(2) $\overline{AC}$의 길이

05 오른쪽 그림과 같은 △ABC에 대하여 다음 물음에 답하시오.

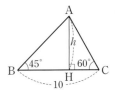

(1) $\overline{BH}$, $\overline{CH}$의 길이를 h에 대한 식으로 각각 나타내시오.

(2) h의 값을 구하시오.

06 오른쪽 그림과 같은 △ABC에 대하여 다음 물음에 답하시오.

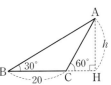

(1) $\overline{BH}$, $\overline{CH}$의 길이를 h에 대한 식으로 각각 나타내시오.

(2) h의 값을 구하시오.

직각삼각형의 변의 길이

01 오른쪽 그림과 같은 직각삼각형 ABC에서 다음 중 $\overline{\mathrm{AB}}$의 길이를 나타내는 것을 모두 고르면? (정답 2개)

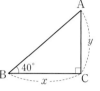

① $x \sin 40°$　② $y \tan 40°$　③ $\dfrac{y}{\sin 40°}$

④ $\dfrac{y}{\cos 50°}$　⑤ $\dfrac{x}{\tan 50°}$

02 오른쪽 그림과 같은 직각삼각형 ABC에서 다음 중 옳지 <u>않은</u> 것은?

① $\overline{\mathrm{AB}} = \dfrac{5}{\sin 50°}$

② $\overline{\mathrm{AB}} = \dfrac{5}{\cos 40°}$

③ $\overline{\mathrm{BC}} = 5 \cos 50°$

④ $\overline{\mathrm{BC}} = 5 \tan 40°$

⑤ $\overline{\mathrm{BC}} = \dfrac{5}{\tan 50°}$

실생활에서 직각삼각형의 변의 길이의 활용

03 오른쪽 그림과 같이 버스가 $23°$로 기울어진 비탈길을 $500\,\mathrm{m}$ 올라갔다. 버스의 지면으로부터의 높이가 $h\,\mathrm{m}$일 때, 다음 중 h를 나타내는 것은?

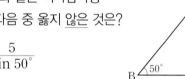

① $\dfrac{500}{\sin 23°}$　② $\dfrac{500}{\cos 23°}$　③ $\dfrac{500}{\tan 23°}$

④ $500 \sin 23°$　⑤ $500 \cos 23°$

04 오른쪽 그림과 같이 지면에 수직으로 서 있던 나무가 부러져 지면과 $30°$의 각을 이루고 있을 때, 부러지기 전의 나무의 높이를 구하시오.

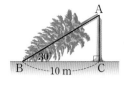

일반 삼각형의 변의 길이

05 오른쪽 그림과 같은 $\triangle \mathrm{ABC}$에서 $\overline{\mathrm{AB}}=6$, $\overline{\mathrm{BC}}=6$, $\cos B = \dfrac{2}{3}$일 때, $\overline{\mathrm{AC}}$의 길이를 구하시오.

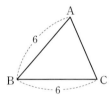

06 오른쪽 그림과 같은 $\triangle \mathrm{ABC}$에서 $\angle \mathrm{A}=30°$, $\angle \mathrm{C}=105°$이고 $\overline{\mathrm{AC}}=12\sqrt{2}\,\mathrm{cm}$일 때, $\overline{\mathrm{BC}}$의 길이는?

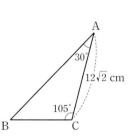

① $8\,\mathrm{cm}$　② $8\sqrt{2}\,\mathrm{cm}$

③ $10\,\mathrm{cm}$　④ $10\sqrt{2}\,\mathrm{cm}$

⑤ $12\,\mathrm{cm}$

07 오른쪽 그림과 같이 세 섬 A, B, C에서 A와 B 사이의 다리의 길이가 $80\sqrt{2}$ m, B와 C 사이의 다리의 길이가 140 m이고 이 두 다리가 이루는 각의 크기가 45°일 때, A와 C 사이에 놓아야 할 다리의 길이를 구하시오.

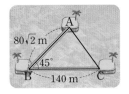

08 오른쪽 그림과 같이 해안가의 A, B 지점에 있는 두 사람이 C 지점에 있는 배를 바라보았을 때, ∠A=75°, ∠B=45°이었다. A 지점과 B 지점 사이의 거리가 100 m일 때, A 지점과 C 지점 사이의 거리를 구하시오.

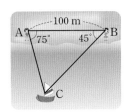

09 오른쪽 그림과 같은 △ABC에서 $\overline{AH} \perp \overline{BC}$이고 ∠B=60°, ∠C=45°, $\overline{BC}=24$일 때, $\overline{AH}$의 길이를 구하시오.

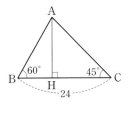

10 오른쪽 그림과 같은 △ABC의 꼭짓점 A에서 $\overline{BC}$의 연장선에 내린 수선의 발을 H라 할 때, 다음 중 $\overline{AH}$의 길이를 나타내는 것은?

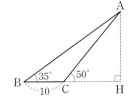

① $\dfrac{10}{\tan 55° - \tan 40°}$
② $\dfrac{10}{\tan 55° + \tan 40°}$

③ $\dfrac{10}{\tan 50° - \tan 35°}$
④ $\dfrac{10}{\tan 50° + \tan 35°}$

⑤ $10(\tan 55° - \tan 40°)$

11 오른쪽 그림과 같이 5 m만큼 떨어진 두 지점 B, C에 두 개의 막대를 지면과 이루는 각의 크기가 각각 50°, 70°가 되도록 세우고, 두 막대가 만나는 지점에 공을 올려서 만든 대형 구조물이 있다. 이 구조물의 높이를 h m라 할 때, 다음 중 옳은 것은?

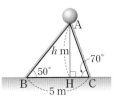

① $h(\tan 70° + \tan 50°) = 5$

② $h(\tan 70° - \tan 50°) = 5$

③ $h(\tan 40° + \tan 20°) = 5$

④ $h(\tan 40° - \tan 20°) = 5$

⑤ $h\left(\dfrac{1}{\tan 40°} + \dfrac{1}{\tan 20°}\right) = 5$

12 어느 건물의 높이를 재기 위하여 오른쪽 그림과 같이 각의 크기와 거리를 측정하였더니 ∠A=30°, ∠BCH=60°이고 $\overline{AC}=100$ m이었다. 이 건물의 높이를 구하시오.

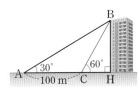

02 삼각비와 넓이

한번 더 **개념** 확인문제

개념북 ◑ 34쪽~35쪽 | 정답 및 풀이 ◑ 52쪽

01 다음 그림과 같은 △ABC의 넓이를 구하시오.

(1) 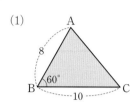　(2)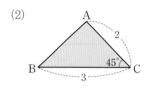

(3) 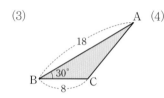　(4)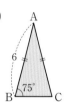

02 다음 그림과 같은 △ABC의 넓이를 구하시오.

(1)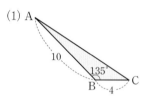

(2)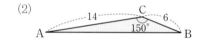

03 다음은 이웃하는 두 변의 길이가 a, b이고 그 끼인각의 크기가 x인 평행사변형 ABCD의 넓이를 구하는 과정이다. □ 안에 알맞은 식을 써넣으시오.

(단, $0° < x < 90°$)

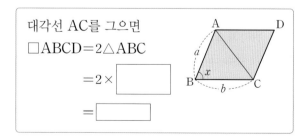

대각선 AC를 그으면

$$\Box ABCD = 2\triangle ABC$$

$$= 2 \times \boxed{}$$

$$= \boxed{}$$

04 다음 그림과 같은 평행사변형 ABCD의 넓이를 구하시오.

(1) 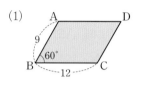　(2)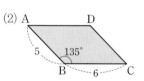

(3) 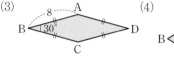　(4)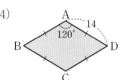

05 다음은 두 대각선의 길이가 a, b이고 두 대각선이 이루는 각의 크기가 x인 사각형 ABCD의 넓이를 구하는 과정이다. □ 안에 알맞은 식을 써넣으시오.

(단, $0° < x < 90°$)

□ABCD의 네 꼭짓점을 지나고 두 대각선에 각각 평행한 직선을 그어 평행사변형 EFGH를 그리면

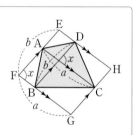

$$\Box ABCD = \frac{1}{2} \Box EFGH$$

$$= \frac{1}{2} \times \boxed{} = \boxed{}$$

06 다음 그림과 같은 □ABCD의 넓이를 구하시오.

(1) 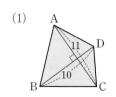　(2)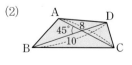

삼각형의 넓이

01 오른쪽 그림과 같은 △ABC
의 넓이가 $10\sqrt{2}$ cm²일 때,
∠B의 크기를 구하시오.
(단, $0°<∠B<90°$)

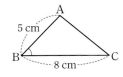

02 오른쪽 그림과 같은
△ABC의 넓이가
15 cm²일 때, $\overline{AB}$의 길이
를 구하시오.

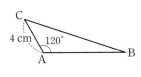

다각형의 넓이

03 오른쪽 그림과 같은
□ABCD의 넓이를 구하시오.

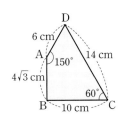

04 오른쪽 그림과 같은
□ABCD의 넓이를 구하
시오.

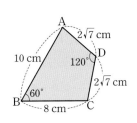

평행사변형의 넓이

05 오른쪽 그림과 같은 평행사
변형 ABCD의 넓이가
$24\sqrt{3}$ cm²일 때, $\overline{AB}$의 길
이를 구하시오.

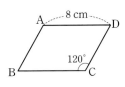

06 오른쪽 그림과 같은 마름
모 ABCD의 넓이가
$18\sqrt{2}$ cm²일 때, $\overline{AB}$의 길
이를 구하시오.

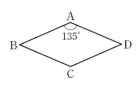

사각형의 넓이

07 오른쪽 그림과 같은 사각형
ABCD에서 두 대각선이 이
루는 각의 크기가 120°이고
$\overline{AC}:\overline{BD}=4:5$이다.
□ABCD의 넓이가 $20\sqrt{3}$ cm²일 때, $\overline{AC}$의 길이를
구하시오.

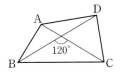

08 오른쪽 그림과 같은 사각형
ABCD의 넓이가
$30\sqrt{3}$ cm²일 때, 두 대각선
이 이루는 예각의 크기를
구하시오.

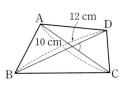

01

오른쪽 그림과 같은 직육면체에서 $\overline{EF}=6$, $\overline{BG}=8$, $\angle FBG=60°$ 일 때, 이 직육면체의 부피를 구하시오.

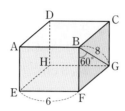

02

오른쪽 그림과 같이 건물에서 9 m 떨어진 위치에 송신탑이 있다. 건물의 2층에서 송신탑의 꼭대기를 올려본각의 크기가 45°이고, 송신탑의 아래의 끝을 내려본각의 크기가 30°일 때, 송신탑의 높이를 구하시오.

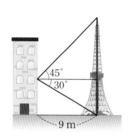

03

오른쪽 그림과 같은 등변사다리꼴 ABCD의 넓이를 구하시오.

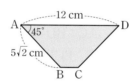

04

오른쪽 그림과 같은 △ABC에서 $\angle B=30°$, $\angle C=45°$, $\overline{BC}=10$이고 $\overline{AH}\perp\overline{BC}$일 때, △ABC의 넓이를 구하시오.

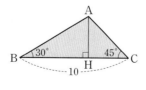

05

오른쪽 그림과 같이 $\overline{AB}=8$ cm, $\overline{AC}=10$ cm인 △ABC에서 $\tan A=\dfrac{\sqrt{3}}{3}$일 때, △ABC의 넓이는? (단, $0°<\angle A<90°$)

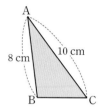

① $10\sqrt{2}$ cm^2 ② $10\sqrt{3}$ cm^2 ③ 20 cm^2

④ $20\sqrt{2}$ cm^2 ⑤ $20\sqrt{3}$ cm^2

06

오른쪽 그림과 같이 한 변의 길이가 18 cm인 정사각형 ABCD를 점 B를 중심으로 시계 반대 방향으로 30°만큼 회전시켜 정사각형 A′BC′D′을 만들었다. 이때 □ABC′E의 넓이를 구하시오.

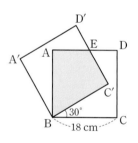

07

오른쪽 그림과 같은 평행사변형 ABCD의 넓이가 30 cm^{2}이고 $\angle B=30°$, $\overline{AB}:\overline{BC}=3:5$일 때, □ABCD의 둘레의 길이를 구하시오.

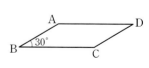

실전! 한번 더
중단원 마무리

2. 삼각비의 활용

01

다음 중 오른쪽 그림과 같이
∠C=90°인 직각삼각형 ABC에서
$\overline{AB}$의 길이를 나타내는 것은?

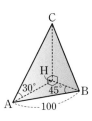

① $a \sin B$　　② $a \cos B$

③ $a \tan B$　　④ $\dfrac{a}{\sin B}$

⑤ $\dfrac{a}{\cos B}$

02

오른쪽 그림과 같은 삼각뿔에서
∠AHC=∠BHC=∠AHB=90°
이고 ∠CAH=30°, ∠ABH=45°,
$\overline{AB}$=100일 때, $\overline{CH}$의 길이를 구하
시오.

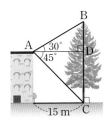

03

오른쪽 그림과 같이 건물에서 15 m
떨어진 위치에 나무가 서 있다. 건
물 옥상에서 이 나무를 올려본각의
크기는 30°이고, 내려본각의 크기는
45°일 때, 나무의 높이인 $\overline{BC}$의 길
이를 구하시오.

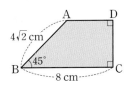

04

오른쪽 그림과 같은 사다리꼴
ABCD의 넓이를 구하시오.

05

오른쪽 그림과 같은 △ABC에서
∠B=105°, ∠C=30°,
$\overline{BC}$=10 cm일 때, $\overline{AB}$의 길이
는?

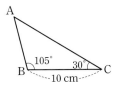

① $4\sqrt{2}$ cm　　② $4\sqrt{3}$ cm　　③ 5 cm

④ $5\sqrt{2}$ cm　　⑤ $5\sqrt{3}$ cm

06

태은이는 해변에서 배까지의 거
리를 구하기 위하여 오른쪽 그
림과 같이 600 m 떨어진 두 지
점 A, B에서 배를 바라본 각의
크기를 측정하였더니 각각 75°,
60°이었다. B 지점에서 배의 위치 C까지의 거리를 구
하시오.

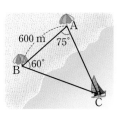

07

오른쪽 그림과 같이 높이가 30 m
인 건물의 꼭대기를 지면에서 일
정한 거리만큼 떨어진 두 지점
A, B에서 올려본각의 크기가 각
각 45°, 60°이었다. 두 지점 A,
B 사이의 거리를 구하시오.

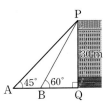

08

오른쪽 그림과 같은
△ABC에서 ∠B=150°
이고 $\overline{AB}$=6 cm,
$\overline{BC}$=8 cm일 때, △ABC의 넓이를 구하시오.

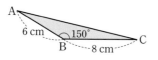

09

오른쪽 그림과 같이 반지름의 길이가
8인 원 O에 내접하는 정팔각형의 넓
이를 구하시오.

10

오른쪽 그림과 같은 평행사변형
ABCD에서 $\overline{AB}$=12 cm,
$\overline{AD}$=10 cm, ∠B=60°이고
$\overline{CM}$=$\overline{DM}$일 때, △ACM의
넓이를 구하시오.

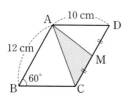

11

오른쪽 그림과 같은 사각형
ABCD의 넓이가 $20\sqrt{2}$ cm²일 때,
두 대각선이 이루는 예각의 크기를
구하시오.

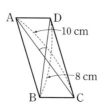

서술형 문제

12

오른쪽 그림과 같이 지면에서
1.5 m 떨어진 서희의 손에서 일
정한 각도를 유지하며 줄의 길
이가 8 m인 연을 날리고 있다.
지면으로부터 연이 떠 있는 지
점까지의 높이를 구하시오.
(단, sin 36°=0.59로 계산한다.) [4점]

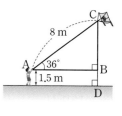

풀이

답

13

오른쪽 그림과 같은
□ABCD의 넓이를 구하시오.
[5점]

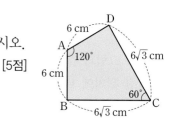

풀이

답

원의 현

개념북 ◑ 45쪽~48쪽 | 정답 및 풀이 ◑ 55쪽

01 다음 그림에서 x의 값을 구하시오.

(1)
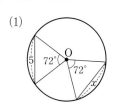

(2)
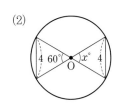

(3)
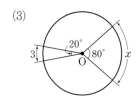

(4)
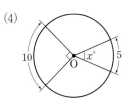

02 다음 그림에서 x의 값을 구하시오.

(1)
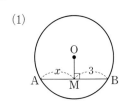

(2)
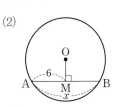

(3)
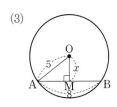

(4)
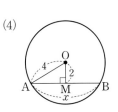

(5)
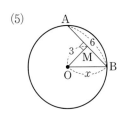

(6)
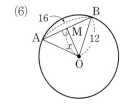

03 다음 그림에서 x의 값을 구하시오.

(1)
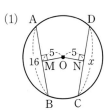

(2)
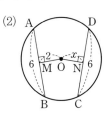

(3)
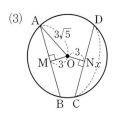

(4)
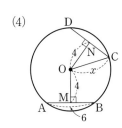

(5)
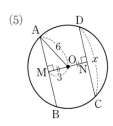

(6)
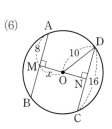

04 다음 그림의 원 O에서 $\overline{OM}=\overline{ON}$일 때, $\angle x$의 크기를 구하시오.

(1)
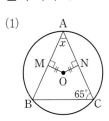

(2)
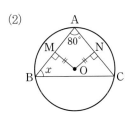

중심각의 크기와 호의 길이

01 오른쪽 그림에서 $\overline{AB}$는 반원 O의 지름이고 $\overline{OC} \parallel \overline{BD}$, $\angle AOC = 35°$, $\overparen{AC} = 7$ cm일 때, $\overparen{BD}$의 길이를 구하시오.

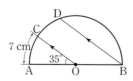

02 오른쪽 그림의 원 O에서 $\angle AOB = \angle COD = \angle DOE$일 때, 다음 **보기**에서 옳은 것을 모두 고르시오.

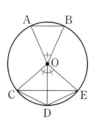

- 보기 -

ㄱ. $\overparen{AB} = \overparen{DE}$ 　　　ㄴ. $\overline{CD} = \overline{DE}$

ㄷ. $\overparen{CE} = 2\overparen{AB}$ 　　　ㄹ. $\overline{AB} = \dfrac{1}{2}\overline{CE}$

ㅁ. $\triangle AOB \equiv \triangle COD$

ㅂ. $\triangle COE = 2\triangle COD$

현의 수직이등분선

03 오른쪽 그림의 원 O에서 $\overline{OC} \perp \overline{AB}$이고 $\overline{OM} = \overline{MC}$, $\overline{OA} = 8$ cm일 때, $\overline{AB}$의 길이를 구하시오.

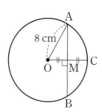

04 오른쪽 그림의 원 O에서 $\overline{OC} \perp \overline{AB}$이고 $\overline{AB} = 8$ cm, $\overline{CM} = 2$ cm일 때, $\overline{OA}$의 길이를 구하시오.

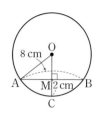

05 오른쪽 그림의 원 O에서 $\overline{OC} \perp \overline{AB}$이고 $\overline{OM} = 6$ cm, $\overline{CM} = 4$ cm일 때, $\overline{AB}$의 길이를 구하시오.

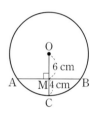

원의 일부분에서 현의 수직이등분선

06 오른쪽 그림에서 $\overparen{AB}$는 원의 일부분이다. $\overline{AB} \perp \overline{CM}$이고 $\overline{AM} = \overline{BM} = 8$ cm, $\overline{CM} = 4$ cm일 때, 이 원의 반지름의 길이를 구하시오.

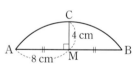

07 오른쪽 그림에서 $\overparen{AB}$는 반지름의 길이가 5 cm인 원의 일부분이다. $\overline{AB} \perp \overline{CM}$이고 $\overline{AM} = \overline{BM}$, $\overline{AB} = 6$ cm일 때, $\overline{CM}$의 길이는?

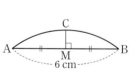

① $\dfrac{1}{2}$ cm 　　② 1 cm 　　③ $\dfrac{3}{2}$ cm

④ 2 cm 　　⑤ $\dfrac{5}{2}$ cm

접은 원에서 현의 수직이등분선

08 오른쪽 그림과 같이 반지름의 길이가 6 cm인 원 모양의 종이를 $\overline{AB}$를 접는 선으로 하여 원주 위의 한 점이 원의 중심 O를 지나도록 접었을 때, $\overline{AB}$의 길이를 구하시오.

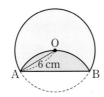

09 오른쪽 그림과 같이 원 모양의 종이를 $\overline{AB}$를 접는 선으로 하여 원주 위의 한 점이 원의 중심 O를 지나도록 접었다. $\overline{AB}=10\sqrt{3}$ cm일 때, 원 O의 넓이를 구하시오.

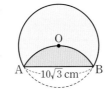

현의 길이

10 오른쪽 그림의 원 O에서 $\overline{OM} \perp \overline{AB}$, $\overline{ON} \perp \overline{CD}$이고 $\overline{OM}=\overline{ON}=3$, $\overline{CD}=8$일 때, $\overline{OA}$의 길이를 구하시오.

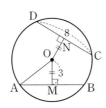

11 오른쪽 그림의 원 O에서 $\overline{OM} \perp \overline{AB}$, $\overline{ON} \perp \overline{CD}$이고 $\overline{AB}=16$, $\overline{CN}=8$, $\overline{OD}=10$일 때, $\overline{OM}$의 길이를 구하시오.

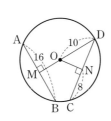

12 오른쪽 그림의 원 O에서 $\overline{OM} \perp \overline{AB}$, $\overline{ON} \perp \overline{CD}$이고 $\overline{AB}=\overline{CD}$, $\overline{OM}=3$ cm, $\overline{OD}=4$ cm일 때, $\triangle OCD$의 넓이를 구하시오.

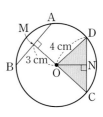

현의 길이의 활용

13 오른쪽 그림의 원 O에서 $\overline{OM}=\overline{ON}$이고 $\angle MON=110°$일 때, $\angle C$의 크기를 구하시오.

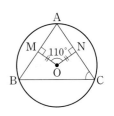

14 오른쪽 그림의 원 O에서 $\overline{OM} \perp \overline{AB}$, $\overline{OH} \perp \overline{BC}$, $\overline{ON} \perp \overline{AC}$이고 $\overline{OM}=\overline{ON}$이다. $\angle NOH=120°$일 때, $\angle B$의 크기를 구하시오.

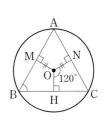

15 오른쪽 그림과 같이 원 O에 내접하는 $\triangle ABC$에서 $\overline{AB} \perp \overline{OM}$, $\overline{AC} \perp \overline{ON}$이고 $\overline{OM}=\overline{ON}$이다. $\angle B=40°$일 때, $\angle MON$의 크기를 구하시오.

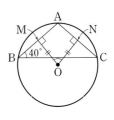

01

오른쪽 그림에서 $\overline{AB}$는 원 O의 지름이고 점 M은 $\overline{CD}$의 중점이다. $\overline{AB}=20$, $\overline{CD}=16$일 때, x의 값을 구하시오.

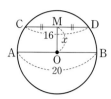

02

오른쪽 그림의 원 O에서 $\overline{AB}$는 $\overline{OC}$의 수직이등분선이다. 원 O의 반지름의 길이가 10 cm일 때, $\overline{AB}$의 길이를 구하시오.

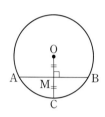

03

오른쪽 그림에서 $\overparen{AB}$는 원의 일부분이다. $\overline{AB}\perp\overline{CD}$이고 $\overline{AD}=\overline{BD}=6$ cm, $\overline{CD}=2$ cm일 때, 이 원의 반지름의 길이를 구하시오.

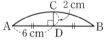

04

오른쪽 그림과 같이 원 모양의 종이를 $\overline{AB}$를 접는 선으로 하여 원주 위의 한 점이 원의 중심 O를 지나도록 접었다. $\overline{AB}=12$ cm일 때, △OAB의 넓이를 구하시오.

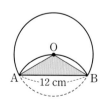

05

오른쪽 그림과 같이 중심이 같은 두 원의 반지름의 길이가 각각 6 cm, 8 cm이다. 큰 원의 현 AB가 작은 원에 접할 때, $\overline{AB}$의 길이는?

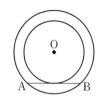

① $4\sqrt{5}$ cm ② $4\sqrt{6}$ cm ③ $4\sqrt{7}$ cm

④ $8\sqrt{2}$ cm ⑤ 12 cm

06

오른쪽 그림의 원 O에서 $\overline{OM}\perp\overline{AB}$, $\overline{ON}\perp\overline{CD}$이고 $\overline{OM}=\overline{ON}=4$ cm, $\overline{OA}=6$ cm일 때, $\overline{CD}$의 길이를 구하시오.

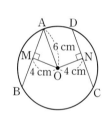

07

오른쪽 그림과 같이 △ABC의 외접원의 중심 O에서 세 변 AB, BC, CA에 내린 수선의 발을 각각 D, E, F라 하자. $\overline{OD}=\overline{OE}=\overline{OF}$이고 $\overline{AB}=6\sqrt{3}$ cm일 때, 원 O의 넓이는?

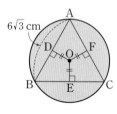

① 30π cm² ② 32π cm² ③ 34π cm²

④ 36π cm² ⑤ 38π cm²

02 원의 접선

개념북 ▶ 53쪽~54쪽 | 정답 및 풀이 ▶ 57쪽

01 다음 그림에서 $\overline{PA}$가 원 O의 접선이고 점 A는 접점일 때, x의 값을 구하시오.

(1) 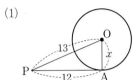 (2)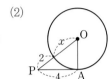

02 다음 그림에서 $\overline{PA}$, $\overline{PB}$가 원 O의 접선이고 두 점 A, B는 접점일 때, x의 값을 구하시오.

(1) 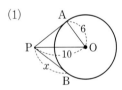 (2)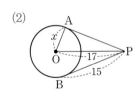

03 다음 그림에서 $\overline{PA}$, $\overline{PB}$가 원 O의 접선이고 두 점 A, B는 접점일 때, $\angle x$의 크기를 구하시오.

(1) 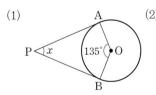 (2)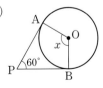

(3) (4)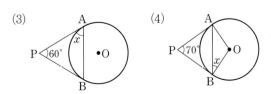

04 다음 그림에서 원 O는 △ABC의 내접원이고 세 점 D, E, F는 접점일 때, x, y, z의 값을 각각 구하시오.

(1) (2)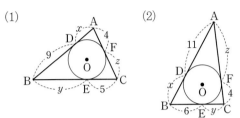

05 다음 그림에서 원 O는 △ABC의 내접원이고 세 점 D, E, F는 접점일 때, x의 값을 구하시오.

(1) (2)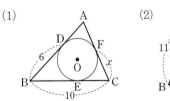

06 다음 그림에서 □ABCD가 원 O에 외접할 때, x의 값을 구하시오.

(1) 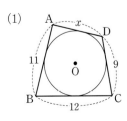 (2)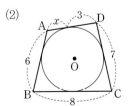

01 오른쪽 그림에서 $\overline{PT}$, $\overline{PT'}$ 은 반지름의 길이가 4 cm 인 원 O의 접선이고 두 점 T, T'은 접점, 점 A는 원 O와 $\overline{OP}$의 교점이다. $\overline{PA}=6$ cm일 때, $\overline{PT'}$의 길이를 구하시오.

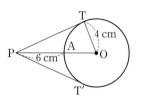

원의 접선의 길이

02 오른쪽 그림에서 $\overline{PA}$, $\overline{PB}$는 원 O의 접선이고 두 점 A, B 는 접점, 점 C는 원 O와 $\overline{OP}$ 의 교점이다. $\overline{OA}=3$, $\overline{CP}=2$ 일 때, x의 값을 구하시오.

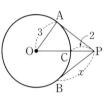

03 오른쪽 그림에서 $\overrightarrow{PA}$는 원 O의 접선이고 점 A는 접점, 점 B는 원 O와 $\overline{OP}$의 교점이다. $\overline{PA}=6$ cm, $\overline{PB}=2$ cm일 때, 원 O의 반지름의 길이를 구하시오.

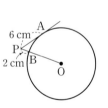

원의 접선의 성질 ⑴

04 오른쪽 그림에서 $\overrightarrow{PA}$, $\overrightarrow{PB}$는 원 O의 접선이고 두 점 A, B는 접점이다. $\overline{BC}$는 원 O의 지름이고 ∠ABC=20°일 때, ∠x의 크기를 구하시오.

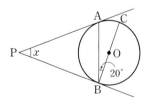

05 오른쪽 그림에서 $\overline{PA}$, $\overline{PB}$는 원 O의 접선이고 두 점 A, B는 접점이다. $\overline{PO}=10$ cm, ∠OPB=30°일 때, $\overline{PA}$의 길이를 구하시오.

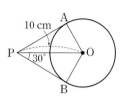

원의 접선의 성질 ⑵

06 오른쪽 그림에서 $\overline{PA}$, $\overline{PB}$는 원 O의 접선이고 두 점 A, B는 접점이다. ∠P=45°, $\overline{OA}=8$ cm 일 때, 부채꼴 AOB의 넓이를 구하시오.

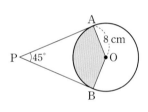

07 오른쪽 그림에서 $\overline{PA}$, $\overline{PB}$는 원 O의 접선이고 두 점 A, B는 접점이다. $\overline{OA}=5$ cm, $\overline{PO}=13$ cm일 때, ☐APBO의 넓이를 구하시오.

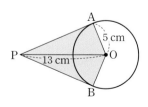

원의 접선의 성질의 활용

08 오른쪽 그림에서 $\overrightarrow{AD}$, $\overrightarrow{AE}$, $\overline{BC}$는 원 O의 접선이고 세 점 D, E, F는 접점이다. $\overline{AB}=5\,cm$, $\overline{AC}=6\,cm$, $\overline{AE}=8\,cm$일 때, $\overline{BC}$의 길이를 구하시오.

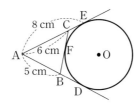

09 오른쪽 그림에서 $\overrightarrow{AD}$, $\overrightarrow{AE}$, $\overline{BC}$는 원 O의 접선이고 세 점 D, E, F는 접점이다. $\overline{AB}=7\,cm$, $\overline{BC}=6\,cm$, $\overline{AC}=5\,cm$일 때, $\overline{AD}$의 길이를 구하시오.

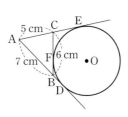

반원에서의 접선의 성질

10 오른쪽 그림에서 $\overline{AB}$는 반원 O의 지름이고 $\overline{AD}$, $\overline{BC}$, $\overline{CD}$는 접선이다. $\overline{AD}=5\,cm$, $\overline{BC}=3\,cm$ 일 때, $\overline{CD}$의 길이를 구하시오.

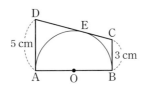

11 오른쪽 그림에서 $\overline{AB}$는 반원 O의 지름이고 $\overline{AD}$, $\overline{BC}$, $\overline{CD}$는 접선이다. $\overline{AD}=3\,cm$, $\overline{BC}=6\,cm$일 때, $\overline{AB}$의 길이를 구하시오.

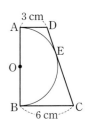

12 오른쪽 그림에서 $\overline{AB}$는 반원 O의 지름이고 $\overline{AD}$, $\overline{BC}$, $\overline{CD}$는 접선이다. $\overline{AD}=2\,cm$, $\overline{BC}=8\,cm$ 일 때, □ABCD의 넓이를 구하시오.

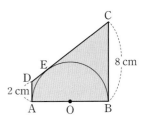

삼각형의 내접원에서의 접선의 길이

13 오른쪽 그림에서 원 O는 △ABC에 내접하고 세 점 D, E, F는 접점이다. $\overline{AB}=11\,cm$, $\overline{BC}=12\,cm$, $\overline{AC}=9\,cm$ 일 때, $\overline{AD}$의 길이를 구하시오.

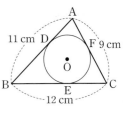

14 오른쪽 그림에서 원 O는 △ABC에 내접하고 세 점 D, E, F는 접점이다. $\overline{AD}=3\,cm$, $\overline{CF}=4\,cm$ 이고 △ABC의 둘레의 길이가 24 cm일 때, $\overline{BE}$의 길이를 구하시오.

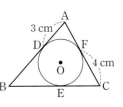

━━ 직각삼각형의 내접원 ━━

15 오른쪽 그림에서 원 O는
∠C=90°인 직각삼각형
ABC의 내접원이고 세 점
D, E, F는 접점이다.
$\overline{AB}$=5 cm, $\overline{AC}$=3 cm일
때, 원 O의 반지름의 길이를 구하시오.

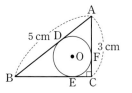

16 다음 그림에서 원 O는 ∠B=90°인 직각삼각형
ABC의 내접원이고 세 점 D, E, F는 접점이다.
$\overline{AB}$=8 cm, $\overline{BC}$=15 cm일 때, 원 O의 넓이를 구하
시오.

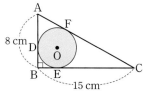

━━ 외접사각형의 성질 ━━

17 오른쪽 그림에서 □ABCD는
원 O에 외접하고 $\overline{AB}$=10,
$\overline{CD}$=8일 때, $\overline{AD}+\overline{BC}$의 길이
를 구하시오.

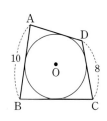

18 오른쪽 그림에서 □ABCD는
원 O에 외접하고 ∠B=90°,
$\overline{AB}$=6, $\overline{AC}$=10, $\overline{CD}$=7일
때, x의 값을 구하시오.

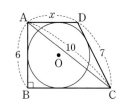

19 오른쪽 그림에서 □ABCD는
원 O에 외접하고 네 점 E, F,
G, H는 접점이다.
□ABCD의 둘레의 길이가
42 cm이고 $\overline{AH}$=6 cm,
$\overline{BE}$=4 cm, $\overline{DG}$=5 cm일 때, $\overline{CF}$의 길이를 구하
시오.

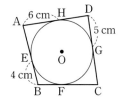

━━ 외접사각형의 성질의 응용 ━━

20 오른쪽 그림에서 원 O는
직사각형 ABCD의 세 변
과 접하고 $\overline{DE}$는 원 O의
접선이다. $\overline{CD}$=8 cm,
$\overline{DE}$=10 cm일 때, $\overline{BE}$의 길이를 구하시오.

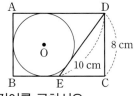

21 오른쪽 그림에서 원 O
는 직사각형 ABCD
의 세 변과 접하고 $\overline{CE}$
는 원 O의 접선이다.
$\overline{AB}$=15 cm,
$\overline{CE}$=17 cm일 때, $\overline{AE}$의 길이를 구하시오.

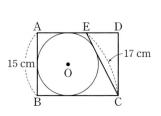

01

오른쪽 그림에서 $\overrightarrow{PA}$, $\overrightarrow{PB}$는 원 O의 접선이고 두 점 A, B는 접점이다. ∠P=52°일 때, ∠ABO의 크기를 구하시오.

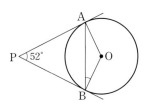

02

오른쪽 그림에서 $\overline{PA}$, $\overline{PB}$는 원 O의 접선이고 두 점 A, B는 접점, 점 C는 원 O와 $\overline{OP}$의 교점이다. $\overline{OC}=9\ cm$, $\overline{PC}=6\ cm$일 때, □APBO의 둘레의 길이를 구하시오.

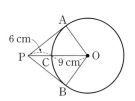

03

오른쪽 그림에서 $\overline{AD}$, $\overline{AE}$, $\overline{BC}$는 원 O의 접선이고 세 점 D, E, F는 접점이다. $\overline{AO}=11\ cm$, $\overline{OE}=5\ cm$일 때, △ABC의 둘레의 길이를 구하시오.

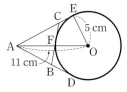

04

오른쪽 그림에서 $\overline{AB}$는 반원 O의 지름이고 $\overline{AD}$, $\overline{BC}$, $\overline{CD}$는 접선이다. $\overline{AD}=9\ cm$, $\overline{BC}=4\ cm$일 때, 반원 O의 반지름의 길이를 구하시오.

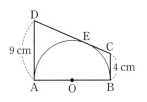

05

오른쪽 그림에서 원 O는 △ABC의 내접원이고 세 점 D, E, F는 접점이다. $\overline{AB}=9\ cm$, $\overline{BC}=8\ cm$, $\overline{AC}=11\ cm$일 때, $\overline{AD}+\overline{BE}+\overline{CF}$의 길이는?

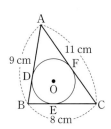

① 14 cm　② 15 cm
③ 16 cm　④ 17 cm
⑤ 18 cm

06

오른쪽 그림에서 원 O는 ∠C=90°인 직각삼각형 ABC의 내접원이고 세 점 D, E, F는 접점이다. $\overline{AB}=13\ cm$, $\overline{AC}=5\ cm$일 때, 원 O의 넓이를 구하시오.

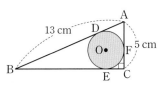

07

오른쪽 그림에서 □ABCD는 반지름의 길이가 5인 원 O에 외접하고 네 점 E, F, G, H는 접점이다. ∠B=90°일 때, x의 값을 구하시오.

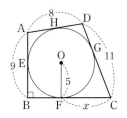

01

오른쪽 그림과 같이 지름의 길이가 16 cm인 원 O에서 $\overline{CD}\perp\overline{OM}$이고 $\overline{CD}=12$ cm일 때, $\overline{OM}$의 길이는?

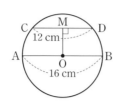

① 3 cm   ② $2\sqrt{3}$ cm   ③ 4 cm

④ 5 cm   ⑤ $2\sqrt{7}$ cm

02

오른쪽 그림의 원 O에서 $\overline{AB}\perp\overline{OC}$이고 $\overline{BM}=5$ cm, $\overline{CM}=1$ cm일 때, x의 값을 구하시오.

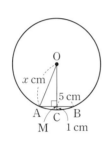

03

오른쪽 그림에서 △ABC는 원 O에 내접하는 정삼각형이다. $\overline{BC}\perp\overline{OM}$이고 $\overline{AB}=4\sqrt{3}$ cm, $\overline{OM}=2$ cm일 때, 원 O의 둘레의 길이를 구하시오.

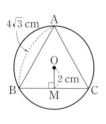

04

오른쪽 그림에서 $\overparen{AB}$는 반지름의 길이가 5 cm인 원의 일부분이다. $\overline{CM}\perp\overline{AB}$, $\overline{AM}=\overline{BM}$이고 $\overline{CM}=2$ cm일 때, $\overline{AC}$의 길이를 구하시오.

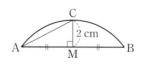

05

오른쪽 그림과 같이 반지름의 길이가 4 cm인 원 모양의 종이를 $\overline{AB}$를 접는 선으로 하여 원주 위의 한 점이 원의 중심 O를 지나도록 접었을 때, $\overline{AB}$의 길이는?

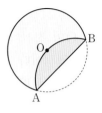

① 6 cm   ② $4\sqrt{3}$ cm   ③ $5\sqrt{2}$ cm

④ $6\sqrt{2}$ cm   ⑤ $6\sqrt{3}$ cm

06

오른쪽 그림의 원 O에서 $\overline{AB}\perp\overline{OM}$, $\overline{CD}\perp\overline{ON}$이고 $\overline{OM}=\overline{ON}$이다. ∠ODC=30°, $\overline{AB}=10$ cm일 때, 원 O의 반지름의 길이는?

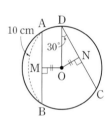

① $2\sqrt{3}$ cm   ② $\dfrac{7\sqrt{3}}{3}$ cm   ③ $\dfrac{8\sqrt{3}}{3}$ cm

④ $3\sqrt{3}$ cm   ⑤ $\dfrac{10\sqrt{3}}{3}$ cm

07

오른쪽 그림에서 $\overline{PA}$, $\overline{PB}$는 원 O의 접선이고 두 점 A, B는 접점이다. 원 O의 반지름의 길이가 6 cm이고 $\overline{PO}=10$ cm일 때, □APBO의 둘레의 길이는?

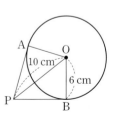

① 24 cm   ② 26 cm   ③ 28 cm

④ 30 cm   ⑤ 32 cm

08

오른쪽 그림에서 원 O는
△ABC의 내접원이고 세 점
D, E, F는 접점이다. $\overline{PQ}$가
원 O에 접하고 $\overline{AD}=9$ cm,
$\overline{AC}=14$ cm, $\overline{BC}=16$ cm일
때, △PBQ의 둘레의 길이를 구하시오.

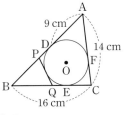

09

오른쪽 그림에서 원 O는
∠B=90°인 직각삼각형 ABC
의 내접원이고 세 점 D, E, F
는 접점이다. $\overline{AF}=5$ cm,
$\overline{CF}=12$ cm일 때, 원 O의 넓이는?

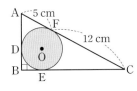

① 8π cm²   ② 9π cm²   ③ 10π cm²
④ 11π cm²   ⑤ 12π cm²

10

오른쪽 그림에서 □ABCD는
원 O에 외접하고 ∠C=90°
이다. $\overline{AD}=6$ cm,
$\overline{CD}=8$ cm, $\overline{BD}=2\sqrt{41}$ cm
일 때, $\overline{AB}$의 길이는?

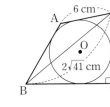

① 7 cm   ② 8 cm   ③ $6\sqrt{2}$ cm
④ $7\sqrt{2}$ cm   ⑤ $6\sqrt{3}$ cm

서술형 문제

11

오른쪽 그림에서 $\overline{CM}$은 원 O의 중
심을 지나고 $\overline{AB}\perp\overline{CM}$이다.
∠AOC=120°, $\overline{AB}=12$ cm일 때,
원 O의 넓이를 구하시오. [6점]

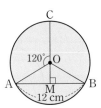

풀이

답

12

오른쪽 그림에서 원 O는
△ABC의 내접원이고 세 점
D, E, F는 접점이다. △ABC
의 둘레의 길이가 36 cm일 때,
x의 값을 구하시오. [5점]

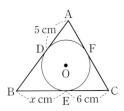

풀이

답

01 원주각

한번 더 개념 확인문제

01 다음 그림에서 ∠x의 크기를 구하시오.

(1)
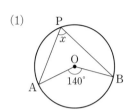

(2)
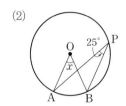

(3)
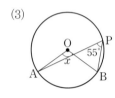

(4)
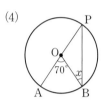

(5)
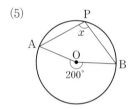

(6)
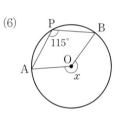

02 다음 그림에서 ∠x의 크기를 구하시오.

(1)
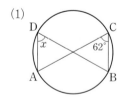

(2)
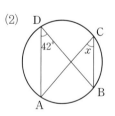

(3)
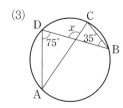

(4)
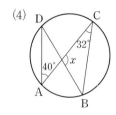

03 다음 그림에서 $\overline{AB}$가 원 O의 지름일 때, ∠x의 크기를 구하시오.

(1)
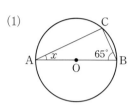

(2)
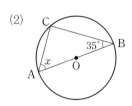

(3)
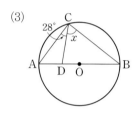

(4)
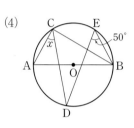

04 오른쪽 그림에서 $\overline{AB}$가 원 O의 지름이고 ∠ADC=55°일 때, 다음을 구하시오.

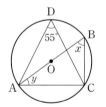

(1) ∠x의 크기

(2) ∠y의 크기

05 오른쪽 그림에서 $\overline{AB}$, $\overline{CD}$가 원 O의 지름이고 ∠ADC=65°일 때, ∠x, ∠y의 크기를 각각 구하시오.

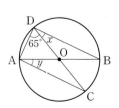

06 다음 그림에서 x의 값을 구하시오.

(1)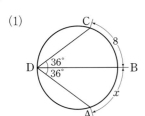

(2)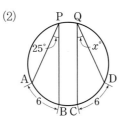

(3)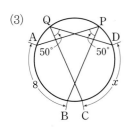

(4)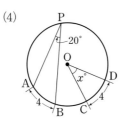

(5)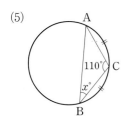

(6)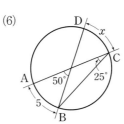

07 다음 그림에서 x의 값을 구하시오.

(1)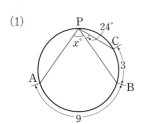

(2)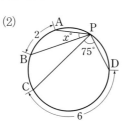

(3)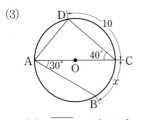

(4)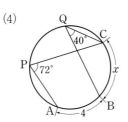

(단, $\overline{AC}$는 원 O의 지름)

08 다음 그림에서 네 점 A, B, C, D가 한 원 위에 있으면 ○표, 한 원 위에 있지 않으면 ×표를 하시오.

(1)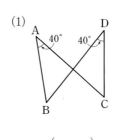

(   )

(2)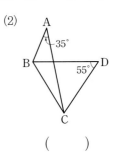

(   )

(3)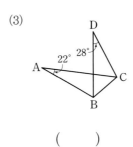

(   )

(4)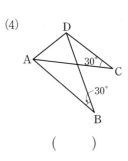

(   )

(5)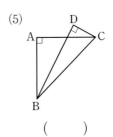

(   )

(6)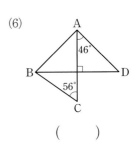

(   )

09 다음 그림에서 네 점 A, B, C, D가 한 원 위에 있을 때, $\angle x$의 크기를 구하시오.

(1)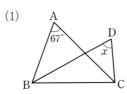

(2)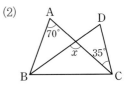

원주각과 중심각의 크기

01 오른쪽 그림의 원 O에서
∠BOD=130°일 때,
∠y−∠x의 크기를 구하시오.

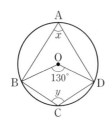

02 오른쪽 그림에서 $\overline{PA}$, $\overline{PB}$
는 원 O의 접선이고 두 점
A, B는 접점이다.
∠P=76°일 때, ∠x의 크
기는?

① 48°　　② 50°　　③ 52°
④ 54°　　⑤ 56°

03 오른쪽 그림에서 $\overline{PA}$,
$\overline{PB}$는 원 O의 접선이고
두 점 A, B는 접점이다.
∠P=48°일 때, ∠x,
∠y의 크기를 각각 구하
시오.

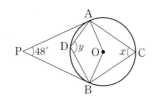

한 호에 대한 원주각의 크기

04 오른쪽 그림에서 ∠AFB=25°,
∠BDC=20°일 때, ∠x의 크기를
구하시오.

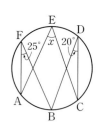

05 오른쪽 그림에서 ∠DAC=20°,
∠APB=70°일 때, ∠y−∠x
의 크기를 구하시오.

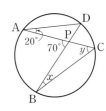

반원에 대한 원주각의 크기 (1)

06 오른쪽 그림에서 $\overline{AB}$는 원 O의
지름이고 ∠ABD=35°일 때,
∠x의 크기를 구하시오.

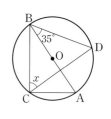

07 오른쪽 그림에서 $\overline{AB}$는 원 O
의 지름이고 ∠BCD=55°,
∠CDB=65°일 때, ∠x의 크
기를 구하시오.

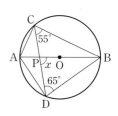

개념북 ◈ 68쪽~70쪽 | 정답 및 풀이 ◈ 62쪽

반원에 대한 원주각의 크기⑵

08 오른쪽 그림에서 $\overline{AB}$는 반원
O의 지름이고 점 P는 $\overline{AC}$,
$\overline{BD}$의 연장선의 교점이다.
∠P=72°일 때, ∠x의 크기
를 구하시오.

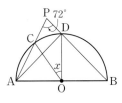

09 오른쪽 그림에서 $\overline{AB}$는 반원
O의 지름이고 점 P는 $\overline{AC}$,
$\overline{BD}$의 연장선의 교점이다.
∠P=65°일 때, ∠x의 크기
를 구하시오.

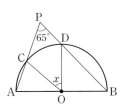

원주각의 크기와 호의 길이

10 오른쪽 그림에서 $\overset{\frown}{BC}=\overset{\frown}{CD}$이고
∠BAC=25°, ∠BCA=60°일
때, ∠x의 크기를 구하시오.

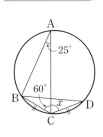

11 오른쪽 그림에서 ∠ABD=18°
이고 $\overset{\frown}{AD}=2$ cm, $\overset{\frown}{BC}=6$ cm
일 때, ∠x의 크기를 구하시오.

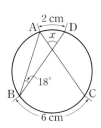

호의 길이의 비가 주어질 때 원주각의 크기

12 오른쪽 그림의 원은 △ABC의
외접원이다.
$\overset{\frown}{AB}:\overset{\frown}{BC}:\overset{\frown}{CA}=2:3:5$일
때, ∠x의 크기를 구하시오.

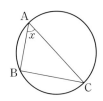

13 오른쪽 그림에서 $\overset{\frown}{AB}$, $\overset{\frown}{CD}$의
길이가 각각 원주의 $\frac{1}{6}$, $\frac{1}{10}$일
때, ∠x의 크기를 구하시오.

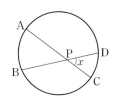

14 오른쪽 그림에서 $\overset{\frown}{AB}$의 길이는 원
주의 $\frac{1}{5}$이고 $\overset{\frown}{AB}:\overset{\frown}{CD}=4:5$일
때, ∠DPC의 크기를 구하시오.

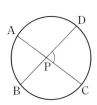

삼각형의 외각의 성질을 이용한 원주각의 크기

15 오른쪽 그림과 같이 두 현 AD, BC의 연장선의 교점을 P라 하자.
∠BDP=20°, ∠P=30°
일 때, ∠x의 크기를 구하시오.

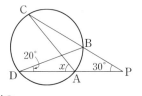

16 오른쪽 그림과 같이 두 현 AB, CD의 연장선의 교점을 P라 하자.
∠P=38°, ∠ABC=72°
일 때, ∠x의 크기를 구하시오.

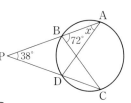

원주각의 성질과 삼각비의 활용

17 오른쪽 그림과 같이 반지름의 길이가 6인 원 O에 내접하는 △ABC에서 $\overline{BC}$=8일 때, $\cos A$의 값을 구하시오.

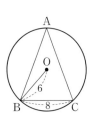

18 오른쪽 그림과 같이 원 O에 내접하는 △ABC에서 $\overline{AC}$=8, $\tan B = \dfrac{4}{3}$일 때, 원 O의 반지름의 길이를 구하시오.

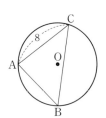

네 점이 한 원 위에 있을 조건

19 오른쪽 그림에서 네 점 A, B, C, D가 한 원 위에 있고
∠ACD=45°, ∠BPC=115°
일 때, ∠x의 크기는?

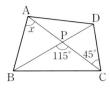

① 50°　　② 55°　　③ 60°

④ 65°　　⑤ 70°

20 오른쪽 그림에서 네 점 A, B, C, D가 한 원 위에 있고
∠ABD=40°, ∠BDC=70°
일 때, ∠x의 크기를 구하시오.

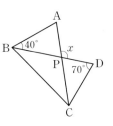

21 오른쪽 그림에서 네 점 A, B, C, D가 한 원 위에 있고
∠B=30°, ∠ACB=80°
일 때, ∠x의 크기를 구하시오.

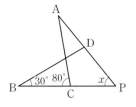

실력 확인하기

01

오른쪽 그림에서 $\overline{PA}$, $\overline{PB}$는 원 O의 접선이고 두 점 A, B는 접점이다. $\angle P=46°$일 때, $\angle x$의 크기를 구하시오.

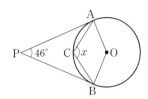

02

오른쪽 그림에서 $\overline{BD}$는 원 O의 지름이고 $\angle BAC=36°$일 때, $\angle x$의 크기를 구하시오.

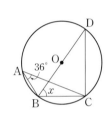

03

오른쪽 그림에서 $\overline{AB}$는 반원 O의 지름이고 점 P는 $\overline{AC}$, $\overline{BD}$의 연장선의 교점이다. $\angle COD=50°$일 때, $\angle x$의 크기를 구하시오.

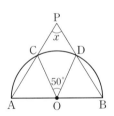

04

오른쪽 그림에서 $\overarc{AB}=\overarc{BC}=\overarc{CD}=\overarc{DE}=\overarc{EA}$일 때, $\angle a+\angle b+\angle c+\angle d+\angle e$의 크기를 구하시오.

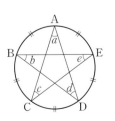

05

오른쪽 그림과 같은 원에서 $\angle ABD=70°$, $\angle APD=100°$이고 $\overarc{BC}=6$ cm일 때, 이 원의 둘레의 길이를 구하시오.

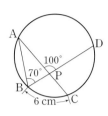

06

오른쪽 그림에서 $\overline{AB}$와 $\overline{CD}$는 원 O의 지름이고 $\angle ABC=30°$, $\overarc{AC}=5$ cm일 때, $\overarc{AD}$의 길이를 구하시오.

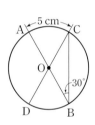

07

오른쪽 그림에서 점 P는 두 현 AB, CD의 연장선의 교점이다. $\angle BAD=25°$, $\angle P=30°$일 때, $\angle x$의 크기를 구하시오.

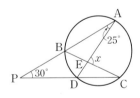

08

오른쪽 그림에서 네 점 A, B, C, D가 한 원 위에 있고 $\angle BAD=115°$, $\angle DBC=50°$일 때, $\angle x$의 크기를 구하시오.

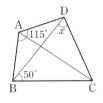

02 원주각의 활용

한번 더 **개념** 확인문제

01 다음 그림에서 □ABCD가 원 O에 내접할 때, ∠x의 크기를 구하시오.

(1)
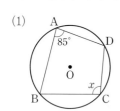

(2)
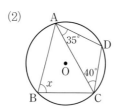

(3)
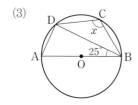

(4)
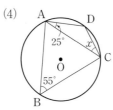

(단, $\overline{AB}$는 원 O의 지름)

(5)
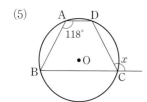

(6)
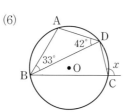

(7)
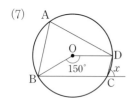

(8)
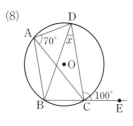

02 다음 그림에서 □ABCD가 원에 내접하면 ○표, 내접하지 않으면 ×표를 하시오.

(1)
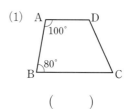

(   )

(2)
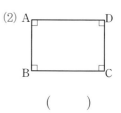

(   )

(3)
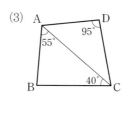

(   )

(4)
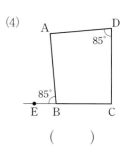

(   )

(5)
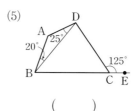

(   )

(6)
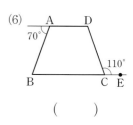

(   )

03 다음 그림에서 $\overleftrightarrow{AT}$가 원 O의 접선이고 점 A는 접점일 때, ∠x의 크기를 구하시오.

(1)
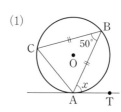

(2)
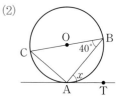

(단, $\overline{BC}$는 원 O의 지름)

원에 내접하는 사각형의 성질⑴

01 오른쪽 그림과 같이 □ABCD가 원에 내접하고 ∠ABC=90°, ∠BAD=110°일 때, ∠x−∠y 의 크기를 구하시오.

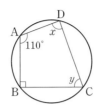

02 오른쪽 그림과 같이 □ABCD가 원 O에 내접하고 ∠BOD=100° 일 때, ∠x의 크기를 구하시오.

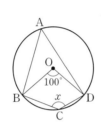

원에 내접하는 사각형의 성질⑵

03 오른쪽 그림과 같이 □ABCD 가 $\overline{AC}$를 지름으로 하는 원 O 에 내접하고 ∠ACB=45°, ∠CAD=50°일 때, ∠x의 크 기를 구하시오.

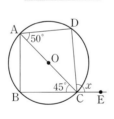

04 오른쪽 그림에서 □ABCD는 원에 내접한 다. $\overline{AD}$, $\overline{BC}$의 연장선의 교점을 P라 하면 ∠P=25°, ∠BAD=100°일 때, ∠x의 크기를 구 하시오.

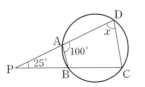

05 오른쪽 그림과 같이 □ABCD가 $\overline{AC}$를 지름으 로 하는 원 O에 내접한다. ∠BAC=60°, ∠DCE=110°일 때, ∠x의 크기를 구하시오.

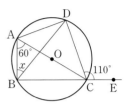

원에 내접하는 사각형의 외각의 성질

06 오른쪽 그림과 같이 □ABCD가 원에 내접 하고 ∠P=40°, ∠Q=30°일 때, ∠x의 크기를 구하시오.

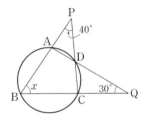

07 오른쪽 그림과 같이 □ABCD가 원에 내접하고 ∠Q=35°, ∠ABC=140° 일 때, ∠x의 크기는?

① 55°   ② 60°
③ 65°   ④ 70°
⑤ 75°

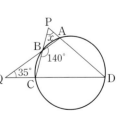

08 오른쪽 그림과 같이 육각형 ABCDEF가 원에 내접하고 ∠A=110°, ∠C=130°일 때, ∠E의 크기를 구하시오.

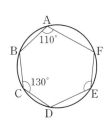

09 오른쪽 그림과 같이 오각형 ABCDE가 원 O에 내접하고 ∠AOB=76°일 때, ∠x+∠y의 크기를 구하시오.

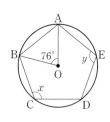

10 오른쪽 그림과 같이 오각형 ABCDE가 원 O에 내접하고 ∠B=84°, ∠E=126°일 때, ∠x의 크기는?

① 58°　　② 60°
③ 62°　　④ 64°
⑤ 66°

11 오른쪽 그림과 같이 두 원 O, O'이 두 점 P, Q에서 만나고 ∠BAP=110°일 때, 다음을 구하시오.

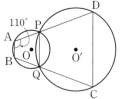

(1) ∠PQC의 크기

(2) ∠PDC의 크기

12 오른쪽 그림과 같이 두 원 O, O'이 두 점 P, Q에서 만나고 ∠BAP=106°일 때, ∠x의 크기를 구하시오.

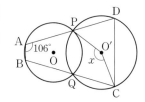

13 오른쪽 그림에서 □ABCD가 원에 내접할 때, ∠x의 크기를 구하시오.

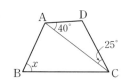

14 오른쪽 그림에서 □ABCD가 원에 내접할 때, ∠x의 크기를 구하시오.

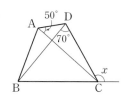

접선과 현이 이루는 각

15 오른쪽 그림에서 $\overleftrightarrow{AT}$가 원의 접선이고 점 A는 접점이다. $\angle BAT=40°$이고 $\overline{BA}=\overline{BC}$ 일 때, $\angle x$의 크기를 구하시오.

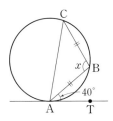

18 오른쪽 그림에서 □ABCD 는 원 O에 내접하고 직선 AT는 원 O의 접선이다. $\angle BAT=66°$, $\angle DCB=82°$ 일 때, $\angle ABD$의 크기를 구하시오.

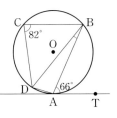

16 오른쪽 그림에서 $\overline{PT}$가 원의 접선이고 점 T는 접점이다. $\angle P=40°$이고 $\overline{AP}=\overline{AT}$일 때, $\angle x$의 크기를 구하시오.

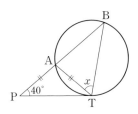

접선과 현이 이루는 각 – 원에 내접하는 사각형 (2)

19 오른쪽 그림에서 □ABCD는 원 O에 내접하고 $\overleftrightarrow{BT}$는 원 O 의 접선이다. $\overline{AD}$는 원 O의 지름이고 $\angle DCB=126°$일 때, $\angle x$의 크기를 구하시오.

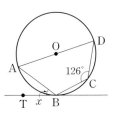

접선과 현이 이루는 각 – 원에 내접하는 사각형 (1)

17 오른쪽 그림에서 □ABCD는 원에 내접하고 직선 PQ는 원의 접선이다. $\angle BCP=32°$, $\angle DCQ=56°$일 때, $\angle x+\angle y$ 의 크기를 구하시오.

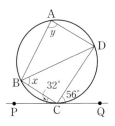

20 오른쪽 그림에서 □ABCD는 원 O에 내접하고 $\overleftrightarrow{CT}$는 원 O 의 접선이다. $\overgroup{AB}=\overgroup{BC}$, $\angle ABC=100°$일 때, $\angle x$의 크기를 구하시오.

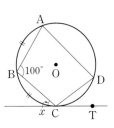

접선과 현이 이루는 각의 활용(1)

21 오른쪽 그림에서 $\overleftrightarrow{PQ}$는 원 O의 접선이고 점 T는 접점이다. $\overline{PB}$는 원 O의 중심을 지나고 $\angle ABT=30°$일 때, $\angle x$의 크기를 구하시오.

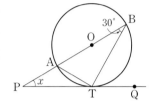

22 오른쪽 그림에서 $\overleftrightarrow{PQ}$는 원 O의 접선이고 점 T는 접점이다. $\overline{PB}$는 원 O의 중심을 지나고 $\angle BTQ=65°$일 때, $\angle x$의 크기를 구하시오.

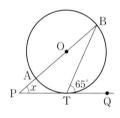

23 오른쪽 그림에서 $\overleftrightarrow{PQ}$는 원 O의 접선이고 점 T는 접점이다. $\overline{PA}$는 원 O의 중심을 지나고 $\angle ATQ=72°$일 때, $\angle y-\angle x$의 크기를 구하시오.

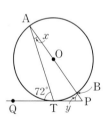

접선과 현이 이루는 각의 활용(2)

24 오른쪽 그림에서 $\overrightarrow{PD}$, $\overrightarrow{PE}$는 원 O의 접선이고 두 점 A, B는 접점이다. $\angle P=42°$, $\angle CAD=62°$일 때, $\angle x$의 크기를 구하시오.

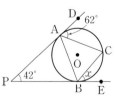

25 오른쪽 그림에서 $\triangle ABC$는 원 O에 외접하고, $\triangle DEF$는 원 O에 내접한다. $\angle C=60°$, $\angle DEF=52°$일 때, $\angle DFE$의 크기를 구하시오.

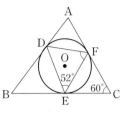

두 원에서 접선과 현이 이루는 각

26 오른쪽 그림에서 $\overleftrightarrow{PQ}$는 두 원의 공통인 접선이고 점 T는 접점이다. $\angle TAB=28°$, $\angle TDC=82°$일 때, $\angle DTC$의 크기를 구하시오.

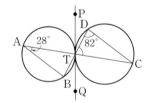

27 오른쪽 그림에서 $\overleftrightarrow{PQ}$는 두 원의 공통인 접선이고 점 T는 접점이다. $\angle ATP=45°$, $\angle BAT=70°$일 때, $\angle x$, $\angle y$의 크기를 각각 구하시오.

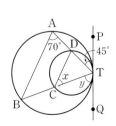

01

오른쪽 그림에서 □ABCD가 원에 내접하고 점 P는 $\overline{AD}$와 $\overline{BC}$의 연장선의 교점이다. ∠P=36°, ∠BCD=80°일 때, ∠x의 크기를 구하시오.

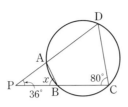

02

오른쪽 그림과 같이 □ABCD가 원에 내접하고 ∠P=23°, ∠Q=35°일 때, ∠x의 크기는?

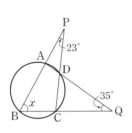

① 57°   ② 58°
③ 59°   ④ 60°
⑤ 61°

03

오른쪽 그림과 같이 오각형 ABCDE가 원 O에 내접하고 ∠A=110°, ∠D=100°일 때, ∠x의 크기를 구하시오.

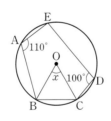

04

오른쪽 그림에서 $\overleftrightarrow{BT}$는 원 O의 접선이고 점 B는 접점이다. $\overset{\frown}{AB} : \overset{\frown}{BC}=5 : 3$이고 ∠ABT=70°일 때, ∠BAC의 크기를 구하시오.

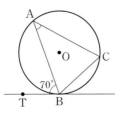

05

오른쪽 그림에서 $\overleftrightarrow{AT}$는 원 O의 접선이고 점 A는 접점이다. $\overline{CA}=\overline{CB}$, ∠BAT=36°일 때, ∠$x$의 크기를 구하시오.

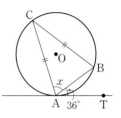

06

오른쪽 그림에서 $\overleftrightarrow{PQ}$는 원 O의 접선이고 점 C는 접점이다. ∠BCP=22°, ∠DCQ=43°일 때, ∠x+∠y의 크기를 구하시오.

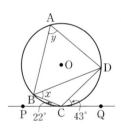

07

오른쪽 그림에서 $\overleftrightarrow{CT}$는 원 O의 접선이고 점 C는 접점이다. $\overline{BD}$는 원 O의 지름이고 ∠ACT=68°, ∠BDC=30°일 때, ∠x의 크기는?

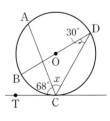

① 46°   ② 48°   ③ 50°
④ 52°   ⑤ 54°

01

오른쪽 그림과 같이 반지름의 길이가 4 cm인 원 O에서 ∠APB=30°일 때, 색칠한 부분의 넓이를 구하시오.

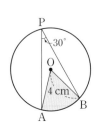

02

오른쪽 그림에서 ∠CBD=25°, ∠DFE=45°일 때, ∠CAE의 크기는?

① 65°   ② 70°
③ 75°   ④ 80°
⑤ 85°

03

오른쪽 그림에서 $\overline{AB}$는 반원 O의 지름이고 점 P는 $\overline{AC}$, $\overline{BD}$의 연장선의 교점이다. ∠COD=46°일 때, ∠x의 크기는?

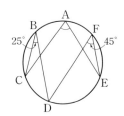

① 65°   ② 66°
③ 67°   ④ 68°
⑤ 69°

04

오른쪽 그림의 원 O에서 $\overline{OM} \perp \overline{AB}$, $\overline{ON} \perp \overline{AC}$이고 $\overline{OM}=\overline{ON}$이다. ∠ABC=65°, $\widehat{AC}=13\pi$일 때, $\widehat{BC}$의 길이를 구하시오.

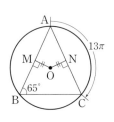

05

오른쪽 그림의 원 O는 △ABC의 외접원이다. $\widehat{AB}$, $\widehat{BC}$의 길이가 각각 원주의 $\frac{1}{4}$, $\frac{1}{6}$일 때, ∠x의 크기를 구하시오.

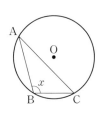

06

오른쪽 그림과 같이 □ABCD, □ABCE가 원에 내접하고 ∠EAD=26°, ∠BCE=74°일 때, ∠x의 크기를 구하시오.

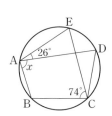

07

오른쪽 그림과 같이 □ABCD가 원에 내접하고 ∠P=40°, ∠Q=38°일 때, ∠x의 크기를 구하시오.

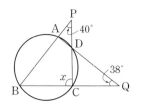

08

오른쪽 그림에서 □ABCD가 원에
내접할 때, ∠x+∠y의 크기는?

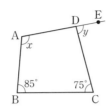

① 175°   ② 180°
③ 185°   ④ 190°
⑤ 195°

09

오른쪽 그림에서 $\overleftrightarrow{AT}$는 원의 접
선이고 점 A는 접점이다.
∠BAC=∠BAT이고
$\overline{AB}$=6 cm일 때, $\overline{BC}$의 길이를
구하시오.

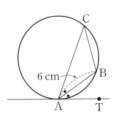

10

오른쪽 그림에서 □ABCD는
원에 내접하고 직선 PQ는 원의
접선이다. ∠ABD=25°,
∠ADB=65°, ∠BCP=45°일
때, ∠y−∠x의 크기를 구하시오.

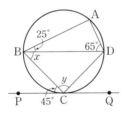

11

오른쪽 그림에서 $\overrightarrow{PT}$는 원 O의 접
선이고 점 A는 접점이다. $\overline{PC}$는 원
O의 중심을 지나고 ∠CAT=72°
일 때, ∠x의 크기를 구하시오.

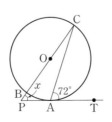

서술형 문제

12

다음 그림에서 $\overline{PA}$, $\overline{PB}$는 원 O의 접선이고 두 점 A,
B는 접점이다. ∠P=44°일 때, ∠y−∠x의 크기를
구하시오. [5점]

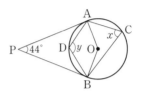

풀이

답

13

다음 그림에서 $\overleftrightarrow{CP}$는 원 O의 접선이고 점 C는 접점이
다. ∠BCP=67°, ∠DOC=140°일 때, ∠x의 크기를
구하시오. [6점]

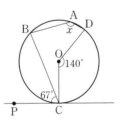

풀이

답

01 대푯값

한번더 개념 확인문제

개념북 ▶ 87쪽~88쪽 | 정답 및 풀이 ▶ 67쪽

01 다음 주어진 자료에 대하여 평균, 중앙값, 최빈값을 각각 구하시오.

(1)
> 1, 2, 5, 6, 6

평균 : _____

중앙값 : _____

최빈값 : _____

(2)
> 22, 24, 24, 24, 25, 25

평균 : _____

중앙값 : _____

최빈값 : _____

(3)
> 1, 49, 51, 52, 55, 57, 57

평균 : _____

중앙값 : _____

최빈값 : _____

(4)
> 6, 1, 2, 7, 3, 2, 7

평균 : _____

중앙값 : _____

최빈값 : _____

(5)
> 11, 18, 16, 13, 12, 18, 14, 18

평균 : _____

중앙값 : _____

최빈값 : _____

(6)
> 100, 105, 110, 100, 105,
> 105, 100, 105, 100, 130

평균 : _____

중앙값 : _____

최빈값 : _____

02 다음은 학생 10명의 방학 동안 도서관 이용 횟수를 조사하여 나타낸 줄기와 잎 그림이다. 이 자료에 대하여 평균, 중앙값, 최빈값을 각각 구하시오.

도서관 이용 횟수

(0|3은 3회)

줄기	잎
0	3 5 8
1	1 3 7 9 9
2	1 4

평균 : _____

중앙값 : _____

최빈값 : _____

변량이 주어질 때 평균, 중앙값, 최빈값 구하기

01 다음은 진희네 반의 각 과목 선생님들의 나이를 조사하여 나타낸 표이다. 물음에 답하시오.

과목	국어	영어	수학	사회	과학	음악	체육
나이(세)	24	31	27	54	28	24	29

(1) 평균, 중앙값, 최빈값을 각각 구하시오.

(2) 평균, 중앙값, 최빈값 중 이 자료의 대푯값으로 가장 적절한 것을 말하시오.

02 다음은 어느 신발 가게에서 하루 동안 판매된 신발의 크기를 조사하여 나타낸 것이다. 물음에 답하시오.

(단위 : mm)

290, 240, 250, 245, 240, 245, 250, 240

(1) 평균, 중앙값, 최빈값을 각각 구하시오.

(2) 공장에 가장 많이 주문해야 할 신발의 크기를 정하려고 할 때, 평균, 중앙값, 최빈값 중 이 자료의 대푯값으로 가장 적절한 것을 말하시오.

표로 주어진 자료에서 평균, 중앙값, 최빈값 구하기

03 다음은 학생 10명의 영어 수행평가 점수를 조사하여 나타낸 표이다. 영어 수행평가 점수의 평균, 중앙값, 최빈값을 각각 구하시오.

점수(점)	6	7	8	9	10
학생 수(명)	1	2	2	4	1

04 다음은 효정이네 반 학생 20명이 일주일 동안 구입한 과자 수를 조사하여 나타낸 표이다. 과자 수의 평균, 중앙값, 최빈값을 각각 구하시오.

과자 수(개)	1	2	3	4	5
학생 수(명)	3	4	1	4	8

줄기와 잎 그림에서 중앙값, 최빈값 구하기

05 다음은 학생 25명의 줄넘기 횟수를 조사하여 나타낸 줄기와 잎 그림이다. 줄넘기 횟수의 중앙값과 최빈값을 각각 구하시오.

줄넘기 횟수   (3|4는 34회)

줄기	잎
3	4 6
4	1 1 2 5 7 8
5	0 2 3 4 6
6	1 3 3 3 3 5 9 9
7	0 0 3 8

06 다음은 은희네 모둠 학생 8명의 하루 동안 휴대 전화 문자 메시지 발신 횟수를 조사하여 나타낸 줄기와 잎 그림이다. 문자 메시지 발신 횟수의 평균, 중앙값, 최빈값을 각각 구하시오.

문자 메시지 발신 횟수

(0|3은 3회)

줄기	잎
0	3 5
1	0 2 6
2	2 2
3	0

평균이 주어질 때 변량 구하기

07 다음은 7개 도시에서 일주일 동안 미세 먼지가 '주의' 인 날수를 조사하여 나타낸 표이다. 일주일 동안 미세 먼지가 '주의'인 날수의 평균이 4일일 때, 대구의 미세 먼지가 '주의'인 날수를 구하시오.

도시	서울	부산	대구	대전	인천	울산	광주
날수(일)	5	4		3	2	6	3

08 다음은 학생 5명의 몸무게를 조사하여 나타낸 것이다. 몸무게의 평균이 52 kg일 때, x의 값과 중앙값을 각각 구하시오.

(단위 : kg)

49, x, 55, 47, 52

중앙값이 주어질 때 변량 구하기

09 다음은 7개의 변량을 작은 값부터 크기순으로 나열한 것이다. 이 자료의 평균이 7이고 중앙값이 8일 때, a, b의 값을 각각 구하시오.

a, 4, 5, b, 9, 10, 12

10 다음은 학생 8명의 왼쪽 눈의 시력 중 7명의 왼쪽 눈의 시력을 작은 값부터 크기순으로 나열한 것이다. 8명의 왼쪽 눈의 시력의 중앙값이 0.9일 때, 나머지 한 명의 왼쪽 눈의 시력을 구하시오.

0.1, 0.2, 0.6, 0.8, 1.2, 1.5, 2.0

최빈값이 주어질 때 변량 구하기

11 다음은 어느 날 우리나라 9개 지역의 평균 기온을 조사하여 나타낸 것이다. 이 자료의 최빈값이 24 ℃일 때, a의 값을 구하시오.

(단위 : ℃)

24, 25, 22, 26, 23, 21, a, 27, 20

12 다음 자료의 최빈값이 14일 때, 중앙값을 구하시오.

14, 18, 16, x, 11, 18, 14, 17

13 다음 자료의 평균과 최빈값이 같을 때, 중앙값을 구하시오.

8, 8, a, 11, 12, 4, 8, 7

01

다음은 유찬이가 다트를 10회 던져서 과녁을 맞힌 점수를 조사하여 나타낸 것이다. 평균, 중앙값, 최빈값을 각각 A점, B점, C점이라 할 때, A, B, C의 대소를 비교하시오.

(단위 : 점)

9, 8, 7, 7, 9, 10, 8, 9, 8, 9

02

다음은 어느 운동화 가게에서 오후 동안 팔린 운동화의 크기를 조사하여 나타낸 것이다. 이 자료를 이용하여 운동화를 대량 주문하려고 할 때, 필요한 대푯값으로 가장 적절한 것과 그 값을 구한 것은?

(단위 : mm)

245, 245, 245, 245, 245, 245,
255, 260, 260, 265, 275, 275

① 평균, 255 mm   ② 중앙값, 250 mm
③ 중앙값, 255 mm   ④ 최빈값, 245 mm
⑤ 최빈값, 275 mm

03

다음은 학생 20명이 1년 동안 관람한 문화 예술 공연 횟수를 조사하여 나타낸 표이다. 문화 예술 공연 관람 횟수의 평균, 중앙값, 최빈값을 각각 구하시오.

관람 횟수(회)	0	1	2	3	4	5	6	7
학생 수(명)	3	5	3	1	4	1	2	1

04

다음 자료의 중앙값이 15일 때, a의 값을 구하시오.

12, 20, 8, a

05

오른쪽 그림은 1반과 2반 학생들의 체육복의 크기를 조사하여 나타낸 꺾은선그래프이다. 다음 **보기**에서 이 그래프에 대한 설명으로 옳은 것을 모두 고르시오.

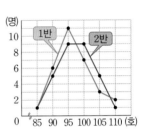

─• 보기 •─
ㄱ. 1반의 중앙값은 95호이다.
ㄴ. 1반의 중앙값이 2반의 중앙값보다 작다.
ㄷ. 2반의 최빈값은 95호이다.
ㄹ. 1반의 최빈값은 2개이다.

06

다음은 8개의 변량을 작은 값부터 크기순으로 나열한 것이다. 이 자료의 평균이 6이고 최빈값이 5일 때, a, b의 값을 각각 구하시오. (단, a, b는 자연수)

3, 4, 5, 5, a, 8, 8, b

02 산포도

개념북 ▶ 93쪽~96쪽 | 정답 및 풀이 ▶ 69쪽

한번더 개념 확인문제

01 다음 자료의 평균을 구하고, 표를 완성하시오.

(1) (평균)= _____

변량	3	4	5	6	7
편차					

(2) (평균)= _____

변량	19	12	18	15	16
편차					

02 어떤 자료의 편차가 다음과 같을 때, x의 값을 구하시오.

(1) -3, x, 4, 1, -4

(2) 8, -4, 3, -2, x

03 다음 자료의 평균, 분산, 표준편차를 각각 구하시오.

(1)
1, 3, 5, 7, 9

평균 : _____

분산 : _____

표준편차 : _____

(2)
40, 60, 40, 65, 45

평균 : _____

분산 : _____

표준편차 : _____

04 다음은 원이네 모둠 학생 10명이 체육 시간에 5회에 걸쳐 실시한 자유투 성공 횟수를 조사하여 나타낸 표이다. 이를 이용하여 자유투 성공 횟수의 평균, 분산, 표준편차를 각각 구하시오.

성공 횟수(회)	2	3	4	5
학생 수(명)	1	1	5	3

05 다음은 하나네 반 학생 20명의 영어 듣기평가 점수를 조사하여 나타낸 표이다. 이를 이용하여 영어 듣기평가 점수의 평균, 분산, 표준편차를 각각 구하시오.

점수(점)	4	8	12	16	20
학생 수(명)	1	5	8	5	1

06 다음은 학생 수가 모두 같은 다섯 반 학생들의 체육 실기평가 점수의 평균과 표준편차를 조사하여 나타낸 표이다. 물음에 답하시오.

반	A	B	C	D	E
평균(점)	48	60	59	60	52
표준편차(점)	$\sqrt{10}$	3	4	$2\sqrt{6}$	5

(1) 점수가 가장 고르게 분포된 반을 말하시오.

(2) 점수가 가장 고르지 않게 분포된 반을 말하시오.

편차가 주어질 때 변량 구하기

01 다음은 학생 5명의 몸무게의 편차를 조사하여 나타낸 표이다. 5명의 몸무게의 평균이 56 kg일 때, 학생 E의 몸무게를 구하시오.

학생	A	B	C	D	E
편차(kg)	−2	10	−1	−3	

02 다음은 민준이네 모둠 학생 8명의 도덕 점수의 편차를 조사하여 나타낸 표이다. 8명의 도덕 점수의 평균이 74점일 때, 학생 C의 도덕 점수를 구하시오.

학생	A	B	C	D	E	F	G	H
편차(점)	−4	9		7	−5	−6	0	−12

분산과 표준편차

03 다음은 연아의 5회에 걸친 수학 시험 성적을 조사하여 나타낸 표이다. 수학 시험 성적의 평균이 86점일 때, 표준편차를 구하시오.

회차	1회	2회	3회	4회	5회
성적(점)	82	89	x	78	90

04 다음은 어느 투수가 지난 10경기에서 기록한 삼진의 수를 조사하여 나타낸 것이다. 삼진의 수의 분산을 구하시오.

(단위 : 개)

> 7, 9, 8, 8, 9, 9, 8, 9, 7, 6

평균과 표준편차가 주어질 때 식의 값 구하기

05 5개의 변량 6, 7, 9, x, y의 평균이 8이고 분산이 2일 때, $x^2 + y^2$의 값을 구하시오.

06 4개의 변량 2, 5, x, y의 평균이 4이고 표준편차가 $\sqrt{7.5}$일 때, xy의 값을 구하시오.

07 5개의 변량 x, 4, 2, 5, y의 평균이 5이고 분산이 4일 때, x^2, 4^2, 2^2, 5^2, y^2의 평균을 구하시오.

편차의 성질을 이용하여 표준편차 구하기

08 어떤 자료의 편차가 다음과 같을 때, 분산과 표준편차를 각각 구하시오.

$$4, \quad x, \quad -4, \quad -5, \quad -2$$

09 다음은 학생 5명의 키의 편차를 조사하여 나타낸 표이다. 키의 표준편차를 구하시오.

학생	A	B	C	D	E
편차(cm)	10	2	-4	x	-3

자료의 분석 (1)

10 다음은 학생 5명의 5일 동안 통학 시간의 평균과 표준편차를 조사하여 나타낸 표이다. 통학 시간이 가장 불규칙한 학생은?

학생	A	B	C	D	E
평균(분)	9	12	16	12	20
표준편차(분)	$\sqrt{7}$	3	$\sqrt{5}$	$2\sqrt{2}$	$\sqrt{15}$

① A   ② B   ③ C

④ D   ⑤ E

11 다음은 학생 수가 같은 다섯 학교 A, B, C, D, E의 학생들의 학업성취도 평가의 평균과 표준편차를 조사하여 나타낸 표이다. 성적이 가장 고른 학교를 구하시오.

학교	A	B	C	D	E
평균(점)	65	70	68	72	81
표준편차(점)	5.9	8.4	9.1	6.8	7.2

자료의 분석 (2)

12 오른쪽은 두 학생 A, B의 1년 동안의 사회 성적의 평균과 표준편차를 조사하여 나타낸 표이다. 다음 설명 중 옳은 것은?

학생	A	B
평균(점)	80	80
표준편차(점)	7.2	6.5

① A 학생이 B 학생보다 사회 성적이 고르다.
② B 학생이 A 학생보다 사회 성적이 고르다.
③ B 학생이 A 학생보다 사회 성적이 항상 우수하다.
④ 두 학생 A, B의 사회 성적의 고른 정도는 같다.
⑤ 두 학생 A, B의 사회 성적의 고른 정도는 알 수 없다.

13 오른쪽은 두 학교 A, B의 학생들이 1년 동안 읽은 책 수의 평균과 표준편차를 조사하여 나타낸 표이다. 다음 설명 중 옳은 것은?

학교	A	B
평균(권)	38	38
표준편차(권)	8	$6\sqrt{2}$

① A 학교 학생들이 책을 더 많이 읽었다.
② B 학교 학생들이 책을 더 많이 읽었다.
③ A 학교 학생들이 읽은 책 수의 분포가 B 학교 학생들이 읽은 책 수의 분포보다 고르다.
④ B 학교 학생들이 읽은 책 수의 분포가 A 학교 학생들이 읽은 책 수의 분포보다 고르다.
⑤ A 학교에 책을 가장 많이 읽은 학생이 있다.

01

아래는 학생 5명의 수학 점수의 편차를 조사하여 나타낸 표이다. 다음 설명 중 옳지 <u>않은</u> 것은?

학생	우빈	민호	세라	효진	은정
편차(점)	3	-2		0	-4

① 효진이의 수학 점수는 평균 점수와 같다.
② 우빈이와 세라의 수학 점수는 서로 같다.
③ 민호와 세라의 수학 점수의 차는 1점이다.
④ 점수가 가장 낮은 학생은 은정이다.
⑤ 표준편차는 $\sqrt{7.6}$점이다.

02

다음은 정희가 각 면에 1부터 8까지의 숫자가 하나씩 적혀 있는 정팔면체 모양의 주사위를 5번 던져서 바닥에 닿은 면에 적힌 숫자를 조사하여 나타낸 것이다. 이 자료의 표준편차를 구하시오.

$$1, \ 8, \ 6, \ 3, \ 7$$

03

다음은 시현이네 반 학생 10명의 하루 동안 휴대 전화 사용 시간을 조사하여 나타낸 표이다. 휴대 전화 사용 시간의 분산과 표준편차를 각각 구하시오.

사용 시간(시간)	2	3	4	5
학생 수(명)	4	3		1

04

아래는 승환이와 찬규가 다트를 10번 던져 얻은 점수를 조사하여 나타낸 표이다. 다음 설명 중 옳은 것은?

(단위 : 점)

승환	8	8	9	10	6	9	8	7	8	7
찬규	8	9	8	7	9	8	7	8	8	8

① 승환이의 점수가 찬규의 점수보다 고르다.
② 찬규의 점수가 승환이의 점수보다 고르다.
③ 승환이의 점수의 평균이 찬규의 점수의 평균보다 크다.
④ 찬규의 점수의 평균이 승환이의 점수의 평균보다 크다.
⑤ 승환이의 점수의 분산이 찬규의 점수의 분산보다 작다.

05

세 수 x, y, z의 평균이 5이고 분산이 2일 때, x^2, y^2, z^2의 평균을 구하시오.

06

남학생 4명과 여학생 6명으로 이루어진 모둠의 1학기 기말고사 결과에서 남학생과 여학생의 성적의 평균이 같고 표준편차가 각각 $\sqrt{7}$점, $\sqrt{2}$점이었다. 전체 10명의 1학기 기말고사 성적의 표준편차를 구하시오.

01

다음 표는 나리의 일주일 동안의 운동 시간을 조사하여 나타낸 것이다. 운동 시간의 평균을 구하시오.

요일	월	화	수	목	금	토	일
운동 시간(시간)	2	3	1.5	2	1	2.5	2

02

다음은 기태네 모둠 학생 8명의 몸무게를 조사하여 나타낸 것이다. 이 모둠 학생들의 몸무게의 중앙값은?

(단위 : kg)

51, 59, 60, 38, 43, 70, 48, 53

① 50 kg ② 50.5 kg ③ 51 kg
④ 51.5 kg ⑤ 52 kg

03

다음 자료의 중앙값이 5이고 최빈값이 6일 때, $a+b$의 값을 구하시오.

7, a, 2, 4, 6, 6, b, 3, 4

04

다음 표는 A, B, C, D, E 5명의 학생들의 키의 편차를 조사하여 나타낸 것이다. A의 키가 157 cm일 때, D의 키를 구하시오.

학생	A	B	C	D	E
편차(cm)	−4	−6	3		2

05

다음 설명 중 옳은 것을 모두 고르면? (정답 2개)

① 각 변량의 편차의 평균은 0이다.
② 평균보다 작은 변량의 편차는 양수이다.
③ 자료의 개수가 많을수록 표준편차는 커진다.
④ 변량이 고르게 분포되어 있을수록 표준편차는 커진다.
⑤ 변량이 흩어져 있는 정도를 하나의 수로 나타낸 값을 산포도라 한다.

06

아래 표는 준희와 서희의 자유투 성공 횟수를 조사하여 나타낸 것이다. 두 학생의 자유투 성공 횟수의 평균이 5회로 서로 같을 때, 다음 **보기**에서 옳은 것을 모두 고르시오.

(단위 : 회)

준희	a	8	4	5	5
서희	4	6	b	2	5

┌ 보기 ┐
ㄱ. a의 값은 3이다.
ㄴ. b의 값은 7이다.
ㄷ. 자유투 성공 횟수의 기복이 더 심한 학생은 서희이다.
ㄹ. 서희의 자유투 성공 횟수가 준희의 자유투 성공 횟수보다 고르다.

07

다음은 학생 5명의 일주일 동안의 독서 시간의 평균과 표준편차를 조사하여 나타낸 표이다. 독서 시간이 가장 규칙적인 학생을 구하시오.

학생	A	B	C	D	E
평균(시간)	14	12	10	18	7
표준편차(시간)	1.1	2.1	2.7	1.9	0.8

08

학생 6명의 수행평가 성적을 모두 2점씩 올려 줄 때, 다음 중 학생 6명의 성적에 대한 설명으로 옳은 것은?

① 평균은 2점 올라가고 표준편차는 4점 올라간다.
② 평균과 표준편차 모두 2점씩 올라간다.
③ 평균은 2점 올라가고 표준편차는 변함없다.
④ 평균은 변함없고 표준편차는 2점 올라간다.
⑤ 평균과 표준편차 모두 변함없다.

09

오른쪽은 A, B 두 모둠의 체육 수행평가 점수의 평균과 표준편차를 조사하여 나타낸 표이다. 두 모둠을 합친 전체 학생의 체육 수행평가 점수의 분산은?

	A 모둠	B 모둠
학생 수(명)	10	10
평균(점)	25	25
표준편차(점)	$3\sqrt{2}$	2

① 11   ② 12   ③ 13
④ 14   ⑤ 15

10

다음 세 자료 A, B, C의 표준편차를 각각 a, b, c라 할 때, a, b, c의 대소를 바르게 비교한 것은?

자료 A : 3, 3, 3, 3, 3, 3
자료 B : 2, 4, 2, 4, 2, 4
자료 C : 3, 5, 3, 5, 3, 5

① $a < b < c$ ② $a = b < c$ ③ $a = b = c$
④ $a < b = c$ ⑤ $a > b = c$

서술형 문제

11

다음 중 자료 A, B, C에 대하여 바르게 설명한 사람을 모두 고르시오. [6점]

자료 A	2, 4, 3, 3, 3, 2, 4
자료 B	4, 6, 2, 1, 5, 4, 6
자료 C	2, 3, 6, 5, 3, 7, 100

서연 : 자료 A의 중앙값과 최빈값은 서로 같다.
유찬 : 자료 C는 평균을 대푯값으로 정하는 것이 적절하다.
혜민 : 자료 B의 최빈값은 4뿐이다.
민준 : 자료 B의 평균과 중앙값은 서로 같다.
지유 : 자료 A, B, C 중 중앙값이 가장 큰 것은 자료 C이다.

풀이

답

12

다음 4개의 변량의 분산을 구하시오. [5점]

$$a-4, \ a+2, \ a, \ a+2$$

풀이

답

산점도와 상관관계

01 아래는 지유네 반 학생 16명의 중간고사 영어 점수와 사회 점수를 조사하여 나타낸 표이다. 영어 점수를 x점, 사회 점수를 y점이라 할 때, 다음 물음에 답하시오.

학생	A	B	C	D	E	F	G	H
영어 점수(점)	40	50	50	80	40	60	70	70
사회 점수(점)	60	50	60	70	50	70	60	70

학생	I	J	K	L	M	N	O	P
영어 점수(점)	60	80	90	90	80	100	100	70
사회 점수(점)	60	90	90	100	80	100	90	80

(1) x와 y에 대한 산점도를 그리시오.

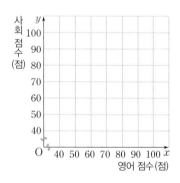

(2) 영어 점수가 80점인 학생은 몇 명인지 구하시오.

(3) 영어 점수와 사회 점수가 모두 80점 이상인 학생은 몇 명인지 구하시오.

(4) 사회 점수가 90점인 학생들의 영어 점수의 평균을 구하시오.

(5) 영어 점수와 사회 점수가 같은 학생은 몇 명인지 구하시오.

02 오른쪽 그래프는 정규네 반 학생 12명의 일주일 동안 학교 도서관에서 대출한 책 수와 TV 시청 시간 사이의 관계를 나타낸 산점도이다. 다음 물음에 답하시오.

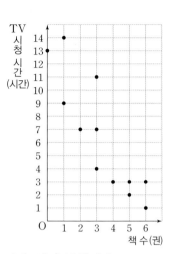

(1) TV 시청 시간이 7시간 이상인 학생은 전체의 몇 %인지 구하시오.

(2) TV 시청 시간이 3시간인 학생들의 대출한 책 수의 평균을 구하시오.

(3) 대출한 책 수가 4권 이상인 학생들의 TV 시청 시간의 평균을 구하시오.

03 보기의 산점도를 보고, 다음 물음에 답하시오.

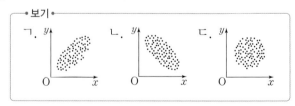

(1) 키와 머리카락 길이 사이의 관계를 나타내는 산점도를 고르시오.

(2) 여름철 기온과 시원한 음료 판매량 사이의 관계를 나타내는 산점도를 고르시오.

(3) 자동차의 주행 거리와 남은 연료 사이의 관계를 나타내는 산점도를 고르시오.

산점도 분석 (1)

[01~02] 오른쪽 그래프는 어느 양궁 동아리 학생 **16명**의 1차 점수와 2차 점수 사이의 관계를 나타낸 산점도이다. 다음 물음에 답하시오.

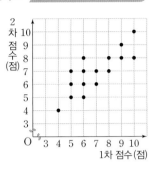

01 1차 점수와 2차 점수가 같은 학생은 몇 명인가?

① 5명   ② 6명   ③ 7명
④ 8명   ⑤ 9명

02 2차 점수가 1차 점수보다 높은 학생은 전체의 몇 %인지 구하시오.

산점도 분석 (2)

[03~04] 오른쪽 그래프는 어느 지역의 지난 여름 15일 동안의 최고 기온과 습도 사이의 관계를 나타낸 산점도이다. 다음 물음에 답하시오.

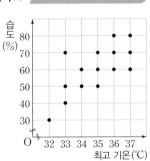

03 최고 기온이 36 ℃ 이상인 날들의 습도의 평균은?

① 55 %   ② 60 %   ③ 65 %
④ 70 %   ⑤ 75 %

04 습도가 50 % 미만인 날은 모두 며칠인지 구하시오.

[05~06] 오른쪽 그래프는 지훈이네 반 학생 **20명**에 대한 수학 수행평가 점수와 과학 수행평가 점수 사이의 관계를 나타낸 산점도이다. 다음 물음에 답하시오.

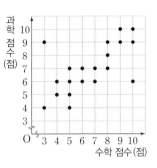

05 수학 수행평가 점수와 과학 수행평가 점수의 평균이 8점인 학생은 몇 명인지 구하시오.

06 수학 수행평가 점수와 과학 수행평가 점수의 합이 12점 이하인 학생은 몇 명인지 구하시오.

[07~08] 오른쪽 그래프는 최근에 개봉한 **16편**의 영화에 대한 관객 평점과 전문가 평점 사이의 관계를 나타낸 산점도이다. 다음 물음에 답하시오.

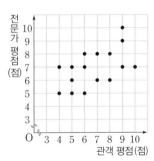

07 관객 평점과 전문가 평점의 차가 3점인 영화는 몇 편인지 구하시오.

08 관객 평점과 전문가 평점의 차가 1점 이하인 영화는 전체의 몇 %인지 구하시오.

정답 및풀이 ▶74쪽

상관관계

09 두 변량에 대한 상관관계가 나머지 넷과 <u>다른</u> 하나는?

① 산의 높이와 기온
② 도로 위의 자동차 수와 공기 오염도
③ 여름철 기온과 냉방비
④ 자동차가 달린 거리와 사용한 연료의 양
⑤ 일조량과 쌀의 생산량

10 다음 중 오른쪽 그래프와 같은 산
점도로 나타낼 수 있는 것은?

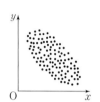

① 기온과 풍속
② 등교 시간과 시력
③ 독서량과 국어 성적
④ 감자의 생산량과 가격
⑤ 도시별 인구수와 자동차 수

상관관계와 그래프

11 다음은 특정 도로의 지점 20곳에서 두 자동차 A, B
의 제동 거리와 그때의 속력 사이의 관계를 나타낸
산점도이다. 상관관계가 더 강한 것을 말하시오.

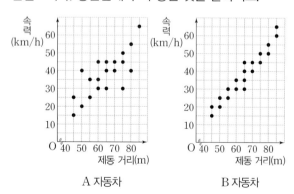

A 자동차   B 자동차

12 다음 중 x의 값이 증가함에 따라 y의 값이 증가하거
나 감소하는지가 분명하지 않은 경우의 산점도를 모
두 고르면? (정답 2개)

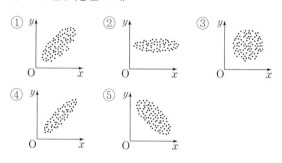

상관관계의 분석

[13~14] 오른쪽 그래프는 어느
도시의 가계 소득과 가계 지출 사
이의 관계를 나타낸 산점도이다.
다음 물음에 답하시오.

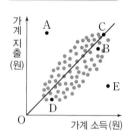

13 이 도시의 가계 소득과 가계 지출 사이에 어떤 상관
관계가 있는지 말하시오.

14 다음 중 위의 산점도에 대한 설명으로 옳지 <u>않은</u> 것은?

① A, B, C, D, E 5가구 중 가계 소득이 가장
많은 가구는 E가구이다.
② D 가구는 A 가구보다 가계 소득이 많다.
③ A 가구는 가계 지출에 비해 가계 소득이 많다.
④ C 가구는 B 가구보다 가계 소득과 가계 지출
이 모두 많다.
⑤ 가계 소득과 가계 지출은 한쪽의 값이 증가함
에 따라 다른 한쪽의 값도 대체로 증가한다.

[01~03] 오른쪽 그래프는 민주네 반 학생 20명의 영어 말하기 평가 1학기 점수와 2학기 점수 사이의 관계를 나타낸 산점도이다. 다음 물음에 답하시오.

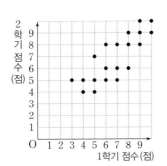

01

1학기 점수와 2학기 점수의 차가 2점 이상인 학생은 몇 명인지 구하시오.

02

1학기 점수와 2학기 점수의 평균이 높은 순으로 영어 말하기 대회 대표 6명을 정할 때, 대표로 선발되는 학생은 1학기 점수와 2학기 점수의 평균이 적어도 몇 점 이상인가?

① 7.5점   ② 8점   ③ 8.3점
④ 8.5점   ⑤ 9점

03

1학기 점수의 중앙값을 a점, 2학기 점수의 최빈값을 b점, 중앙값을 c점이라 할 때, 다음 중 a, b, c의 대소 관계를 바르게 나타낸 것은?

① $c<a<b$ ② $c<a=b$ ③ $b<c<a$
④ $b<a<c$ ⑤ $b<a=c$

[04~05] 오른쪽 그래프는 서현이네 반 학생 20명이 두 차례에 걸쳐 실시한 팔굽혀펴기 횟수 사이의 관계를 나타낸 산점도이다. 다음 물음에 답하시오.

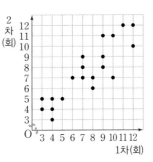

04

1차 팔굽혀펴기 횟수를 a회, 2차 팔굽혀펴기 횟수를 b회라 할 때, $0<b-a\leq2$를 만족시키는 학생은 몇 명인지 구하시오.

05

다음 **보기**에서 옳은 것을 모두 고르시오.

┌─ 보기 ─
ㄱ. 1차와 2차의 평균이 5번째로 높은 학생의 팔굽혀펴기 횟수의 평균은 10회이다.
ㄴ. 2차 팔굽혀펴기 횟수가 5회 이하인 학생은 1차 팔굽혀펴기 횟수도 5회 이하이다.
ㄷ. 1차와 2차 팔굽혀펴기 횟수의 총합이 15회 이상인 학생은 전체의 50 %이다.
ㄹ. 1차 팔굽혀펴기 횟수가 10회 이상인 학생들의 2차 팔굽혀펴기 횟수의 평균은 10.4회이다.

06

오른쪽 그래프는 가은이네 학교 학생들의 키와 앉은키 사이의 관계를 나타낸 산점도이다. 다음 설명 중 옳지 <u>않은</u> 것은?

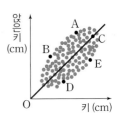

① 키와 앉은키 사이에는 양의 상관관계가 있다.
② A는 키에 비해 앉은키가 큰 편이다.
③ B는 앉은키에 비해 키가 작은 편이다.
④ C는 키는 크지만 앉은키는 작은 편이다.
⑤ A, B, C, D, E 중 키에 비해 앉은키가 작은 학생은 D, E이다.

[01~03] 오른쪽 그래프는 어느 반 학생 15명의 영어 듣기 평가 1차 점수와 2차 점수 사이의 관계를 나타낸 산점도이다. 다음 물음에 답하시오.

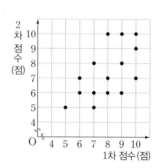

01

1차 점수와 2차 점수가 모두 9점 이상인 학생은 몇 명인가?

① 2명   ② 3명   ③ 4명

④ 5명   ⑤ 6명

02

1차 점수에 비해 2차 점수가 가장 많이 오른 학생의 1차 점수와 2차 점수의 평균을 구하시오.

03

다음 **보기**에서 위의 산점도에 대한 설명으로 옳은 것을 모두 고른 것은?

> ・보기・
> ㄱ. 1차 점수가 10점인 학생은 3명이다.
> ㄴ. 1차 점수와 2차 점수 사이에는 상관관계가 없다.
> ㄷ. 1차 점수와 2차 점수가 같은 학생은 전체의 20 %이다.
> ㄹ. 1차 점수에 비해 2차 점수가 높은 학생이 1차 점수에 비해 2차 점수가 낮은 학생보다 많다.

① ㄱ, ㄴ   ② ㄱ, ㄷ   ③ ㄱ, ㄹ

④ ㄴ, ㄷ   ⑤ ㄷ, ㄹ

04

오른쪽 그래프는 서연이네 반 학생 20명의 컴퓨터 필기 점수와 실기 점수 사이의 관계를 나타낸 산점도이다. 다음 설명 중 옳지 <u>않은</u> 것은?

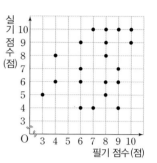

① 필기 점수가 실기 점수보다 높은 학생은 8명이다.

② 필기 점수와 실기 점수의 합이 17점 이상인 학생은 전체의 30 %이다.

③ 필기 점수가 10점인 학생들의 실기 점수의 평균은 9.5점이다.

④ 실기 점수가 10점인 학생들의 필기 점수의 평균은 8점이다.

⑤ 필기 점수와 실기 점수의 차가 3점인 학생은 모두 5명이다.

05

운동량을 x, 비만도를 y라 할 때, 다음 중 운동량이 많을수록 비만도가 낮은 경향이 가장 뚜렷한 산점도는?

① 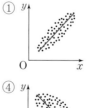   ②   ③

④   ⑤

06

다음 중 두 변량 x, y에 대한 산점도가 대체로 오른쪽 그림과 같은 모양이 되는 것은?

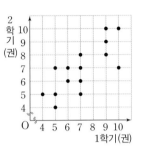

	x	y
①	산의 높이	기온
②	신발의 크기	시력
③	머리카락의 길이	키
④	책의 두께	무게
⑤	나이	앉은키

[07~08] 오른쪽 그래프는 어느 학교 학생들의 게임 시간과 수면 시간 사이의 관계를 나타낸 산점도이다. 다음 물음에 답하시오.

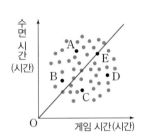

07

A, B, C, D, E 5명의 학생 중 수면 시간에 비해 게임 시간이 가장 많은 학생을 구하시오.

08

다음 중 위의 산점도에 대한 설명으로 옳은 것은?

① 게임 시간과 수면 시간 사이에는 양의 상관관계가 있다.
② A, B, C, D, E 중 게임 시간이 가장 적은 학생은 C이다.
③ B가 A보다 수면 시간이 많다.
④ C는 D보다 게임 시간과 수면 시간이 모두 적다.
⑤ A, B, C, D, E 중 수면 시간이 가장 많은 학생은 E이다.

서술형 문제

09

오른쪽 그래프는 유준이네 반 학생 15명이 1학기와 2학기에 읽은 책의 수 사이의 관계를 나타낸 산점도이다. 다음 물음에 답하시오. [7점]

(1) 1학기와 2학기에 읽은 책의 수가 같은 학생은 몇 명인지 구하시오. [2점]
(2) 1학기와 2학기 모두 책을 6권 미만으로 읽은 학생은 전체의 몇 %인지 구하시오. [2점]
(3) 1학기와 2학기 중 적어도 한 학기는 책을 8권 이상 읽은 학생은 전체의 몇 %인지 구하시오. [3점]

풀이

답

10

다음은 20종류의 차량에 대하여 중량과 연비 사이의 관계를 나타낸 산점도와 중량과 제동 거리 사이의 관계를 나타낸 산점도이다. 음의 상관관계가 있는 산점도를 찾으시오. [5점]

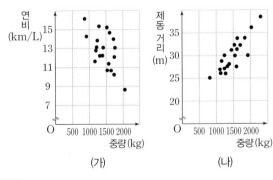

(가) (나)

풀이

답

2. 상관관계 **59**

Memo

동아출판

과학 고수들의 필독서

HIGH TOP

#2015 개정 교육과정
#믿고 보는 과학 개념서
#통합과학
#물리학 #화학 #생명과학 #지구과학
#과학 #잘하고싶다 #중요 #개념 #열공
#포기하지마 #엄지척 #화이팅

01
기초부터 심화까지
자세하고 빈틈 없는 개념 설명

02
풍부한 그림 자료,
수준 높은 문제 수록

03
새 교육과정을 완벽 반영한
깊이 있는 내용

중학교 1~3학년 / **고등학교** 통합과학 / 물리학 I, II / 화학 I, II / 생명과학 I, II / 지구과학 I, II

중학 수학 3·2

내신과 등업을 위한 강력한 한 권!

개념 연산서 수매씽 **개념연산**
중학교 1~3학년 1·2학기

개념 기본서 수매씽 **개념**
중학교 1~3학년 1·2학기
공통수학1, 공통수학2

유형 기본서 수매씽
중학교 1~3학년 1·2학기
수학(상), 수학(하), 수학Ⅰ, 수학Ⅱ, 확률과 통계, 미적분

동아출판

☎ **Telephone** 1644-0600
⌂ **Homepage** www.bookdonga.com
✉ **Address** 서울시 영등포구 은행로 30 (우 07242)

· 정답 및 풀이는 동아출판 홈페이지 내 학습자료실에서 내려받을 수 있습니다.
· 교재에서 발견된 오류는 동아출판 홈페이지 내 정오표에서 확인 가능하며, 잘못 만들어진 책은 구입처에서 교환해 드립니다.
· 학습 상담, 제안 사항, 오류 신고 등 어떠한 이야기라도 들려주세요.

수

매씽

MATHING

개념

정답 및 풀이

중학 수학 3·2

동아출판

개념북 정답 및 풀이

I. 삼각비

1 삼각비

01 삼각비

7쪽~13쪽

1 (1) $2\sqrt{5}$ (2) 5 **1-❶** (1) 8 (2) 1

2 (1) $\dfrac{12}{13}$ (2) $\dfrac{5}{13}$ (3) $\dfrac{12}{5}$

2-❶ (1) $\dfrac{8}{17}$ (2) $\dfrac{15}{17}$ (3) $\dfrac{8}{15}$

3 (1) $\dfrac{5}{13}$ (2) $\dfrac{12}{13}$ (3) $\dfrac{5}{12}$

3-❶ (1) $\dfrac{15}{17}$ (2) $\dfrac{8}{17}$ (3) $\dfrac{15}{8}$

4 (1) 10 (2) ① $\dfrac{\sqrt{2}}{2}$ ② $\dfrac{\sqrt{2}}{2}$ ③ 1

(3) ① $\dfrac{\sqrt{2}}{2}$ ② $\dfrac{\sqrt{2}}{2}$ ③ 1

4-❶ (1) $2\sqrt{3}$

(2) $\sin B=\dfrac{\sqrt{3}}{2}$, $\cos B=\dfrac{1}{2}$, $\tan B=\sqrt{3}$

(3) $\sin C=\dfrac{1}{2}$, $\cos C=\dfrac{\sqrt{3}}{2}$, $\tan C=\dfrac{\sqrt{3}}{3}$

5 (1) 3, 2 (2) 2, $\sqrt{5}$ **5-❶** (1) 8, $4\sqrt{3}$ (2) $4\sqrt{3}$, 4

6 (1) 4 (2) $2\sqrt{5}$ **6-❶** (1) 12 (2) $4\sqrt{10}$

7 2, 2, 2, $\sqrt{5}$, $\dfrac{\sqrt{5}}{3}$, $\dfrac{2\sqrt{5}}{5}$

7-❶ 2, 2, 2, $\sqrt{13}$, $\dfrac{2\sqrt{13}}{13}$, $\dfrac{3\sqrt{13}}{13}$

8 (1) $\dfrac{12}{13}$ (2) $\dfrac{12}{5}$ **8-❶** (1) $\dfrac{4}{5}$ (2) $\dfrac{3}{5}$

9 (1) $\sqrt{2}$ (2) 1 (3) $\sqrt{3}$ **9-❶** (1) 0 (2) 1 (3) $-\dfrac{1}{2}$

10 $x=3$, $y=3\sqrt{2}$ **10-❶** $x=9$, $y=9\sqrt{3}$

11 (1) △CBA (2) ∠BCA (3) 1

(4) $\sin x=\dfrac{2\sqrt{5}}{5}$, $\cos x=\dfrac{\sqrt{5}}{5}$, $\tan x=2$

12 (1) △BAC, △BHA (2) ∠CBA (3) 3

(4) $\sin x=\dfrac{2\sqrt{13}}{13}$, $\cos x=\dfrac{3\sqrt{13}}{13}$, $\tan x=\dfrac{2}{3}$

13 $\dfrac{\sqrt{3}}{3}$ **14** $\dfrac{\sqrt{6}}{3}$

---

1 (1) $6^2=4^2+x^2$에서 $x^2=20$

∴ $x=\sqrt{20}=2\sqrt{5}$ ($∵ x>0$)

(2) $(5\sqrt{2})^2=5^2+x^2$에서 $x^2=25$

∴ $x=5$ ($∵ x>0$)

1-❶ (1) $10^2=x^2+6^2$에서 $x^2=64$

∴ $x=8$ ($∵ x>0$)

(2) $2^2=(\sqrt{3})^2+x^2$에서 $x^2=1$

∴ $x=1$ ($∵ x>0$)

4 (1) $\overline{AC}=\sqrt{\overline{AB}^2+\overline{BC}^2}=\sqrt{(5\sqrt{2})^2+(5\sqrt{2})^2}=\sqrt{100}=10$

---

(2) ① $\sin A=\dfrac{\overline{BC}}{\overline{AC}}=\dfrac{5\sqrt{2}}{10}=\dfrac{\sqrt{2}}{2}$

② $\cos A=\dfrac{\overline{AB}}{\overline{AC}}=\dfrac{5\sqrt{2}}{10}=\dfrac{\sqrt{2}}{2}$

③ $\tan A=\dfrac{\overline{BC}}{\overline{AB}}=\dfrac{5\sqrt{2}}{5\sqrt{2}}=1$

(3) ① $\sin C=\dfrac{\overline{AB}}{\overline{AC}}=\dfrac{5\sqrt{2}}{10}=\dfrac{\sqrt{2}}{2}$

② $\cos C=\dfrac{\overline{BC}}{\overline{AC}}=\dfrac{5\sqrt{2}}{10}=\dfrac{\sqrt{2}}{2}$

③ $\tan C=\dfrac{\overline{AB}}{\overline{BC}}=\dfrac{5\sqrt{2}}{5\sqrt{2}}=1$

4-❶ (1) $\overline{AC}=\sqrt{\overline{BC}^2-\overline{AB}^2}=\sqrt{4^2-2^2}=\sqrt{12}=2\sqrt{3}$

(2) $\sin B=\dfrac{\overline{AC}}{\overline{BC}}=\dfrac{2\sqrt{3}}{4}=\dfrac{\sqrt{3}}{2}$

$\cos B=\dfrac{\overline{AB}}{\overline{BC}}=\dfrac{2}{4}=\dfrac{1}{2}$

$\tan B=\dfrac{\overline{AC}}{\overline{AB}}=\dfrac{2\sqrt{3}}{2}=\sqrt{3}$

(3) $\sin C=\dfrac{\overline{AB}}{\overline{BC}}=\dfrac{2}{4}=\dfrac{1}{2}$

$\cos C=\dfrac{\overline{AC}}{\overline{BC}}=\dfrac{2\sqrt{3}}{4}=\dfrac{\sqrt{3}}{2}$

$\tan C=\dfrac{\overline{AB}}{\overline{AC}}=\dfrac{2}{2\sqrt{3}}=\dfrac{\sqrt{3}}{3}$

6 (1) $\cos B=\dfrac{\overline{BC}}{\overline{AB}}=\dfrac{\overline{BC}}{6}=\dfrac{2}{3}$이므로 $\overline{BC}=4$

(2) $\overline{AC}=\sqrt{\overline{AB}^2-\overline{BC}^2}=\sqrt{6^2-4^2}=\sqrt{20}=2\sqrt{5}$

6-❶ (1) $\tan A=\dfrac{\overline{BC}}{\overline{AB}}=\dfrac{4}{\overline{AB}}=\dfrac{1}{3}$이므로 $\overline{AB}=12$

(2) $\overline{AC}=\sqrt{\overline{AB}^2+\overline{BC}^2}=\sqrt{12^2+4^2}=\sqrt{160}=4\sqrt{10}$

8 $\cos A=\dfrac{5}{13}$이므로 오른쪽 그림과 같은 직각삼각형 ABC를 그릴 수 있다.

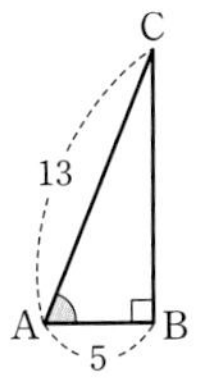

∴ $\overline{BC}=\sqrt{13^2-5^2}=\sqrt{144}=12$

(1) $\sin A=\dfrac{12}{13}$

(2) $\tan A=\dfrac{12}{5}$

8-❶ $\tan A=\dfrac{4}{3}$이므로 오른쪽 그림과 같은 직각삼각형 ABC를 그릴 수 있다.

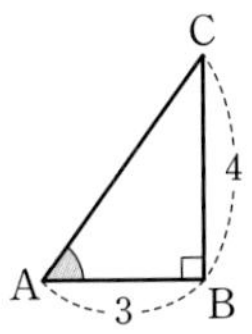

∴ $\overline{AC}=\sqrt{3^2+4^2}=\sqrt{25}=5$

(1) $\sin A=\dfrac{4}{5}$

(2) $\cos A=\dfrac{3}{5}$

9 (1) $\sin 45°+\cos 45°=\dfrac{\sqrt{2}}{2}+\dfrac{\sqrt{2}}{2}=\sqrt{2}$

(2) $\cos 60°+\sin 30°=\dfrac{1}{2}+\dfrac{1}{2}=1$

(3) $\tan 45°×\sin 60°+\cos 30°=1×\dfrac{\sqrt{3}}{2}+\dfrac{\sqrt{3}}{2}=\sqrt{3}$

9-① (1) $\sin 60° - \cos 30° = \dfrac{\sqrt{3}}{2} - \dfrac{\sqrt{3}}{2} = 0$

(2) $\tan 30° \times \tan 60° = \dfrac{\sqrt{3}}{3} \times \sqrt{3} = 1$

(3) $\cos 45° \times \sin 45° - \tan 45° = \dfrac{\sqrt{2}}{2} \times \dfrac{\sqrt{2}}{2} - 1 = -\dfrac{1}{2}$

10 $\tan 45° = \dfrac{x}{3} = 1$ ∴ $x = 3$

$\cos 45° = \dfrac{3}{y} = \dfrac{\sqrt{2}}{2}$ ∴ $y = 3\sqrt{2}$

10-① $\cos 60° = \dfrac{x}{18} = \dfrac{1}{2}$ ∴ $x = 9$

$\sin 60° = \dfrac{y}{18} = \dfrac{\sqrt{3}}{2}$ ∴ $y = 9\sqrt{3}$

11 (1) △DBE와 △CBA에서

∠DEB = ∠CAB = 90°, ∠B는 공통이므로

△DBE∽△CBA (AA 닮음)

(2) △DBE∽△CBA이므로 ∠BDE = ∠BCA

(3) $\overline{AC} = \sqrt{\overline{BC}^2 - \overline{AB}^2} = \sqrt{(\sqrt{5})^2 - 2^2} = \sqrt{1} = 1$

(4) 직각삼각형 CBA에서 ∠BCA = ∠BDE = x이므로

$\sin x = \dfrac{2}{\sqrt{5}} = \dfrac{2\sqrt{5}}{5}$, $\cos x = \dfrac{1}{\sqrt{5}} = \dfrac{\sqrt{5}}{5}$, $\tan x = \dfrac{2}{1} = 2$

12 (1) △AHC와 △BAC에서

∠AHC = ∠BAC = 90°, ∠C는 공통이므로

△AHC∽△BAC (AA 닮음)

또, △AHC와 △BHA에서

∠AHC = ∠BHA = 90°, ∠ACH = ∠BAH이므로

△AHC∽△BHA (AA 닮음)

(2) △AHC∽△BAC∽△BHA이므로 ∠CAH = ∠CBA

(3) $\overline{AB} = \sqrt{\overline{BC}^2 - \overline{AC}^2} = \sqrt{(\sqrt{13})^2 - 2^2} = \sqrt{9} = 3$

(4) 직각삼각형 BAC에서 ∠CBA = ∠CAH = x이므로

$\sin x = \dfrac{2}{\sqrt{13}} = \dfrac{2\sqrt{13}}{13}$, $\cos x = \dfrac{3}{\sqrt{13}} = \dfrac{3\sqrt{13}}{13}$, $\tan x = \dfrac{2}{3}$

13 직각삼각형 FGH에서

$\overline{FH} = \sqrt{3^2 + 3^2} = \sqrt{18} = 3\sqrt{2}$ (cm)

△DFH는 ∠DHF = 90°인 직각삼각형이므로

$\overline{FD} = \sqrt{\overline{FH}^2 + \overline{DH}^2}$

$= \sqrt{(3\sqrt{2})^2 + 3^2} = \sqrt{27} = 3\sqrt{3}$ (cm)

∴ $\sin x = \dfrac{\overline{DH}}{\overline{FD}} = \dfrac{3}{3\sqrt{3}} = \dfrac{\sqrt{3}}{3}$

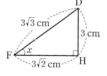

14 직각삼각형 DBM에서

$\overline{DM} = \sqrt{12^2 - 6^2} = \sqrt{108} = 6\sqrt{3}$ (cm)

점 H는 △BCD의 무게중심이므로

$\overline{DH} = \dfrac{2}{3}\overline{DM} = \dfrac{2}{3} \times 6\sqrt{3} = 4\sqrt{3}$ (cm)

직각삼각형 ADH에서

$\overline{AH} = \sqrt{\overline{AD}^2 - \overline{DH}^2}$

$= \sqrt{12^2 - (4\sqrt{3})^2} = \sqrt{96} = 4\sqrt{6}$ (cm)

∴ $\sin x = \dfrac{\overline{AH}}{\overline{AD}} = \dfrac{4\sqrt{6}}{12} = \dfrac{\sqrt{6}}{3}$

14쪽~16쪽

01 ③	**02** $\dfrac{\sqrt{7}}{3}$	**03** $\dfrac{2\sqrt{5}}{5}$	**04** $16\sqrt{5}$ cm²
05 $\dfrac{11}{30}$	**06** ⑤	**07** $\dfrac{1}{5}$	**08** $\dfrac{15}{8}$
09 $\dfrac{7}{5}$	**10** ④	**11** ①	**12** ④
13 $x = 5$, $y = \dfrac{10\sqrt{3}}{3}$		**14** 3	**15** $\dfrac{5\sqrt{22}}{33}$
16 $\dfrac{2\sqrt{2}}{3}$	**17** $\dfrac{1}{3}$	**18** $\dfrac{1}{5}$	

01 $\overline{AC} = \sqrt{6^2 - 4^2} = \sqrt{20} = 2\sqrt{5}$이므로

$\tan A = \dfrac{\overline{BC}}{\overline{AC}} = \dfrac{4}{2\sqrt{5}} = \dfrac{2\sqrt{5}}{5}$

02 $\overline{BC} = \sqrt{4^2 - 3^2} = \sqrt{7}$이므로

$\sin A = \dfrac{\overline{BC}}{\overline{AB}} = \dfrac{\sqrt{7}}{4}$

$\cos A = \dfrac{\overline{AC}}{\overline{AB}} = \dfrac{3}{4}$

∴ $\dfrac{\sin A}{\cos A} = \sin A \div \cos A = \dfrac{\sqrt{7}}{4} \div \dfrac{3}{4}$

$= \dfrac{\sqrt{7}}{4} \times \dfrac{4}{3} = \dfrac{\sqrt{7}}{3}$

03 $\tan A = \dfrac{\overline{BC}}{3} = 2$이므로 $\overline{BC} = 6$

∴ $\overline{AC} = \sqrt{3^2 + 6^2} = \sqrt{45} = 3\sqrt{5}$

∴ $\sin A = \dfrac{\overline{BC}}{\overline{AC}} = \dfrac{6}{3\sqrt{5}} = \dfrac{2\sqrt{5}}{5}$

04 $\sin B = \dfrac{\overline{AC}}{12} = \dfrac{2}{3}$이므로 $\overline{AC} = 8$ (cm)

∴ $\overline{BC} = \sqrt{12^2 - 8^2} = \sqrt{80} = 4\sqrt{5}$ (cm)

∴ △ABC $= \dfrac{1}{2} \times 4\sqrt{5} \times 8 = 16\sqrt{5}$ (cm²)

05 $\cos A = \dfrac{5}{6}$이므로 오른쪽 그림과 같은

직각삼각형 ABC를 그릴 수 있다.

$\overline{BC} = \sqrt{6^2 - 5^2} = \sqrt{11}$이므로

$\sin A = \dfrac{\sqrt{11}}{6}$, $\tan A = \dfrac{\sqrt{11}}{5}$

∴ $\sin A \times \tan A = \dfrac{\sqrt{11}}{6} \times \dfrac{\sqrt{11}}{5} = \dfrac{11}{30}$

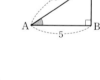

06 $\tan A = \dfrac{3}{2}$이므로 오른쪽 그림과 같은 직각

삼각형 ABC를 그릴 수 있다.

$\overline{AC} = \sqrt{2^2 + 3^2} = \sqrt{13}$이므로

$\sin A = \dfrac{3}{\sqrt{13}} = \dfrac{3\sqrt{13}}{13}$

$\cos A = \dfrac{2}{\sqrt{13}} = \dfrac{2\sqrt{13}}{13}$

∴ $\sin A + \cos A = \dfrac{3\sqrt{13}}{13} + \dfrac{2\sqrt{13}}{13} = \dfrac{5\sqrt{13}}{13}$

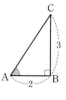

07 $\triangle ABC \backsim \triangle EBD$ (AA 닮음)이므로

$\angle BCA = \angle BDE = x$

$\triangle ABC$에서 $\overline{BC} = \sqrt{12^2 + 9^2} = \sqrt{225} = 15$이므로

$\sin x = \sin C = \dfrac{\overline{AB}}{\overline{BC}} = \dfrac{12}{15} = \dfrac{4}{5}$

$\cos x = \cos C = \dfrac{\overline{AC}}{\overline{BC}} = \dfrac{9}{15} = \dfrac{3}{5}$

$\therefore \sin x - \cos x = \dfrac{4}{5} - \dfrac{3}{5} = \dfrac{1}{5}$

08 $\triangle ABC \backsim \triangle EDC$ (AA 닮음)이므로

$\angle ABC = \angle EDC = x$

$\triangle ABC$에서 $\overline{AC} = \sqrt{17^2 - 8^2} = \sqrt{225} = 15$이므로

$\tan x = \tan B = \dfrac{\overline{AC}}{\overline{AB}} = \dfrac{15}{8}$

09 $\triangle ABC \backsim \triangle HAC$ (AA 닮음)이므로

$\angle ABC = \angle HAC = x$

$\triangle ABC$에서 $\overline{BC} = \sqrt{6^2 + 8^2} = \sqrt{100} = 10$이므로

$\sin x = \sin B = \dfrac{\overline{AC}}{\overline{BC}} = \dfrac{8}{10} = \dfrac{4}{5}$

$\cos x = \cos B = \dfrac{\overline{AB}}{\overline{BC}} = \dfrac{6}{10} = \dfrac{3}{5}$

$\therefore \sin x + \cos x = \dfrac{4}{5} + \dfrac{3}{5} = \dfrac{7}{5}$

10 $\triangle ABC \backsim \triangle HBA$ (AA 닮음)이므로

$\angle ACB = \angle HAB = x$

또, $\triangle ABC \backsim \triangle HAC$ (AA 닮음)이므로

$\angle ABC = \angle HAC = y$

$\triangle ABC$에서 $\overline{BC} = \sqrt{(2\sqrt{3})^2 + 2^2} = \sqrt{16} = 4$이므로

$\cos x = \cos C = \dfrac{\overline{AC}}{\overline{BC}} = \dfrac{2}{4} = \dfrac{1}{2}$

$\sin y = \sin B = \dfrac{\overline{AC}}{\overline{BC}} = \dfrac{2}{4} = \dfrac{1}{2}$

$\therefore \cos x + \sin y = \dfrac{1}{2} + \dfrac{1}{2} = 1$

11 $\sqrt{2} \times \sin 45° - \sqrt{3} \times \cos 60° \times \tan 30°$

$= \sqrt{2} \times \dfrac{\sqrt{2}}{2} - \sqrt{3} \times \dfrac{1}{2} \times \dfrac{\sqrt{3}}{3}$

$= 1 - \dfrac{1}{2} = \dfrac{1}{2}$

12 $\sin 30° + \cos 60° + \sin 45° \times \cos 45°$

$= \dfrac{1}{2} + \dfrac{1}{2} + \dfrac{\sqrt{2}}{2} \times \dfrac{\sqrt{2}}{2}$

$= \dfrac{1}{2} + \dfrac{1}{2} + \dfrac{1}{2} = \dfrac{3}{2}$

13 $\triangle ABD$에서 $\sin 45° = \dfrac{x}{5\sqrt{2}} = \dfrac{\sqrt{2}}{2}$이므로 $x = 5$

$\triangle ADC$에서 $\sin 60° = \dfrac{5}{y} = \dfrac{\sqrt{3}}{2}$이므로 $y = \dfrac{10\sqrt{3}}{3}$

14 $\triangle DBC$에서 $\tan 45° = \dfrac{\overline{BC}}{3\sqrt{3}} = 1$이므로 $\overline{BC} = 3\sqrt{3}$

$\triangle ABC$에서 $\tan 60° = \dfrac{3\sqrt{3}}{\overline{AB}} = \sqrt{3}$이므로 $\overline{AB} = 3$

15 직각삼각형 FGH에서 $\overline{FH} = \sqrt{5^2 + 5^2} = 5\sqrt{2}$

$\triangle DFH$는 $\angle DHF = 90°$인 직각삼각형이므로

$\overline{FD} = \sqrt{(5\sqrt{2})^2 + 7^2} = \sqrt{99} = 3\sqrt{11}$

$\therefore \cos x = \dfrac{\overline{FH}}{\overline{FD}} = \dfrac{5\sqrt{2}}{3\sqrt{11}} = \dfrac{5\sqrt{22}}{33}$

16 두 직각삼각형 ABM, DCM에서

$\overline{AM} = \overline{DM} = \sqrt{6^2 - 3^2} = \sqrt{27} = 3\sqrt{3}$

꼭짓점 A에서 $\triangle BCD$에 내린 수선의 발을 H라 하면 점 H는 $\triangle BCD$의 무게중심이므로

$\overline{MH} = \dfrac{1}{3}\overline{DM} = \dfrac{1}{3} \times 3\sqrt{3} = \sqrt{3}$

직각삼각형 AMH에서

$\overline{AH} = \sqrt{(3\sqrt{3})^2 - (\sqrt{3})^2} = \sqrt{24} = 2\sqrt{6}$

$\therefore \sin x = \dfrac{\overline{AH}}{\overline{AM}} = \dfrac{2\sqrt{6}}{3\sqrt{3}} = \dfrac{2\sqrt{2}}{3}$

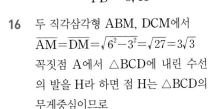

17 직선이 x축, y축과 만나는 점을 각각 A, B라 하고

$2x - 6y + 9 = 0$에

$y = 0$을 대입하면 $x = -\dfrac{9}{2}$이므로 $\text{A}\left(-\dfrac{9}{2},\, 0\right)$

$x = 0$을 대입하면 $y = \dfrac{3}{2}$이므로 $\text{B}\left(0,\, \dfrac{3}{2}\right)$

직각삼각형 AOB에서 $\overline{OA} = \dfrac{9}{2}$, $\overline{OB} = \dfrac{3}{2}$이므로

$\tan a = \dfrac{\overline{OB}}{\overline{OA}} = \dfrac{3}{2} \div \dfrac{9}{2} = \dfrac{3}{2} \times \dfrac{2}{9} = \dfrac{1}{3}$

18 $4x - 8y + 16 = 0$에

$y = 0$을 대입하면 $x = -4$이므로 $\text{A}(-4,\, 0)$

$x = 0$을 대입하면 $y = 2$이므로 $\text{B}(0,\, 2)$

직각삼각형 AOB에서 $\overline{OA} = 4$, $\overline{OB} = 2$이므로

$\overline{AB} = \sqrt{4^2 + 2^2} = \sqrt{20} = 2\sqrt{5}$

$\therefore \sin A \times \cos A \times \tan A = \dfrac{\overline{OB}}{\overline{AB}} \times \dfrac{\overline{OA}}{\overline{AB}} \times \dfrac{\overline{OB}}{\overline{OA}}$

$\qquad = \dfrac{2}{2\sqrt{5}} \times \dfrac{4}{2\sqrt{5}} \times \dfrac{2}{4} = \dfrac{1}{5}$

02 예각의 삼각비

18쪽~19쪽

1 (1) 0.82 (2) 0.57 (3) 1.43 (4) 0.57 (5) 0.82

1-❶ (1) 0.6018 (2) 0.7986 (3) 0.7536 (4) 0.7986
(5) 0.6018

2 (1) 0 (2) 1 (3) 0 (4) 1 (5) 0

2-❶ (1) 0 (2) 1 (3) 1

3 (1) ○ (2) ✕ (3) ○

3-❶ (1) ○ (2) ○ (3) ✕ (4) ○

4 (1) 0.7071 (2) 0.7193 (3) 0.9325

4-❶ (1) 54° (2) 53° (3) 55°

1 (1) $\sin 55° = \dfrac{\overline{AB}}{\overline{OA}} = \dfrac{\overline{AB}}{1} = \overline{AB} = 0.82$

(2) $\cos 55° = \dfrac{\overline{OB}}{\overline{OA}} = \dfrac{\overline{OB}}{1} = \overline{OB} = 0.57$

(3) $\tan 55° = \dfrac{\overline{CD}}{\overline{OD}} = \dfrac{\overline{CD}}{1} = \overline{CD} = 1.43$

직각삼각형 AOB에서 $\angle OAB = 90° - 55° = 35°$

(4) $\sin 35° = \dfrac{\overline{OB}}{\overline{OA}} = \dfrac{\overline{OB}}{1} = \overline{OB} = 0.57$

(5) $\cos 35° = \dfrac{\overline{AB}}{\overline{OA}} = \dfrac{\overline{AB}}{1} = \overline{AB} = 0.82$

1-❶ (1) $\sin 37° = \dfrac{\overline{AB}}{\overline{OA}} = \dfrac{\overline{AB}}{1} = \overline{AB} = 0.6018$

(2) $\cos 37° = \dfrac{\overline{OB}}{\overline{OA}} = \dfrac{\overline{OB}}{1} = \overline{OB} = 0.7986$

(3) $\tan 37° = \dfrac{\overline{CD}}{\overline{OD}} = \dfrac{\overline{CD}}{1} = \overline{CD} = 0.7536$

직각삼각형 AOB에서 $\angle OAB = 90° - 37° = 53°$

(4) $\sin 53° = \dfrac{\overline{OB}}{\overline{OA}} = \dfrac{\overline{OB}}{1} = \overline{OB} = 0.7986$

(5) $\cos 53° = \dfrac{\overline{AB}}{\overline{OA}} = \dfrac{\overline{AB}}{1} = \overline{AB} = 0.6018$

2-❶ (1) $\sin 0° + \cos 90° = 0 + 0 = 0$

(2) $\cos 0° \times \sin 90° = 1 \times 1 = 1$

(3) $\sin 0° + \cos 0° - \tan 0° = 0 + 1 - 0 = 1$

3 (2) A의 크기가 커지면 $\cos A$의 값은 작아진다.

3-❶ (1) $A = 45°$일 때, $\sin A = \cos A = \dfrac{\sqrt{2}}{2}$

(2) $A = 45°$일 때, $\tan A = 1$이고, A의 크기가 커지면
$\tan A$의 값도 커지므로 $\tan A \geq 1$

(3) $45° \leq A < 90°$일 때, $\sin A \geq \cos A$

4-❶ (1) $\sin 54° = 0.8090$이므로 $x = 54°$

(2) $\cos 53° = 0.6018$이므로 $x = 53°$

(3) $\tan 55° = 1.4281$이므로 $x = 55°$

🎀 **개념 완성하기** ─────── ├20쪽┤

01 ④   **02** ②   **03** ④   **04** ㄹ, ㄴ, ㅁ, ㄱ, ㄷ

05 66°   **06** (1) 3746 (2) 42.45

01 $\tan x = \dfrac{\overline{CD}}{\overline{OD}} = \dfrac{\overline{CD}}{1} = \overline{CD}$

$\sin y = \dfrac{\overline{OB}}{\overline{OA}} = \dfrac{\overline{OB}}{1} = \overline{OB}$

02 $\angle OAB = \angle OCD = x$이므로 $\triangle OAB$에서

$\sin x = \dfrac{\overline{OB}}{\overline{OA}} = \dfrac{\overline{OB}}{1} = \overline{OB}$

$\cos x = \dfrac{\overline{AB}}{\overline{OA}} = \dfrac{\overline{AB}}{1} = \overline{AB}$

---

03 주어진 삼각비의 값을 각각 구해 보면

① 0   ② $\dfrac{1}{2}$ ③ 1   ④ $\sqrt{3}$ ⑤ 1

이때 $0 < \dfrac{1}{2} < 1 < \sqrt{3}$이므로 가장 큰 값은 ④ $\tan 60°$이다.

04 주어진 삼각비의 값을 각각 구해 보면

ㄱ. $\dfrac{\sqrt{3}}{2}$ ㄴ. $\dfrac{1}{2}$ ㄷ. 1 ㄹ. 0 ㅁ. $\dfrac{\sqrt{3}}{3}$

이때 $0 < \dfrac{1}{2} < \dfrac{\sqrt{3}}{3} < \dfrac{\sqrt{3}}{2} < 1$이므로 작은 것부터 차례대로 나
열하면 ㄹ, ㄴ, ㅁ, ㄱ, ㄷ이다.

05 $\sin 22° = 0.3746$이므로 $x = 22°$

$\cos 21° = 0.9336$이므로 $y = 21°$

$\tan 23° = 0.4245$이므로 $z = 23°$

$\therefore x + y + z = 22° + 21° + 23° = 66°$

06 (1) $\sin 22° = \dfrac{\overline{BC}}{10000} = 0.3746$ $\therefore \overline{BC} = 3746$

(2) $\angle A = 90° - 67° = 23°$이므로

$\tan 23° = \dfrac{\overline{BC}}{100} = 0.4245$ $\therefore \overline{BC} = 42.45$

🎀 **실력 확인하기** ─────── ├21쪽~22쪽┤

01 ②   **02** 2   **03** ①   **04** ④

05 ①   **06** ①   **07** $\dfrac{3}{2}$ **08** ②, ④

09 ①   **10** $2 - \sqrt{3}$ **11** $\dfrac{3\sqrt{3}}{8}$

12 $\sin A - \cos A$

01 $\overline{AC} = \sqrt{6^2 + 3^2} = \sqrt{45} = 3\sqrt{5}$(cm)이므로

$\sin A = \dfrac{3}{3\sqrt{5}} = \dfrac{\sqrt{5}}{5}$, $\cos A = \dfrac{6}{3\sqrt{5}} = \dfrac{2\sqrt{5}}{5}$

$\therefore \sin A + \cos A = \dfrac{\sqrt{5}}{5} + \dfrac{2\sqrt{5}}{5} = \dfrac{3\sqrt{5}}{5}$

02 $\tan A = \dfrac{1}{3}$이므로 오른쪽 그림과 같은
직각삼각형 ABC를 그릴 수 있다.

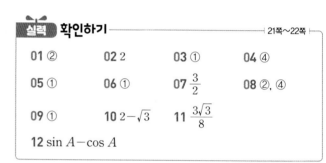

$\overline{AC} = \sqrt{3^2 + 1^2} = \sqrt{10}$이므로

$\sin A = \dfrac{1}{\sqrt{10}} = \dfrac{\sqrt{10}}{10}$, $\cos A = \dfrac{3}{\sqrt{10}} = \dfrac{3\sqrt{10}}{10}$

$\therefore \cos A + \sin A = \dfrac{3\sqrt{10}}{10} + \dfrac{\sqrt{10}}{10} = \dfrac{2\sqrt{10}}{5}$

$\cos A - \sin A = \dfrac{3\sqrt{10}}{10} - \dfrac{\sqrt{10}}{10} = \dfrac{\sqrt{10}}{5}$

$\therefore \dfrac{\cos A + \sin A}{\cos A - \sin A} = \dfrac{2\sqrt{10}}{5} \div \dfrac{\sqrt{10}}{5} = \dfrac{2\sqrt{10}}{5} \times \dfrac{5}{\sqrt{10}} = 2$

03 $\triangle ABD \backsim \triangle HAD$ (AA 닮음)이므로 $\angle ABD = \angle HAD = x$
$\triangle ABD$에서 $\overline{BD} = \sqrt{12^2 + 16^2} = \sqrt{400} = 20$이므로

$\sin x = \dfrac{\overline{AD}}{\overline{BD}} = \dfrac{16}{20} = \dfrac{4}{5}$, $\cos x = \dfrac{\overline{AB}}{\overline{BD}} = \dfrac{12}{20} = \dfrac{3}{5}$

$\therefore \sin x - \cos x = \dfrac{4}{5} - \dfrac{3}{5} = \dfrac{1}{5}$

---

04 ① $\triangle$CHB에서 $\tan 45°=\dfrac{\overline{\text{CH}}}{3}=1$이므로 $\overline{\text{CH}}=3\,(\text{cm})$

② $\triangle$CHB에서 $\cos 45°=\dfrac{3}{\overline{\text{CB}}}=\dfrac{\sqrt{2}}{2}$이므로 $\overline{\text{CB}}=3\sqrt{2}\,(\text{cm})$

③ $\triangle$CAH에서 $\tan 60°=\dfrac{3}{\overline{\text{AH}}}=\sqrt{3}$이므로 $\overline{\text{AH}}=\sqrt{3}\,(\text{cm})$

④ $\overline{\text{AB}}=\overline{\text{AH}}+\overline{\text{BH}}=\sqrt{3}+3\,(\text{cm})$

⑤ $\triangle$CAH에서 $\cos 60°=\dfrac{\sqrt{3}}{\overline{\text{CA}}}=\dfrac{1}{2}$이므로 $\overline{\text{CA}}=2\sqrt{3}\,(\text{cm})$

05 이차방정식 $4x^2+2x-a=0$의 한 근이 $\cos 60°=\dfrac{1}{2}$이므로

$x=\dfrac{1}{2}$을 $4x^2+2x-a=0$에 대입하면

$4\times\left(\dfrac{1}{2}\right)^2+2\times\dfrac{1}{2}-a=0$ $\therefore a=2$

06 $A=180°\times\dfrac{1}{1+2+3}=30°$이므로

$\sin A\times\cos A\times\tan A=\sin 30°\times\cos 30°\times\tan 30°$

$=\dfrac{1}{2}\times\dfrac{\sqrt{3}}{2}\times\dfrac{\sqrt{3}}{3}=\dfrac{1}{4}$

07 직각삼각형 FGH에서 $\overline{\text{FH}}=\sqrt{4^2+3^2}=\sqrt{25}=5$

직각삼각형 BFH에서

$\overline{\text{BH}}=\sqrt{5^2+5^2}=\sqrt{50}=5\sqrt{2}$이므로

$\sin x=\dfrac{5}{5\sqrt{2}}=\dfrac{\sqrt{2}}{2}$

$\cos x=\dfrac{5}{5\sqrt{2}}=\dfrac{\sqrt{2}}{2}$

$\tan x=\dfrac{5}{5}=1$

$\therefore \sin x\times\cos x+\tan x=\dfrac{\sqrt{2}}{2}\times\dfrac{\sqrt{2}}{2}+1=\dfrac{3}{2}$

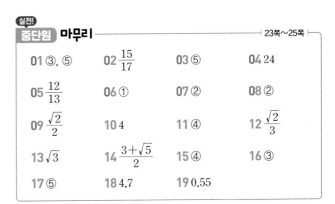

08 ② $\cos x=\dfrac{\overline{\text{AC}}}{\overline{\text{AB}}}=\dfrac{\overline{\text{AC}}}{1}=\overline{\text{AC}}$

④ $\cos z=\cos y=\dfrac{\overline{\text{BC}}}{\overline{\text{AB}}}=\dfrac{\overline{\text{BC}}}{1}=\overline{\text{BC}}$

⑤ $\tan z=\dfrac{\overline{\text{AE}}}{\overline{\text{DE}}}=\dfrac{1}{\overline{\text{DE}}}$

09 $\sin 12°=0.2079$이므로 $x=12°$

$\cos 8°=0.9903$이므로 $y=8°$

$\therefore \tan(x-y)=\tan 4°=0.0699$

10 전략 코칭

$30°$의 삼각비의 값을 이용하여 $\overline{\text{AD}}$, $\overline{\text{CD}}$의 길이를 구한다.

$\triangle$ADC에서 $\sin 30°=\dfrac{2}{\overline{\text{AD}}}=\dfrac{1}{2}$이므로 $\overline{\text{AD}}=4$

$\tan 30°=\dfrac{2}{\overline{\text{CD}}}=\dfrac{\sqrt{3}}{3}$이므로 $\overline{\text{CD}}=2\sqrt{3}$

$\triangle$ABD에서 $\angle$BAD$=30°-15°=15°$이므로

$\triangle$ABD는 이등변삼각형이다.

$\therefore \overline{\text{BD}}=\overline{\text{AD}}=4$

$\therefore \tan 15°=\dfrac{\overline{\text{AC}}}{\overline{\text{BC}}}=\dfrac{2}{4+2\sqrt{3}}=\dfrac{1}{2+\sqrt{3}}=2-\sqrt{3}$

11 전략 코칭

$60°$의 삼각비의 값을 이용하여 $\overline{\text{AB}}$, $\overline{\text{BC}}$, $\overline{\text{DE}}$의 길이를 구한다.

$\overline{\text{AD}}=\overline{\text{AC}}=1$이므로 $\triangle$ABC에서

$\cos 60°=\overline{\text{AB}}=\dfrac{1}{2}$, $\sin 60°=\overline{\text{BC}}=\dfrac{\sqrt{3}}{2}$

$\therefore \overline{\text{BD}}=1-\dfrac{1}{2}=\dfrac{1}{2}$

또, $\triangle$ADE에서 $\tan 60°=\overline{\text{DE}}=\sqrt{3}$

따라서 사다리꼴 BDEC의 넓이는

$\dfrac{1}{2}\times\left(\dfrac{\sqrt{3}}{2}+\sqrt{3}\right)\times\dfrac{1}{2}=\dfrac{3\sqrt{3}}{8}$

12 전략 코칭

$0°<A<90°$일 때 $0<\cos A<1$, $0<\sin A<1$임을 이용한다.

$0°<A<90°$일 때, $\cos A<1$, $\sin A<1$이므로

$\cos A-1<0$, $1-\sin A>0$

$\therefore \sqrt{(\cos A-1)^2}-\sqrt{(1-\sin A)^2}$

$=-(\cos A-1)-(1-\sin A)=\sin A-\cos A$

실전! 중단원 마무리 ⸺23쪽~25쪽

01 ③, ⑤	**02** $\dfrac{15}{17}$	**03** ⑤	**04** 24
05 $\dfrac{12}{13}$	**06** ①	**07** ②	**08** ②
09 $\dfrac{\sqrt{2}}{2}$	**10** 4	**11** ④	**12** $\dfrac{\sqrt{2}}{3}$
13 $\sqrt{3}$	**14** $\dfrac{3+\sqrt{5}}{2}$	**15** ④	**16** ③
17 ⑤	**18** 4.7	**19** 0.55	

01 $\overline{\text{BC}}=\sqrt{3^2-2^2}=\sqrt{5}$

① $\sin A=\dfrac{\overline{\text{BC}}}{\overline{\text{AB}}}=\dfrac{\sqrt{5}}{3}$

② $\tan A=\dfrac{\overline{\text{BC}}}{\overline{\text{AC}}}=\dfrac{\sqrt{5}}{2}$

④ $\cos B=\dfrac{\overline{\text{BC}}}{\overline{\text{AB}}}=\dfrac{\sqrt{5}}{3}$

02 $\triangle$ADC에서 $\overline{\text{AC}}=\sqrt{10^2-6^2}=\sqrt{64}=8$

$\triangle$ABC에서 $\overline{\text{BC}}=\sqrt{17^2-8^2}=\sqrt{225}=15$

$\therefore \cos B=\dfrac{\overline{\text{BC}}}{\overline{\text{AB}}}=\dfrac{15}{17}$

03 $\overline{\text{AB}}=k$, $\overline{\text{BC}}=3k\,(k>0)$라 하면

$\overline{\text{AC}}=\sqrt{(3k)^2-k^2}$

$=\sqrt{8k^2}=2\sqrt{2}k\,(\because k>0)$

$\sin B=\dfrac{2\sqrt{2}k}{3k}=\dfrac{2\sqrt{2}}{3}$, $\tan B=\dfrac{2\sqrt{2}k}{k}=2\sqrt{2}$

$\therefore \sin B+\tan B=\dfrac{2\sqrt{2}}{3}+2\sqrt{2}=\dfrac{8\sqrt{2}}{3}$

04 $\sin A=\dfrac{\overline{\text{BC}}}{10}=\dfrac{3}{5}$이므로 $\overline{\text{BC}}=6$

$\therefore \overline{\text{AB}}=\sqrt{10^2-6^2}=\sqrt{64}=8$

$\therefore \triangle\text{ABC}=\dfrac{1}{2}\times6\times8=24$

05 $\sin B = \dfrac{5}{13}$이므로 오른쪽 그림과 같은

직각삼각형 ABC를 그릴 수 있다.

$\overline{BC} = \sqrt{13^2 - 5^2} = \sqrt{144} = 12$이므로

$\sin(90° - B) = \sin A = \dfrac{12}{13}$

06 $\triangle ABC \circ \triangle ADE$ (AA 닮음)이므로 $\angle B = \angle ADE$

$\triangle AED$에서 $\overline{AD} = \sqrt{6^2 - 5^2} = \sqrt{11}$ (cm)이므로

$\cos B = \cos(\angle ADE) = \dfrac{\overline{AD}}{\overline{DE}} = \dfrac{\sqrt{11}}{6}$

07 $\sin 45° \times \tan 60° - \tan 30° \times \cos 45°$

$= \dfrac{\sqrt{2}}{2} \times \sqrt{3} - \dfrac{\sqrt{3}}{3} \times \dfrac{\sqrt{2}}{2} = \dfrac{\sqrt{6}}{2} - \dfrac{\sqrt{6}}{6} = \dfrac{\sqrt{6}}{3}$

08 $\cos A = \dfrac{8\sqrt{3}}{16} = \dfrac{\sqrt{3}}{2}$

이때 $\cos 30° = \dfrac{\sqrt{3}}{2}$이므로 $\angle A = 30°$

09 $\sin 30° = \dfrac{1}{2}$이므로

$4x - 30° = 30°$, $4x = 60°$ ∴ $x = 15°$

∴ $\sin 3x = \sin 45° = \dfrac{\sqrt{2}}{2}$

10 $\triangle ABC$에서 $\sin 30° = \dfrac{\overline{AC}}{8} = \dfrac{1}{2}$이므로 $\overline{AC} = 4$

$\triangle ADC$에서 $\tan 45° = \dfrac{4}{\overline{CD}} = 1$이므로 $\overline{CD} = 4$

11 $\triangle ABD$에서 $\sin 60° = \dfrac{\overline{AD}}{12} = \dfrac{\sqrt{3}}{2}$이므로 $\overline{AD} = 6\sqrt{3}$ (cm)

$\angle BAD = 90° - 60° = 30°$이므로 $\angle DAE = 90° - 30° = 60°$

$\triangle ADE$에서 $\sin 60° = \dfrac{\overline{DE}}{6\sqrt{3}} = \dfrac{\sqrt{3}}{2}$이므로 $\overline{DE} = 9$ (cm)

12 직각삼각형 FGH에서 $\overline{FH} = \sqrt{5^2 + 5^2} = 5\sqrt{2}$

직각삼각형 DFH에서

$\overline{DF} = \sqrt{(5\sqrt{2})^2 + 5^2} = 5\sqrt{3}$이므로

$\sin x = \dfrac{5}{5\sqrt{3}} = \dfrac{\sqrt{3}}{3}$

$\cos x = \dfrac{5\sqrt{2}}{5\sqrt{3}} = \dfrac{\sqrt{6}}{3}$

∴ $\sin x \times \cos x = \dfrac{\sqrt{3}}{3} \times \dfrac{\sqrt{6}}{3} = \dfrac{\sqrt{2}}{3}$

13 직선 $y = \sqrt{3}x + 1$이 x축, y축과 만나는

점을 각각 A, B라 하자.

$y = \sqrt{3}x + 1$에 $y = 0$을 대입하면

$0 = \sqrt{3}x + 1$ ∴ $x = -\dfrac{\sqrt{3}}{3}$

또, $x = 0$을 대입하면 $y = 1$

따라서 $A\left(-\dfrac{\sqrt{3}}{3}, 0\right)$, $B(0, 1)$이므로 $\overline{OA} = \dfrac{\sqrt{3}}{3}$, $\overline{OB} = 1$

∴ $\tan a = \dfrac{\overline{OB}}{\overline{OA}} = 1 \div \dfrac{\sqrt{3}}{3} = \sqrt{3}$

Self 코칭

직선 $y = px + q$와 x축이 이루는 예각의 크기가 a이면

$\tan a = p$ (직선의 기울기)

14 $\angle APQ = \angle CPQ$ (접은 각),

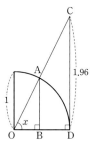

$\angle APQ = \angle PQC$ (엇각)이므로

$\angle CPQ = \angle PQC$

즉, $\triangle PQC$가 이등변삼각형이므

로 $\overline{QC} = \overline{PC} = \overline{AP} = 3$ cm

$\triangle CQR$에서 $\overline{CR} = \overline{AB} = 2$ cm이므로

$\overline{QR} = \sqrt{3^2 - 2^2} = \sqrt{5}$ (cm)

점 Q에서 $\overline{AD}$에 내린 수선의 발을 H라 하면

$\overline{HA} = \overline{QB} = \overline{QR} = \sqrt{5}$ cm이므로

$\overline{PH} = \overline{AP} - \overline{AH} = 3 - \sqrt{5}$ (cm)

따라서 $\triangle HQP$에서 $\tan x = \dfrac{\overline{HQ}}{\overline{PH}} = \dfrac{2}{3 - \sqrt{5}} = \dfrac{3 + \sqrt{5}}{2}$

15 ① $\sin 57° = \overline{AB} = 0.8387$

② $\cos 57° = \overline{OB} = 0.5446$

③ $\tan 57° = \overline{CD} = 1.5399$

④ $\angle OAB = 90° - 57° = 33°$이므로 $\sin 33° = \overline{OB} = 0.5446$

⑤ $\angle OCD = 33°$이므로 $\tan 33° = \dfrac{1}{\overline{CD}} = \dfrac{1}{1.5399}$

16 주어진 삼각비의 값을 각각 구해 보면

① 0 ② $\dfrac{1}{2}$ ③ $\dfrac{\sqrt{3}}{2}$ ④ $\dfrac{\sqrt{2}}{2}$ ⑤ 1

이때 $0 < \dfrac{1}{2} < \dfrac{\sqrt{2}}{2} < \dfrac{\sqrt{3}}{2} < 1$이므로 삼각비의 값 중에서 두

번째로 큰 것은 ③ $\cos 30°$이다.

17 $45° < A < 90°$일 때, $\sin A > \cos A$이므로

$\sin A - \cos A > 0$, $\cos A - \sin A < 0$

∴ $\sqrt{(\sin A - \cos A)^2} + \sqrt{(\cos A - \sin A)^2}$

$= \sin A - \cos A - (\cos A - \sin A)$

$= 2\sin A - 2\cos A$

18 $\sin 28° = \dfrac{x}{10} = 0.47$이므로 $x = 10 \times 0.47 = 4.7$

19 $\angle COD = x$라 하면 $\overline{OD} = 1$이므로

$\tan x = \dfrac{\overline{CD}}{\overline{OD}} = 1.96$

삼각비의 표에서 $\tan 63° = 1.96$이므로

$x = 63°$

$\triangle AOB$에서 $\cos 63° = \overline{OB} = 0.45$

∴ $\overline{BD} = \overline{OD} - \overline{OB} = 1 - 0.45 = 0.55$

서술형 문제 ⊢26쪽⊣

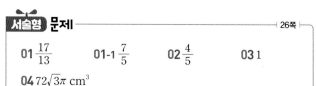

01 $\dfrac{17}{13}$	**01-1** $\dfrac{7}{5}$	**02** $\dfrac{4}{5}$	**03** 1
04 $72\sqrt{3}\pi$ cm³			

01 채점 기준 **1** x, y와 크기가 같은 각 각각 찾기 … 1점

$\triangle AHB \sim \triangle BHC \sim \triangle ABC$ (AA 닮음)이므로

$\angle ACB = \angle ABH = x$, $\angle BAC = \angle HBC = y$

채점 기준 **2** $\overline{AB}$의 길이 구하기 … 2점

$\triangle ABC$에서 $\overline{AB} = \sqrt{13^2 - 12^2} = \sqrt{25} = 5$

채점 기준 **3** $\sin x$, $\sin y$의 값 각각 구하기 … 2점

$\sin x = \sin C = \dfrac{5}{13}$, $\sin y = \sin A = \dfrac{12}{13}$

채점 기준 **4** $\sin x + \sin y$의 값 구하기 … 1점

$\sin x + \sin y = \dfrac{5}{13} + \dfrac{12}{13} = \dfrac{17}{13}$

01-1 채점 기준 **1** y와 크기가 같은 각 찾기 … 1점

$\triangle ABC \sim \triangle EDC$ (AA 닮음)이므로

$\angle CDE = \angle CBA = y$

채점 기준 **2** $\overline{DE}$의 길이 구하기 … 2점

$\triangle CDE$에서 $\overline{DE} = \sqrt{5^2 - 4^2} = \sqrt{9} = 3$

채점 기준 **3** $\cos x$, $\cos y$의 값 각각 구하기 … 2점

$\cos x = \dfrac{4}{5}$, $\cos y = \cos(\angle CDE) = \dfrac{3}{5}$

채점 기준 **4** $\cos x + \cos y$의 값 구하기 … 1점

$\cos x + \cos y = \dfrac{4}{5} + \dfrac{3}{5} = \dfrac{7}{5}$

02 $\overline{AB}$의 중점 O가 $\triangle ABC$의 외심이므로 $\triangle ABC$는

$\angle C = 90°$인 직각삼각형이다.

$\overline{AB} = 2\overline{AO} = 10$

$\overline{BC} = \sqrt{10^2 - 8^2} = \sqrt{36} = 6$이므로 …… ❶

$\sin A = \dfrac{\overline{BC}}{\overline{AB}} = \dfrac{6}{10} = \dfrac{3}{5}$

$\tan B = \dfrac{\overline{AC}}{\overline{BC}} = \dfrac{8}{6} = \dfrac{4}{3}$ …… ❷

$\therefore \sin A \times \tan B = \dfrac{3}{5} \times \dfrac{4}{3} = \dfrac{4}{5}$ …… ❸

채점 기준	배점
❶ $\overline{AB}$, $\overline{BC}$의 길이 각각 구하기	2점
❷ $\sin A$, $\tan B$의 값 각각 구하기	4점
❸ $\sin A \times \tan B$의 값 구하기	1점

Self 코칭

직각삼각형의 빗변의 중점은 외접원의 중심, 즉 외심이다.

03 $A = \sin 60° \times \sin 0° + \cos 30° \times \cos 0°$

$= \dfrac{\sqrt{3}}{2} \times 0 + \dfrac{\sqrt{3}}{2} \times 1 = \dfrac{\sqrt{3}}{2}$ …… ❶

$B = \sin 90° \times \cos 60° - \cos 90° \times \tan 60°$

$= 1 \times \dfrac{1}{2} - 0 \times \sqrt{3} = \dfrac{1}{2}$ …… ❷

$\therefore A^2 + B^2 = \dfrac{3}{4} + \dfrac{1}{4} = 1$ …… ❸

채점 기준	배점
❶ A의 값 구하기	2점
❷ B의 값 구하기	2점
❸ $A^2 + B^2$의 값 구하기	1점

04 밑면인 원의 반지름의 길이를 r cm, 원뿔의 높이를 h cm라 하면

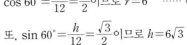

$\cos 60° = \dfrac{r}{12} = \dfrac{1}{2}$이므로 $r = 6$ …… ❶

또, $\sin 60° = \dfrac{h}{12} = \dfrac{\sqrt{3}}{2}$이므로 $h = 6\sqrt{3}$ …… ❷

$\therefore$ (원뿔의 부피)$= \dfrac{1}{3} \times (\pi \times 6^2) \times 6\sqrt{3}$

$= 72\sqrt{3}\pi \,(\text{cm}^3)$ …… ❸

채점 기준	배점
❶ 밑면인 원의 반지름의 길이 구하기	2점
❷ 원뿔의 높이 구하기	2점
❸ 원뿔의 부피 구하기	2점

2 삼각비의 활용

01 삼각비와 변의 길이

28쪽~30쪽

1 $\ 10, 5, 10, 5\sqrt{3}$	**1-❶** (1) 3 (2) 6
2 (1) 68 (2) 73	**2-❶** (1) 15 (2) 25
3 (1) $3\sqrt{3}$ (2) 3 (3) 7 (4) $2\sqrt{19}$	
3-❶ $\sqrt{19}$	
4 (1) $6\sqrt{3}$ (2) $6\sqrt{6}$	**4-❶** $4\sqrt{3}$
5 (1) $\overline{BH} = h$, $\overline{CH} = \sqrt{3}h$ (2) $6(\sqrt{3}-1)$	
5-❶ 25	
6 (1) $\overline{BH} = \sqrt{3}h$, $\overline{CH} = h$ (2) $4(\sqrt{3}+1)$	
6-❶ 5	

1-❶ (1) $\tan 60° = \dfrac{3\sqrt{3}}{\overline{AB}}$이므로

$\overline{AB} = \dfrac{3\sqrt{3}}{\tan 60°} = \dfrac{3\sqrt{3}}{\sqrt{3}} = 3$

(2) $\sin 60° = \dfrac{3\sqrt{3}}{\overline{BC}}$이므로

$\overline{BC} = \dfrac{3\sqrt{3}}{\sin 60°} = 3\sqrt{3} \times \dfrac{2}{\sqrt{3}} = 6$

2 (1) $\sin 43° = \dfrac{\overline{AB}}{100}$이므로

$\overline{AB} = 100 \sin 43° = 100 \times 0.68 = 68$

(2) $\cos 43° = \dfrac{\overline{AC}}{100}$이므로

$\overline{AC} = 100 \cos 43° = 100 \times 0.73 = 73$

2-❶ (1) $\tan 37° = \dfrac{\overline{AB}}{20}$이므로

$\overline{AB} = 20 \tan 37° = 20 \times 0.75 = 15$

(2) $\cos 37° = \dfrac{20}{\overline{AC}}$이므로

$\overline{AC} = \dfrac{20}{\cos 37°} = \dfrac{20}{0.8} = 25$

3 (1) △ABH에서 $\overline{AH}=6\sin 60°=6\times\dfrac{\sqrt{3}}{2}=3\sqrt{3}$

(2) △ABH에서 $\overline{BH}=6\cos 60°=6\times\dfrac{1}{2}=3$

(3) $\overline{CH}=\overline{BC}-\overline{BH}=10-3=7$

(4) △AHC에서
$\overline{AC}=\sqrt{\overline{AH}^2+\overline{CH}^2}=\sqrt{(3\sqrt{3})^2+7^2}=\sqrt{76}=2\sqrt{19}$

3-❶ 꼭짓점 A에서 $\overline{BC}$에 내린 수선의 발을
H라 하면 △ABH에서

$\overline{AH}=8\sin 30°=8\times\dfrac{1}{2}=4$

$\overline{BH}=8\cos 30°=8\times\dfrac{\sqrt{3}}{2}=4\sqrt{3}$

$\therefore \overline{CH}=\overline{BC}-\overline{BH}=5\sqrt{3}-4\sqrt{3}=\sqrt{3}$

따라서 △AHC에서
$\overline{AC}=\sqrt{\overline{AH}^2+\overline{CH}^2}=\sqrt{4^2+(\sqrt{3})^2}=\sqrt{19}$

4 (1) △BCH에서 $\overline{CH}=12\sin 60°=12\times\dfrac{\sqrt{3}}{2}=6\sqrt{3}$

(2) $\angle A=180°-(60°+75°)=45°$이므로 △AHC에서

$\overline{AC}=\dfrac{6\sqrt{3}}{\sin 45°}=6\sqrt{3}\times\dfrac{2}{\sqrt{2}}=6\sqrt{6}$

4-❶ 꼭짓점 B에서 $\overline{AC}$에 내린 수선의 발을
H라 하면 △HBC에서

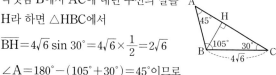

$\overline{BH}=4\sqrt{6}\sin 30°=4\sqrt{6}\times\dfrac{1}{2}=2\sqrt{6}$

$\angle A=180°-(105°+30°)=45°$이므로

△ABH에서 $\overline{AB}=\dfrac{2\sqrt{6}}{\sin 45°}=2\sqrt{6}\times\dfrac{2}{\sqrt{2}}=4\sqrt{3}$

5 (1) △ABH에서 $\angle BAH=90°-45°=45°$이므로
$\overline{BH}=h\tan 45°=h\times 1=h$
△AHC에서 $\angle CAH=90°-30°=60°$이므로
$\overline{CH}=h\tan 60°=h\times\sqrt{3}=\sqrt{3}h$

(2) $\overline{BC}=\overline{BH}+\overline{CH}$이므로
$h+\sqrt{3}h=12$, $(1+\sqrt{3})h=12$
$\therefore h=\dfrac{12}{1+\sqrt{3}}=6(\sqrt{3}-1)$

5-❶ △ABH에서 $\angle BAH=90°-65°=25°$이므로
$\overline{BH}=h\tan 25°=h\times 0.5=0.5h$
△AHC에서 $\angle CAH=90°-72°=18°$이므로
$\overline{CH}=h\tan 18°=h\times 0.3=0.3h$
$\overline{BC}=\overline{BH}+\overline{CH}$이므로
$0.5h+0.3h=20$, $0.8h=20$ $\therefore h=\dfrac{20}{0.8}=25$

6 (1) △ABH에서 $\angle BAH=90°-30°=60°$이므로
$\overline{BH}=h\tan 60°=h\times\sqrt{3}=\sqrt{3}h$
△ACH에서 $\angle CAH=90°-\angle ACH=90°-45°=45°$
이므로
$\overline{CH}=h\tan 45°=h\times 1=h$

(2) $\overline{BC}=\overline{BH}-\overline{CH}$이므로
$\sqrt{3}h-h=8$, $(\sqrt{3}-1)h=8$
$\therefore h=\dfrac{8}{\sqrt{3}-1}=4(\sqrt{3}+1)$

6-❶ △ABH에서 $\angle BAH=90°-40°=50°$이므로
$\overline{BH}=h\tan 50°=h\times 1.2=1.2h$
△ACH에서 $\angle CAH=90°-\angle ACH=90°-70°=20°$
이므로
$\overline{CH}=h\tan 20°=h\times 0.4=0.4h$
$\overline{BC}=\overline{BH}-\overline{CH}$이므로

$1.2h-0.4h=4$, $0.8h=4$ $\therefore h=\dfrac{4}{0.8}=5$

개념 완성하기 ──────────────|31쪽~32쪽|

01 ⑤ **02** 26.6 **03** ③ **04** 357 m

05 10 **06** $3\sqrt{6}$ **07** $\sqrt{7}$ km **08** $4\sqrt{6}$ m

09 ④ **10** $4(3+\sqrt{3})$ **11** $20(3-\sqrt{3})$ m

12 $30(\sqrt{3}+1)$ m

01 ① $\sin A=\dfrac{a}{b}$이므로 $a=b\sin A$

② $\cos C=\dfrac{a}{b}$이므로 $a=b\cos C$

③ $\tan C=\dfrac{c}{a}$이므로 $a=\dfrac{c}{\tan C}$

④ $\cos A=\dfrac{c}{b}$이므로 $c=b\cos A$

⑤ $\sin C=\dfrac{c}{b}$이므로 $c=b\sin C$

02 $\angle C=180°-(25°+90°)=65°$이므로
$x=20\sin 65°=20\times 0.91=18.2$
$y=20\cos 65°=20\times 0.42=8.4$
$\therefore x+y=18.2+8.4=26.6$

03 $\sin 48°=\dfrac{\overline{AC}}{\overline{AB}}$이므로 $\overline{AB}=\dfrac{15}{\sin 48°}$(m)

04 (건물의 높이)$=\overline{BC}=300\tan 50°$
$=300\times 1.19=357$(m)

05 꼭짓점 A에서 $\overline{BC}$에 내린 수선의 발을
H라 하면 △ABH에서

$\overline{AH}=8\sqrt{2}\sin 45°=8\sqrt{2}\times\dfrac{\sqrt{2}}{2}=8$

$\overline{BH}=8\sqrt{2}\cos 45°=8\sqrt{2}\times\dfrac{\sqrt{2}}{2}=8$

$\therefore \overline{CH}=\overline{BC}-\overline{BH}=14-8=6$
따라서 △AHC에서
$\overline{AC}=\sqrt{\overline{AH}^2+\overline{CH}^2}=\sqrt{8^2+6^2}=\sqrt{100}=10$

06 꼭짓점 A에서 $\overline{BC}$에 내린 수선의
H라 하면 △AHC에서

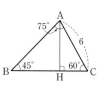

$\overline{AH}=6\sin 60°=6\times\dfrac{\sqrt{3}}{2}=3\sqrt{3}$

$\angle B=180°-(75°+60°)=45°$이므로

$\triangle ABH$에서 $\overline{AB}=\dfrac{3\sqrt{3}}{\sin 45°}=3\sqrt{3}\times\dfrac{2}{\sqrt{2}}=3\sqrt{6}$

07 꼭짓점 A에서 $\overline{BC}$에 내린 수선의 발을 H라 하면 $\triangle ABH$에서

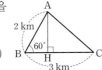

$\overline{AH}=2\sin 60°=2\times\dfrac{\sqrt{3}}{2}=\sqrt{3}\,(\text{km})$

$\overline{BH}=2\cos 60°=2\times\dfrac{1}{2}=1\,(\text{km})$

$\therefore \overline{CH}=\overline{BC}-\overline{BH}=3-1=2\,(\text{km})$

따라서 $\triangle AHC$에서

$\overline{AC}=\sqrt{\overline{AH}^2+\overline{CH}^2}=\sqrt{(\sqrt{3})^2+2^2}=\sqrt{7}\,(\text{km})$

08 $\angle C=180°-(75°+45°)=60°$이므로
꼭짓점 A에서 $\overline{BC}$에 내린 수선의 발을 H라 하면 $\triangle CAH$에서

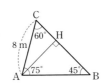

$\overline{AH}=8\sin 60°=8\times\dfrac{\sqrt{3}}{2}=4\sqrt{3}\,(\text{m})$

따라서 $\triangle ABH$에서

$\overline{AB}=\dfrac{\overline{AH}}{\sin 45°}=4\sqrt{3}\times\dfrac{2}{\sqrt{2}}=4\sqrt{6}\,(\text{m})$

09 $\overline{AH}=h$라 하면 $\triangle ABH$에서

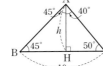

$\angle BAH=90°-45°=45°$이므로

$\overline{BH}=h\tan 45°=h$

$\triangle AHC$에서

$\angle CAH=90°-50°=40°$이므로

$\overline{CH}=h\tan 40°$

$\overline{BC}=\overline{BH}+\overline{CH}$이므로 $h+h\tan 40°=10$

$\therefore h=\dfrac{10}{1+\tan 40°}$ $\therefore \overline{AH}=\dfrac{10}{1+\tan 40°}$

10 $\overline{AH}=h$라 하면 $\triangle ABH$에서

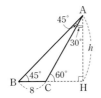

$\angle BAH=90°-45°=45°$이므로

$\overline{BH}=h\tan 45°=h$

$\triangle ACH$에서

$\angle CAH=90°-60°=30°$이므로

$\overline{CH}=h\tan 30°=\dfrac{\sqrt{3}}{3}h$

$\overline{BC}=\overline{BH}-\overline{CH}$이므로

$h-\dfrac{\sqrt{3}}{3}h=8,\ \dfrac{3-\sqrt{3}}{3}h=8$

$\therefore h=\dfrac{24}{3-\sqrt{3}}=4(3+\sqrt{3})$ $\therefore \overline{AH}=4(3+\sqrt{3})$

11 꼭짓점 C에서 $\overline{AB}$에 내린 수선의 발을 H라 하고 $\overline{CH}=h$라 하면

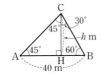

$\triangle CAH$에서 $\angle ACH=45°$이므로

$\overline{AH}=h\tan 45°=h\,(\text{m})$

$\triangle CHB$에서 $\angle BCH=30°$이므로

$\overline{BH}=h\tan 30°=\dfrac{\sqrt{3}}{3}h\,(\text{m})$

$\overline{AB}=\overline{AH}+\overline{BH}$이므로 $h+\dfrac{\sqrt{3}}{3}h=40,\ \dfrac{3+\sqrt{3}}{3}h=40$

$\therefore h=\dfrac{120}{3+\sqrt{3}}=20(3-\sqrt{3})$

따라서 기구의 높이는 $20(3-\sqrt{3})$ m이다.

12 꼭짓점 C에서 $\overline{AB}$의 연장선에 내린 수선의 발을 H라 하고 $\overline{CH}=h$ m 라 하면

$\triangle CAH$에서 $\angle ACH=60°$이므로

$\overline{AH}=h\tan 60°=\sqrt{3}h\,(\text{m})$

$\triangle CBH$에서 $\angle BCH=45°$이므로

$\overline{BH}=h\tan 45°=h\,(\text{m})$

$\overline{AB}=\overline{AH}-\overline{BH}$이므로 $\sqrt{3}h-h=60,\ (\sqrt{3}-1)h=60$

$\therefore h=\dfrac{60}{\sqrt{3}-1}=30(\sqrt{3}+1)$

따라서 산의 높이는 $30(\sqrt{3}+1)$ m이다.

02 삼각비와 넓이

34쪽~35쪽

1	(1) $42\sqrt{3}$	(2) 12	**1-❶**	(1) $15\sqrt{3}$	(2) 24
2	(1) $6\sqrt{3}$	(2) 30	**2-❶**	(1) 91	(2) $21\sqrt{2}$
3	(1) $64\sqrt{2}$	(2) 180	**3-❶**	(1) 18	(2) $200\sqrt{2}$
4	(1) 30	(2) $5\sqrt{3}$	**4-❶**	(1) $9\sqrt{2}$	(2) $20\sqrt{2}$

1 (1) $\triangle ABC=\dfrac{1}{2}\times 12\times 14\times\sin 60°$

$=\dfrac{1}{2}\times 12\times 14\times\dfrac{\sqrt{3}}{2}=42\sqrt{3}$

(2) $\triangle ABC=\dfrac{1}{2}\times 4\sqrt{2}\times 6\times\sin 45°$

$=\dfrac{1}{2}\times 4\sqrt{2}\times 6\times\dfrac{\sqrt{2}}{2}=12$

1-❶ (1) $\triangle ABC=\dfrac{1}{2}\times 5\sqrt{3}\times 12\times\sin 30°$

$=\dfrac{1}{2}\times 5\sqrt{3}\times 12\times\dfrac{1}{2}=15\sqrt{3}$

(2) $\triangle ABC$에서 $\overline{AB}=\overline{AC}=4\sqrt{6}$이므로

$\angle C=\angle B=75°$

$\therefore \angle A=180°-(75°+75°)=30°$

$\therefore \triangle ABC=\dfrac{1}{2}\times 4\sqrt{6}\times 4\sqrt{6}\times\sin 30°$

$=\dfrac{1}{2}\times 4\sqrt{6}\times 4\sqrt{6}\times\dfrac{1}{2}=24$

2 (1) $\triangle ABC=\dfrac{1}{2}\times 4\times 6\times\sin(180°-120°)$

$=\dfrac{1}{2}\times 4\times 6\times\dfrac{\sqrt{3}}{2}=6\sqrt{3}$

(2) $\triangle ABC=\dfrac{1}{2}\times 10\times 12\times\sin(180°-150°)$

$=\dfrac{1}{2}\times 10\times 12\times\dfrac{1}{2}=30$

2-❶ (1) $\triangle ABC = \dfrac{1}{2} \times 13\sqrt{2} \times 14 \times \sin(180° - 135°)$

$\qquad\qquad = \dfrac{1}{2} \times 13\sqrt{2} \times 14 \times \dfrac{\sqrt{2}}{2} = 91$

(2) $\triangle ABC = \dfrac{1}{2} \times 7\sqrt{3} \times 4\sqrt{2} \times \sin(180° - 120°)$

$\qquad\qquad = \dfrac{1}{2} \times 7\sqrt{3} \times 4\sqrt{2} \times \dfrac{\sqrt{3}}{2} = 21\sqrt{2}$

3 (1) $\square ABCD = 8 \times 16 \times \sin 45°$

$\qquad\qquad = 8 \times 16 \times \dfrac{\sqrt{2}}{2} = 64\sqrt{2}$

(2) $\angle B = \angle D = 120°$이므로

$\qquad \square ABCD = 10 \times 12\sqrt{3} \times \sin(180° - 120°)$

$\qquad\qquad = 10 \times 12\sqrt{3} \times \dfrac{\sqrt{3}}{2} = 180$

3-❶ (1) $\square ABCD = 6 \times 6 \times \sin 30°$

$\qquad\qquad = 6 \times 6 \times \dfrac{1}{2} = 18$

(2) $\square ABCD = 20 \times 20 \times \sin(180° - 135°)$

$\qquad\qquad = 20 \times 20 \times \dfrac{\sqrt{2}}{2} = 200\sqrt{2}$

4 (1) $\square ABCD = \dfrac{1}{2} \times 10 \times 12 \times \sin 30°$

$\qquad\qquad = \dfrac{1}{2} \times 10 \times 12 \times \dfrac{1}{2} = 30$

(2) $\square ABCD = \dfrac{1}{2} \times 5 \times 4 \times \sin(180° - 120°)$

$\qquad\qquad = \dfrac{1}{2} \times 5 \times 4 \times \dfrac{\sqrt{3}}{2} = 5\sqrt{3}$

4-❶ (1) $\square ABCD = \dfrac{1}{2} \times 6 \times 6 \times \sin 45°$

$\qquad\qquad = \dfrac{1}{2} \times 6 \times 6 \times \dfrac{\sqrt{2}}{2} = 9\sqrt{2}$

(2) $\square ABCD = \dfrac{1}{2} \times 8 \times 10 \times \sin(180° - 135°)$

$\qquad\qquad = \dfrac{1}{2} \times 8 \times 10 \times \dfrac{\sqrt{2}}{2} = 20\sqrt{2}$

개념 완성하기 ──────── 36쪽

01 45°	02 12 cm	03 $14\sqrt{3}$ cm²	04 $16\sqrt{3}$ cm²
05 9 cm	06 $6\sqrt{2}$ cm	07 6 cm	08 $4\sqrt{5}$ cm

01 $\triangle ABC = \dfrac{1}{2} \times 12 \times 8 \times \sin B = 24\sqrt{2}$이므로

$\qquad 48 \sin B = 24\sqrt{2} \qquad \therefore \sin B = \dfrac{\sqrt{2}}{2}$

$\qquad$ 이때 $\sin 45° = \dfrac{\sqrt{2}}{2}$이므로 $\angle B = 45°$

02 $\triangle ABC = \dfrac{1}{2} \times \overline{BC} \times 6 \times \sin(180° - 150°)$

$\qquad\qquad = \dfrac{1}{2} \times \overline{BC} \times 6 \times \dfrac{1}{2} = 18$

$\qquad \dfrac{3}{2}\overline{BC} = 18 \qquad \therefore \overline{BC} = 12(\text{cm})$

03 $\overline{AC}$를 그으면

$\qquad \triangle ABC$

$\qquad = \dfrac{1}{2} \times 2\sqrt{3} \times 4 \times \sin(180° - 150°)$

$\qquad = \dfrac{1}{2} \times 2\sqrt{3} \times 4 \times \dfrac{1}{2} = 2\sqrt{3}(\text{cm}^2)$

$\qquad \triangle ACD = \dfrac{1}{2} \times 8 \times 6 \times \sin 60°$

$\qquad\qquad = \dfrac{1}{2} \times 8 \times 6 \times \dfrac{\sqrt{3}}{2} = 12\sqrt{3}(\text{cm}^2)$

$\qquad \therefore \square ABCD = \triangle ABC + \triangle ACD$

$\qquad\qquad = 2\sqrt{3} + 12\sqrt{3} = 14\sqrt{3}(\text{cm}^2)$

04 $\overline{BD}$를 그으면

$\qquad \triangle ABD$

$\qquad = \dfrac{1}{2} \times 4 \times 4 \times \sin(180° - 120°)$

$\qquad = \dfrac{1}{2} \times 4 \times 4 \times \dfrac{\sqrt{3}}{2} = 4\sqrt{3}(\text{cm}^2)$

$\qquad \triangle BCD = \dfrac{1}{2} \times 4\sqrt{3} \times 4\sqrt{3} \times \sin 60°$

$\qquad\qquad = \dfrac{1}{2} \times 4\sqrt{3} \times 4\sqrt{3} \times \dfrac{\sqrt{3}}{2} = 12\sqrt{3}(\text{cm}^2)$

$\qquad \therefore \square ABCD = \triangle ABD + \triangle BCD$

$\qquad\qquad = 4\sqrt{3} + 12\sqrt{3} = 16\sqrt{3}(\text{cm}^2)$

05 $\square ABCD = 4 \times \overline{BC} \times \sin 60°$

$\qquad\qquad = 4 \times \overline{BC} \times \dfrac{\sqrt{3}}{2} = 18\sqrt{3}$

$\qquad 2\sqrt{3} \times \overline{BC} = 18\sqrt{3} \qquad \therefore \overline{BC} = 9(\text{cm})$

06 마름모의 한 변의 길이를 x cm라 하면

$\qquad \square ABCD = x \times x \times \sin(180° - 150°)$

$\qquad\qquad = x^2 \times \dfrac{1}{2} = 36$

$\qquad x^2 = 72 \qquad \therefore x = 6\sqrt{2} \ (\because x > 0)$

$\qquad$ 따라서 마름모의 한 변의 길이는 $6\sqrt{2}$ cm이다.

07 $\overline{BD} = \dfrac{3}{2}\overline{AC}$이므로 $\overline{BD} = x$ cm라 하면 $\overline{AC} = \dfrac{2}{3}x$ cm

$\qquad \square ABCD = \dfrac{1}{2} \times x \times \dfrac{2}{3}x \times \sin 45°$

$\qquad\qquad = \dfrac{1}{3}x^2 \times \dfrac{\sqrt{2}}{2} = 6\sqrt{2}$

$\qquad x^2 = 36 \qquad \therefore x = 6 \ (\because x > 0)$

$\qquad \therefore \overline{BD} = 6(\text{cm})$

08 $\square ABCD$는 등변사다리꼴이므로 $\overline{BD} = \overline{AC} = x$ cm라 하면

$\qquad \square ABCD = \dfrac{1}{2} \times x \times x \times \sin(180° - 120°)$

$\qquad\qquad = \dfrac{1}{2}x^2 \times \dfrac{\sqrt{3}}{2} = 20\sqrt{3}$

$\qquad x^2 = 80 \qquad \therefore x = 4\sqrt{5} \ (\because x > 0)$

$\qquad \therefore \overline{BD} = 4\sqrt{5}(\text{cm})$

─37쪽~38쪽─

 확인하기

01 ④	**02** ③	**03** $(6+3\sqrt{3}+3\sqrt{7})$ cm
04 $4(\sqrt{3}+1)$ cm^2		**05** $50(\sqrt{3}-1)$ m
06 $2\sqrt{5}$ cm^2	**07** $120°$	**08** ⑤	**09** $72\sqrt{2}$
10 ②		**11** $\sqrt{19}$ cm	**12** $\dfrac{24\sqrt{3}}{7}$ cm
13 $(64\pi-48\sqrt{3})$ cm^2			

01 △ABH에서 $\overline{BH}=b\cos 30°=\dfrac{\sqrt{3}}{2}b$

△AHC에서 $\overline{CH}=a\cos 45°=\dfrac{\sqrt{2}}{2}a$

∴ $\overline{BC}=\overline{BH}+\overline{CH}=\dfrac{\sqrt{3}}{2}b+\dfrac{\sqrt{2}}{2}a=\dfrac{\sqrt{2}a+\sqrt{3}b}{2}$

02 △DGH에서 $\overline{GH}=8\cos 30°=8\times\dfrac{\sqrt{3}}{2}=4\sqrt{3}$(cm)

$\overline{DH}=8\sin 30°=8\times\dfrac{1}{2}=4$(cm)

∴ (직육면체의 부피)$=10\times 4\sqrt{3}\times 4=160\sqrt{3}$(cm^3)

03 △CAH에서 $\overline{CH}=6\sin 60°=6\times\dfrac{\sqrt{3}}{2}=3\sqrt{3}$(cm)

$\overline{AH}=6\cos 60°=6\times\dfrac{1}{2}=3$(cm)이므로

$\overline{BH}=\overline{AB}-\overline{AH}=9-3=6$(cm)

△CHB에서

$\overline{BC}=\sqrt{(3\sqrt{3})^2+6^2}=\sqrt{63}=3\sqrt{7}$(cm)

∴ (△CHB의 둘레의 길이)$=\overline{BH}+\overline{CH}+\overline{BC}$
$=6+3\sqrt{3}+3\sqrt{7}$(cm)

04 $\overline{AH}=h$ cm라 하면

△ABH에서 ∠BAH$=60°$이므로

$\overline{BH}=h\tan 60°=\sqrt{3}h$(cm)

△ACH에서 ∠CAH$=45°$이므로

$\overline{CH}=h\tan 45°=h$(cm)

$\overline{BC}=\overline{BH}-\overline{CH}$이므로

$\sqrt{3}h-h=4$, $(\sqrt{3}-1)h=4$

∴ $h=\dfrac{4}{\sqrt{3}-1}=2(\sqrt{3}+1)$

∴ △ABC$=\dfrac{1}{2}\times 4\times 2(\sqrt{3}+1)$
$=4(\sqrt{3}+1)$(cm^2)

05 꼭짓점 A에서 $\overline{BC}$에 내린 수선의 발을 H라 하면 $\overline{AH}$의 길이가 육지에서 섬까지의 가장 짧은 거리이다.

$\overline{AH}=h$라 하면

△ABH에서 ∠BAH$=45°$이므로

$\overline{BH}=h\tan 45°=h$(m)

△AHC에서 ∠CAH$=60°$이므로

$\overline{CH}=h\tan 60°=\sqrt{3}h$(m)

$\overline{BC}=\overline{BH}+\overline{CH}$이므로 $h+\sqrt{3}h=100$, $(1+\sqrt{3})h=100$

∴ $h=\dfrac{100}{\sqrt{3}+1}=50(\sqrt{3}-1)$

따라서 육지에서 섬까지의 가장 짧은 거리는 $50(\sqrt{3}-1)$ m 이다.

06 $\tan B=\dfrac{1}{2}$이므로 오른쪽 그림과 같은 직각삼각형 A′BC′을 그릴 수 있다.

$\overline{A'B}=\sqrt{2^2+1^2}=\sqrt{5}$이므로

$\sin B=\dfrac{1}{\sqrt{5}}=\dfrac{\sqrt{5}}{5}$

∴ △ABC$=\dfrac{1}{2}\times 5\times 4\times\sin B$
$=\dfrac{1}{2}\times 5\times 4\times\dfrac{\sqrt{5}}{5}=2\sqrt{5}$(cm^2)

07 △ABC$=\dfrac{1}{2}\times 9\times 16\times\sin(180°-B)=36\sqrt{3}$이므로

$\sin(180°-B)=\dfrac{\sqrt{3}}{2}$

이때 $\sin 60°=\dfrac{\sqrt{3}}{2}$이므로

$180°-B=60°$ ∴ ∠B$=120°$

08 점 A에서 $\overline{BC}$에 내린 수선의 발을 H라 하면 △ABH에서

$\overline{AB}=\dfrac{8}{\sin 45°}$
$=8\times\dfrac{2}{\sqrt{2}}=8\sqrt{2}$(cm)

∠DAC$=$∠BAC (접은 각), ∠DAC$=$∠BCA (엇각)이므 로 △ABC는 이등변삼각형이다.

즉, $\overline{BC}=\overline{AB}=8\sqrt{2}$ cm

∴ △ABC$=\dfrac{1}{2}\times\overline{AB}\times\overline{BC}\times\sin 45°$
$=\dfrac{1}{2}\times 8\sqrt{2}\times 8\sqrt{2}\times\dfrac{\sqrt{2}}{2}=32\sqrt{2}$(cm^2)

09 정팔각형은 오른쪽 그림과 같이 8개의 합동인 삼각형으로 나누어진다.

$\overline{OA}=\overline{OB}=6$이고

∠AOB$=\dfrac{1}{8}\times 360°=45°$이므로

△AOB$=\dfrac{1}{2}\times 6\times 6\times\sin 45°$
$=\dfrac{1}{2}\times 6\times 6\times\dfrac{\sqrt{2}}{2}=9\sqrt{2}$

∴ (정팔각형의 넓이)$=8△AOB=8\times 9\sqrt{2}=72\sqrt{2}$

10 △AMC$=\dfrac{1}{2}$△ABC
$=\dfrac{1}{2}\times\dfrac{1}{2}$□ABCD$=\dfrac{1}{4}$□ABCD
$=\dfrac{1}{4}\times(10\times 8\times\sin 60°)$
$=\dfrac{1}{4}\times\left(10\times 8\times\dfrac{\sqrt{3}}{2}\right)=10\sqrt{3}$(cm^2)

11

보조선을 그어 $\overline{BD}$를 빗변으로 하는 직각삼각형을 만든다.

꼭짓점 D에서 $\overline{BC}$의 연장선에 내린
수선의 발을 H라 하면
$\overline{DC}=\overline{AB}=2$ cm,

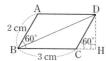

$\angle DCH=\angle ABC=60°$이므로

$\overline{CH}=2\cos 60°=2\times\dfrac{1}{2}=1\,(\text{cm})$

$\overline{DH}=2\sin 60°=2\times\dfrac{\sqrt{3}}{2}=\sqrt{3}\,(\text{cm})$

$\overline{BH}=\overline{BC}+\overline{CH}=3+1=4\,(\text{cm})$

따라서 △DBH에서

$\overline{BD}=\sqrt{\overline{BH}^2+\overline{DH}^2}=\sqrt{4^2+(\sqrt{3})^2}=\sqrt{19}\,(\text{cm})$

12

$\triangle ABC=\triangle ABD+\triangle ACD$임을 이용한다.

$\triangle ABC=\triangle ABD+\triangle ACD$이므로

$\dfrac{1}{2}\times 6\times 8\times\sin 60°$

$=\dfrac{1}{2}\times 6\times\overline{AD}\times\sin 30°+\dfrac{1}{2}\times 8\times\overline{AD}\times\sin 30°$

$12\sqrt{3}=3\times\overline{AD}\times\dfrac{1}{2}+4\times\overline{AD}\times\dfrac{1}{2}$

$12\sqrt{3}=\dfrac{7}{2}\overline{AD}$ ∴ $\overline{AD}=\dfrac{24\sqrt{3}}{7}\,(\text{cm})$

13

색칠한 부분의 넓이는 부채꼴 AOP의 넓이에서 △AOP의 넓이를 뺀 것임을 이용한다.

$\overline{OP}$를 그으면
△AOP에서 $\overline{OA}=\overline{OP}$이므로
$\angle OPA=\angle OAP=30°$

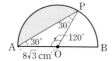

∴ $\angle AOP=180°-(30°+30°)$
$=120°$

∴ (색칠한 부분의 넓이)

$=$(부채꼴 AOP의 넓이)$-\triangle AOP$

$=\pi\times(8\sqrt{3})^2\times\dfrac{120}{360}-\dfrac{1}{2}\times 8\sqrt{3}\times 8\sqrt{3}\times\sin(180°-120°)$

$=64\pi-\dfrac{1}{2}\times 8\sqrt{3}\times 8\sqrt{3}\times\dfrac{\sqrt{3}}{2}$

$=64\pi-48\sqrt{3}\,(\text{cm}^2)$

─────────────┤39쪽~41쪽├

01 ⑤	**02** ②	**03** $(10\sqrt{3}-10)$ m
04 ④	**05** ④	**06** ③
07 $16(\sqrt{3}-1)$	**08** ②	**09** ①
10 $4\sqrt{3}$ cm²	**11** $\dfrac{40\sqrt{3}}{9}$ cm	**12** $(18\pi-9\sqrt{3})$ cm²
13 ④	**14** ⑤	**15** ①	**16** $12\sqrt{3}$ cm²
17 ③	**18** 7 cm	**19** 5분

01 $\cos 40°=\dfrac{5}{\overline{BC}}$이므로 $\overline{BC}=\dfrac{5}{\cos 40°}$

02 $\overline{BC}=10\tan 35°=10\times 0.7=7\,(\text{m})$
∴ (나무의 높이)$=7+1.5=8.5\,(\text{m})$

03 △ABC에서 $\overline{AC}=10\tan 60°=10\times\sqrt{3}=10\sqrt{3}\,(\text{m})$
△DBC에서 $\overline{CD}=10\tan 45°=10\times 1=10\,(\text{m})$
∴ $\overline{AD}=\overline{AC}-\overline{CD}=10\sqrt{3}-10\,(\text{m})$

04 점 B에서 $\overline{OA}$에 내린 수선의 발을 H라
하면 △OBH에서
$\overline{OH}=30\cos 45°=30\times\dfrac{\sqrt{2}}{2}$

$=15\sqrt{2}\,(\text{cm})$

따라서 추가 가장 높은 위치에 있을 때, A 지점을 기준으로
$(30-15\sqrt{2})$ cm의 높이에 있다.

05 두 점 A, D에서 $\overline{BC}$에 내린 수선
의 발을 각각 H, H′이라 하면
△ABH에서

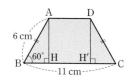

$\overline{AH}=6\sin 60°=6\times\dfrac{\sqrt{3}}{2}$

$=3\sqrt{3}\,(\text{cm})$

$\overline{BH}=6\cos 60°=6\times\dfrac{1}{2}=3\,(\text{cm})$

$\overline{CH'}=\overline{BH}=3$ cm이므로

$\overline{AD}=\overline{HH'}=11-(3+3)=5\,(\text{cm})$

∴ $\square ABCD=\dfrac{1}{2}\times(5+11)\times 3\sqrt{3}=24\sqrt{3}\,(\text{cm}^2)$

06 꼭짓점 B에서 $\overline{AC}$에 내린 수선의 발을 H
라 하면 △BCH에서

$\overline{BH}=120\sin 45°=120\times\dfrac{\sqrt{2}}{2}$

$=60\sqrt{2}\,(\text{m})$

$\angle A=180°-(75°+45°)=60°$이므로

△ABH에서 $\overline{AB}=\dfrac{\overline{BH}}{\sin 60°}=60\sqrt{2}\times\dfrac{2}{\sqrt{3}}=40\sqrt{6}\,(\text{m})$

07 $\overline{AH}=h$라 하면 △ABH에서
$\angle BAH=90°-45°=45°$이므로

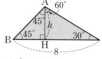

$\overline{BH}=h\tan 45°=h$

△AHC에서 $\angle CAH=90°-30°=60°$이므로

$\overline{CH}=h\tan 60°=\sqrt{3}h$

$\overline{BC}=\overline{BH}+\overline{CH}$이므로 $h+\sqrt{3}h=8$, $(\sqrt{3}+1)h=8$

∴ $h=\dfrac{8}{\sqrt{3}+1}=4(\sqrt{3}-1)$

∴ $\triangle ABC=\dfrac{1}{2}\times 8\times 4(\sqrt{3}-1)=16(\sqrt{3}-1)$

08 꼭짓점 C에서 $\overline{AB}$의 연장선에 내린
수선의 발을 H라 하고

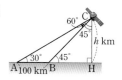

$\overline{CH}=h$ km라 하면 △CAH에서
$\angle ACH=90°-30°=60°$이므로

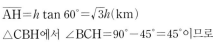

$\overline{AH}=h\tan 60°=\sqrt{3}h(km)$

$\triangle CBH$에서 $\angle BCH=90°-45°=45°$이므로

$\overline{BH}=h\tan 45°=h(km)$

$\overline{AB}=\overline{AH}-\overline{BH}$이므로 $\sqrt{3}h-h=100$, $(\sqrt{3}-1)h=100$

$\therefore h=\dfrac{100}{\sqrt{3}-1}=50(\sqrt{3}+1)$

따라서 지면에서 인공위성까지의 높이는 $50(\sqrt{3}+1)$ km 이다.

09 $\triangle ABC$에서 $\overline{AB}=\overline{AC}=5\sqrt{3}$ cm이므로

$\angle C=\angle B=75°$

$\therefore \angle A=180°-(75°+75°)=30°$

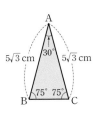

$\therefore \triangle ABC=\dfrac{1}{2}\times 5\sqrt{3}\times 5\sqrt{3}\times\sin 30°$

$=\dfrac{1}{2}\times 5\sqrt{3}\times 5\sqrt{3}\times\dfrac{1}{2}$

$=\dfrac{75}{4}(cm^2)$

10 점 G가 $\triangle ABC$의 무게중심이므로

$\triangle AGC=\dfrac{1}{3}\triangle ABC$

$=\dfrac{1}{3}\times\left(\dfrac{1}{2}\times 6\times 8\times\sin 60°\right)$

$=\dfrac{1}{3}\times\left(\dfrac{1}{2}\times 6\times 8\times\dfrac{\sqrt{3}}{2}\right)=4\sqrt{3}(cm^2)$

11 $\triangle ABC=\dfrac{1}{2}\times 10\times 8\times\sin 60°=20\sqrt{3}(cm^2)$

$\triangle ABD=\dfrac{1}{2}\times 10\times\overline{AD}\times\sin 30°=\dfrac{5}{2}\overline{AD}(cm^2)$

$\triangle ACD=\dfrac{1}{2}\times 8\times\overline{AD}\times\sin 30°=2\overline{AD}(cm^2)$

$\triangle ABC=\triangle ABD+\triangle ACD$이므로

$20\sqrt{3}=\dfrac{5}{2}\overline{AD}+2\overline{AD}$, $\dfrac{9}{2}\overline{AD}=20\sqrt{3}$

$\therefore \overline{AD}=\dfrac{40\sqrt{3}}{9}(cm)$

12 (색칠한 부분의 넓이)

$=\dfrac{1}{2}\times\pi\times 6^2-\dfrac{1}{2}\times 6\times 6\times\sin(180°-120°)$

$=18\pi-\dfrac{1}{2}\times 6\times 6\times\dfrac{\sqrt{3}}{2}$

$=18\pi-9\sqrt{3}(cm^2)$

13 $\overline{AC}/\!/\overline{DE}$이므로 $\triangle ACD=\triangle ACE$

$\therefore \square ABCD=\triangle ABC+\triangle ACD$

$=\triangle ABC+\triangle ACE$

$=\triangle ABE=\dfrac{1}{2}\times(8+4)\times 6\times\sin 60°$

$=\dfrac{1}{2}\times 12\times 6\times\dfrac{\sqrt{3}}{2}$

$=18\sqrt{3}(cm^2)$

14 오른쪽 그림과 같이 정육각형은 정삼각형 6개로 나누어진다.

$\therefore$ (정육각형의 넓이)

$=\left(\dfrac{1}{2}\times 4\times 4\times\sin 60°\right)\times 6$

$=\left(\dfrac{1}{2}\times 4\times 4\times\dfrac{\sqrt{3}}{2}\right)\times 6$

$=24\sqrt{3}(cm^2)$

15 $\square ABCD=10\times 12\times\sin 45°$

$=10\times 12\times\dfrac{\sqrt{2}}{2}=60\sqrt{2}(cm^2)$

네 삼각형 PAB, PBC, PCD, PDA의 넓이는 모두 같으므로

(색칠한 부분의 넓이)$=\dfrac{1}{2}\square ABCD=\dfrac{1}{2}\times 60\sqrt{2}$

$=30\sqrt{2}(cm^2)$

16 점 A에서 $\overline{BC}$에 내린 수선의 발을 E, 점 B에서 $\overline{CD}$의 연장선에 내린 수선의 발을 F라 하면 $\triangle ABE$에서

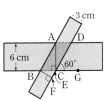

$\angle ABE=\angle DCG=60°$,

$\overline{AE}=6$ cm이므로

$\overline{AB}=\dfrac{6}{\sin 60°}=6\times\dfrac{2}{\sqrt{3}}=4\sqrt{3}(cm)$

$\triangle BFC$에서 $\angle BCF=\angle DCG=60°$, $\overline{BF}=3$ cm이므로

$\overline{BC}=\dfrac{3}{\sin 60°}=3\times\dfrac{2}{\sqrt{3}}=2\sqrt{3}(cm)$

$\therefore \square ABCD=\overline{AB}\times\overline{BC}\times\sin 60°$

$=4\sqrt{3}\times 2\sqrt{3}\times\dfrac{\sqrt{3}}{2}=12\sqrt{3}(cm^2)$

17 $\angle AOB=x$ $(0°<x\leq 90°)$라 하면

$\square ABCD=\dfrac{1}{2}\times 8\times 6\times\sin x=24\sin x(cm^2)$

$x=90°$일 때 $\sin x=1$로 최대이므로 $\square ABCD$의 넓이의 최댓값은

$24\times 1=24(cm^2)$

18 $\square ABCD=\dfrac{1}{2}\times 14\times(\overline{PB}+9)\times\sin 60°$

$=\dfrac{1}{2}\times 14\times(\overline{PB}+9)\times\dfrac{\sqrt{3}}{2}=56\sqrt{3}$

$\dfrac{7\sqrt{3}}{2}(\overline{PB}+9)=56\sqrt{3}$, $\overline{PB}+9=16$

$\therefore \overline{PB}=7(cm)$

19 $\angle ACB=\angle DAC=20°$

(엇각)이므로 $\triangle ABC$에서

$\overline{BC}=\dfrac{900}{\tan 20°}=\dfrac{900}{0.36}$

$=2500(m)$

따라서 B 지점에 있던 구조 요원이 분속 500 m로 달려 C 지점에 도착하는 데 걸린 시간은

$2500\div 500=5(분)$

01 $100\sqrt{3}$ m	**01-1** $(20\sqrt{3}+60)$ m	**02** $\dfrac{\sqrt{3}}{3}$
03 $9\sqrt{3}\pi$ cm^3	**04** 14 cm^2	

01 채점 기준 **1** $\overline{AH}$의 길이 구하기 … 3점

$\overline{AB}=200$ m이므로 $\triangle ABH$에서

$\overline{AH}=200\sin 60°=200\times\dfrac{\sqrt{3}}{2}=100\sqrt{3}$ (m)

채점 기준 **2** 산의 높이인 $\overline{CH}$의 길이 구하기 … 3점

$\triangle CAH$에서

$\overline{CH}=100\sqrt{3}\tan 45°=100\sqrt{3}\times 1=100\sqrt{3}$ (m)

따라서 산의 높이는 $100\sqrt{3}$ m이다.

01-1 채점 기준 **1** $\overline{AD}$의 길이 구하기 … 2점

$\overline{CD}=60$ m이므로 $\triangle ACD$에서

$\overline{AD}=60\tan 30°=60\times\dfrac{\sqrt{3}}{3}=20\sqrt{3}$ (m)

채점 기준 **2** $\overline{BD}$의 길이 구하기 … 2점

$\triangle CBD$에서

$\overline{BD}=60\tan 45°=60\times 1=60$ (m)

채점 기준 **3** (나) 건물의 높이 구하기 … 2점

$\overline{AB}=\overline{AD}+\overline{BD}=20\sqrt{3}+60$ (m)

따라서 (나) 건물의 높이는 $(20\sqrt{3}+60)$ m이다.

02 $\overline{BD}=a\ (a>0)$라 하면 $\overline{AD}=2a$이고

$\triangle DBC$에서 $\overline{CD}=\dfrac{a}{\sin 30°}=a\times 2=2a$ ······ ❶

따라서 $\triangle ADC$는 $\overline{AD}=\overline{CD}=2a$인 이등변삼각형이므로

$\angle A=\angle ACD=x$

이때 $\triangle DBC$에서 $\angle CDB=90°-30°=60°$

$\triangle ADC$에서 $x+x=60°$이므로

$2x=60°$ ∴ $x=30°$ ······ ❷

∴ $\tan x=\tan 30°=\dfrac{\sqrt{3}}{3}$ ······ ❸

채점 기준	배점
❶ $\overline{BD}$, $\overline{AD}$, $\overline{CD}$의 길이를 한 문자에 대한 식으로 나타내기	3점
❷ x의 크기 구하기	2점
❸ $\tan x$의 값 구하기	1점

03 주어진 직각삼각형 ABC를 직선 l을 회
전축으로 하여 1회전 시킬 때 생기는 입
체도형은 오른쪽 그림과 같은 원뿔이다.

······ ❶

$\overline{AC}=6\sin 60°=6\times\dfrac{\sqrt{3}}{2}=3\sqrt{3}$ (cm) ······ ❷

$\overline{BC}=6\cos 60°=6\times\dfrac{1}{2}=3$ (cm) ······ ❸

∴ (원뿔의 부피)$=\dfrac{1}{3}\times\pi\times 3^2\times 3\sqrt{3}$

$=9\sqrt{3}\pi$ (cm^3) ······ ❹

채점 기준	배점
❶ 1회전 시킬 때 생기는 입체도형 알기	1점
❷ $\overline{AC}$의 길이 구하기	2점
❸ $\overline{BC}$의 길이 구하기	2점
❹ 입체도형의 부피 구하기	1점

04 $\overline{AC}$를 그으면

$\triangle ABC=\dfrac{1}{2}\times 6\times 4\sqrt{2}\times\sin 45°$

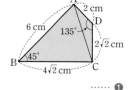

$=\dfrac{1}{2}\times 6\times 4\sqrt{2}\times\dfrac{\sqrt{2}}{2}$

$=12$ (cm^2) ······ ❶

$\triangle ACD=\dfrac{1}{2}\times 2\times 2\sqrt{2}\times\sin(180°-135°)$

$=\dfrac{1}{2}\times 2\times 2\sqrt{2}\times\dfrac{\sqrt{2}}{2}=2$ (cm^2) ······ ❷

∴ $\square ABCD=\triangle ABC+\triangle ACD$

$=12+2=14$ (cm^2) ······ ❸

채점 기준	배점
❶ $\triangle ABC$의 넓이 구하기	2점
❷ $\triangle ACD$의 넓이 구하기	2점
❸ $\square ABCD$의 넓이 구하기	1점

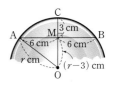

1 원과 직선

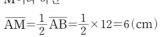

01 원의 현

45쪽~48쪽

1	(1) 6 (2) 10	**1-❶**	(1) 80 (2) 20
2	(1) 4 (2) 3	**2-❶**	(1) 8 (2) 6
3	(1) $2\sqrt{3}$ (2) 6	**3-❶**	(1) 24 (2) 5
4	$r-2$, $\overline{AB}$, 8, 4, 4, $r-2$, 5		
4-❶	$\dfrac{15}{2}$ cm		
5	$4\sqrt{3}$ cm	**5-❶**	4 cm
6	$4\sqrt{3}$ cm	**6-❶**	24 cm
7	(1) 9 (2) 3	**7-❶**	(1) 12 (2) 5
8	55°	**8-❶**	40°

1 (1) 중심각의 크기가 같으면 현의 길이가 같으므로 $x=6$
 (2) 호의 길이는 중심각의 크기에 정비례하므로
   $40° : 80° = 5 : x$, $1 : 2 = 5 : x$ ∴ $x=10$

1-❶ (1) 현의 길이가 같으면 중심각의 크기가 같으므로 $x=80$
 (2) 호의 길이는 중심각의 크기에 정비례하므로
   $x° : 100° = 3 : 15 = 1 : 5$, $5x=100$ ∴ $x=20$

2 원의 중심에서 현에 내린 수선은 그 현을 이등분하므로
 (1) $x = \overline{AM} = 4$
 (2) $x = \dfrac{1}{2}\overline{AB} = \dfrac{1}{2} \times 6 = 3$

2-❶ 원의 중심에서 현에 내린 수선은 그 현을 이등분하므로
 (1) $x = 2\overline{AM} = 2 \times 4 = 8$
 (2) $x = \dfrac{1}{2}\overline{AB} = \dfrac{1}{2} \times 12 = 6$

3 (1) △OAM에서
   $\overline{AM} = \sqrt{2^2 - 1^2} = \sqrt{3}$
   ∴ $x = 2\overline{AM} = 2\sqrt{3}$
 (2) $\overline{AM} = \dfrac{1}{2}\overline{AB} = \dfrac{1}{2} \times 16 = 8$이므로 △OAM에서
   $x = \sqrt{10^2 - 8^2} = \sqrt{36} = 6$

3-❶ (1) △OBM에서
   $\overline{BM} = \sqrt{13^2 - 5^2} = \sqrt{144} = 12$
   ∴ $x = 2\overline{BM} = 2 \times 12 = 24$
 (2) $\overline{BM} = \dfrac{1}{2}\overline{AB} = \dfrac{1}{2} \times 6 = 3$이므로 △OBM에서
   $x = \sqrt{3^2 + 4^2} = \sqrt{25} = 5$

4 원 O의 반지름의 길이를 r cm라 하면
 $\overline{OA} = r$ cm, $\overline{OM} = (r-2)$ cm
 $\overline{AM} = \dfrac{1}{2}\overline{AB} = \dfrac{1}{2} \times 8 = 4$ (cm)이므로

직각삼각형 AOM에서
 $r^2 = 4^2 + (r-2)^2$ ∴ $r=5$

4-❶ 원 모양의 접시의 중심을 O라 하면 현 AB의 수직이등분선인 $\overline{CM}$의 연장선은 오른쪽 그림과 같이 점 O를 지난다.

 원 O의 반지름의 길이를 r cm라 하면
 $\overline{OA} = r$ cm, $\overline{OM} = (r-3)$ cm
 △AOM에서
 $r^2 = 6^2 + (r-3)^2$, $6r=45$ ∴ $r = \dfrac{15}{2}$
 따라서 원 모양의 접시의 반지름의 길이는 $\dfrac{15}{2}$ cm이다.

5 원의 중심 O에서 $\overline{AB}$에 내린 수선의 발을 M이라 하면
 $\overline{AM} = \dfrac{1}{2}\overline{AB} = \dfrac{1}{2} \times 12 = 6$ (cm)

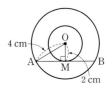

 원 O의 반지름의 길이를 r cm라 하면
 $\overline{OA} = r$ cm, $\overline{OM} = \dfrac{1}{2}r$ cm
 △OAM에서
 $r^2 = \left(\dfrac{1}{2}r\right)^2 + 6^2$, $\dfrac{3}{4}r^2 = 36$, $r^2 = 48$
 이때 $r>0$이므로 $r = 4\sqrt{3}$
 따라서 원 O의 반지름의 길이는 $4\sqrt{3}$ cm이다.

5-❶ 원의 중심 O에서 $\overline{AB}$에 내린 수선의 발을 M이라 하면
 $\overline{AM} = \dfrac{1}{2}\overline{AB} = \dfrac{1}{2} \times 4\sqrt{3} = 2\sqrt{3}$ (cm)
 원 O의 반지름의 길이를 r cm라 하면
 $\overline{OA} = r$ cm, $\overline{OM} = \dfrac{1}{2}r$ cm
 △OAM에서
 $r^2 = \left(\dfrac{1}{2}r\right)^2 + (2\sqrt{3})^2$, $\dfrac{3}{4}r^2 = 12$, $r^2 = 16$
 이때 $r>0$이므로 $r=4$
 따라서 원 O의 반지름의 길이는 4 cm이다.

6 오른쪽 그림과 같이 점 O에서 $\overline{AB}$에 내린 수선의 발을 M이라 하면
 $\overline{OA} = 4$ cm, $\overline{OM} = 2$ cm
 △OAM에서
 $\overline{AM} = \sqrt{4^2 - 2^2} = 2\sqrt{3}$ (cm)
 ∴ $\overline{AB} = 2\overline{AM} = 4\sqrt{3}$ (cm)

6-❶ 오른쪽 그림과 같이 점 O에서 $\overline{AB}$에 내린 수선의 발을 M이라 하면
 $\overline{OA} = 13$ cm, $\overline{OM} = 5$ cm

 △AOM에서
 $\overline{AM} = \sqrt{13^2 - 5^2} = 12$ (cm)
 ∴ $\overline{AB} = 2\overline{AM} = 24$ (cm)

7 (1) $\overline{OM}=\overline{ON}$이므로 $x=\overline{AB}=9$

　　(2) $\overline{AB}=2\overline{BM}=2\times4=8$, 즉 $\overline{AB}=\overline{CD}$이므로

　　　$x=\overline{OM}=3$

7-❶ (1) $\overline{OM}=\overline{ON}$이므로 $x=\overline{AB}=2\overline{BM}=2\times6=12$

　　(2) $\overline{AB}=\overline{CD}$이므로 $x=\overline{ON}=5$

8 $\overline{OM}=\overline{ON}$이므로 $\triangle ABC$는 $\overline{AB}=\overline{AC}$인 이등변삼각형이다.

　　$\therefore \angle x=\angle C=55°$

8-❶ $\overline{OM}=\overline{ON}$이므로 $\triangle ABC$는 $\overline{AB}=\overline{AC}$인 이등변삼각형이다.

　　$\therefore \angle C=\angle B=70°$

　　$\therefore \angle x=180°-2\times70°=40°$

개념 완성하기 ─────── 49쪽~50쪽

01 15 cm	**02** 3 cm	**03** $2\sqrt{13}$ cm	**04** 5 cm
05 4 cm	**06** 20π cm	**07** $8\sqrt{3}$ cm	**08** $3\sqrt{3}$ cm
09 16 cm	**10** $2\sqrt{5}$ cm	**11** $50°$	**12** $50°$

01 $\overline{AB}/\!/\overline{CD}$이므로

　　$\angle CDO=\angle BOD=40°$(엇각)

　　$\overline{CO}$를 그으면 $\triangle COD$는 이등변삼

　　각형이므로

　　$\angle COD=180°-2\times40°=100°$

　　$100°:40°=\overset{\frown}{CD}:6$이므로

　　$5:2=\overset{\frown}{CD}:6$　$\therefore \overset{\frown}{CD}=15$(cm)

02 $\overline{AD}/\!/\overline{OC}$이므로

　　$\angle DAO=\angle COB=30°$(동위각)

　　$\overline{OD}$를 그으면 $\triangle AOD$는 이등변삼각형

　　이므로

　　$\angle AOD=180°-2\times30°=120°$

　　$120°:30°=12:\overset{\frown}{BC}$이므로

　　$4:1=12:\overset{\frown}{BC}$　$\therefore \overset{\frown}{BC}=3$(cm)

03 $\overline{AM}=\dfrac{1}{2}\overline{AB}=\dfrac{1}{2}\times12=6$(cm)

　　$\overline{OA}$를 그으면 $\triangle OAM$에서

　　$\overline{OA}=\sqrt{4^2+6^2}=\sqrt{52}=2\sqrt{13}$(cm)

　　따라서 원 O의 반지름의 길이는

　　$2\sqrt{13}$ cm이다.

04 $\overline{OB}=r$ cm라 하면 $\overline{OM}=(r-2)$ cm

　　$\overline{BM}=\overline{AM}=4$ cm이므로

　　$\triangle OBM$에서

　　$r^2=(r-2)^2+4^2$, $4r=20$　$\therefore r=5$

　　$\therefore \overline{OB}=5$ cm

05 $\overline{AM}=\dfrac{1}{2}\overline{AB}=\dfrac{1}{2}\times16=8$(cm)

$\overline{CM}$은 현 AB의 수직이등분선이므

로 $\overline{CM}$의 연장선은 원의 중심을 지

난다.

원의 중심을 O라 하면

$\triangle AOM$에서

$\overline{OM}=\sqrt{10^2-8^2}=\sqrt{36}=6$(cm)

$\therefore \overline{CM}=10-6=4$(cm)

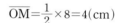

06 $\overline{AM}=\dfrac{1}{2}\overline{AB}=\dfrac{1}{2}\times12=6$(cm)

$\overline{CM}$은 현 AB의 수직이등분선이므로

$\overline{CM}$의 연장선은 원의 중심을 지난다.

원 모양의 접시의 중심을 O, 반지름의 길

이를 r cm라 하면

$\overline{OA}=r$ cm, $\overline{OM}=(r-2)$ cm

$\triangle AOM$에서

$r^2=(r-2)^2+6^2$, $4r=40$　$\therefore r=10$

따라서 원래 원 모양의 접시의 둘레의 길이는

$2\pi\times10=20\pi$(cm)

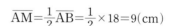

07 원의 중심 O에서 $\overline{AB}$에 내린 수선의 발을

M이라 하면

$\overline{OM}=\dfrac{1}{2}\times8=4$(cm)

$\overline{OA}=8$ cm이므로 $\triangle OAM$에서

$\overline{AM}=\sqrt{8^2-4^2}=\sqrt{48}=4\sqrt{3}$(cm)

$\therefore \overline{AB}=2\overline{AM}=2\times4\sqrt{3}=8\sqrt{3}$(cm)

08 원의 중심 O에서 $\overline{AB}$에 내린 수선의 발을

M이라 하면

$\overline{AM}=\dfrac{1}{2}\overline{AB}=\dfrac{1}{2}\times18=9$(cm)

원 O의 반지름의 길이를 r cm라 하면

$\overline{OA}=r$ cm, $\overline{OM}=\dfrac{1}{2}r$ cm

$\triangle OAM$에서

$r^2=\left(\dfrac{1}{2}r\right)^2+9^2$, $\dfrac{3}{4}r^2=81$, $r^2=108$

이때 $r>0$이므로 $r=6\sqrt{3}$

따라서 원의 중심 O에서 $\overline{AB}$까지의 거리는

$\overline{OM}=\dfrac{1}{2}\times6\sqrt{3}=3\sqrt{3}$(cm)

Self 코칭

직선 l 위에 있지 않은 점 P와 직선 l

사이의 거리는 점 P에서 직선 l에 내린

수선의 발 H까지의 거리이다.

→ $\overline{PH}$의 길이

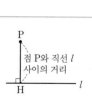

09 $\triangle OBM$에서

$\overline{BM}=\sqrt{10^2-6^2}=\sqrt{64}=8$(cm)

$\therefore \overline{CD}=\overline{AB}=2\overline{BM}=2\times8=16$(cm)

10 $\overline{AM}=\overline{BM}=4$ cm이므로

$\triangle OAM$에서

$\overline{OM}=\sqrt{6^2-4^2}=\sqrt{20}=2\sqrt{5}$ (cm)

$\overline{AB}=\overline{CD}$이므로 $\overline{ON}=\overline{OM}=2\sqrt{5}$ cm

11 $\square AMON$에서

$\angle A=360°-(90°+100°+90°)=80°$

$\overline{OM}=\overline{ON}$이므로 $\triangle ABC$는 $\overline{AB}=\overline{AC}$인 이등변삼각형이다.

$\therefore \angle x=\dfrac{1}{2}\times(180°-80°)=50°$

12 $\square BHOM$에서

$\angle B=360°-(90°+115°+90°)=65°$

$\overline{OM}=\overline{ON}$이므로 $\triangle ABC$는 $\overline{AB}=\overline{AC}$인 이등변삼각형이다.

$\therefore \angle x=180°-2\times65°=50°$

 실력 확인하기 ──── 51쪽 ├─

01 2 cm	**02** 16 cm	**03** $4\sqrt{3}$ cm²	**04** ④
05 ⑤	**06** 8 cm	**07** $(12\pi-9\sqrt{3})$ cm²	

01 $\overline{OA}$를 그으면

$\overline{OA}=\overline{OC}=8$ cm

$\overline{AP}=\dfrac{1}{2}\overline{AB}=\dfrac{1}{2}\times4\sqrt{7}=2\sqrt{7}$ (cm)

$\triangle OAP$에서

$\overline{OP}=\sqrt{8^2-(2\sqrt{7})^2}=\sqrt{36}=6$ (cm)

$\therefore \overline{PC}=\overline{OC}-\overline{OP}=8-6=2$ (cm)

02 $\overline{OD}=\dfrac{1}{2}\overline{CD}=\dfrac{1}{2}\times20=10$ (cm)이므로

$\overline{OM}=10-4=6$ (cm)

$\overline{OA}$를 그으면

$\overline{OA}=\overline{OD}=10$ cm이므로

$\triangle AOM$에서

$\overline{AM}=\sqrt{10^2-6^2}=\sqrt{64}=8$ (cm)

$\therefore \overline{AB}=2\overline{AM}=2\times8=16$ (cm)

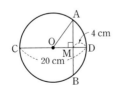

03 $\triangle ABC$가 $\overline{AB}=\overline{AC}$인 이등변삼각형이

므로 $\overline{OA}$를 그어 $\overline{BC}$와 만나는 점을 H

라 하면 $\overline{AH}\perp\overline{BC}$이고 $\overline{OA}=4$ cm

$\overline{CH}=\dfrac{1}{2}\overline{BC}=\dfrac{1}{2}\times4\sqrt{3}=2\sqrt{3}$ (cm)

$\overline{OC}$를 그으면 $\overline{OC}=4$ cm이므로

$\triangle OCH$에서

$\overline{OH}=\sqrt{4^2-(2\sqrt{3})^2}=\sqrt{4}=2$ (cm)

$\overline{AH}=\overline{OA}-\overline{OH}=4-2=2$ (cm)이므로

$\triangle ABC=\dfrac{1}{2}\times4\sqrt{3}\times2=4\sqrt{3}$ (cm²)

04 $\overline{OA}$를 그으면

$\overline{OA}=\overline{OQ}=5+8=13$ (cm)이므로

$\triangle OAP$에서

$\overline{AP}=\sqrt{13^2-5^2}=\sqrt{144}=12$ (cm)

$\therefore \overline{AB}=2\overline{AP}=2\times12=24$ (cm)

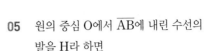

05 원의 중심 O에서 $\overline{AB}$에 내린 수선의

발을 H라 하면

$\overline{BH}=\dfrac{1}{2}\overline{AB}=\dfrac{1}{2}\times8=4$ (cm)

$\overline{OB}=\dfrac{1}{2}\overline{BC}=\dfrac{1}{2}\times10=5$ (cm)

$\triangle OBH$에서

$\overline{OH}=\sqrt{5^2-4^2}=\sqrt{9}=3$ (cm)

$\overline{AB}=\overline{CD}=8$ cm이므로 원의 중심 O에서 두 현 AB, CD

까지의 거리는 서로 같다.

따라서 두 현 AB, CD 사이의 거리는

$2\overline{OH}=2\times3=6$ (cm)

06 $\square AMON$에서

$\angle A=360°-(90°+120°+90°)=60°$

$\overline{OM}=\overline{ON}$이므로 $\triangle ABC$는 $\overline{AB}=\overline{AC}$인 이등변삼각형이다.

$\therefore \angle B=\angle C=\dfrac{1}{2}\times(180°-60°)=60°$

따라서 $\triangle ABC$는 정삼각형이므로

$\overline{BC}=\overline{AB}=2\overline{AM}=2\times4=8$ (cm)

07 ┌ **전략 코칭** ┐

주어진 그림에서

(색칠한 부분의 넓이)=(부채꼴 AOB의 넓이)−$\triangle OAB$

이므로 먼저 부채꼴 AOB의 반지름의 길이와 중심각의 크기

를 구한다.

원의 중심 O에서 $\overline{AB}$에 내린 수선의 발을

H라 하면

$\overline{AH}=\dfrac{1}{2}\overline{AB}=\dfrac{1}{2}\times6\sqrt{3}=3\sqrt{3}$ (cm)

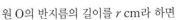

원 O의 반지름의 길이를 r cm라 하면

$\overline{OA}=r$ cm, $\overline{OH}=\dfrac{1}{2}r$ cm

$\triangle OAH$에서

$r^2=\left(\dfrac{1}{2}r\right)^2+(3\sqrt{3})^2$, $\dfrac{3}{4}r^2=27$, $r^2=36$

이때 $r>0$이므로 $r=6$

즉, $\overline{OA}=6$ cm, $\overline{OH}=3$ cm이므로

$\cos(\angle AOH)=\dfrac{3}{6}=\dfrac{1}{2}$에서 $\angle AOH=60°$

$\therefore \angle AOB=2\angle AOH=2\times60°=120°$

$\therefore$ (색칠한 부분의 넓이)=(부채꼴 AOB의 넓이)−$\triangle OAB$

$=\pi\times6^2\times\dfrac{120}{360}-\dfrac{1}{2}\times6\sqrt{3}\times3$

$=12\pi-9\sqrt{3}$ (cm²)

직각삼각형에서 변의 길이를 이용하여 직각이 아닌 내각의 크기를 구할 때는 특수한 각의 삼각비를 이용한다.

① $\sin x = \dfrac{1}{2}$, $\cos x = \dfrac{\sqrt{3}}{2}$, $\tan x = \dfrac{\sqrt{3}}{3}$

➡ $x = 30°$

② $\sin x = \dfrac{\sqrt{2}}{2}$, $\cos x = \dfrac{\sqrt{2}}{2}$, $\tan x = 1$

➡ $x = 45°$

③ $\sin x = \dfrac{\sqrt{3}}{2}$, $\cos x = \dfrac{1}{2}$, $\tan x = \sqrt{3}$

➡ $x = 60°$

⑫ 원의 접선

───────────────────53쪽~54쪽

1	6 cm	1-❶	4
2	70°	2-❶	125°
3	70°	3-❶	30°
4	(1) $\overline{BD}=7$, $\overline{CF}=5$ (2) 12		
4-❶	9		
5	8	5-❶	9

1 $\angle OAP = 90°$이므로 △OPA에서
$\overline{OA} = \sqrt{10^2 - 8^2} = \sqrt{36} = 6(\text{cm})$
따라서 원 O의 반지름의 길이는 6 cm이다.

1-❶ $\angle OAP = 90°$이고 $\overline{OA} = \overline{OB} = 3$이므로 △OPA에서
$\overline{PA} = \sqrt{5^2 - 3^2} = \sqrt{16} = 4$

2 $\angle PAO = 90°$, $\angle PBO = 90°$이므로 □APBO에서
$\angle P = 360° - (90° + 110° + 90°) = 70°$

2-❶ $\angle PAO = 90°$, $\angle PBO = 90°$이므로 □APBO에서
$\angle AOB = 360° - (90° + 55° + 90°) = 125°$

3 $\overline{PA} = \overline{PB}$이므로 △PAB는 이등변삼각형이다.
$\therefore \angle PBA = \dfrac{1}{2} \times (180° - 40°) = 70°$

3-❶ $\overline{PA} = \overline{PB}$이므로 △PAB는 이등변삼각형이다.
$\therefore \angle P = 180° - 2 \times 75° = 30°$

4 (1) $\overline{AD} = \overline{AF} = 3$이므로
$\overline{BD} = 10 - 3 = 7$, $\overline{CF} = 8 - 3 = 5$
(2) $\overline{BC} = \overline{BE} + \overline{CE} = \overline{BD} + \overline{CF} = 7 + 5 = 12$

4-❶ $\overline{CF} = \overline{CE} = 8$이므로
$\overline{AF} = 12 - 8 = 4$, $\overline{BE} = 13 - 8 = 5$
$\therefore \overline{AB} = \overline{AD} + \overline{BD} = \overline{AF} + \overline{BE} = 4 + 5 = 9$

5 $\overline{AB} + \overline{CD} = \overline{AD} + \overline{BC}$이므로
$6 + 7 = 5 + x$ $\therefore x = 8$

5-❶ $\overline{AB} + \overline{CD} = \overline{AD} + \overline{BC}$이므로
$10 + 12 = x + 13$ $\therefore x = 9$

개념 완성하기

───────────────────55쪽~57쪽

01 24 cm	**02** $4\sqrt{3}$ cm	**03** 27 cm	**04** 70°
05 26π cm²	**06** $4\sqrt{3}$ cm²	**07** 6 cm	**08** 18 cm
09 12 cm	**10** 2 cm	**11** 3 cm	**12** 18 cm
13 2 cm	**14** 2 cm	**15** 30 cm	**16** 48 cm²
17 9 cm	**18** 10 cm		

01 $\angle PAO = 90°$이므로 △APO에서
$\overline{PA} = \sqrt{15^2 - 9^2} = \sqrt{144} = 12(\text{cm})$
$\overline{PB} = \overline{PA} = 12$ cm이므로
$\overline{PA} + \overline{PB} = 12 + 12 = 24(\text{cm})$

02 $\overline{OA} = \overline{OT'} = 4$ cm이므로
$\overline{PO} = \overline{PA} + \overline{OA} = 4 + 4 = 8(\text{cm})$
$\angle PT'O = 90°$이므로 △OPT'에서
$\overline{PT'} = \sqrt{8^2 - 4^2} = \sqrt{48} = 4\sqrt{3}(\text{cm})$
$\therefore \overline{PT} = \overline{PT'} = 4\sqrt{3}$ cm

03 $\angle PAO = 90°$, $\angle PBO = 90°$이므로 □APBO에서
$\angle P = 360° - (90° + 120° + 90°) = 60°$
이때 $\overline{PA} = \overline{PB}$이므로 △PAB는 정삼각형이다.
따라서 △PAB의 둘레의 길이는
$3 \times 9 = 27(\text{cm})$

04 $\angle PAO = 90°$이므로
$\angle PAB = 90° - 35° = 55°$
$\overline{PA} = \overline{PB}$이므로 △PAB는 이등변삼각형이다.
$\therefore \angle PBA = \angle PAB = 55°$
△PAB에서
$\angle P = 180° - 2 \times 55° = 70°$

05 $\angle PAO = 90°$, $\angle PBO = 90°$이므로 □APBO에서
$\angle AOB = 360° - (90° + 80° + 90°) = 100°$
따라서 색칠한 부채꼴의 중심각의 크기는 $360° - 100° = 260°$
이므로 구하는 넓이는
$\pi \times 6^2 \times \dfrac{260}{360} = 26\pi(\text{cm}^2)$

06 $\angle PAO = \angle PBO = 90°$이므로
△PAO ≡ △PBO (RHS 합동)
△PBO에서 $\angle OPB = 30°$이므로
$\overline{OB} = 4 \sin 30° = 4 \times \dfrac{1}{2} = 2(\text{cm})$

$\overline{PB}=4\cos 30°=4\times\dfrac{\sqrt{3}}{2}=2\sqrt{3}\,(cm)$

$\therefore \square APBO=2\triangle PBO=2\times\left(\dfrac{1}{2}\times2\times2\sqrt{3}\right)=4\sqrt{3}\,(cm^2)$

07 $\overline{BF}=\overline{BD}=11-7=4\,(cm)$
$\overline{AE}=\overline{AD}=11\,cm$이므로
$\overline{CF}=\overline{CE}=11-9=2\,(cm)$
$\therefore \overline{BC}=\overline{BF}+\overline{CF}=4+2=6\,(cm)$

08 $\overline{AD}=\overline{AE}$, $\overline{BD}=\overline{BF}$, $\overline{CE}=\overline{CF}$이므로
$(\triangle ABC$의 둘레의 길이$)=\overline{AB}+\overline{BC}+\overline{AC}$
$=\overline{AB}+(\overline{BF}+\overline{CF})+\overline{AC}$
$=(\overline{AB}+\overline{BD})+(\overline{CE}+\overline{AC})$
$=\overline{AD}+\overline{AE}=2\overline{AE}$
$=2\times(6+3)=18\,(cm)$

09 $\overline{DE}=\overline{DA}=4\,cm$, $\overline{CE}=\overline{CB}=9\,cm$이므로
$\overline{CD}=4+9=13\,(cm)$
점 D에서 $\overline{BC}$에 내린 수선의 발을
H라 하면
$\overline{CH}=\overline{CB}-\overline{BH}=9-4=5\,(cm)$
$\triangle CDH$에서
$\overline{DH}=\sqrt{13^2-5^2}=\sqrt{144}=12\,(cm)$
$\therefore \overline{AB}=\overline{DH}=12\,cm$

10 점 C에서 $\overline{DA}$에 내린 수선의
발을 H라 하고 $\overline{BC}=x\,cm$라
하면
$\overline{DE}=\overline{DA}=8\,cm$,
$\overline{CE}=\overline{CB}=x\,cm$이므로
$\overline{DC}=\overline{DE}+\overline{CE}=8+x\,(cm)$
$\overline{DH}=\overline{DA}-\overline{AH}=8-x\,(cm)$
$\overline{HC}=\overline{AB}=2\times4=8\,(cm)$
$\triangle CDH$에서
$(8-x)^2+8^2=(8+x)^2$, $32x=64$ $\therefore x=2$
$\therefore \overline{BC}=2\,cm$

11 $\overline{AF}=x\,cm$라 하면
$\overline{AD}=\overline{AF}=x\,cm$이므로
$\overline{BE}=\overline{BD}=(8-x)\,cm$, $\overline{CE}=\overline{CF}=(9-x)\,cm$
$\overline{BC}=\overline{BE}+\overline{CE}$이므로
$11=(8-x)+(9-x)$, $2x=6$ $\therefore x=3$
$\therefore \overline{AF}=3\,cm$

12 $\overline{AD}=\overline{AF}$, $\overline{BD}=\overline{BE}$, $\overline{CE}=\overline{CF}$이므로
$\overline{AB}+\overline{BC}+\overline{AC}=2(\overline{AD}+\overline{BE}+\overline{CF})$
$\therefore \overline{AD}+\overline{BE}+\overline{CF}=\dfrac{1}{2}(\overline{AB}+\overline{BC}+\overline{AC})$
$=\dfrac{1}{2}\times(12+14+10)=18\,(cm)$

13 $\triangle ABC$에서 $\overline{AC}=\sqrt{10^2-6^2}=\sqrt{64}=8\,(cm)$
원 O의 반지름의 길이를 $r\,cm$라
하면 $\overline{CE}=\overline{CF}=r\,cm$이므로
$\overline{BD}=\overline{BE}=(6-r)\,cm$,
$\overline{AD}=\overline{AF}=(8-r)\,cm$
$\overline{AB}=\overline{BD}+\overline{AD}$이므로
$10=(6-r)+(8-r)$
$2r=4$ $\therefore r=2$
따라서 원 O의 반지름의 길이는 2 cm이다.

다른 풀이
$\triangle ABC$에서 $\overline{AC}=\sqrt{10^2-6^2}=\sqrt{64}=8\,(cm)$
원 O의 반지름의 길이를 $r\,cm$라 하면
$\triangle ABC=\triangle OAB+\triangle OBC+\triangle OCA$이므로
$\dfrac{1}{2}\times6\times8=\dfrac{1}{2}\times10\times r+\dfrac{1}{2}\times6\times r+\dfrac{1}{2}\times8\times r$
$24=12r$ $\therefore r=2$
따라서 원 O의 반지름의 길이는 2 cm이다.

14 원 O의 반지름의 길이를
$r\,cm$라 하면
$\overline{AF}=\overline{AD}=3\,cm$,
$\overline{BE}=\overline{BD}=10\,cm$,
$\overline{CE}=\overline{CF}=r\,cm$이므로
$\overline{AC}=(3+r)\,cm$, $\overline{BC}=(10+r)\,cm$
$\triangle ABC$에서
$13^2=(3+r)^2+(10+r)^2$, $r^2+13r-30=0$
$(r-2)(r+15)=0$ $\therefore r=2$ 또는 $r=-15$
이때 $r>0$이므로 $r=2$
따라서 원 O의 반지름의 길이는 2 cm이다.

15 $\overline{AB}+\overline{CD}=\overline{AD}+\overline{BC}$이므로
$(\square ABCD$의 둘레의 길이$)=2(\overline{AB}+\overline{CD})$
$=2\times(6+9)=30\,(cm)$

16 원 O의 반지름의 길이가 3 cm이므로
$\overline{AB}=2\times3=6\,(cm)$
$\overline{AD}+\overline{BC}=\overline{AB}+\overline{CD}=6+10=16\,(cm)$
$\therefore \square ABCD=\dfrac{1}{2}\times(\overline{AD}+\overline{BC})\times\overline{AB}$
$=\dfrac{1}{2}\times16\times6=48\,(cm^2)$

17 $\triangle DEC$에서
$\overline{CE}=\sqrt{15^2-12^2}=\sqrt{81}=9\,(cm)$
$\overline{BE}=x\,cm$라 하면 $\overline{AD}=(x+9)\,cm$
$\square ABED$가 원 O에 외접하므로
$\overline{AB}+\overline{DE}=\overline{AD}+\overline{BE}$에서
$12+15=(x+9)+x$, $2x=18$ $\therefore x=9$
$\therefore \overline{BE}=9\,cm$

18 $\overline{DE}=x\,cm$라 하면 $\square ABED$가 원 O에 외접하므로
$\overline{AB}+\overline{DE}=\overline{AD}+\overline{BE}$에서

$8+x=12+\overline{BE}$ $\therefore \overline{BE}=x-4(cm)$

$\overline{CE}=\overline{BC}-\overline{BE}=12-(x-4)=16-x(cm)$이므로

$\triangle DEC$에서

$x^2=(16-x)^2+8^2$, $32x=320$ $\therefore x=10$

$\therefore \overline{DE}=10$ cm

실력 확인하기 ─────────────── 58쪽~59쪽

01 $4\sqrt{5}$ cm	**02** ③	**03** 3 cm	**04** 24 cm
05 $20\sqrt{6}$ cm^2	**06** 50°	**07** 32 cm	**08** ④
09 9π cm^2	**10** $6\sqrt{2}$ cm	**11** $\dfrac{25}{2}$ cm	**12** $11\sqrt{7}$ cm^2
13 1 cm			

01 $\angle PAO=90°$이므로 $\triangle APO$에서

$\overline{PO}=\sqrt{10^2+5^2}=\sqrt{125}=5\sqrt{5}(cm)$

또, $\overline{PO}\perp\overline{AH}$이므로

$\overline{PA}\times\overline{AO}=\overline{PO}\times\overline{AH}$에서

$10\times5=5\sqrt{5}\times\overline{AH}$ $\therefore \overline{AH}=2\sqrt{5}(cm)$

$\therefore \overline{AB}=2\overline{AH}=2\times2\sqrt{5}=4\sqrt{5}(cm)$

02 $\angle PBO=90°$이므로 $\angle PBA=90°-25°=65°$

$\overline{PA}=\overline{PB}$이므로 $\triangle PAB$에서

$\angle PAB=\angle PBA=65°$

$\therefore \angle P=180°-(65°+65°)=50°$

03 $\overline{BD}=\overline{BF}$, $\overline{CE}=\overline{CF}$이므로

$\overline{AE}=\overline{AD}=\dfrac{1}{2}\times(\triangle ABC$의 둘레의 길이$)$

$=\dfrac{1}{2}\times(6+7+5)=9(cm)$

$\therefore \overline{CE}=\overline{AE}-\overline{AC}=9-6=3(cm)$

04 $\angle ADO=90°$이므로 $\triangle ADO$에서

$\overline{AD}=\sqrt{13^2-5^2}=\sqrt{144}=12(cm)$

$\overline{AD}=\overline{AE}$, $\overline{BD}=\overline{BF}$, $\overline{CE}=\overline{CF}$이므로

$(\triangle ABC$의 둘레의 길이$)=\overline{AB}+\overline{BC}+\overline{AC}$

$=\overline{AD}+\overline{AE}=2\overline{AD}$

$=2\times12=24(cm)$

05 $\overline{DE}=\overline{DA}=4$ cm, $\overline{CE}=\overline{CB}=6$ cm이므로

$\overline{DC}=4+6=10(cm)$

점 D에서 $\overline{BC}$에 내린 수선의 발을

H라 하면

$\overline{CH}=\overline{CB}-\overline{BH}=6-4=2(cm)$

$\triangle CDH$에서

$\overline{DH}=\sqrt{10^2-2^2}=\sqrt{96}=4\sqrt{6}(cm)$

$\therefore \square ABCD=\dfrac{1}{2}\times(4+6)\times4\sqrt{6}=20\sqrt{6}(cm^2)$

06 $\triangle ABC$에서 $\angle B=180°-(40°+60°)=80°$

$\overline{BD}=\overline{BE}$이므로 $\triangle BED$는 이등변삼각형이다.

$\therefore \angle x=\dfrac{1}{2}\times(180°-80°)=50°$

07 $\overline{AD}=\overline{AF}=5$ cm이므로 $\overline{BE}=\overline{BD}=13-5=8(cm)$

$\therefore \overline{BC}=8+3=11(cm)$

$\overline{CF}=\overline{CE}=3$ cm이므로 $\overline{AC}=5+3=8(cm)$

따라서 $\triangle ABC$의 둘레의 길이는

$\overline{AB}+\overline{BC}+\overline{AC}=13+11+8=32(cm)$

08 $\triangle ABC$에서 $\overline{AB}=\sqrt{5^2+12^2}=\sqrt{169}=13$

원 O의 반지름의 길이를 r라 하면

$\overline{CE}=\overline{CF}=r$, $\overline{AD}=\overline{AF}=12-r$,

$\overline{BD}=\overline{BE}=5-r$

$\overline{AB}=\overline{AD}+\overline{BD}$이므로

$13=(12-r)+(5-r)$, $2r=4$

$\therefore r=2$

따라서 원 O의 반지름의 길이는 2이다.

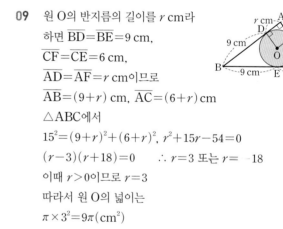

다른 풀이

$\triangle ABC$에서 $\overline{AB}=\sqrt{5^2+12^2}=\sqrt{169}=13$

원 O의 반지름의 길이를 r라 하면

$\triangle ABC=\triangle OAB+\triangle OBC+\triangle OCA$이므로

$\dfrac{1}{2}\times5\times12=\dfrac{1}{2}\times13\times r+\dfrac{1}{2}\times5\times r+\dfrac{1}{2}\times12\times r$

$30=15r$ $\therefore r=2$

따라서 원 O의 반지름의 길이는 2이다.

09 원 O의 반지름의 길이를 r cm라

하면 $\overline{BD}=\overline{BE}=9$ cm,

$\overline{CF}=\overline{CE}=6$ cm,

$\overline{AD}=\overline{AF}=r$ cm이므로

$\overline{AB}=(9+r)$ cm, $\overline{AC}=(6+r)$ cm

$\triangle ABC$에서

$15^2=(9+r)^2+(6+r)^2$, $r^2+15r-54=0$

$(r-3)(r+18)=0$ $\therefore r=3$ 또는 $r=-18$

이때 $r>0$이므로 $r=3$

따라서 원 O의 넓이는

$\pi\times3^2=9\pi(cm^2)$

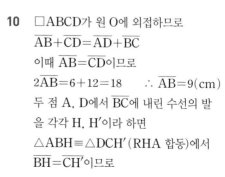

10 $\square ABCD$가 원 O에 외접하므로

$\overline{AB}+\overline{CD}=\overline{AD}+\overline{BC}$

이때 $\overline{AB}=\overline{CD}$이므로

$2\overline{AB}=6+12=18$ $\therefore \overline{AB}=9(cm)$

두 점 A, D에서 $\overline{BC}$에 내린 수선의 발

을 각각 H, H'이라 하면

$\triangle ABH\equiv\triangle DCH'$ (RHA 합동)이므로

$\overline{BH}=\overline{CH'}$이므로

$\overline{BH}=\dfrac{1}{2}\times(12-6)=3(cm)$

△ABH에서
$\overline{AH}=\sqrt{9^2-3^2}=\sqrt{72}=6\sqrt{2}$ (cm)
따라서 원 O의 지름의 길이는 $6\sqrt{2}$ cm이다.

11 전략 코칭

(1) $\overline{AB}$, $\overline{AF}$가 반원 O의 접선이므로 $\overline{AB}=\overline{AF}$
(2) 선분의 길이를 구하는 데 필요한 선분들의 길이를 한 문자에 대한 식으로 나타내고, 직각삼각형을 찾아 피타고라스 정리를 이용한다.

$\overline{AF}=\overline{AB}=10$ cm이므로
$\overline{EC}=\overline{EF}=x$ cm라 하면
$\overline{AE}=(10+x)$ cm
$\overline{DE}=(10-x)$ cm

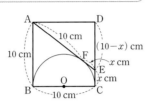

△AED에서
$(10+x)^2=10^2+(10-x)^2$
$40x=100$ ∴ $x=\dfrac{5}{2}$
∴ $\overline{AE}=10+\dfrac{5}{2}=\dfrac{25}{2}$ (cm)

12 전략 코칭

△ABO는 $\overline{AB}$를 밑변으로 하고, 반원의 중심 O에서 $\overline{AB}$에 내린 수선, 즉 반원의 반지름을 높이로 하는 삼각형이다.

$\overline{AE}=\overline{AD}=4$ cm, $\overline{BE}=\overline{BC}=7$ cm이므로
$\overline{AB}=4+7=11$ (cm)
점 A에서 $\overline{BC}$에 내린 수선의 발을 H라 하면
$\overline{BH}=\overline{BC}-\overline{CH}=7-4=3$ (cm)

△ABH에서
$\overline{AH}=\sqrt{11^2-3^2}=\sqrt{112}=4\sqrt{7}$ (cm)
$\overline{OE}$를 그으면
$\overline{OE}=\dfrac{1}{2}\overline{CD}=\dfrac{1}{2}\overline{AH}=\dfrac{1}{2}\times4\sqrt{7}=2\sqrt{7}$ (cm)
$\overline{AB}\perp\overline{OE}$이므로
$\triangle ABO=\dfrac{1}{2}\times\overline{AB}\times\overline{OE}$
$=\dfrac{1}{2}\times11\times2\sqrt{7}=11\sqrt{7}$ (cm^2)

13 전략 코칭

두 원이 외접하는 경우 색칠한 직각삼각형에서 피타고라스 정리를 이용한다.

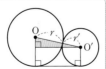

두 원의 중심 O, O′에서 $\overline{BC}$에 내린 수선의 발을 각각 P, Q라 하고 점 O′에서 $\overline{OP}$에 내린 수선의 발을 H라 하자.
원 O의 반지름의 길이는
$\dfrac{1}{2}\overline{AB}=\dfrac{1}{2}\times8=4$ (cm)

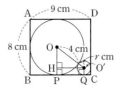

원 O′의 반지름의 길이를 r cm라 하면
$\overline{OO'}=(4+r)$ cm, $\overline{OH}=(4-r)$ cm,
$\overline{O'H}=9-4-r=5-r$ (cm)
△OHO′에서
$(4+r)^2=(4-r)^2+(5-r)^2$, $r^2-26r+25=0$
$(r-1)(r-25)=0$ ∴ $r=1$ 또는 $r=25$
이때 $0<r<4$이므로 $r=1$
따라서 원 O′의 반지름의 길이는 1 cm이다.

실전!
중단원 마무리 ──────60쪽~62쪽──

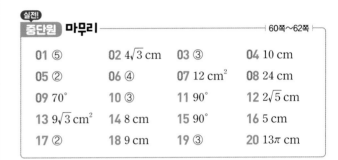

01 ⑤	**02** $4\sqrt{3}$ cm	**03** ③	**04** 10 cm
05 ②	**06** ④	**07** 12 cm^2	**08** 24 cm
09 70°	**10** ③	**11** 90°	**12** $2\sqrt{5}$ cm
13 $9\sqrt{3}$ cm^2	**14** 8 cm	**15** 90°	**16** 5 cm
17 ②	**18** 9 cm	**19** ③	**20** 13π cm

01 △OAM에서
$\overline{AM}=\sqrt{10^2-6^2}=\sqrt{64}=8$ (cm)
∴ $\overline{AB}=2\overline{AM}=2\times8=16$ (cm)

02 △AOH에서
$\overline{AH}=\sqrt{6^2-2^2}=\sqrt{32}=4\sqrt{2}$ (cm)
$\overline{BH}=\overline{AH}=4\sqrt{2}$ cm, $\overline{HC}=6-2=4$ (cm)이므로
△BCH에서
$\overline{BC}=\sqrt{(4\sqrt{2})^2+4^2}=\sqrt{48}=4\sqrt{3}$ (cm)

03 $\overline{CH}$는 현 AB의 수직이등분선이므로 원의 중심을 지난다.
원의 중심을 O라 하고 반지름의 길이를 r cm라 하면
$\overline{OH}=(8-r)$ cm
$\overline{AH}=\dfrac{1}{2}\overline{AB}=\dfrac{1}{2}\times8=4$ (cm)이므로
△OAH에서
$r^2=(8-r)^2+4^2$, $16r=80$ ∴ $r=5$
따라서 원래 원 모양의 접시의 반지름의 길이는 5 cm이다.

04 $\overline{AB}:\overline{CD}=5:3$이므로
$50:\overline{CD}=5:3$, $5\overline{CD}=150$ ∴ $\overline{CD}=30$ (cm)
원의 중심 O에서 $\overline{AB}$에 내린 수선의 발을 M이라 하면
$\overline{BM}=\dfrac{1}{2}\overline{AB}=\dfrac{1}{2}\times50=25$ (cm)
$\overline{DM}=\dfrac{1}{2}\overline{CD}=\dfrac{1}{2}\times30=15$ (cm)
∴ $\overline{BD}=\overline{BM}-\overline{DM}=25-15=10$ (cm)

05 점 O에서 $\overline{AB}$에 내린 수선의 발을 H라
하면
$$\overline{AH}=\frac{1}{2}\overline{AB}=\frac{1}{2}\times10=5(\text{cm})$$
큰 원의 반지름의 길이를 a cm, 작은 원
의 반지름의 길이를 b cm라 하면 $\triangle OAH$에서
$\overline{OA}^2-\overline{OH}^2=\overline{AH}^2$이므로 $a^2-b^2=5^2=25$
$\therefore$ (색칠한 부분의 넓이)$=\pi a^2-\pi b^2$
$$=\pi(a^2-b^2)=25\pi(\text{cm}^2)$$

06 $\triangle OAM$에서
$$\overline{OM}=\sqrt{13^2-12^2}=\sqrt{25}=5(\text{cm})$$
$\overline{OM}=\overline{ON}=5$ cm이므로
$$\overline{CD}=\overline{AB}=2\overline{AM}=2\times12=24(\text{cm})$$

07 원의 중심 O에서 $\overline{CD}$에 내린 수선의 발
을 N이라 하면 $\overline{AB}=\overline{CD}$이므로
$\overline{ON}=\overline{OM}=4$ cm
$\triangle OND$에서
$$\overline{ND}=\sqrt{5^2-4^2}=\sqrt{9}=3(\text{cm})$$이므로
$$\overline{CD}=2\overline{ND}=2\times3=6(\text{cm})$$
$\therefore \triangle OCD=\frac{1}{2}\times6\times4=12(\text{cm}^2)$

08 원 모양의 상자 뚜껑의 중심을 O라 하고 점
O에서 $\overline{AB}$에 내린 수선의 발을 H라 하면
$$\overline{OA}=\frac{1}{2}\times30=15(\text{cm})$$
$$\overline{OH}=\frac{1}{2}\times18=9(\text{cm})$$
$\triangle OAH$에서
$$\overline{AH}=\sqrt{15^2-9^2}=\sqrt{144}=12(\text{cm})$$
$\therefore \overline{AB}=2\overline{AH}=2\times12=24(\text{cm})$

09 $\overline{OM}=\overline{ON}$이므로 $\triangle ABC$는 $\overline{AB}=\overline{AC}$인 이등변삼각형이다.
$\therefore \angle x=\frac{1}{2}\times(180°-40°)=70°$

10 원 O의 반지름의 길이를 r cm라 하면
$\overline{OA}=\overline{OB}=r$ cm
$\angle PAO=90°$, $\angle P=30°$이므로 $\triangle PAO$에서
$$\overline{OA}=(4+r)\sin30°, \ r=(4+r)\times\frac{1}{2}$$
$2r=4+r$ $\therefore r=4$
이때 $\angle POA=180°-(30°+90°)=60°$이므로
$\triangle OAB$는 정삼각형이다.
$\therefore (\triangle OAB$의 둘레의 길이$)=3\times4=12(\text{cm})$

11 $\overline{PA}=\overline{PB}$이므로 $\triangle PAB$는 이등변삼각형이다.
$\therefore \angle y=\frac{1}{2}\times(180°-80°)=50°$
$\angle PAO=90°$, $\angle PAB=50°$이므로
$\angle x=90°-50°=40°$
$\therefore \angle x+\angle y=40°+50°=90°$

다른 풀이
$\triangle OAB$는 $\overline{OA}=\overline{OB}$인 이등변삼각형이므로
$\angle OBA=\angle x$
이때 $\angle PBO=90°$이므로
$\angle x+\angle y=90°$

12 $\angle PAO=90°$이고 $\overline{PO}=2+4=6(\text{cm})$이므로 $\triangle OAP$에서
$$\overline{PA}=\sqrt{6^2-4^2}=\sqrt{20}=2\sqrt{5}(\text{cm})$$
$\therefore \overline{PB}=\overline{PA}=2\sqrt{5}$ cm

13 $\overline{PB}=\overline{PA}=6$ cm이므로
$$\triangle PAB=\frac{1}{2}\times\overline{PA}\times\overline{PB}\times\sin60°$$
$$=\frac{1}{2}\times6\times6\times\frac{\sqrt{3}}{2}=9\sqrt{3}(\text{cm}^2)$$

Self 코칭
$\triangle ABC$에서 두 변 AB, BC의 길이와 그 끼인각 $\angle B$의 크기를 알 때,
$$\triangle ABC=\frac{1}{2}\times\overline{AB}\times\overline{BC}\times\sin B$$

14 $\overline{AD}=\overline{AE}=7+3=10(\text{cm})$
$\overline{CF}=\overline{CE}=3$ cm이므로
$\overline{BD}=\overline{BF}=5-3=2(\text{cm})$
$\therefore \overline{AB}=\overline{AD}-\overline{BD}=10-2=8(\text{cm})$

15 $\overline{OE}$를 그으면 $\overline{CA}=\overline{CE}$, $\overline{DB}=\overline{DE}$이므로
$\triangle AOC\equiv\triangle EOC$(RHS 합동),
$\triangle BOD\equiv\triangle EOD$(RHS 합동)
따라서 $\angle AOC=\angle EOC$,
$\angle BOD=\angle EOD$이므로
$\angle COD=\angle EOC+\angle EOD$
$$=\frac{1}{2}\angle AOE+\frac{1}{2}\angle BOE$$
$$=\frac{1}{2}\angle AOB=\frac{1}{2}\times180°=90°$$

16 $\overline{BE}=\overline{BD}=x$ cm라 하면
$\overline{AF}=\overline{AD}=(8-x)\text{ cm}$, $\overline{CF}=\overline{CE}=(12-x)\text{ cm}$
$\overline{AC}=\overline{AF}+\overline{CF}$이므로
$(8-x)+(12-x)=10$, $2x=10$ $\therefore x=5$
$\therefore \overline{BE}=5$ cm

17 $\overline{AB}+\overline{CD}=\overline{AD}+\overline{BC}$이므로
$(2x+1)+17=15+(x+9)$, $2x+18=x+24$
$\therefore x=6$

18 $\overline{AB}+\overline{CD}=\overline{AD}+\overline{BC}$이므로
$\overline{AD}+\overline{BC}=9+6=15(\text{cm})$
이때 $\overline{AD}:\overline{BC}=2:3$이므로
$$\overline{BC}=15\times\frac{3}{2+3}=15\times\frac{3}{5}=9(\text{cm})$$

19 $\overline{DE}=x$ cm라 하면 $\square ABED$가 원 O에 외접하므로
$\overline{AB}+\overline{DE}=\overline{AD}+\overline{BE}$에서

$15+x=20+\overline{\mathrm{BE}}$ $\therefore \overline{\mathrm{BE}}=x-5(\mathrm{cm})$

$\overline{\mathrm{CE}}=\overline{\mathrm{BC}}-\overline{\mathrm{BE}}=20-(x-5)=25-x(\mathrm{cm})$이므로

$\triangle \mathrm{DEC}$에서

$x^2=(25-x)^2+15^2$, $50x=850$ $\therefore x=17$

$\therefore \overline{\mathrm{DE}}=17\ \mathrm{cm}$

20 $\overline{\mathrm{CD}}$는 현 AB의 수직이등분선이므로

$\overline{\mathrm{CD}}$의 연장선은 원의 중심을 지난다.

원 모양의 접시의 중심을 O라 하고

반지름의 길이를 $r\ \mathrm{cm}$라 하면

$\overline{\mathrm{OA}}=r\ \mathrm{cm}$, $\overline{\mathrm{OD}}=(r-4)\ \mathrm{cm}$

$\triangle \mathrm{AOD}$에서

$r^2=6^2+(r-4)^2$, $8r=52$ $\therefore r=\dfrac{13}{2}$

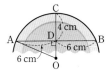

따라서 원래 원 모양의 접시의 반지름의 길이는 $\dfrac{13}{2}\ \mathrm{cm}$이므로

둘레의 길이는 $2\pi \times \dfrac{13}{2}=13\pi(\mathrm{cm})$

 서술형 문제 ─────────63쪽

01 $9\pi\ \mathrm{cm}^2$	**01-1** $24\ \mathrm{cm}^2$	**02** $12\ \mathrm{cm}$
03 $36\sqrt{3}\ \mathrm{cm}^2$	**04** $28\ \mathrm{cm}$	

01 [채점 기준 **1**] $\overline{\mathrm{AB}}$의 길이 구하기 … 2점

$\triangle \mathrm{ABC}$에서 $\overline{\mathrm{AB}}=\sqrt{15^2-12^2}=\sqrt{81}=9(\mathrm{cm})$

[채점 기준 **2**] 원 O의 반지름의 길이 구하기 … 3점

원 O의 반지름의 길이를 $r\ \mathrm{cm}$라

하면

$\overline{\mathrm{AD}}=\overline{\mathrm{AF}}=r\ \mathrm{cm}$이므로

$\overline{\mathrm{BE}}=\overline{\mathrm{BD}}=(9-r)\ \mathrm{cm}$

$\overline{\mathrm{CE}}=\overline{\mathrm{CF}}=(12-r)\ \mathrm{cm}$

$\overline{\mathrm{BC}}=\overline{\mathrm{BE}}+\overline{\mathrm{CE}}$이므로

$15=(9-r)+(12-r)$, $2r=6$ $\therefore r=3$

[채점 기준 **3**] 원 O의 넓이 구하기 … 1점

원 O의 반지름의 길이가 $3\ \mathrm{cm}$이므로 원 O의 넓이는

$\pi \times 3^2=9\pi(\mathrm{cm}^2)$

01-1 [채점 기준 **1**] $\overline{\mathrm{AB}}$, $\overline{\mathrm{AC}}$의 길이를 원 O의 반지름의 길이를 이용하여 각각 나타내기 … 2점

원 O의 반지름의 길이를 $r\ \mathrm{cm}$라

하면

$\overline{\mathrm{AD}}=\overline{\mathrm{AF}}=r\ \mathrm{cm}$,

$\overline{\mathrm{BD}}=\overline{\mathrm{BE}}=4\ \mathrm{cm}$,

$\overline{\mathrm{CF}}=\overline{\mathrm{CE}}=6\ \mathrm{cm}$이므로

$\overline{\mathrm{AB}}=(r+4)\ \mathrm{cm}$, $\overline{\mathrm{AC}}=(r+6)\ \mathrm{cm}$

[채점 기준 **2**] 원 O의 반지름의 길이 구하기 … 3점

$\triangle \mathrm{ABC}$에서

$10^2=(r+4)^2+(r+6)^2$, $r^2+10r-24=0$

$(r-2)(r+12)=0$ $\therefore r=2$ 또는 $r=-12$

이때 $r>0$이므로 $r=2$

[채점 기준 **3**] $\triangle \mathrm{ABC}$의 넓이 구하기 … 1점

$\triangle \mathrm{ABC}=\dfrac{1}{2}\times \overline{\mathrm{AB}}\times \overline{\mathrm{AC}}$

$=\dfrac{1}{2}\times 6\times 8=24(\mathrm{cm}^2)$

02 접힌 현을 $\overline{\mathrm{AB}}$, 원의 중심 O에서

$\overline{\mathrm{AB}}$에 내린 수선의 발을 M이라 하면

$\overline{\mathrm{AM}}=\dfrac{1}{2}\overline{\mathrm{AB}}=\dfrac{1}{2}\times 12\sqrt{3}=6\sqrt{3}(\mathrm{cm})$

...... ❶

원 O의 반지름의 길이를 $r\ \mathrm{cm}$라 하면

$\overline{\mathrm{OA}}=r\ \mathrm{cm}$, $\overline{\mathrm{OM}}=\dfrac{1}{2}r\ \mathrm{cm}$이므로 $\triangle \mathrm{AMO}$에서

$r^2=\left(\dfrac{1}{2}r\right)^2+(6\sqrt{3})^2$ ...... ❷

$\dfrac{3}{4}r^2=108$, $r^2=144$ $\therefore r=12\ (\because r>0)$

따라서 원 O의 반지름의 길이는 $12\ \mathrm{cm}$이다.   ...... ❸

채점 기준	배점
❶ $\overline{\mathrm{AM}}$의 길이 구하기	1점
❷ 반지름의 길이에 대한 식 세우기	3점
❸ 반지름의 길이 구하기	2점

03 $\overline{\mathrm{OP}}$를 그으면

$\triangle \mathrm{AOP}\equiv \triangle \mathrm{BOP}(\mathrm{RHS}$ 합동$)$이므로

$\angle \mathrm{POA}=\angle \mathrm{POB}=\dfrac{1}{2}\angle \mathrm{AOB}$

$=\dfrac{1}{2}\times 120^\circ=60^\circ$

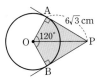

$\angle \mathrm{OAP}=\angle \mathrm{OBP}=90^\circ$이므로   ...... ❶

$\triangle \mathrm{AOP}$에서

$\overline{\mathrm{OA}}=\dfrac{6\sqrt{3}}{\tan 60^\circ}=6\sqrt{3}\times \dfrac{1}{\sqrt{3}}=6(\mathrm{cm})$ ...... ❷

$\therefore \square \mathrm{PAOB}=2\triangle \mathrm{AOP}=2\times \left(\dfrac{1}{2}\times 6\sqrt{3}\times 6\right)$

$=36\sqrt{3}(\mathrm{cm}^2)$ ...... ❸

채점 기준	배점
❶ $\angle \mathrm{POA}$, $\angle \mathrm{OAP}$의 크기 각각 구하기	3점
❷ $\overline{\mathrm{OA}}$의 길이 구하기	2점
❸ $\square \mathrm{PAOB}$의 넓이 구하기	2점

04 원 O의 반지름의 길이가 $3\ \mathrm{cm}$이므로

$\overline{\mathrm{CD}}=2\times 3=6(\mathrm{cm})$ ...... ❶

$\square \mathrm{ABCD}$가 원 O에 외접하므로

$\overline{\mathrm{AB}}+\overline{\mathrm{CD}}=\overline{\mathrm{AD}}+\overline{\mathrm{BC}}$에서

$\overline{\mathrm{AD}}+\overline{\mathrm{BC}}=8+6=14(\mathrm{cm})$ ...... ❷

$\therefore (\square \mathrm{ABCD}$의 둘레의 길이$)=2(\overline{\mathrm{AD}}+\overline{\mathrm{BC}})$

$=2\times 14=28(\mathrm{cm})$ ...... ❸

채점 기준	배점
❶ $\overline{\mathrm{CD}}$의 길이 구하기	1점
❷ $\overline{\mathrm{AD}}+\overline{\mathrm{BC}}$의 길이 구하기	3점
❸ $\square \mathrm{ABCD}$의 둘레의 길이 구하기	2점

01 원주각

─── 65쪽~67쪽 ───

1	(1) 35° (2) 40° (3) 120° (4) 105°		
1-❶	(1) 30° (2) 130° (3) 220° (4) 120°		
2	(1) 47° (2) 60°	2-❶	(1) 32° (2) 115°
3	70°	3-❶	30°
4	(1) 65° (2) 25°	4-❶	(1) 50° (2) 40°
5	(1) 20 (2) 5	5-❶	(1) 40 (2) 6
6	(1) 50 (2) 10	6-❶	(1) 24 (2) 15
7	(1) ○ (2) ×	7-❶	(1) ○ (2) ×

1 (1) $\angle x = \frac{1}{2} \times 70° = 35°$

(2) $\angle x = 2 \times 20° = 40°$

(3) $\angle x = \frac{1}{2} \times 240° = 120°$

(4) $\angle x = \frac{1}{2} \times (360° - 150°) = 105°$

1-❶ (1) $\angle x = \frac{1}{2} \times 60° = 30°$

(2) $\angle x = 2 \times 65° = 130°$

(3) $\angle x = 2 \times 110° = 220°$

(4) $120° = \frac{1}{2} \times (360° - \angle x)$, $360° - \angle x = 240°$

$\therefore \angle x = 120°$

2 (1) $\angle x = \angle ADB = 47°$

(2) $\angle ADB = \angle ACB = 65°$

$\therefore \angle x = 180° - (65° + 55°) = 60°$

2-❶ (1) $\angle x = \angle ACB = 32°$

(2) $\angle DAC = \angle DBC = 50°$

$\therefore \angle x = 65° + 50° = 115°$

3 $\angle ACB = 90°$이므로

$\angle x = 180° - (90° + 20°) = 70°$

3-❶ $\angle ACB = 90°$이므로

$\angle x = 180° - (90° + 60°) = 30°$

4 (1) $\angle ABC = \angle ADC = 65°$이므로 $\angle x = 65°$

(2) $\angle ACB = 90°$이므로 △ABC에서

$\angle y = 180° - (90° + 65°) = 25°$

4-❶ (1) $\angle CAB = \angle CDB = 50°$이므로 $\angle x = 50°$

(2) $\angle ACB = 90°$이므로 △ABC에서

$\angle y = 180° - (90° + 50°) = 40°$

5 (1) $\overset{\frown}{AB} = \overset{\frown}{CD} = 4$이므로 $\angle APB = \angle CQD$

$\therefore x = 20$

(2) $\angle APB = \angle CQD = 35°$이므로 $\overset{\frown}{AB} = \overset{\frown}{CD}$

$\therefore x = 5$

5-❶ (1) $\overset{\frown}{AB} = \overset{\frown}{BC}$이므로 $\angle ACB = \angle BAC$

$\therefore x = 40$

(2) $\angle CAD = 60° - 30° = 30°$이므로 $\angle ADB = \angle CAD$

즉, $\overset{\frown}{AB} = \overset{\frown}{CD}$이므로 $x = 6$

6 (1) $25° : x° = 5 : 10 = 1 : 2$ $\therefore x = 50$

(2) $\angle ADC = 90°$이므로 $\angle ACD = 180° - (90° + 40°) = 50°$

$40° : 50° = 8 : x$, $4 : 5 = 8 : x$

$4x = 40$ $\therefore x = 10$

6-❶ (1) $72° : x° = (6+3) : 3$, $72 : x = 3 : 1$

$3x = 72$ $\therefore x = 24$

(2) $20° : 50° = 6 : x$, $2 : 5 = 6 : x$

$2x = 30$ $\therefore x = 15$

7 (1) $\angle BAC = \angle BDC = 36°$이므로 네 점이 한 원 위에 있다.

(2) $\angle ACD = 90° - 30° = 60°$이므로 $\angle ACD \neq \angle ABD$

따라서 네 점이 한 원 위에 있지 않다.

7-❶ (1) $\angle BAC = 180° - (75° + 40°) = 65°$

$\angle BAC = \angle BDC = 65°$이므로 네 점이 한 원 위에 있다.

(2) $\angle BAC = 100° - 35° = 65°$이므로 $\angle BAC \neq \angle BDC$

따라서 네 점이 한 원 위에 있지 않다.

개념 완성하기

─── 68쪽~70쪽 ───

01 (1) 140° (2) 70° (3) 110°		**02** 61°	**03** 70°
04 $\angle x = 50°$, $\angle y = 40°$		**05** 25°	**06** 55°
07 (1) 90° (2) 28° (3) 56°		**08** 40°	**09** 35°
10 20°	**11** 60°	**12** 70°	**13** 75°
14 30°	**15** $\frac{\sqrt{7}}{4}$	**16** $3\sqrt{3}$	**17** 30°
18 32°			

01 (1) $\overline{PA}$, $\overline{PB}$가 원 O의 접선이므로

$\angle PAO = \angle PBO = 90°$

$\therefore \angle AOB = 180° - 40° = 140°$

(2) $\angle ACB = \frac{1}{2} \angle AOB = \frac{1}{2} \times 140° = 70°$

(3) $\overset{\frown}{ACB}$에 대한 중심각의 크기는 $360° - 140° = 220°$이므로

$\angle ADB = \frac{1}{2} \times 220° = 110°$

02 $\overline{PA}$, $\overline{PB}$가 원 O의 접선이므로

$\angle PAO = \angle PBO = 90°$

$\therefore \angle AOB = 180° - 58° = 122°$

$\therefore \angle x = \frac{1}{2} \angle AOB = \frac{1}{2} \times 122° = 61°$

03 $\overline{AD}$를 그으면

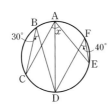

$\angle CAD = \angle CBD = 30°$

$\angle DAE = \angle DFE = 40°$

$\therefore \angle x = \angle CAD + \angle DAE$

$\qquad = 30° + 40° = 70°$

04 $\angle x = \angle BDC = 50°$

$\triangle ABE$에서

$\angle y = 90° - 50° = 40°$

05 $\angle ADB = \angle ACB = \angle x$

$\overline{BD}$가 원 O의 지름이므로 $\angle BAD = 90°$

$\triangle ABD$에서

$\angle x = 180° - (90° + 65°) = 25°$

06 $\overline{AD}$를 그으면 $\overline{AC}$가 원 O의 지름이므로

$\angle ADC = 90°$

$\angle ADB = \angle AEB = \angle x$이므로

$\angle x + 35° = 90°$

$\therefore \angle x = 55°$

07 (1) $\overline{AB}$가 반원 O의 지름이므로 $\angle ADB = 90°$

(2) $\triangle ADP$에서 $\angle PAD = 90° - 62° = 28°$

(3) $\angle COD = 2\angle CAD = 2 \times 28° = 56°$

08 $\overline{AD}$를 그으면 $\overline{AB}$가 반원 O의 지름

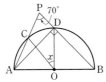

이므로 $\angle ADB = 90°$

$\triangle ADP$에서

$\angle PAD = 90° - 70° = 20°$

$\therefore \angle x = 2\angle CAD = 2 \times 20° = 40°$

09 $\overset{\frown}{AB} = \overset{\frown}{BC}$이므로 $\angle ACB = \angle BDC = 35°$

$\triangle BCD$에서

$75° + (35° + \angle x) + 35° = 180°$

$145° + \angle x = 180°$ $\therefore \angle x = 35°$

10 $\angle x : \angle BAC = \overset{\frown}{AD} : \overset{\frown}{BC}$이므로

$\angle x : \angle BAC = 3 : 9 = 1 : 3$ $\therefore \angle BAC = 3\angle x$

$\triangle ABP$에서

$\angle x + 3\angle x = 80°$, $4\angle x = 80°$ $\therefore \angle x = 20°$

11 한 원에서 모든 호에 대한 원주각의 크기의 합은 180°이고, 원주각의 크기는 호의 길이에 정비례하므로

$\angle x = 180° \times \dfrac{3}{2+3+4} = 180° \times \dfrac{1}{3} = 60°$

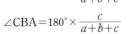

$\overset{\frown}{AB} : \overset{\frown}{BC} : \overset{\frown}{CA} = a : b : c$이면

$\angle ACB = 180° \times \dfrac{a}{a+b+c}$

$\angle BAC = 180° \times \dfrac{b}{a+b+c}$

$\angle CBA = 180° \times \dfrac{c}{a+b+c}$

12 $\overline{BC}$를 그으면 $\overset{\frown}{AB}$의 길이가 원주의 $\dfrac{1}{6}$이

므로

$\angle ACB = 180° \times \dfrac{1}{6} = 30°$

$\overset{\frown}{AB} : \overset{\frown}{CD} = 3 : 4$이므로

$30° : \angle CBD = 3 : 4$, $3\angle CBD = 120°$

$\therefore \angle CBD = 40°$

$\therefore \angle x = 30° + 40° = 70°$

13 $\angle ABC = \angle ADC = 40°$

$\triangle BPC$에서

$\angle BCD = 35° + 40° = 75°$

14 $\angle ADC = \angle ABC = 70°$

$\triangle APD$에서

$70° = 40° + \angle x$ $\therefore \angle x = 30°$

15 $\overline{BO}$의 연장선이 원 O와 만나는 점을 A′이

라 하면 $\angle BA'C = \angle BAC$

이때 $\angle A'CB = 90°$이므로

$\triangle A'BC$에서

$\overline{A'C} = \sqrt{8^2 - 6^2} = \sqrt{28} = 2\sqrt{7}$

$\therefore \cos A = \cos A' = \dfrac{\overline{A'C}}{\overline{BA'}} = \dfrac{2\sqrt{7}}{8} = \dfrac{\sqrt{7}}{4}$

16 $\overline{BO}$의 연장선이 원 O와 만나는 점을 A′

이라 하면

$\angle BA'C = \angle BAC = 60°$

이때 $\angle A'CB = 90°$이므로

$\triangle A'BC$에서

$\overline{A'B} = \dfrac{\overline{BC}}{\sin 60°} = 9 \times \dfrac{2}{\sqrt{3}} = 6\sqrt{3}$

따라서 원 O의 반지름의 길이는

$6\sqrt{3} \times \dfrac{1}{2} = 3\sqrt{3}$

17 네 점 A, B, C, D가 한 원 위에 있으므로

$\angle ACB = \angle ADB = 50°$

$\therefore \angle x = \angle ACD = 80° - 50° = 30°$

18 네 점 A, B, C, D가 한 원 위에 있으므로

$\angle ACB = \angle ADB = \angle x$

$\triangle APC$에서

$48° + \angle x = 80°$ $\therefore \angle x = 32°$

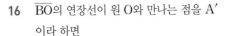

01 △ABC에서 ∠BAC=∠BCA=35°이므로

∠ABC=180°−2×35°=110°

$110°=\dfrac{1}{2}×(360°−∠x)$이므로

360°−∠x=220° ∴ ∠x=140°

02 ∠AOC=2∠ABC=2×80°=160°

△AOC는 $\overline{OA}=\overline{OC}$인 이등변삼각형이므로

$∠OAC=\dfrac{1}{2}×(180°−160°)=10°$

03 $\overline{AD}$를 그으면 $\overline{AB}$가 반원 O의 지름이

므로 ∠ADB=90°

$∠CAD=\dfrac{1}{2}∠COD=\dfrac{1}{2}×40°=20°$

△ADP에서

∠x+20°=90° ∴ ∠x=70°

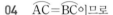

04 $\overset{\frown}{AC}=\overset{\frown}{BC}$이므로

∠CAB=∠ABC=55°

△ABC에서

∠ACB=180°−2×55°=70°

$\overline{OA}$, $\overline{OB}$를 그으면

∠AOB=2∠ACB=2×70°

=140°

$\overrightarrow{PA}$, $\overrightarrow{PB}$가 원 O의 접선이므로

∠x+∠AOB=180°에서

∠x+140°=180° ∴ ∠x=40°

05 $\overline{AC}$를 그으면

∠ACB : ∠CAD=2π : 6π=1 : 3

△ACP에서

∠ACB+∠CAD=60°이므로

$∠ACB=60°×\dfrac{1}{1+3}=60°×\dfrac{1}{4}=15°$

한 원에서 모든 호에 대한 원주각의 크기의 합은 180°이므로

15° : 180°=2π : (원 O의 둘레의 길이)

1 : 12=2π : (원 O의 둘레의 길이)

∴ (원 O의 둘레의 길이)=24π(cm)

06 네 점 A, B, C, D가 한 원 위에 있으므로

∠ABD=∠ACD=25°

△BDP에서

∠BDC=25°+∠x

△CDE에서

25°+(25°+∠x)=80° ∴ ∠x=30°

07 <전략 코칭>

$\overline{AD}$를 그어 원주각의 크기를 이용한다.

$\overline{AD}$를 그으면

$∠BAD=\dfrac{1}{2}∠BOD$

$=\dfrac{1}{2}×70°=35°$

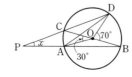

$∠ADC=\dfrac{1}{2}∠AOC=\dfrac{1}{2}×30°=15°$

△PAD에서

∠x+15°=35° ∴ ∠x=20°

🔧 02 원주각의 활용

73쪽~75쪽

1 (1) 100° (2) 100° **1-❶** (1) 110° (2) 80°

2 (1) × (2) ○ **2-❶** (1) ○ (2) ×

3 (1) 60° (2) 50° **3-❶** (1) 65° (2) 70°

4 (1) 45° (2) 130° **4-❶** (1) 60° (2) 55°

5 (1) 50° (2) 50° (3) 50° (4) $\overline{CD}$

5-❶ ∠x=70°, ∠y=70°

6 (1) 40° (2) 40° (3) $\overline{CD}$

6-❶ ∠x=60°, ∠y=60°

1 (1) ∠x+80°=180°이므로 ∠x=100°

(2) 한 외각의 크기는 그와 이웃한 내각에 대한 대각의 크기
와 같으므로

∠x=∠BAD=100°

1-❶ (1) $\overline{AB}$가 원 O의 지름이므로 ∠ACB=90°

△ABC에서 ∠ABC=180°−(20°+90°)=70°

∠x+70°=180°이므로 ∠x=110°

(2) $∠BAD=\dfrac{1}{2}∠BOD=\dfrac{1}{2}×160°=80°$

한 외각의 크기는 그와 이웃한 내각에 대한 대각의 크기
와 같으므로 ∠x=∠BAD=80°

2 (1) ∠A+∠C=105°+85°≠180°이므로

□ABCD는 원에 내접하지 않는다.

(2) ∠DAB=180°−60°=120°에서

∠DAB=∠DCE이므로 □ABCD는 원에 내접한다.

2-❶ (1) △ABC에서

∠ABC=180°−(65°+45°)=70°

∠ABC+∠ADC=70°+110°=180°이므로

□ABCD는 원에 내접한다.

(2) ∠BAC≠∠BDC이므로 □ABCD는 원에 내접하지 않
는다.

3 (1) △ABC에서

∠C=180°−(65°+55°)=60°

∴ ∠x=∠BCA=60°

(2) ∠CBA=∠CAT=70°이므로 △ABC에서

∠x=180°−(60°+70°)=50°

3-❶ (1) $\overline{BC}$가 원 O의 지름이므로 $\angle BAC = 90°$

△ABC에서

$\angle BCA = 180° - (90° + 25°) = 65°$

∴ $\angle x = \angle BCA = 65°$

(2) $\overline{CA} = \overline{CB}$이므로 △CAB는 이등변삼각형이다.

$\angle BCA = \angle BAT = 40°$이므로

△CAB에서

$\angle x = \dfrac{1}{2} \times (180° - 40°) = 70°$

4 (1) $\angle BDA = \angle BAT = 55°$이고

□ABCD가 원 O에 내접하므로

$\angle CDA + \angle CBA = 180°$에서

$\angle x = 180° - (30° + 55° + 50°) = 45°$

(2) $\angle DCA = \angle DAT = 65°$이고

$\overline{DA} = \overline{DC}$이므로 △DAC에서

$\angle ADC = 180° - 2 \times 65° = 50°$

□ABCD가 원 O에 내접하므로

$\angle ADC + \angle ABC = 180°$에서

$\angle x = 180° - 50° = 130°$

4-❶ (1) $\angle DAB = 180° - 110° = 70°$이므로

△DAB에서

$\angle BDA = 180° - (50° + 70°) = 60°$

∴ $\angle x = \angle BDA = 60°$

(2) $\overline{BD}$가 원 O의 지름이므로

$\angle DCB = \angle DAB = 90°$

$\overline{CD} = \overline{CB}$이므로 △CDB에서

$\angle CBD = \dfrac{1}{2} \times (180° - 90°) = 45°$

∴ $\angle DBA = 80° - 45° = 35°$

△ABD에서

$\angle BDA = 180° - (35° + 90°) = 55°$

∴ $\angle x = \angle BDA = 55°$

5 (1) $\angle BTQ = \angle BAT = 50°$

(2) $\angle DTP = \angle BTQ = 50°$(맞꼭지각)

(3) $\angle DCT = \angle DTP = 50°$

(4) $\angle BAT = \angle DCT$

즉, 엇각의 크기가 같으므로 $\overline{AB} /\!/ \overline{CD}$

5-❶ $\angle x = \angle BTQ = 70°$

$\angle DTP = \angle BTQ = 70°$(맞꼭지각)

∴ $\angle y = \angle DTP = 70°$

6 (1) $\angle BTQ = \angle BAT = 40°$

(2) $\angle CDT = \angle CTQ = 40°$

(3) $\angle BAT = \angle CDT$

즉, 동위각의 크기가 같으므로 $\overline{AB} /\!/ \overline{CD}$

6-❶ $\angle x = \angle CTQ = 60°$

$\angle y = \angle BTQ = 60°$

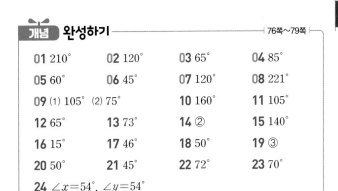

01 210°	**02** 120°	**03** 65°	**04** 85°
05 60°	**06** 45°	**07** 120°	**08** 221°
09 (1) 105° (2) 75°	**10** 160°	**11** 105°	
12 65°	**13** 73°	**14** ②	**15** 140°
16 15°	**17** 46°	**18** 50°	**19** ③
20 50°	**21** 45°	**22** 72°	**23** 70°
24 $\angle x = 54°$, $\angle y = 54°$			

01 □ABCD에서 $\angle x + 70° = 180°$이므로 $\angle x = 110°$

$\angle ECD = \angle EAD = 30°$이므로

$\angle y = 30° + 70° = 100°$

∴ $\angle x + \angle y = 110° + 100° = 210°$

02 △ABD에서 $\angle BAD = 180° - (35° + 85°) = 60°$

∴ $\angle x = 180° - 60° = 120°$

03 △PCD에서

$\angle PDC = 180° - (35° + 80°) = 65°$

∴ $\angle x = \angle ADC = 65°$

다른 풀이

□ABCD에서 $\angle BAD = 180° - 80° = 100°$

△APB에서 $\angle x = 100° - 35° = 65°$

04 △OBC에서 $\overline{OB} = \overline{OC}$이므로

$\angle BOC = 180° - 2 \times 20° = 140°$

$\angle BAC = \dfrac{1}{2}\angle BOC = \dfrac{1}{2} \times 140° = 70°$

∴ $\angle x = \angle BAD = 70° + 15° = 85°$

05 $\angle CDQ = \angle ABC = \angle x$

△PBC에서 $\angle DCQ = \angle x + 35°$이므로

△DCQ에서 $\angle x + (\angle x + 35°) + 25° = 180°$

$2\angle x = 120°$ ∴ $\angle x = 60°$

06 $\angle QBC = 180° - 130° = 50°$

$\angle ADC = \angle QBC = 50°$이므로

△PCD에서 $\angle PCQ = 35° + 50° = 85°$

△BQC에서 $\angle x = 180° - (50° + 85°) = 45°$

07 $\overline{BD}$를 그으면

$\angle BDC = \dfrac{1}{2}\angle BOC = \dfrac{1}{2} \times 70° = 35°$

∴ $\angle BDE = 95° - 35° = 60°$

□ABDE가 원 O에 내접하므로

$\angle BAE + \angle BDE = 180°$

∴ $\angle x = 180° - 60° = 120°$

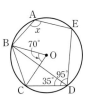

08 $\overline{AC}$를 그으면

$\angle ACB = \dfrac{1}{2} \angle AOB = \dfrac{1}{2} \times 82° = 41°$

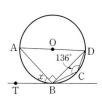

□ACDE가 원 O에 내접하므로

$\angle ACD + \angle AED = 180°$

$\therefore \angle x + \angle y = \angle ACB + (\angle ACD + \angle AED)$
$\qquad\qquad = 41° + 180° = 221°$

09 (1) □ABQP가 원 O에 내접하므로

$\angle PQC = \angle BAP = 105°$

(2) □PQCD가 원 O'에 내접하므로

$\angle PDC + 105° = 180°$

$\therefore \angle PDC = 75°$

10 □ABQP가 원 O에 내접하므로

$\angle PQC = \angle BAP = 100°$

□PQCD가 원 O'에 내접하므로

$\angle PDC = 180° - 100° = 80°$

$\therefore \angle x = 2\angle PDC = 2 \times 80° = 160°$

11 △ABD에서

$\angle A = 180° - (35° + 40°) = 105°$

□ABCD가 원에 내접하므로

$\angle x = \angle A = 105°$

12 △ABE에서

$\angle BAE + 25° = 60°$이므로 $\angle BAE = 35°$

□ABCD가 원에 내접하므로

$\angle BAD + \angle BCD = 180°$에서

$(\angle x + 35°) + 80° = 180°$

$\therefore \angle x = 65°$

13 $\angle ACB = \dfrac{1}{2} \angle AOB = \dfrac{1}{2} \times 146° = 73°$이므로

$\angle x = \angle BCA = 73°$

14 $\angle CBA = \angle CAT = \angle x$이므로 △ABC에서

$\angle x = \dfrac{1}{2} \times (180° - 80°) = 50°$

15 $\angle x = \angle DCQ = 50°$

$\angle BCD = 180° - (40° + 50°) = 90°$

□ABCD가 원에 내접하므로

$\angle y = 180° - 90° = 90°$

$\therefore \angle x + \angle y = 50° + 90° = 140°$

16 $\angle BDA = \angle BAT = 70°$

□ABCD가 원 O에 내접하므로

$\angle DAB = 180° - 85° = 95°$

△BDA에서

$\angle ABD = 180° - (70° + 95°) = 15°$

17 $\overline{BD}$를 그으면

$\angle ADB = \angle ABT = \angle x$

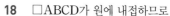

$\overline{AD}$가 원 O의 지름이므로

$\angle ABD = 90°$

□ABCD가 원 O에 내접하므로

$\angle BAD = 180° - 136° = 44°$

△ABD에서

$\angle x = 180° - (90° + 44°) = 46°$

18 □ABCD가 원에 내접하므로

$\angle ADC = 180° - 80° = 100°$

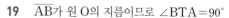

$\overline{BD}$를 그으면 $\overparen{AB} = \overparen{BC}$이므로

$\angle ADB = \angle BDC = \dfrac{1}{2} \times 100° = 50°$

$\therefore \angle x = \angle BDC = 50°$

19 $\overline{AB}$가 원 O의 지름이므로 $\angle BTA = 90°$

$\angle ATP = \angle ABT = \angle x$이므로 △BPT에서

$36° + (\angle x + 90°) + \angle x = 180°$

$2\angle x = 54°$ $\quad \therefore \angle x = 27°$

20 $\overline{AT}$를 그으면

$\overline{AB}$가 원 O의 지름이므로 $\angle ATB = 90°$

$\angle BAT = \angle BTQ = 70°$이므로

△ATB에서

$\angle ABT = 180° - (90° + 70°) = 20°$

△BPT에서

$\angle x + 20° = 70°$이므로 $\angle x = 50°$

21 △APB는 $\overline{PA} = \overline{PB}$인 이등변삼각형이므로

$\angle PBA = \dfrac{1}{2} \times (180° - 50°) = 65°$

$\angle CBA = \angle CAD = 70°$

$\therefore \angle x = 180° - (65° + 70°) = 45°$

22 △CEF는 $\overline{CE} = \overline{CF}$인 이등변삼각형이므로

$\angle CEF = \dfrac{1}{2} \times (180° - 64°) = 58°$

$\angle FDE = \angle FEC = 58°$이므로

△DEF에서

$\angle DFE = 180° - (50° + 58°) = 72°$

23 $\angle DCT = \angle DTP = \angle BTQ$(맞꼭지각)
$\qquad\qquad = \angle BAT = 35°$

△DTC에서

$\angle DTC = 180° - (35° + 75°) = 70°$

24 $\angle y = \angle ABT = 54°$

$\angle x = \angle DTP = 54°$

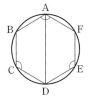 **실력 확인하기** ────80쪽┘

| **01** ② | **02** 126° | **03** 250° | **04** 60° |
| **05** 65° | **06** 360° | **07** 6 cm | |

01 $\overline{AB}$가 원 O의 지름이므로 ∠ACB=90°

△ABC에서 ∠ABC=180°−(90°+40°)=50°

□ABCD가 원 O에 내접하므로

∠ADC=180°−50°=130°

$\overparen{AD}$=$\overparen{CD}$이므로 ∠ACD=∠CAD

△DAC에서

$\angle x = \frac{1}{2} \times (180° - 130°) = 25°$

02 △PBC에서

∠DCQ=∠ABC+25°이므로 △DCQ에서

∠x=(∠ABC+25°)+47°=∠ABC+72° ······ ㉠

□ABCD가 원에 내접하므로

∠ABC+∠ADC=180°

∠ABC+(∠ABC+72°)=180°, 2∠ABC=108°

∴ ∠ABC=54°

㉠에 ∠ABC=54°를 대입하면

∠x=54°+72°=126°

03 □PQCD가 원 O′에 내접하므로 ∠x=∠PDC=110°

□ABQP가 원 O에 내접하므로

∠BAP=180°−110°=70°

∴ ∠y=2∠BAP=2×70°=140°

∴ ∠x+∠y=110°+140°=250°

04 한 원에서 모든 호에 대한 원주각의 크기의 합은 180°이고 원주각의 크기는 호의 길이에 정비례하므로

$\angle ACB = 180° \times \frac{4}{4+5+3} = 180° \times \frac{1}{3} = 60°$

∴ ∠x=∠ACB=60°

05 □ABCD가 원 O에 내접하므로

∠ADC=180°−100°=80°

△PAD에서 ∠DAP=80°−45°=35°

$\overline{PA}$가 원 O의 접선이므로

∠DCA=∠DAP=35°

△ACD에서

∠x=180°−(80°+35°)=65°

06 【전략 코칭】

$\overline{AD}$를 그어 원에 내접하는 사각형을 2개 만든다.

$\overline{AD}$를 그으면

□ABCD가 원에 내접하므로

∠BAD+∠C=180°

□ADEF가 원에 내접하므로

∠FAD+∠E=180°

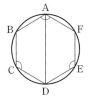

∴ ∠A+∠C+∠E=(∠BAD+∠FAD)+∠C+∠E

=(∠BAD+∠C)+(∠FAD+∠E)

=180°+180°=360°

07 【전략 코칭】

△CAB에서 삼각비를 이용하여 변의 길이를 구한다.

$\overline{BC}$가 원 O의 지름이므로

∠CAB=90°

△CAB에서

∠BCA=90°−30°=60°이므로

$\overline{CA}=12\cos 60°=12 \times \frac{1}{2}=6$(cm)

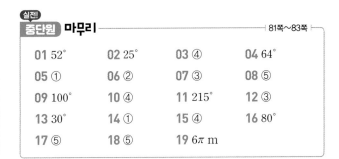

이때 ∠CAP=∠CBA=30°이고

△CPA에서 ∠CPA=60°−30°=30°이므로

∠CPA=∠CAP

∴ $\overline{CP}=\overline{CA}=6$ cm

실전! 중단원 마무리 ────81쪽~83쪽┘

01 52°	**02** 25°	**03** ④	**04** 64°
05 ①	**06** ②	**07** ③	**08** ⑤
09 100°	**10** ④	**11** 215°	**12** ③
13 30°	**14** ①	**15** ④	**16** 80°
17 ⑤	**18** ⑤	**19** 6π m	

01 $\overline{BQ}$를 그으면

∠AQB=∠APB=20°

$\angle BQC = \frac{1}{2}\angle BOC = \frac{1}{2} \times 64° = 32°$

∴ ∠x=∠AQB+∠BQC

=20°+32°=52°

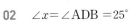

02 ∠x=∠ADB=25°

△PBC에서 ∠y=75°−25°=50°

∴ ∠y−∠x=50°−25°=25°

03 $\overline{BC}$를 그으면 $\overline{AB}$가 원 O의 지름이므로

∠ACB=90°

△ABC에서

∠ABC=180°−(90°+38°)=52°

∴ ∠x=∠ABC=52°

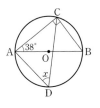

04 $\overline{AD}$를 그으면 $\overline{AB}$가 반원 O의 지름이므로 ∠ADB=90°

△ADP에서

∠PAD=90°−58°=32°

∴ ∠x=2∠CAD=2×32°=64°

Ⅱ. 원의 성질 **29**

05 $\overparen{AB}=\overparen{BC}$이므로

$\angle ADB=\angle BDC=\angle x$

$\angle ACD=\angle ABD=55°$

$\triangle ACD$에서

$65°+55°+(\angle x+\angle x)=180°$

$2\angle x=60°$ ∴ $\angle x=30°$

06 $\angle ABC=\angle x$라 하면

$\angle ADC=\angle ABC=\angle x$

$\triangle BPC$에서

$\angle BCD=\angle x+32°$

$\triangle ECD$에서

$86°=(\angle x+32°)+\angle x$

$2\angle x=54°$ ∴ $\angle x=27°$

∴ $\angle ABC=27°$

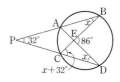

07 네 점 A, B, C, D가 한 원 위에 있으므로

$\angle BAC=\angle BDC=65°$

$\triangle ABP$에서 $\angle x=65°+45°=110°$

08 $\angle BDC=\angle x$라 하면

$\triangle PBD$에서 $\angle DBA=\angle x-36°$

$\overline{AD}$를 그으면

$\overparen{AB}=\overparen{BC}=\overparen{CD}$이므로

$\angle ADB=\angle CBD=\angle BDC=\angle x$

$\square ABCD$가 원에 내접하므로

$\angle ADC+\angle ABC=180°$에서

$2\angle x+\angle x+(\angle x-36°)=180°$

$4\angle x=216°$ ∴ $\angle x=54°$

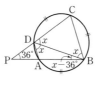

09 $\angle A:\angle B=4:3$이므로 $\angle B=\dfrac{3}{4}\angle A$

$\square ABCD$가 원에 내접하므로 $\angle B+\angle D=180°$에서

$\dfrac{3}{4}\angle A+(\angle A+5°)=180°$

$\dfrac{7}{4}\angle A=175°$ ∴ $\angle A=100°$

∴ $\angle x=\angle A=100°$

10 $\square ABCD$가 원에 내접하므로

$\angle CDQ=\angle ABC=\angle x$

$\triangle PBC$에서 $\angle DCQ=\angle x+30°$

$\triangle DCQ$에서

$\angle x+(\angle x+30°)+40°=180°$

$2\angle x=110°$ ∴ $\angle x=55°$

11 $\overline{CE}$를 그으면

$\angle CED=\dfrac{1}{2}\angle COD=\dfrac{1}{2}\times70°=35°$

$\square ABCE$가 원 O에 내접하므로

$\angle B+\angle AEC=180°$

∴ $\angle B+\angle E=(\angle B+\angle AEC)+\angle CED$

$\qquad=180°+35°=215°$

12 ③ $\triangle ABE$에서

$\angle ABE=180°-(55°+80°)=45°$

따라서 $\angle ABD\neq\angle ACD$이므로

$\square ABCD$는 원에 내접하지 않는다.

즉, 네 점 A, B, C, D는 한 원 위에 있지 않다.

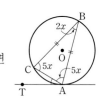

13 $\overparen{AB}:\overparen{AC}=5:2$이므로

$\angle ACB:\angle ABC=5:2$

$\angle ABC=2\angle x$, $\angle ACB=5\angle x$라 하면

$\overline{AB}=\overline{BC}$이므로

$\angle CAB=\angle ACB=5\angle x$

$\triangle ABC$에서

$2\angle x+5\angle x+5\angle x=180°$

$12\angle x=180°$ ∴ $\angle x=15°$

∴ $\angle CAT=\angle ABC=2\angle x=30°$

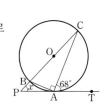

14 $\square ABCD$가 원 O에 내접하므로

$\angle DAB=180°-105°=75°$

$\angle BDA=\angle BAT=70°$이므로

$\triangle ABD$에서

$\angle x=180°-(75°+70°)=35°$

15 $\overline{AB}$를 그으면 $\overline{BC}$가 원 O의 지름이므로

$\angle BAC=90°$

$\angle CBA=\angle CAT=68°$이므로

$\triangle BAC$에서

$\angle BCA=180°-(90°+68°)=22°$

$\triangle CPA$에서

$\angle x+22°=68°$ ∴ $\angle x=46°$

16 $\triangle DEF$에서

$\angle DFE=180°-(60°+70°)=50°$

$\angle DEB=\angle DFE=50°$이고 $\overparen{BD}=\overparen{BE}$이므로

$\angle EDB=\angle DEB=50°$

$\triangle BDE$에서 $\angle x=180°-(50°+50°)=80°$

17 ① $\angle ABT=\angle ATP=\angle CTQ$

$\qquad\qquad=\angle CDT$

즉, 엇각의 크기가 같으므로

$\overline{AB}/\!/\overline{CD}$이다.

② $\angle BAE=\angle EFC=\angle ECD$

즉, 엇각의 크기가 같으므로

$\overline{AB}/\!/\overline{CD}$이다.

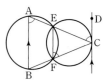

③ $\angle BAE=\angle EFC=\angle CDG$

즉, 동위각의 크기가 같으므로

$\overline{AB}/\!/\overline{CD}$이다.

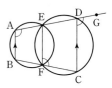

④ $\angle ABE = \angle AFE = \angle EDC$
즉, 엇각의 크기가 같으므로
$\overline{AB} /\!/ \overline{CD}$이다.

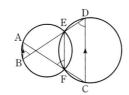

⑤ $\angle BAC = \angle BCD = 45°$
즉, 엇각의 크기가 다르므로 $\overline{AB}$와 $\overline{CD}$는 평행하지 않다.
따라서 $\overline{AB} /\!/ \overline{CD}$가 아닌 것은 ⑤이다.

18 ④, ⑤ $\triangle ABT$와 $\triangle DCT$에서
     $\angle BAT = \angle BTQ = \angle CDT$, $\angle T$는 공통이므로
     $\triangle ABT \backsim \triangle DCT$ (AA 닮음)
     $\therefore \overline{TA} : \overline{TB} = \overline{TD} : \overline{TC}$
따라서 옳지 않은 것은 ⑤이다.

19 원의 중심을 O라 하고 $\overline{OC}$의 연장선이
원 O와 만나는 점을 A′이라 하면
$\angle BA'C = \angle BAC = 30°$
$\angle A'BC = 90°$이므로
$\triangle A'BC$에서
$\overline{A'C} = \dfrac{\overline{BC}}{\sin 30°} = 3 \times 2 = 6\,(\mathrm{m})$
따라서 원 O의 반지름의 길이는 $\dfrac{1}{2} \times 6 = 3\,(\mathrm{m})$이므로 연못의 둘레의 길이는 $2\pi \times 3 = 6\pi\,(\mathrm{m})$

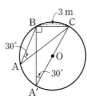

서술형 문제 ——— 84쪽

| 01 $56°$ | 01-1 $70°$ | 02 $104°$ |
| 03 $50°$ | 04 $4\sqrt{3}\ \mathrm{cm}^2$ | |

01 **채점 기준 ❶** $\angle ADB$의 크기 구하기 … 2점
$\overline{AD}$를 그으면 $\overset{\frown}{AB}$의 길이가 원주의 $\dfrac{1}{9}$이므로
$\angle ADB = 180° \times \dfrac{1}{9} = 20°$

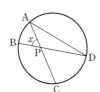

채점 기준 ❷ $\angle CAD$의 크기 구하기 … 2점
$\overset{\frown}{CD}$의 길이가 원주의 $\dfrac{1}{5}$이므로
$\angle CAD = 180° \times \dfrac{1}{5} = 36°$

채점 기준 ❸ $\angle x$의 크기 구하기 … 2점
$\triangle APD$에서
$\angle x = 20° + 36° = 56°$

01-1 **채점 기준 ❶** $\angle ADB$의 크기 구하기 … 2점
$\overline{AD}$를 그으면 $\overset{\frown}{AB}$의 길이가 원주의 $\dfrac{1}{4}$이므로
$\angle ADB = 180° \times \dfrac{1}{4} = 45°$

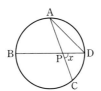

채점 기준 ❷ $\angle CAD$의 크기 구하기 … 2점
$\overset{\frown}{AB} : \overset{\frown}{CD} = 9 : 5$이므로
$45° : \angle CAD = 9 : 5$에서 $\angle CAD = 25°$

채점 기준 ❸ $\angle x$의 크기 구하기 … 2점
$\triangle APD$에서
$\angle x = 45° + 25° = 70°$

02 $\overset{\frown}{AC} = \overset{\frown}{BD}$이므로
$\angle ABC = \angle BCD = 38°$ ...... ❶
$\triangle PCB$에서
$\angle CPB = 180° - (38° + 38°) = 104°$ ...... ❷
$\therefore \angle APD = \angle CPB = 104°$ ...... ❸

채점 기준	배점
❶ $\angle ABC$의 크기 구하기	2점
❷ $\angle CPB$의 크기 구하기	2점
❸ $\angle APD$의 크기 구하기	1점

03 $\angle ADB = \angle ACB = 90°$이므로
네 점 A, B, C, D는 한 원 위에 있다.
...... ❶
$\triangle ACE$에서
$\angle EAC = 90° - 65° = 25°$ ...... ❷
$\angle ADB = 90°$에서 $\overline{AB}$가 네 점 A, B, C, D를 지나는 원의 지름이므로 점 M은 그 원의 중심이다.
$\therefore \angle x = 2\angle DAC = 2 \times 25° = 50°$ ...... ❸

채점 기준	배점
❶ 네 점 A, B, C, D가 한 원 위에 있음을 알기	2점
❷ $\angle EAC$의 크기 구하기	2점
❸ $\angle x$의 크기 구하기	2점

04 $\overline{AB}$가 원 O의 지름이므로 $\angle ATB = 90°$
$\angle ABT = \angle ATP = 30°$이므로 $\triangle ABT$에서
$\angle BAT = 180° - (90° + 30°) = 60°$ ...... ❶
$\overline{AT} = 8 \cos 60° = 8 \times \dfrac{1}{2} = 4\,(\mathrm{cm})$ ...... ❷
$\triangle APT$에서
$\angle P + 30° = 60°$이므로 $\angle P = 30°$
따라서 $\triangle APT$는 이등변삼각형이므로
$\overline{AP} = \overline{AT} = 4\ \mathrm{cm}$
$\angle PAT = 180° - (30° + 30°) = 120°$
$\therefore \triangle APT = \dfrac{1}{2} \times 4 \times 4 \times \sin(180° - 120°)$
$= \dfrac{1}{2} \times 4 \times 4 \times \dfrac{\sqrt{3}}{2}$
$= 4\sqrt{3}\,(\mathrm{cm}^2)$ ...... ❸

채점 기준	배점
❶ $\angle BAT$의 크기 구하기	2점
❷ $\overline{AT}$의 길이 구하기	2점
❸ $\triangle APT$의 넓이 구하기	3점

1 대푯값과 산포도

01 대푯값

87쪽~88쪽

1 (1) 22명 (2) 8명 (3) 24분
1-❶ (1) 20명 (2) 2 (3) 6명 (4) 33세
2 (1) 5 (2) 26 **2-❶** (1) 6 (2) 17
3 (1) 4 (2) 90 (3) 49 **3-❶** (1) 6 (2) 24 (3) 235
4 (1) 4 (2) 33, 34 (3) 2, 4, 5
4-❶ (1) 7 (2) 100 (3) 5, 15

---

1 (1) $5+8+9=22$(명)
(2) 줄기가 1인 잎이 8개이므로 등교 시간이 10분대인 학생은 8명이다.
(3) $29-5=24$(분)

1-❶ (1) $6+7+5+2=20$(명)
(3) 줄기가 1인 잎이 6개이므로 나이가 20세 미만인 회원은 6명이다.

2 (1) (평균)$=\dfrac{2+4+4+5+7+8}{6}=\dfrac{30}{6}=5$
(2) (평균)$=\dfrac{20+25+28+31}{4}=\dfrac{104}{4}=26$

2-❶ (1) (평균)$=\dfrac{2+5+6+8+9}{5}=\dfrac{30}{5}=6$
(2) (평균)$=\dfrac{13+14+18+18+19+20}{6}=\dfrac{102}{6}=17$

3 (1) 변량을 크기순으로 나열하면
2, 3, 4, 6, 9
변량의 개수가 5로 홀수이므로 중앙값은 3번째 변량인 4이다.
(2) 변량을 크기순으로 나열하면
70, 70, 80, 90, 100, 120, 180
변량의 개수가 7로 홀수이므로 중앙값은 4번째 변량인 90이다.
(3) 변량을 크기순으로 나열하면
28, 39, 47, 51, 56, 83
변량의 개수가 6으로 짝수이므로 중앙값은 3번째와 4번째 변량 47과 51의 평균인 $\dfrac{47+51}{2}=\dfrac{98}{2}=49$이다.

3-❶ (1) 변량을 크기순으로 나열하면
1, 3, 6, 7, 9
변량의 개수가 5로 홀수이므로 중앙값은 3번째 변량인 6이다.
(2) 변량을 크기순으로 나열하면
21, 22, 24, 24, 27, 28, 29
변량의 개수가 7로 홀수이므로 중앙값은 4번째 변량인 24이다.

(3) 변량을 크기순으로 나열하면
210, 230, 240, 290
변량의 개수가 4로 짝수이므로 중앙값은 2번째와 3번째 변량 230과 240의 평균인 $\dfrac{230+240}{2}=\dfrac{470}{2}=235$이다.

4 (1) 4가 3개로 가장 많이 나타나므로 최빈값은 4이다.
(2) 33과 34가 모두 2개씩 가장 많이 나타나므로 최빈값은 33, 34이다.
(3) 2, 4, 5가 모두 2개씩 가장 많이 나타나므로 최빈값은 2, 4, 5이다.

4-❶ (1) 7이 2개로 가장 많이 나타나므로 최빈값은 7이다.
(2) 100이 3개로 가장 많이 나타나므로 최빈값은 100이다.
(3) 5와 15가 모두 3개씩 가장 많이 나타나므로 최빈값은 5, 15이다.

개념 완성하기

89쪽~90쪽

01 (1) 평균 : 16초, 중앙값 : 18초, 최빈값 : 24초 (2) 중앙값
02 (1) 평균 : 90호, 중앙값 : 87.5호, 최빈값 : 85호 (2) 최빈값
03 평균 : 3.1권, 중앙값 : 3권, 최빈값 : 3권
04 평균 : 8.2점, 중앙값 : 8점, 최빈값 : 8점
05 중앙값 : 8권, 최빈값 : 11권
06 중앙값 : 245 mm, 최빈값 : 245 mm
07 9 **08** 11 **09** 16 **10** 7
11 1 **12** $a=4$, $b=13$

---

01 (1) (평균)$=\dfrac{13+22+24+10+1+24+18}{7}$
$=\dfrac{112}{7}=16$(초)
변량을 크기순으로 나열하면
1, 10, 13, 18, 22, 24, 24
변량이 7개이므로 중앙값은 4번째 변량인 18초이다.
또, 24초가 2개로 가장 많으므로 최빈값은 24초이다.
(2) 자료에 1초라는 극단적인 값이 있으므로 평균은 대푯값으로 적절하지 않으며, 최빈값인 24초도 자료에서 가장 좋은 기록으로 자료의 전체적인 특징을 나타내지 못하므로 중앙값이 자료의 대푯값으로 가장 적절하다.

02 (1) (평균)$=\dfrac{85+75+85+100+95+105+90+85}{8}$
$=\dfrac{720}{8}=90$(호)
변량을 크기순으로 나열하면
75, 85, 85, 85, 90, 95, 100, 105
변량이 8개이므로 중앙값은 4번째와 5번째 변량 85호와 90호의 평균인 $\dfrac{85+90}{2}=\dfrac{175}{2}=87.5$(호)이다.
또, 85호가 3개로 가장 많으므로 최빈값은 85호이다.

(2) 공장에 가장 많이 주문해야 할 티셔츠의 크기는 가장 많이 판매된 티셔츠의 크기를 선택해야 하므로 최빈값이 자료의 대푯값으로 가장 적절하다.

03 (평균)$=\dfrac{1\times1+2\times5+3\times8+4\times3+5\times3}{20}$

$\qquad\quad=\dfrac{62}{20}=3.1$(권)

중앙값은 20명의 학생 중에서 10번째와 11번째 학생이 구입한 책 수의 평균이므로 $\dfrac{3+3}{2}=3$(권)이다.

또, 구입한 책 수가 3권인 학생이 8명으로 가장 많으므로 최빈값은 3권이다.

04 (평균)$=\dfrac{6\times1+7\times1+8\times4+9\times3+10\times1}{10}$

$\qquad\quad=\dfrac{82}{10}=8.2$(점)

중앙값은 10명의 학생 중에서 5번째와 6번째 학생의 점수의 평균이므로 $\dfrac{8+8}{2}=8$(점)이다.

또, 점수가 8점인 학생이 4명으로 가장 많으므로 최빈값은 8점이다.

05 변량이 15개이므로 중앙값은 8번째 변량인 8권이다.
또, 11권이 3명으로 가장 많으므로 최빈값은 11권이다.

06 변량이 20개이므로 중앙값은 10번째와 11번째 변량의 평균인 $\dfrac{245+245}{2}=245$(mm)이다.
또, 245 mm가 5켤레로 가장 많으므로 최빈값은 245 mm이다.

07 (평균)$=\dfrac{1+2+2+5+6+x+10+13}{8}=6$이므로

$39+x=48$ $\quad\therefore x=9$

08 (평균)$=\dfrac{2+3+5+6+7+x+12+13+15+16}{10}=9$이므로

$79+x=90$ $\quad\therefore x=11$

09 변량이 6개이므로 중앙값은 3번째와 4번째 학생의 점수 12점과 x점의 평균이다.
중앙값이 14점이므로

$\dfrac{12+x}{2}=14$, $12+x=28$ $\quad\therefore x=16$

10 변량이 8개이므로 중앙값은 4번째와 5번째 학생이 관람한 영화 수 x편과 9편의 평균이다.
중앙값이 8편이므로

$\dfrac{x+9}{2}=8$, $x+9=16$ $\quad\therefore x=7$

11 (평균)$=\dfrac{5+x+4+6+5+5+9}{7}=\dfrac{34+x}{7}$

주어진 자료에서 최빈값은 5이므로

$\dfrac{34+x}{7}=5$, $34+x=35$ $\quad\therefore x=1$

12 자료에서 4가 2개, 7이 2개이므로 최빈값이 4가 되기 위해서는 $a=4$
평균이 6이므로

$\dfrac{2+4+4+4+5+7+7+8+b}{9}=6$

$41+b=54$ $\quad\therefore b=13$

Self 코칭
주어진 자료에서 가장 많이 나타나는 변량이 최빈값이 될 수 있도록 미지수 a의 값을 정한다.

실력 확인하기 ─────── 91쪽

01 $C<B<A$ **02** 2 **03** 수혁, 미영
04 6 **05** ③ **06** 61 kg

01 (평균)$=\dfrac{100+500+200+100+100+500+100+400}{8}$

$\qquad\quad=\dfrac{2000}{8}=250$

변량을 크기순으로 나열하면
100, 100, 100, 100, 200, 400, 500, 500
변량이 8개이므로 중앙값은 4번째와 5번째 변량 100과 200의 평균인 $\dfrac{100+200}{2}=\dfrac{300}{2}=150$이다.
또, 100이 4개로 가장 많이 나타나므로 최빈값은 100이다.
따라서 $A=250$, $B=150$, $C=100$이므로 $C<B<A$

02 (평균)$=\dfrac{1\times2+2\times3+3\times4+4\times5+5\times1}{15}$

$\qquad\quad=\dfrac{45}{15}=3$(회)

변량이 15개이므로 중앙값은 8번째 변량인 3회이다.
또, 4회가 5명으로 가장 많으므로 최빈값은 4회이다.
따라서 $a=3$, $b=3$, $c=4$이므로
$a+b-c=3+3-4=2$

03 자료 A는 변량이 6개이므로 중앙값은 3번째와 4번째 변량의 평균인 $\dfrac{5+5}{2}=5$이다.
또, 자료 A에서 5가 3개로 가장 많으므로 최빈값은 5이다.
즉, 중앙값과 최빈값은 서로 같다.
자료 B에 극단적인 변량 100이 포함되어 있으므로 평균은 대푯값으로 적절하지 않다.
자료 C에서
(평균)$=\dfrac{1+2+3+4+5+6+7+8+9}{9}=\dfrac{45}{9}=5$
이고 변량이 9개이므로 중앙값은 5번째 변량인 5이다.
이때 변량이 규칙적이므로 평균이나 중앙값을 대푯값으로 정하는 것이 적절하다.
따라서 바르게 설명한 사람은 수혁, 미영이다.

04 자료에서 2가 2개, 6이 2개이므로 최빈값이 6이 되기 위해서는 $a=6$

변량을 크기순으로 나열하면

2, 2, 4, 6, 6, 6, 8

변량이 7개이므로 중앙값은 4번째 변량인 6이다.

05 $(평균)=\dfrac{5+(-4)+(-2)+a+8+b+9+0+(-1)}{9}=3$

이므로 $15+a+b=27$에서 $a+b=12$ ...... ㉠

주어진 조건에서 $a-b=4$ ...... ㉡

㉠, ㉡을 연립하여 풀면 $a=8$, $b=4$

따라서 변량을 크기순으로 나열하면

-4, -2, -1, 0, 4, 5, 8, 8, 9

변량이 9개이므로 중앙값은 5번째 변량인 4이다.

06
> **전략 코칭**
>
> 학생이 10명일 때의 중앙값은 5번째와 6번째 변량의 평균이고, 학생이 11명일 때의 중앙값은 6번째 변량이다.

처음 10개의 변량을 크기순으로 나열할 때 6번째 변량을 x kg이라 하면 중앙값은 5번째와 6번째 변량의 평균이므로

$\dfrac{59+x}{2}=60$, $59+x=120$ ∴ $x=61$

이 모둠에 몸무게가 62 kg인 학생이 들어와도 변량을 크기순으로 나열했을 때 6번째 변량은 그대로 61 kg이므로 학생 11명의 몸무게의 중앙값은 6번째 변량인 61 kg이다.

02 산포도

93쪽~96쪽

1	평균 : 6, 풀이 참조	1-❶	평균 : 14, 풀이 참조
2	6, 9, 8, 11, 12, 2	2-❶	1, 1, 3, 4, 1
3	1	3-❶	-4
4	❶ 10 ❷ 0, -1, -3, 3, 1 ❸ 20 ❹ 4 ❺ 2		
4-❶	❶ 11회 ❷ -2회, 1회, 4회, 2회, -1회, -4회 ❸ 42 ❹ 7 ❺ $\sqrt{7}$회		
5	$5\,℃$, 2, $\sqrt{2}\,℃$	5-❶	6, 7, $\sqrt{7}$
6	(1) E 반 (2) D 반	6-❶	(1) B (2) A
7	B 반	7-❶	B 반
8	평균 : 8, 분산 : 4	9	평균 : 15, 분산 : 36

1 $(평균)=\dfrac{6+8+4+9+2+7}{6}=\dfrac{36}{6}=6$이므로

편차는 다음 표와 같다.

변량	6	8	4	9	2	7
편차	0	2	-2	3	-4	1

1-❶ $(평균)=\dfrac{13+18+10+15+17+11}{6}=\dfrac{84}{6}=14$이므로

편차는 다음 표와 같다.

변량	13	18	10	15	17	11
편차	-1	4	-4	1	3	-3

2 (편차)=(변량)$-$(평균)에서 (변량)=(평균)+(편차)이므로

학생	보람	수현	지은	영주	희빈	은비
줄넘기 2단 뛰기 횟수(회)	6	9	8	11	12	2
편차(회)	-2	1	0	3	4	-6

2-❶ (편차)=(변량)$-$(평균)에서 (변량)=(평균)+(편차)이므로

가구	A	B	C	D	E
자녀 수(명)	1	1	3	4	1
편차(명)	-1	-1	1	2	-1

3 편차의 총합은 항상 0이므로

$x+(-10)+6+3=0$ ∴ $x=1$

3-❶ 편차의 총합은 항상 0이므로

$(-5)+x+(-3)+12=0$ ∴ $x=-4$

4 ❶ $(평균)=\dfrac{10+9+7+13+11}{5}=\dfrac{50}{5}=10$

❷ 각 변량의 편차는 0, -1, -3, 3, 1

❸ {(편차)^{2}의 총합}$=0^2+(-1)^2+(-3)^2+3^2+1^2=20$

❹ $(분산)=\dfrac{20}{5}=4$

❺ $(표준편차)=\sqrt{4}=2$

4-❶ ❶ $(평균)=\dfrac{9+12+15+13+10+7}{6}=\dfrac{66}{6}=11(회)$

❷ 각 변량의 편차는 -2회, 1회, 4회, 2회, -1회, -4회

❸ {(편차)^{2}의 총합}$=(-2)^2+1^2+4^2+2^2+(-1)^2+(-4)^2$
$=42$

❹ $(분산)=\dfrac{42}{6}=7$

❺ $(표준편차)=\sqrt{7}(회)$

5 $(평균)=\dfrac{4+6+5+3+7}{5}=\dfrac{25}{5}=5(℃)$

각 변량의 편차는 $-1\,℃$, $1\,℃$, $0\,℃$, $-2\,℃$, $2\,℃$이므로

$(분산)=\dfrac{(-1)^2+1^2+0^2+(-2)^2+2^2}{5}=\dfrac{10}{5}=2$

$(표준편차)=\sqrt{2}(℃)$

5-❶ $(평균)=\dfrac{5+8+4+7+2+10}{6}=\dfrac{36}{6}=6$

각 변량의 편차는 -1, 2, -2, 1, -4, 4이므로

$(분산)=\dfrac{(-1)^2+2^2+(-2)^2+1^2+(-4)^2+4^2}{6}=\dfrac{42}{6}=7$

$(표준편차)=\sqrt{7}$

6 D 반의 표준편차는 $2\sqrt{3}=\sqrt{12}$(점), E 반의 표준편차는
$2=\sqrt{4}$(점)이다.

(1) E 반의 표준편차가 가장 작으므로 성적이 가장 고르게 분포된 반은 E 반이다.

(2) D 반의 표준편차가 가장 크므로 성적이 가장 고르지 않게 분포된 반은 D 반이다.

6-❶ A 학생의 표준편차는 $2=\sqrt{4}$(시간), E 학생의 표준편차는
$1=\sqrt{1}$(시간)이다.

(1) B 학생의 표준편차가 가장 작으므로 수면 시간이 가장 고른 학생은 B이다.

(2) A 학생의 표준편차가 가장 크므로 수면 시간이 가장 불규칙한 학생은 A이다.

7 주어진 막대그래프에서 변량이 평균 가까이에 모여 있는 반은 B 반이므로 표준편차가 더 작은 반은 B 반이다.

7-❶ 주어진 막대그래프에서 변량이 평균에서 멀리 흩어져 있는 반은 B 반이므로 표준편차가 더 큰 반은 B 반이다.

8 a, b, c의 평균이 5, 분산이 4이므로

$$\frac{a+b+c}{3}=5, \quad \frac{(a-5)^2+(b-5)^2+(c-5)^2}{3}=4$$

$a+3$, $b+3$, $c+3$에 대하여

$$(\text{평균})=\frac{(a+3)+(b+3)+(c+3)}{3}$$
$$=\frac{a+b+c+9}{3}$$
$$=\frac{a+b+c}{3}+3$$
$$=5+3=8$$

$$(\text{분산})=\frac{(a+3-8)^2+(b+3-8)^2+(c+3-8)^2}{3}$$
$$=\frac{(a-5)^2+(b-5)^2+(c-5)^2}{3}=4$$

9 a, b, c의 평균이 5, 분산이 4이므로

$$\frac{a+b+c}{3}=5, \quad \frac{(a-5)^2+(b-5)^2+(c-5)^2}{3}=4$$

$3a$, $3b$, $3c$에 대하여

$$(\text{평균})=\frac{3a+3b+3c}{3}$$
$$=3\times\frac{a+b+c}{3}$$
$$=3\times5=15$$

$$(\text{분산})=\frac{(3a-15)^2+(3b-15)^2+(3c-15)^2}{3}$$
$$=\frac{\{3(a-5)\}^2+\{3(b-5)\}^2+\{3(c-5)\}^2}{3}$$
$$=\frac{9(a-5)^2+9(b-5)^2+9(c-5)^2}{3}$$
$$=9\times\frac{(a-5)^2+(b-5)^2+(c-5)^2}{3}$$
$$=9\times4=36$$

개념 완성하기 ⊢97쪽~98쪽⊣

01 (1) -1 (2) 74점 **02** 76회 **03** $\sqrt{10}$시간
04 $2\sqrt{2}$회 **05** ① **06** ④
07 분산 : 6, 표준편차 : $\sqrt{6}$ **08** $\sqrt{10}$ g **09** 희재
10 시은 **11** ①, ③ **12** ④

01 (1) 편차의 총합은 항상 0이므로
$$(-3)+(-2)+x+8+(-4)+2=0$$
$$x+1=0 \quad \therefore x=-1$$
(2) (편차)=(변량)−(평균)이므로
$$-1=(\text{C의 성적})-75$$
$$\therefore (\text{C의 성적})=74(\text{점})$$

02 학생 D의 맥박 수의 편차를 x회라 하면 편차의 총합은 항상 0이므로
$$(-1)+3+(-7)+x+2+(-3)+2=0$$
$$x-4=0 \quad \therefore x=4$$
(편차)=(변량)−(평균)이므로
$$4=(\text{D의 맥박 수})-72$$
$$\therefore (\text{D의 맥박 수})=76(\text{회})$$

03 $(\text{평균})=\dfrac{4+10+6+13+x}{5}=8$이므로
$$33+x=40 \quad \therefore x=7$$
5명의 운동 시간의 편차는
-4시간, 2시간, -2시간, 5시간, -1시간이므로
$$(\text{분산})=\frac{(-4)^2+2^2+(-2)^2+5^2+(-1)^2}{5}$$
$$=\frac{50}{5}=10$$
$$\therefore (\text{표준편차})=\sqrt{10}(\text{시간})$$

04 $(\text{분산})=\dfrac{(-4)^2+5^2+(-3)^2+1^2+0^2+(-2)^2+3^2+0^2}{8}$
$$=\frac{64}{8}=8$$
$$\therefore (\text{표준편차})=\sqrt{8}=2\sqrt{2}(\text{회})$$

05 $(\text{평균})=\dfrac{3+2+x+y+11}{5}=5$이므로
$$16+x+y=25 \quad \therefore x+y=9 \quad \cdots\cdots ㉠$$
표준편차가 $\sqrt{10}$이므로 분산은 $(\sqrt{10})^2=10$, 즉
$$(\text{분산})=\frac{(3-5)^2+(2-5)^2+(x-5)^2+(y-5)^2+(11-5)^2}{5}$$
$$=10$$
$$4+9+x^2+y^2-10(x+y)+25+25+36=50$$
$$x^2+y^2-10(x+y)+99=50 \quad \cdots\cdots ㉡$$
㉠을 ㉡에 대입하면 $x^2+y^2-10\times9+99=50$
$$\therefore x^2+y^2=41$$

06 $(\text{평균})=\dfrac{6+x+9+y+7}{5}=6$이므로
$$22+x+y=30 \quad \therefore x+y=8 \quad \cdots\cdots ㉠$$

$$(\text{분산})=\frac{(6-6)^2+(x-6)^2+(9-6)^2+(y-6)^2+(7-6)^2}{5}$$
$$=4$$
$$x^2+y^2-12(x+y)+36+36+9+1=20$$
$$x^2+y^2-12(x+y)+82=20 \quad \cdots\cdots\text{ⓛ}$$
㉠을 ⓛ에 대입하면
$$x^2+y^2-12\times 8+82=20 \quad \therefore x^2+y^2=34$$
이때 $(x+y)^2=x^2+2xy+y^2$이므로
$$2xy=(x+y)^2-(x^2+y^2)=8^2-34=30 \quad \therefore xy=15$$

07 편차의 총합은 항상 0이므로
$$(-2)+0+(-3)+x+1=0$$
$$-4+x=0 \quad \therefore x=4$$
$$(\text{분산})=\frac{(-2)^2+0^2+(-3)^2+4^2+1^2}{5}=\frac{30}{5}=6$$
$$(\text{표준편차})=\sqrt{6}$$

08 편차의 총합은 항상 0이므로
$$2+x+(-2)+(-5)+4=0$$
$$x-1=0 \quad \therefore x=1$$
$$(\text{분산})=\frac{2^2+1^2+(-2)^2+(-5)^2+4^2}{5}=\frac{50}{5}=10$$
$$\therefore (\text{표준편차})=\sqrt{10}(\text{g})$$

09 희재의 표준편차가 가장 크므로 운동 시간이 가장 불규칙한 학생은 희재이다.

10 5명의 표준편차를 비교하면
종국 : $4=\sqrt{16}$(점), 시은 : $2\sqrt{3}=\sqrt{12}$(점), 동훈 : $3\sqrt{2}=\sqrt{18}$(점),
은지 : $\sqrt{17}$점, 명수 : $\sqrt{14}$점이므로
$$2\sqrt{3}<\sqrt{14}<4<\sqrt{17}<3\sqrt{2}$$
표준편차가 작을수록 성적이 고르므로 시은이의 성적이 평균을 중심으로 가장 밀집되어 있다.

11 ① 두 중학교의 평균이 72점으로 같으므로 전체 평균도 72점이다.
② 두 중학교의 평균이 같으므로 A 중학교의 영어 성적이 B 중학교보다 우수하다고 할 수 없다.
③ A 중학교의 영어 성적의 표준편차가 B 중학교보다 작으므로 A 중학교의 영어 성적이 더 고르다고 할 수 있다.
④ 편차의 총합은 항상 0으로 같다.
⑤ 두 중학교의 표준편차가 다르므로 영어 성적의 분포는 다르다.
따라서 옳은 것은 ①, ③이다.

12 ①, ② 평균이 같으므로 어느 과목의 성적이 더 우수하다고 할 수 없다.
③, ④, ⑤ $3\sqrt{2}=\sqrt{18}$, $4=\sqrt{16}$이므로 $3\sqrt{2}>4$, 즉 체육 성적의 표준편차가 더 작다. 따라서 체육 성적이 음악 성적보다 고르다.
따라서 옳은 것은 ④이다.

01 ③	02 ⑤	03 1.9	04 ③
05 $\sqrt{10}$	06 13	07 $\sqrt{4.8}$시간	08 3
09 ③	10 ④	11 8	12 80
13 4			

01 ③ 분산은 편차의 제곱의 평균이다.

02 편차의 총합은 항상 0이므로
$$a+(-7)+3+(-2)+1=0$$
$$a-5=0 \quad \therefore a=5$$
$(\text{편차})=(\text{변량})-(\text{평균})$이므로 A 학생의 자료에서
$$5=167-(\text{평균}) \quad \therefore (\text{평균})=162(\text{cm})$$
D 학생의 자료에서 $-2=b-162 \quad \therefore b=160$
$$\therefore a+b=5+160=165$$

03 도수의 총합은 $3+6+3+4+4=20$(대)이므로
$$(\text{분산})=\frac{(-2)^2\times 3+(-1)^2\times 6+0^2\times 3+1^2\times 4+2^2\times 4}{20}$$
$$=\frac{12+6+0+4+16}{20}$$
$$=\frac{38}{20}=1.9$$

04 표준편차가 가장 크다는 것은 변량이 평균으로부터 흩어진 정도가 가장 심한 것을 말하므로 표준편차가 가장 큰 것은 ③이다.

> **Self 코칭**
> 각각의 표준편차를 구하면 다음과 같다.
> ① $\frac{2\sqrt{6}}{3}$ ② $\frac{2\sqrt{15}}{3}$ ③ 4 ④ 0 ⑤ $\frac{4\sqrt{6}}{3}$

05 $(\text{평균})=\dfrac{8+9+6+12+x}{5}=10$이므로
$$35+x=50 \quad \therefore x=15$$
(분산)
$$=\frac{(8-10)^2+(9-10)^2+(6-10)^2+(12-10)^2+(15-10)^2}{5}$$
$$=\frac{4+1+16+4+25}{5}$$
$$=\frac{50}{5}=10$$
$$\therefore (\text{표준편차})=\sqrt{10}$$

06 $(\text{분산})=\dfrac{(-3)^2+0^2+x^2+2^2+y^2+(-4)^2}{6}=7$이므로
$$x^2+y^2+29=42 \quad \therefore x^2+y^2=13$$

07 $(\text{평균})=\dfrac{2\times 2+4\times 4+6\times 8+8\times 4+10\times 2}{20}$
$$=\frac{120}{20}=6(\text{시간})$$

(분산)

$$=\frac{(2-6)^2\times2+(4-6)^2\times4+(6-6)^2\times8+(8-6)^2\times4+(10-6)^2\times2}{20}$$

$$=\frac{96}{20}=4.8$$

$$\therefore (\text{표준편차})=\sqrt{4.8}(\text{시간})$$

08 $(\text{평균})=\dfrac{(6-a)+6+(6+a)}{3}=\dfrac{18}{3}=6$

표준편차가 $\sqrt{6}$이므로 분산은 $(\sqrt{6})^2=6$, 즉

$$(\text{분산})=\frac{\{(6-a)-6\}^2+(6-6)^2+\{(6+a)-6\}^2}{3}=6$$

$\dfrac{2a^2}{3}=6$, $2a^2=18$, $a^2=9$ $\quad\therefore a=\pm3$

따라서 양수 a의 값은 3이다.

09 자료 A : 1, 2, 3, 4, 5이므로

$$(\text{평균})=\frac{1+2+3+4+5}{5}=\frac{15}{5}=3$$

$$(\text{분산})=\frac{(1-3)^2+(2-3)^2+(3-3)^2+(4-3)^2+(5-3)^2}{5}$$

$$=\frac{10}{5}=2$$

$(\text{표준편차})=\sqrt{2}$ $\quad\therefore a=\sqrt{2}$

자료 B : 1, 3, 5, 7, 9이므로

$$(\text{평균})=\frac{1+3+5+7+9}{5}=\frac{25}{5}=5$$

$$(\text{분산})=\frac{(1-5)^2+(3-5)^2+(5-5)^2+(7-5)^2+(9-5)^2}{5}$$

$$=\frac{40}{5}=8$$

$(\text{표준편차})=\sqrt{8}=2\sqrt{2}$ $\quad\therefore b=2\sqrt{2}$

자료 C : 2, 4, 6, 8, 10이므로

$$(\text{평균})=\frac{2+4+6+8+10}{5}=\frac{30}{5}=6$$

$$(\text{분산})=\frac{(2-6)^2+(4-6)^2+(6-6)^2+(8-6)^2+(10-6)^2}{5}$$

$$=\frac{40}{5}=8$$

$(\text{표준편차})=\sqrt{8}=2\sqrt{2}$ $\quad\therefore c=2\sqrt{2}$

$\therefore a<b=c$

10 100명의 변량을 x_1, x_2, $\cdots$, x_{100}이라 하고 평균을 m점, 표준편차를 s점이라 하면

$$\frac{x_1+x_2+\cdots+x_{100}}{100}=m$$

$$\frac{(x_1-m)^2+(x_2-m)^2+\cdots+(x_{100}-m)^2}{100}=s^2$$

미술 수행평가 점수를 모두 10점씩 올려 주면 변량은

x_1+10, x_2+10, $\cdots$, $x_{100}+10$이므로

$$(\text{평균})=\frac{(x_1+10)+(x_2+10)+\cdots+(x_{100}+10)}{100}$$

$$=\frac{x_1+x_2+\cdots+x_{100}}{100}+10=m+10(\text{점})$$

$$(\text{분산})=\frac{\{(x_1+10)-(m+10)\}^2+\cdots+\{(x_{100}+10)-(m+10)\}^2}{100}$$

$$=\frac{(x_1-m)^2+(x_2-m)^2+\cdots+(x_{100}-m)^2}{100}=s^2$$

$(\text{표준편차})=\sqrt{s^2}=s(\text{점})$

따라서 평균은 10점 올라가고, 표준편차는 변함이 없다.

11
> **전략 코칭**
>
> 변량이 5개이므로 변량을 크기순으로 나열했을 때, 3번째 변량이 중앙값이다. 즉, a 또는 b의 값이 2이므로 a와 b의 대소를 비교하여 본다.

$(\text{평균})=\dfrac{(-6)+(-12)+a+b+6}{5}=0$이므로

$-12+a+b=0$ $\quad\therefore a+b=12$ $\quad\cdots\cdots\ \text{㉠}$

변량이 5개이므로 변량을 크기순으로 나열했을 때, 3번째 변량이 중앙값이고 중앙값이 2이므로 a, b의 값 중 하나가 중앙값이다.

이때 $a<b$이므로 $a=2$

㉠에서 $2+b=12$ $\quad\therefore b=10$

$$(\text{분산})=\frac{(-6)^2+(-12)^2+2^2+10^2+6^2}{5}$$

$$=\frac{320}{5}=64$$

$\therefore (\text{표준편차})=\sqrt{64}=8$

12
> **전략 코칭**
>
> ❶ 나머지 학생 3명의 변량을 x_1, x_2, x_3으로 놓는다.
> ❷ 평균을 이용하여 $x_1+x_2+x_3$의 값을 구한다.
> ❸ 분산을 이용하여 $(x_1-240)^2+(x_2-240)^2+(x_3-240)^2$의 값을 구한다.
> ❹ 실제 평균과 분산을 구한다.

잘못 입력된 학생 2명을 제외한 나머지 학생 3명의 변량을 x_1, x_2, x_3이라 하면

$$(\text{평균})=\frac{x_1+x_2+x_3+240+250}{5}=240$$

$x_1+x_2+x_3+490=1200$ $\quad\therefore x_1+x_2+x_3=710$

(분산)

$$=\frac{(x_1-240)^2+(x_2-240)^2+(x_3-240)^2+(240-240)^2+(250-240)^2}{5}$$

$$=50$$

$(x_1-240)^2+(x_2-240)^2+(x_3-240)^2+100=250$

$\therefore (x_1-240)^2+(x_2-240)^2+(x_3-240)^2=150$

따라서 실제 운동화 크기의 평균은

$$\frac{x_1+x_2+x_3+235+255}{5}=\frac{710+235+255}{5}$$

$$=\frac{1200}{5}=240(\text{mm})$$

이므로 실제 운동화 크기의 분산은

$$\frac{(x_1-240)^2+(x_2-240)^2+(x_3-240)^2+(235-240)^2+(255-240)^2}{5}$$

$$=\frac{150+25+225}{5}=\frac{400}{5}=80$$

13

평균이 같은 A, B 두 집단의 변량의 개수와 표준편차가 오른쪽 표와 같을 때

집단	A	B
변량의 개수	a	b
표준편차	x	y

(1) (두 집단 전체의 분산)

$$= \frac{(편차)^2의 총합}{(변량)의 총개수} = \frac{ax^2 + by^2}{a+b}$$

(2) (두 집단 전체의 표준편차) $= \sqrt{\dfrac{ax^2 + by^2}{a+b}}$

(남학생 12명의 제기차기 개수의 총합) $= 12 \times 8 = 96$

(여학생 8명의 제기차기 개수의 총합) $= 8 \times 8 = 64$

$\therefore$ (전체 20명의 제기차기 개수의 평균) $= \dfrac{96+64}{20}$

$\qquad\qquad\qquad\qquad\qquad\qquad = \dfrac{160}{20} = 8$

남학생 12명의 분산이 6이므로

$\dfrac{(남학생\ 12명의\ 편차의\ 제곱의\ 총합)}{12} = 6$

$\therefore$ (남학생 12명의 편차의 제곱의 총합) $= 72$

여학생 8명의 분산이 1이므로

$\dfrac{(여학생\ 8명의\ 편차의\ 제곱의\ 총합)}{8} = 1$

$\therefore$ (여학생 8명의 편차의 제곱의 총합) $= 8$

$\therefore$ (전체 학생 20명의 제기차기 개수의 분산)

$\qquad = \dfrac{72+8}{20} = \dfrac{80}{20} = 4$

중단원 마무리 ──────| 101쪽~103쪽 |

01 ③	02 ①	03 10	04 78점
05 ⑤	06 은지, 명환	07 64	08 ②, ⑤
09 ③, ⑤	10 ④	11 ⑤	12 37
13 $\sqrt{2.5}$점	14 ④	15 4	16 ㄱ, ㄴ, ㅁ
17 $\sqrt{2}$시간			

01 (평균) $= \dfrac{(a+2)+(b-4)+(c+5)+(d+7)+9}{5} = 11$

$a+b+c+d+19 = 55$ $\qquad \therefore a+b+c+d = 36$

따라서 a, b, c, d의 평균은

$\dfrac{a+b+c+d}{4} = \dfrac{36}{4} = 9$

02 김밥이 7명, 라면이 4명, 떡볶이가 3명, 어묵이 2명, 순대가 2명이다. 따라서 김밥이 7명으로 가장 많으므로 최빈값은 김밥이다.

03 (평균) $= \dfrac{22+26+18+a+24+b+20}{7} = 20$

$110+a+b = 140$ $\qquad \therefore a+b = 30$

최빈값이 20이므로 a, b 중 하나는 20이다.

이때 $a > b$이므로 $a = 20$, $b = 10$

$\therefore a-b = 20-10 = 10$

04 학생 11명의 수학 점수를 작은 값부터 크기순으로

x_1, x_2, x_3, $\cdots$, x_{10}, x_{11}이라 하면 $x_7 = 80$

중앙값이 76점이므로 $x_6 = 76$

수학 점수가 82점인 학생 1명을 추가하면 변량이 12개가 되

므로 중앙값은 $\dfrac{x_6+x_7}{2} = \dfrac{76+80}{2} = 78$(점)

05 세 수 3, 9, a의 중앙값이 9가 되려면 $a \geq 9$

네 수 14, 18, 20, a의 중앙값이 16이 되려면 $a \leq 14$

따라서 두 조건을 모두 만족시키는 a의 값은 $9 \leq a \leq 14$이다.

06 꺾은선그래프를 표로 나타내면 다음과 같다.

최고 기온(℃)	21	22	23	24	25	26
A 지역(일)	3	4	5	2	1	0
B 지역(일)	2	2	3	5	2	1
C 지역(일)	0	3	1	4	6	1

중앙값은 8번째 변량이므로 A 지역의 중앙값은 23 ℃, B 지역의 중앙값은 24 ℃, C 지역의 중앙값은 24 ℃이다.

즉, A 지역의 중앙값이 가장 작다.

최빈값은 A 지역이 23 ℃, B 지역이 24 ℃, C 지역이 25 ℃이다.

따라서 바르게 설명한 학생은 은지, 명환이다.

07 최빈값이 22 ℃이므로 a, b, c 중 적어도 2개는 22이다.

나머지 한 변량을 제외한 9개의 변량을 크기순으로 나열하면

14, 15, 18, 19, 22, 22, 22, 23, 23

10개의 변량을 작은 값부터 크기순으로 나열할 때, 5번째와 6번째 변량의 평균이 중앙값인 21 ℃이므로 a, b, c 중 22가 아닌 값과 22의 평균이 21이다.

즉, a, b, c 중 22가 아닌 값은 20이다.

$\therefore a+b+c = 20+22+22 = 64$

08 ① 대푯값에는 평균, 중앙값, 최빈값 등이 있다.

③ 변량의 개수가 짝수인 경우는 중앙값이 주어진 변량 중에 존재하지 않을 수도 있다.

④ 분산이 다른 두 집단의 평균은 같을 수도 있다.

따라서 옳은 것은 ②, ⑤이다.

09 ① (평균) $= \dfrac{4+6+10+6+9}{5} = \dfrac{35}{5} = 7$(회)

② 변량을 크기순으로 나열하면 4, 6, 6, 9, 10이므로 중앙값은 3번째 변량인 6회이다.

③ 6회가 2명으로 가장 많으므로 최빈값은 6회이다.

④ 편차의 총합은 항상 0이다.

⑤ (분산) $= \dfrac{(4-7)^2+(6-7)^2+(10-7)^2+(6-7)^2+(9-7)^2}{5}$

$\qquad\qquad = \dfrac{24}{5} = 4.8$

$\therefore$ (표준편차) $= \sqrt{4.8}$(회)

따라서 옳지 않은 것은 ③, ⑤이다.

10 $(\text{평균})=\dfrac{67+71+72+78+79+79+80+83+90+91}{10}$

$=\dfrac{790}{10}=79(\text{dB})$

$(\text{분산})=\dfrac{(-12)^2+(-8)^2+(-7)^2+(-1)^2+0^2+0^2+1^2+4^2+11^2+12^2}{10}$

$=\dfrac{540}{10}=54$

$\therefore (\text{표준편차})=\sqrt{54}=3\sqrt{6}(\text{dB})$

11 ① 지선이의 편차는 0초이므로 지선이의 100 m 달리기 기록은 평균과 같다.

② 정우와 기영이의 편차의 차는 $0.5-(-1)=1.5$(초)이므로 기록 차이는 1.5초이다.

③ $(\text{분산})=\dfrac{(-1)^2+0.5^2+0^2+2.5^2+(-2)^2}{5}=\dfrac{11.5}{5}=2.3$

$\therefore (\text{표준편차})=\sqrt{2.3}(\text{초})$

④ 편차가 작을수록 변량이 작아지므로 달리기 기록이 빠르다. 즉, 편차가 가장 작은 학생이 달리기 기록이 가장 빠르므로 달리기 기록이 가장 빠른 학생은 호태이다.

⑤ 편차가 가장 큰 학생이 달리기 기록이 가장 느리므로 달리기 기록이 가장 느린 학생은 소민이다.

따라서 옳지 않은 것은 ⑤이다.

12 a, b, c의 평균이 12, 분산이 $3^2=9$이므로

$\dfrac{a+b+c}{3}=12$, $\dfrac{(a-12)^2+(b-12)^2+(c-12)^2}{3}=9$

$4a+1$, $4b+1$, $4c+1$에 대하여

$(\text{평균})=\dfrac{(4a+1)+(4b+1)+(4c+1)}{3}$

$=4\times\dfrac{a+b+c}{3}+1$

$=4\times12+1=49$

$\therefore m=49$

$(\text{분산})=\dfrac{\{(4a+1)-49\}^2+\{(4b+1)-49\}^2+\{(4c+1)-49\}^2}{3}$

$=\dfrac{(4a-48)^2+(4b-48)^2+(4c-48)^2}{3}$

$=\dfrac{16(a-12)^2+16(b-12)^2+16(c-12)^2}{3}$

$=16\times\dfrac{(a-12)^2+(b-12)^2+(c-12)^2}{3}$

$=16\times9=144$

$(\text{표준편차})=\sqrt{144}=12$ $\therefore n=12$

$\therefore m-n=49-12=37$

13 나머지 학생 4명의 과학 실험평가 점수를 각각 a점, b점, c점, d점이라 하면 5명의 평균이 7점이므로

$\dfrac{a+b+c+d+7}{5}=7$

$a+b+c+d+7=35$ $\therefore a+b+c+d=28$

즉, 나머지 학생 4명의 과학 실험평가 점수의 평균은

$\dfrac{a+b+c+d}{4}=\dfrac{28}{4}=7(\text{점})$

5명의 분산이 2이므로

$\dfrac{(a-7)^2+(b-7)^2+(c-7)^2+(d-7)^2+(7-7)^2}{5}=2$

$\therefore (a-7)^2+(b-7)^2+(c-7)^2+(d-7)^2=10$

즉, 나머지 학생 4명의 과학 실험평가 점수의 분산은

$\dfrac{(a-7)^2+(b-7)^2+(c-7)^2+(d-7)^2}{4}=\dfrac{10}{4}=2.5$

$\therefore (\text{표준편차})=\sqrt{2.5}(\text{점})$

14 ①, ②, ③, ⑤ 평균과 표준편차로는 직원 수나 임금에 대하여 정확히 알 수 없다.

④ D 회사의 표준편차가 가장 작으므로 D 회사가 임금이 가장 고른 회사이다.

따라서 옳은 것은 ④이다.

15 A, B 두 모둠의 평균이 같으므로 두 모둠을 합친 전체의 평균은 변함이 없다.

A 모둠의 $\{(\text{편차})^2\text{의 총합}\}=6\times3^2=54$

B 모둠의 $\{(\text{편차})^2\text{의 총합}\}=8\times x^2=8x^2$

두 모둠을 합친 전체의 국어 성적의 분산은 $(\sqrt{13})^2=13$이므로

$\dfrac{54+8x^2}{6+8}=13$, $54+8x^2=182$, $x^2=16$

$\therefore x=4$ $(\because x>0)$

16 세 모둠 학생들이 하루에 외우는 영어 단어의 수를 표로 나타내면 다음과 같다.

단어의 수(개)	4	5	6	7	8
A 모둠(명)	4	2	3	2	4
B 모둠(명)	3	3	3	3	3
C 모둠(명)	2	3	5	3	2

ㄱ. $(\text{A 모둠의 평균})=\dfrac{4\times4+5\times2+6\times3+7\times2+8\times4}{15}$

$=\dfrac{90}{15}=6(\text{개})$

$(\text{B 모둠의 평균})=\dfrac{4\times3+5\times3+6\times3+7\times3+8\times3}{15}$

$=\dfrac{90}{15}=6(\text{개})$

$(\text{C 모둠의 평균})=\dfrac{4\times2+5\times3+6\times5+7\times3+8\times2}{15}$

$=\dfrac{90}{15}=6(\text{개})$

ㄴ. 세 모둠 A, B, C의 변량이 모두 15개이므로 중앙값은 8번째 학생이 외운 영어 단어의 수이다.

따라서 세 모둠의 중앙값은 모두 6개이다.

ㄷ. A 모둠의 최빈값은 4개, 8개이다.

ㄹ, ㅁ. 주어진 그래프에서 변량이 평균에서 가장 멀리 흩어진 것은 A 모둠이므로 A 모둠의 분산이 가장 크고, 변량이 평균 가까이에 가장 많이 모여 있는 것은 C 모둠이므로 C 모둠의 표준편차가 가장 작다.

따라서 옳은 것은 ㄱ, ㄴ, ㅁ이다.

17 금요일의 수면 시간을 x시간이라 하면

$$(\text{평균})=\frac{7+5+3+4+x}{5}=5$$에서

$19+x=25$ ∴ $x=6$

$$(\text{분산})=\frac{(7-5)^2+(5-5)^2+(3-5)^2+(4-5)^2+(6-5)^2}{5}$$

$$=\frac{4+0+4+1+1}{5}=\frac{10}{5}=2$$

∴ $(\text{표준편차})=\sqrt{2}$(시간)

서술형 문제 ──────────104쪽

01 $a<b<c$ **01-1** 6   **02** $\sqrt{1.6}$회

03 85   **04** 평균 : 8, 분산 : 18

01 채점 기준 **1** a의 값 구하기 … 2점

$$(\text{평균})=\frac{3+10+4+7+5+9+6+7+7+2}{10}$$

$$=\frac{60}{10}=6$$

∴ $a=6$

채점 기준 **2** b의 값 구하기 … 2점

변량을 크기순으로 나열하면

2, 3, 4, 5, 6, 7, 7, 7, 9, 10

변량이 10개이므로 중앙값은 5번째와 6번째 변량 6과 7의

평균인 $\frac{6+7}{2}=6.5$이다.

∴ $b=6.5$

채점 기준 **3** c의 값 구하기 … 2점

7이 3개로 가장 많으므로 최빈값은 7이다.

∴ $c=7$

채점 기준 **4** a, b, c의 대소 비교하기 … 1점

$a<b<c$

01-1 채점 기준 **1** a의 값 구하기 … 2점

$$(\text{평균})=\frac{1\times6+2\times1+3\times3+4\times7+5\times3}{20}$$

$$=\frac{60}{20}=3(\text{회})$$

∴ $a=3$

채점 기준 **2** b의 값 구하기 … 2점

변량이 20개이므로 중앙값은 변량을 크기순으로 나열하였을

때 10번째와 11번째 변량의 평균인

$\frac{3+4}{2}=3.5(\text{회})$

∴ $b=3.5$

채점 기준 **3** c의 값 구하기 … 2점

4회가 7명으로 가장 많으므로 최빈값은 4회이다.

∴ $c=4$

채점 기준 **4** $a+2b-c$의 값 구하기 … 1점

$a+2b-c=3+3.5\times2-4=6$

02 $(\text{평균})=\frac{1\times2+2\times1+3\times3+4\times3+5\times1}{10}$

$$=\frac{30}{10}=3(\text{회}) \quad\cdots\cdots\text{❶}$$

(분산)

$$=\frac{(1-3)^2\times2+(2-3)^2\times1+(3-3)^2\times3+(4-3)^2\times3+(5-3)^2\times1}{10}$$

$$=\frac{16}{10}=1.6 \quad\cdots\cdots\text{❷}$$

∴ $(\text{표준편차})=\sqrt{1.6}(\text{회}) \quad\cdots\cdots\text{❸}$

채점 기준	배점
❶ 평균 구하기	2점
❷ 분산 구하기	2점
❸ 표준편차 구하기	1점

03 $(\text{평균})=\frac{2+4+a+b+6}{5}=5$이므로

$12+a+b=25$ ∴ $a+b=13$ ……㉠ $\quad\cdots\cdots\text{❶}$

$(\text{분산})=\frac{(2-5)^2+(4-5)^2+(a-5)^2+(b-5)^2+(6-5)^2}{5}=3.2$

$9+1+(a^2-10a+25)+(b^2-10b+25)+1=16$

$a^2+b^2-10(a+b)+61=16$ ……㉡ $\quad\cdots\cdots\text{❷}$

㉠을 ㉡에 대입하면

$a^2+b^2-10\times13+61=16$ ∴ $a^2+b^2=85$ $\quad\cdots\cdots\text{❸}$

채점 기준	배점
❶ 평균을 이용하여 $a+b$의 값 구하기	2점
❷ 분산을 이용하여 a, b에 대한 식 세우기	2점
❸ a^2+b^2의 값 구하기	2점

04 a, b, c, d, e의 평균이 3, 분산이 2이므로

$$\frac{a+b+c+d+e}{5}=3,$$

$$\frac{(a-3)^2+(b-3)^2+(c-3)^2+(d-3)^2+(e-3)^2}{5}=2$$

$$\cdots\cdots\text{❶}$$

$3a-1$, $3b-1$, $3c-1$, $3d-1$, $3e-1$에 대하여

$(\text{평균})=\frac{(3a-1)+(3b-1)+(3c-1)+(3d-1)+(3e-1)}{5}$

$$=3\times\frac{a+b+c+d+e}{5}-1$$

$$=3\times3-1=8 \quad\cdots\cdots\text{❷}$$

(분산)

$$=\frac{(3a-1-8)^2+(3b-1-8)^2+(3c-1-8)^2+(3d-1-8)^2+(3e-1-8)^2}{5}$$

$$=\frac{(3a-9)^2+(3b-9)^2+(3c-9)^2+(3d-9)^2+(3e-9)^2}{5}$$

$$=\frac{9(a-3)^2+9(b-3)^2+9(c-3)^2+9(d-3)^2+9(e-3)^2}{5}$$

$$=9\times\frac{(a-3)^2+(b-3)^2+(c-3)^2+(d-3)^2+(e-3)^2}{5}$$

$$=9\times2=18 \quad\cdots\cdots\text{❸}$$

채점 기준	배점
❶ a, b, c, d, e의 평균과 분산을 식으로 나타내기	2점
❷ $3a-1$, $3b-1$, $3c-1$, $3d-1$, $3e-1$의 평균 구하기	3점
❸ $3a-1$, $3b-1$, $3c-1$, $3d-1$, $3e-1$의 분산 구하기	3점

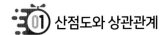

2 상관관계

01 산점도와 상관관계

106쪽~111쪽

1	풀이 참조	1-❶ 풀이 참조
2	(1) 2명 (2) 3명 (3) 5명 (4) 2명 (5) 2명	
2-❶	(1) 5 ℃ (2) 80 % (3) 4개월 (4) 7개월 (5) 2개월	
3	(1) 6명 (2) 5명 (3) 9명	
3-❶	(1) 5명 (2) 12명 (3) 13명	
4	16 %	4-❶ 2
5	풀이 참조	5-❶ 풀이 참조
6	(1) 4명 (2) 7명 (3) 90점	
6-❶	(1) 4명 (2) 8명 (3) 9점	
7	(1) ㄱ, ㄷ (2) ㄹ (3) ㄴ (4) ㄱ (5) ㄹ	
7-❶	(1) ㄴ (2) ㄱ, ㄹ (3) ㄷ (4) ㄴ	
8	(1) 음의 상관관계 (2) A (3) B	
8-❶	(1) 양의 상관관계 (2) C, A (3) B (4) D	

1

1-❶

2

(1) 팔굽혀펴기 횟수가 14회인 학생은 ○ 표시한 점이므로 2명이다.

(2) 턱걸이 횟수가 5회인 학생은 노란색 직선 위의 점이므로 3명이다.

(3) 팔굽혀펴기 횟수가 5회 이하인 학생은 색칠한 부분(경계선 포함)에 속하므로 5명이다.

(4) 턱걸이 횟수가 8회 이상인 학생은 빗금친 부분(경계선 포함)에 속하므로 2명이다.

(5) 팔굽혀펴기 횟수가 12회 이상이고 턱걸이 횟수가 7회 미만인 학생은 ◎ 표시한 점이므로 2명이다.

2-❶

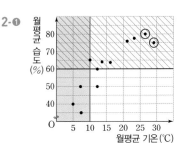

(1) 월평균 기온이 가장 낮은 달의 월평균 기온은 5 ℃이다.

(2) 월평균 습도가 가장 높은 달의 월평균 습도는 80 %이다.

(3) 월평균 기온이 10 ℃ 이하인 달은 색칠한 부분(경계선 포함)에 속하므로 4개월이다.

(4) 월평균 습도가 60 % 초과인 달은 빗금친 부분(경계선 제외)에 속하므로 7개월이다.

(5) 월평균 기온이 25 ℃ 이상이고 월평균 습도가 70 % 이상인 달은 ○ 표시한 점이므로 2개월이다.

3

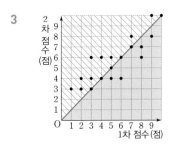

(1) 1차 점수와 2차 점수가 같은 학생은 대각선 위의 점이므로 6명이다.

(2) 1차 점수가 2차 점수보다 높은 학생은 색칠한 부분(경계선 제외)에 속하므로 5명이다.

(3) 1차 점수가 2차 점수보다 낮은 학생은 빗금친 부분(경계선 제외)에 속하므로 9명이다.

3-❶

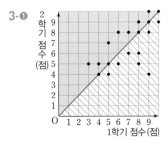

(1) 1학기 점수와 2학기 점수가 같은 학생은 대각선 위의 점이므로 5명이다.

(2) 1학기 점수가 2학기 점수보다 낮거나 같은 학생은 색칠한 부분(경계선 포함)에 속하므로 12명이다.

(3) 1학기 점수가 2학기 점수보다 높거나 같은 학생은 빗금친 부분(경계선 포함)에 속하므로 13명이다.

4

국어 점수와 영어 점수가 같은 학생은 대각선 위의 점이므로 4명이다.

따라서 전체의 $\dfrac{4}{25} \times 100 = 16(\%)$

4-❶ 수행평가 점수에 비해 지필고사 점수가 높은 학생은 대각선의 위쪽에 있는 점이므로 9명이다.

$\therefore a=9$

수행평가 점수에 비해 지필고사 점수가 낮은 학생은 대각선의 아래쪽에 있는 점이므로 7명이다.

$\therefore b=7$

$\therefore a-b=9-7=2$

5 (1) 두 변량 x, y의 합이 6인 직선은 오른쪽 그림과 같다.

(2) 두 변량 x, y의 차가 4인 직선은 오른쪽 그림과 같다.

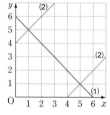

5-❶ (1) 두 변량 x, y의 합이 5 미만인 영역을 나타내면 오른쪽 그림에서 색칠한 부분(경계선 제외)과 같다.

(2) 두 변량 x, y의 차가 5 이상인 영역을 나타내면 오른쪽 그림에서 빗금친 부분(경계선 포함)과 같다.

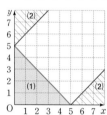

6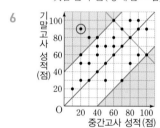

(1) 중간고사 성적과 기말고사 성적의 평균이 80점, 즉 성적의 합이 160점인 학생은 노란색 직선 위의 점이므로 4명이다.

(2) 중간고사 성적과 기말고사 성적의 차가 40점 이상인 학생은 색칠한 부분(경계선 포함)에 속하므로 7명이다.

(3) 대각선으로부터 위쪽으로 가장 멀리 떨어진 점은 ○ 표시한 점이므로 그 학생의 기말고사 성적은 90점이다.

6-❶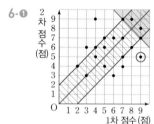

(1) 1차 점수와 2차 점수의 합이 16점 이상인 학생은 색칠한 부분(경계선 포함)에 속하므로 4명이다.

(2) 1차 점수와 2차 점수의 차가 2점 미만인 학생은 빗금친 부분(경계선 제외)에 속하므로 8명이다.

(3) 대각선으로부터 아래쪽으로 가장 멀리 떨어진 점은 ○ 표시한 점이므로 그 학생의 1차 점수는 9점이다.

7 (5) 산의 높이가 높아질수록 기온은 낮아지므로 산의 높이와 기온 사이에는 음의 상관관계가 있다. 따라서 산점도로 알맞은 것은 ㄹ이다.

7-❶ (4) 도시의 인구수가 많아질수록 교통량은 일반적으로 많아지므로 도시의 인구수와 교통량 사이에는 양의 상관관계가 있다. 따라서 산점도로 알맞은 것은 ㄴ이다.

8 (1) 휴대 전화 사용 시간과 수면 시간 중 한쪽의 값이 증가함에 따라 다른 한쪽의 값이 대체로 감소하는 관계이므로 음의 상관관계이다.

8-❶ (1) 키와 몸무게 중 한쪽의 값이 증가함에 따라 다른 한쪽의 값도 대체로 증가하는 관계이므로 양의 상관관계이다.

개념 완성하기 ───────────112쪽~113쪽

01 (1) 7명 (2) 6.5점 (3) 8명 **02** (1) 25 % (2) 14.8 g

03 (1) 5명 (2) 10 % **04** (1) 3명 (2) 20 %

05 ③ **06** ⑤ **07** ③ **08** ㄱ, ㄴ

09 (1) C (2) A **10** (1) A (2) A, B

01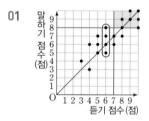

(1) 듣기 점수가 7점 이상이고 말하기 점수가 8점 이상인 학생은 색칠한 부분(경계선 포함)에 속하므로 7명이다.

(2) 듣기 점수가 6점인 학생은 ○ 표시한 점이므로 말하기 점수의 평균은

$$\frac{5+6+7+8}{4}=\frac{26}{4}=6.5(점)$$

(3) 말하기 점수가 듣기 점수보다 높은 학생은 대각선 위쪽(경계선 제외)에 있는 점이므로 8명이다.

02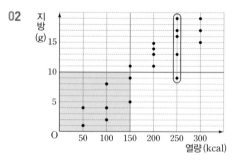

(1) 열량이 150 kcal 미만이면서 지방 함량이 10 g 미만인 음식은 색칠한 부분(경계선 제외)에 속하므로 5개이다.

따라서 전체의 $\frac{5}{20}\times100=25(\%)$

(2) 열량이 250 kcal인 음식은 ○ 표시한 점이므로 지방 함량의 평균은

$$\frac{9+13+16+17+19}{5}=\frac{74}{5}=14.8(g)$$

03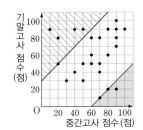

(1) 윗몸 일으키기 횟수와 팔굽혀펴기 횟수의 평균이 6회 이하, 즉 윗몸 일으키기 횟수와 팔굽혀펴기 횟수의 합이 12회 이하인 학생은 색칠한 부분(경계선 포함)에 속하므로 5명이다.

(2) 윗몸 일으키기 횟수와 팔굽혀펴기 횟수의 합이 25회 이상인 학생은 빗금친 부분(경계선 포함)에 속하므로 2명이다.

따라서 전체의 $\dfrac{2}{20} \times 100 = 10(\%)$

04 (1) 중간고사 점수보다 기말고사 점수가 60점 이상 하락한 학생은 색칠한 부분(경계선 포함)에 속하므로 3명이다.

(2) 중간고사 점수보다 기말고사 점수가 30점 이상 상승한 학생은 빗금친 부분(경계선 포함)에 속하므로 5명이다.

따라서 전체의 $\dfrac{5}{25} \times 100 = 20(\%)$

05 ①, ②, ④, ⑤ 양의 상관관계
③ 음의 상관관계
따라서 나머지 넷과 다른 하나는 ③이다.

06 주어진 산점도는 양의 상관관계를 나타내므로 주어진 그래프와 같은 산점도로 나타낼 수 있는 것은 ⑤이다.

08 ㄷ. B 산점도는 A 산점도보다 약한 상관관계가 있다.
따라서 옳은 것은 ㄱ, ㄴ이다.

09 (2) 대각선의 위쪽에 있는 점이므로 A이다.

10 (2) 대각선의 위쪽에 있는 점이므로 A, B이다.

실력 확인하기 ──────── 114쪽

01 8.2점   **02** 5.6점   **03** ㄱ, ㄴ   **04** ③

05 7개 팀   **06** 18점

01 1차 점수가 8점 이상인 학생은 색칠한 부분(경계선 포함)에 속하므로

$$(\text{평균}) = \frac{6+7+8+10+10}{5}$$
$$= \frac{41}{5} = 8.2(\text{점})$$

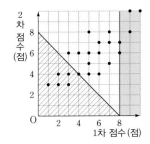

02 1차 점수와 2차 점수의 합이 8점 미만인 학생은 빗금친 부분(경계선 제외)에 속하므로 순서쌍 (1차 점수, 2차 점수)로 나타내면 (1, 3), (2, 3), (2, 4), (3, 3), (3, 4)이다. 즉, 1차 점수와 2차 점수의 합은 4점, 5점, 6점, 6점, 7점이므로

$$(\text{평균}) = \frac{4+5+6+6+7}{5} = \frac{28}{5} = 5.6(\text{점})$$

03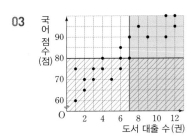

ㄴ. 도서 대출 수가 7권 이상인 학생은 색칠한 부분(경계선 포함)에 속하므로

$$(\text{평균}) = \frac{80+90 \times 3+95 \times 2+100 \times 2}{8}$$
$$= \frac{740}{8} = 92.5(\text{점})$$

ㄷ. 국어 점수가 80점 미만인 학생은 빗금친 부분(경계선 제외)에 속하므로 9명이다.

따라서 전체의 $\dfrac{9}{20} \times 100 = 45(\%)$

따라서 옳은 것은 ㄱ, ㄴ이다.

04 ① 나이와 수확량 사이에는 양의 상관관계가 있다.
② 나이가 8년 이상인 나무 중에서 수확량이 45 kg 미만인 나무가 있다.
④ 수확량이 45 kg 이하인 나무의 나이는 10년 이하이다.
⑤ 수확량이 가장 많은 나무의 나이가 가장 많다.
따라서 옳은 것은 ③이다.

05
> **전략 코칭**
> 적어도 한 번은 8점 이상을 받았다.
> → 1차 점수 또는 2차 점수 중 한 번만 8점 이상을 받아도 성립한다.

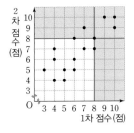

1차 점수와 2차 점수 중 적어도 한 번은 8점 이상을 받은 팀은 색칠한 부분(경계선 포함)에 속하므로 7개 팀이다.

06
> **전략 코칭**
> 주어진 산점도에서 오른쪽 상단에 있을수록 두 변량의 합이 크다.

1차 점수와 2차 점수의 총점이 높은 순으로 5개 팀의 점수를
순서쌍 (1차 점수, 2차 점수)로 나타내면
$(10, 10), (10, 9), (9, 10), (8, 8), (7, 9)$
이므로 두 점수의 총점은 20점, 19점, 19점, 16점, 16점이다.
$$\therefore (평균) = \frac{20+19+19+16+16}{5} = \frac{90}{5} = 18(점)$$

실젠! 중단원 마무리 ─────────── 115쪽~116쪽

01 ④	02 35 %	03 ④	04 ⑤
05 ③	06 ⑤	07 ⑤	08 ①
09 ③	10 C	11 ④	12 14.4점

01 국어 점수와 영어 점수가
모두 90점 이상인 학생은
색칠한 부분(경계선 포함)
에 속하므로 6명이다.

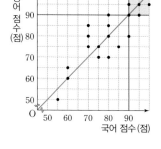

02 국어 점수보다 영어 점수
가 높은 학생은 대각선의
위쪽(경계선 제외)에 속하
므로 7명이다.

따라서 전체의 $\frac{7}{20} \times 100 = 35(\%)$

03 ㄱ. 영어 점수가 75점인 학생은 3명이다.
ㄷ. 국어 점수와 영어 점수 사이에는 양의 상관관계가 있다.
따라서 옳은 것은 ㄴ, ㄹ이다.

04 2차 점수가 8점인 학생들의 1차 점수는 각각 8점, 9점이므로
$$(평균) = \frac{8+9}{2} = \frac{17}{2} = 8.5(점)$$

05 1차 점수와 2차 점수의 차가
2점 이상인 학생은 색칠한 부
분(경계선 포함)에 속하므로
5명이다.

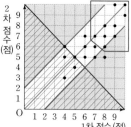

06 ② 대각선 위의 점이므로 5명
이다.
④ 1차 점수와 2차 점수의 합
이 10점 미만인 학생은 빗금친 부분(경계선 제외)에 속하
므로 3명이다.
$$\therefore \frac{3}{20} \times 100 = 15(\%)$$
⑤ 1차 점수와 2차 점수의 평균이 7점 이상인 학생은 □ 표
시한 점이므로 9명이다.
$$\therefore \frac{9}{20} \times 100 = 45(\%)$$
따라서 틀리게 말한 학생은 ⑤ 지윤이다.

08 신발의 크기와 발의 길이 사이에는 양의 상관관계가 있다.

09 ㄷ의 산점도는 음의 상관관계를 나타내므로 ③이다.

10 대각선의 아래쪽에 있는 점이므로 C이다.

11 ④ A, B, C, D, E 5일 중 일평균 기온이 가장 낮은 날은 A
이다.

12 상위 20 %가 본선에 진출하므로 본선에 진출하는 학생 수는
$$25 \times \frac{20}{100} = 5(명)$$
상위 20 %인 5명의 성적을 순서쌍 (1차 성적, 2차 성적)으
로 나타내면
$(8, 9), (7, 8), (7, 7), (7, 6), (6, 7)$
이므로 1차 성적과 2차 성적의 합은
17점, 15점, 14점, 13점, 13점이다.
따라서 1차 성적과 2차 성적의 합의 평균은
$$\frac{17+15+14+13+13}{5} = \frac{72}{5} = 14.4(점)$$

서술형 문제 ─────────── 117쪽

01 65점	01-1 10.4점	02 풀이 참조
03 (1) 45 %	(2) 17.5회	

01 채점 기준 ① 영어 성적보다 수학 성적이 더 높은 학생 수 구하기
··· 2점

영어 성적보다 수학 성적이 더
높은 학생은 대각선의 아래쪽에
있는 점이므로 10명이다.

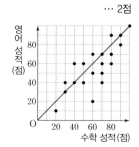

채점 기준 ② 평균 구하기 ··· 3점
$$(평균) = \frac{20 \times 1 + 50 \times 1 + 60 \times 2 + 70 \times 3 + 80 \times 2 + 90 \times 1}{10}$$
$$= \frac{650}{10} = 65(점)$$

01-1 채점 기준 ① 1학기 점수와 2학기 점수가
같은 학생 수 구하기 ··· 2점
1학기 점수와 2학기 점수가 같은
학생은 대각선 위의 점이므로 5명
이다.

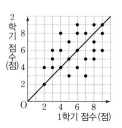

채점 기준 ② 평균 구하기 ⋯ 3점

1학기 점수와 2학기 점수가 같은 학생들의 점수를 순서쌍
(1학기 점수, 2학기 점수)로 나타내면
$(2, 2), (4, 4), (5, 5), (6, 6), (9, 9)$
이므로 그 합은 4점, 8점, 10점, 12점, 18점이다.

$$\therefore (평균) = \frac{4+8+10+12+18}{5} = \frac{52}{5} = 10.4(점)$$

02 주어진 변량의 순서쌍 (x, y)를 좌표
로 하는 점을 추가하여 산점도를 그리
면 오른쪽 그림과 같다. ⋯⋯⋯ ❶
따라서 두 변량 x와 y 사이에는 양의
상관관계가 있다. ⋯⋯⋯ ❷

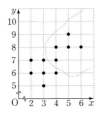

채점 기준	배점
❶ 찢어진 부분의 산점도 그리기	2점
❷ 상관관계 말하기	2점

03 (1) 윗몸 일으키기 횟수가
1차보다 2차에서 2회
이상 향상된 학생은 색
칠한 부분(경계선 포
함)에 속하므로 9명이
다. ⋯⋯⋯ ❶
따라서 전체의
$\frac{9}{20} \times 100 = 45(\%)$ ⋯⋯⋯ ❷

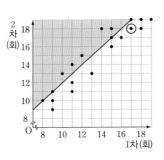

(2) 5등인 학생은 ○ 표시한 점이므로 1차 횟수와 2차 횟수는
각각 17회, 18회이다. ⋯⋯⋯ ❸

$$\therefore (평균) = \frac{17+18}{2} = \frac{35}{2} = 17.5(회) \qquad ⋯⋯⋯ ❹$$

채점 기준	배점
❶ 1차보다 2차에서 2회 이상 향상된 학생 수 구하기	2점
❷ 전체의 몇 %인지 구하기	1점
❸ 5등인 학생의 1차 횟수와 2차 횟수 각각 구하기	1점
❹ 평균 구하기	2점

워크북 정답 및 풀이

I. 삼각비

1 삼각비

01 삼각비

개념 확인문제 ──── 2쪽

01 (1) $\dfrac{3\sqrt{13}}{13}$ (2) $\dfrac{2\sqrt{13}}{13}$ (3) $\dfrac{2\sqrt{13}}{13}$ (4) $\dfrac{3\sqrt{13}}{13}$

　　(5) $\dfrac{3}{2}$ (6) $\dfrac{2}{3}$

02 (1) $2\sqrt{6}$ (2) $\sin A=\dfrac{2\sqrt{6}}{7}$, $\cos A=\dfrac{5}{7}$, $\tan A=\dfrac{2\sqrt{6}}{5}$

　　(3) $\sin C=\dfrac{5}{7}$, $\cos C=\dfrac{2\sqrt{6}}{7}$, $\tan C=\dfrac{5\sqrt{6}}{12}$

03 $4\sqrt{6}$, $4\sqrt{6}$, $4\sqrt{3}$, $\overline{AB}$, $\sqrt{2}$

04 (1) 14 (2) $8\sqrt{2}$ **05** (1) $\dfrac{\sqrt{7}}{4}$ (2) $\dfrac{3\sqrt{7}}{7}$

06 (1) $\sqrt{3}$ (2) 0 (3) $\dfrac{1}{2}$ (4) $-\dfrac{1}{6}$

07 (1) $x=4\sqrt{3}$, $y=4$ (2) $x=8\sqrt{2}$, $y=8\sqrt{2}$

---

02 (1) $\overline{BC}=\sqrt{7^2-5^2}=\sqrt{24}=2\sqrt{6}$

　　(2) $\sin A=\dfrac{\overline{BC}}{\overline{AC}}=\dfrac{2\sqrt{6}}{7}$

　　　$\cos A=\dfrac{\overline{AB}}{\overline{AC}}=\dfrac{5}{7}$

　　　$\tan A=\dfrac{\overline{BC}}{\overline{AB}}=\dfrac{2\sqrt{6}}{5}$

　　(3) $\sin C=\dfrac{\overline{AB}}{\overline{AC}}=\dfrac{5}{7}$

　　　$\cos C=\dfrac{\overline{BC}}{\overline{AC}}=\dfrac{2\sqrt{6}}{7}$

　　　$\tan C=\dfrac{\overline{AB}}{\overline{BC}}=\dfrac{5}{2\sqrt{6}}=\dfrac{5\sqrt{6}}{12}$

04 (1) $\sin B=\dfrac{\overline{AC}}{18}=\dfrac{7}{9}$이므로 $\overline{AC}=14$

　　(2) $\overline{BC}=\sqrt{18^2-14^2}=\sqrt{128}=8\sqrt{2}$

05 $\sin A=\dfrac{3}{4}$이므로 오른쪽 그림과 같은

직각삼각형 ABC를 그릴 수 있다.

∴ $\overline{AB}=\sqrt{4^2-3^2}=\sqrt{7}$

(1) $\cos A=\dfrac{\sqrt{7}}{4}$

(2) $\tan A=\dfrac{3}{\sqrt{7}}=\dfrac{3\sqrt{7}}{7}$

06 (1) $\sin 60°+\cos 30°=\dfrac{\sqrt{3}}{2}+\dfrac{\sqrt{3}}{2}=\sqrt{3}$

　　(2) $\cos 45°-\sin 45°=\dfrac{\sqrt{2}}{2}-\dfrac{\sqrt{2}}{2}=0$

　　(3) $\cos 60°\times\tan 45°=\dfrac{1}{2}\times 1=\dfrac{1}{2}$

　　(4) $\tan 30°\div\tan 60°-\sin 30°=\dfrac{\sqrt{3}}{3}\div\sqrt{3}-\dfrac{1}{2}$

　　　　$=\dfrac{1}{3}-\dfrac{1}{2}=-\dfrac{1}{6}$

07 (1) $\cos 30°=\dfrac{x}{8}=\dfrac{\sqrt{3}}{2}$ ∴ $x=4\sqrt{3}$

　　　$\sin 30°=\dfrac{y}{8}=\dfrac{1}{2}$ ∴ $y=4$

　　(2) $\sin 45°=\dfrac{x}{16}=\dfrac{\sqrt{2}}{2}$ ∴ $x=8\sqrt{2}$

　　　$\cos 45°=\dfrac{y}{16}=\dfrac{\sqrt{2}}{2}$ ∴ $y=8\sqrt{2}$

개념 완성하기 ──── 3쪽~5쪽

01 $\dfrac{\sqrt{7}}{4}$ **02** ② **03** $\dfrac{12}{13}$ **04** $\dfrac{3\sqrt{13}}{13}$

05 $6\sqrt{7}$ cm² **06** $\dfrac{21}{10}$ **07** ⑤ **08** ④

09 $\dfrac{4}{5}$ **10** $\dfrac{31}{25}$ **11** $\dfrac{17}{13}$ **12** ②

13 $\dfrac{5}{2}$ **14** $\dfrac{1}{2}$ **15** $2\sqrt{3}$ cm

16 $x=\dfrac{8}{3}$, $y=\dfrac{8\sqrt{3}}{3}$ **17** (1) 4 (2) $2\sqrt{6}$ (3) $4(3+\sqrt{6})$

18 $\dfrac{\sqrt{6}}{3}$ **19** $\dfrac{\sqrt{2}}{2}$ **20** $\dfrac{1}{5}$ **21** $\dfrac{9}{10}$

---

01 $\overline{AC}=\sqrt{12^2-9^2}=\sqrt{63}=3\sqrt{7}$이므로

$\sin B=\dfrac{\overline{AC}}{\overline{AB}}=\dfrac{3\sqrt{7}}{12}=\dfrac{\sqrt{7}}{4}$

02 $\overline{AB}=\sqrt{5^2+(\sqrt{5})^2}=\sqrt{30}$이므로

$\sin A=\dfrac{\overline{BC}}{\overline{AB}}=\dfrac{5}{\sqrt{30}}=\dfrac{\sqrt{30}}{6}$

$\sin B=\dfrac{\overline{AC}}{\overline{AB}}=\dfrac{\sqrt{5}}{\sqrt{30}}=\dfrac{\sqrt{6}}{6}$

∴ $\sin A\times\sin B=\dfrac{\sqrt{30}}{6}\times\dfrac{\sqrt{6}}{6}=\dfrac{\sqrt{5}}{6}$

03 $\overline{BC}=\sqrt{13^2-12^2}=\sqrt{25}=5$이므로

$\cos B=\dfrac{\overline{BC}}{\overline{AB}}=\dfrac{5}{13}$, $\tan B=\dfrac{\overline{AC}}{\overline{BC}}=\dfrac{12}{5}$

∴ $\cos B\times\tan B=\dfrac{5}{13}\times\dfrac{12}{5}=\dfrac{12}{13}$

04 $\tan A=\dfrac{8}{\overline{AB}}=\dfrac{2}{3}$이므로 $\overline{AB}=12\,(\text{cm})$

$\overline{AC}=\sqrt{8^2+12^2}=\sqrt{208}=4\sqrt{13}\,(\text{cm})$

∴ $\cos A=\dfrac{\overline{AB}}{\overline{AC}}=\dfrac{12}{4\sqrt{13}}=\dfrac{3\sqrt{13}}{13}$

05 $\sin A = \dfrac{\overline{BC}}{8} = \dfrac{\sqrt{7}}{4}$이므로 $\overline{BC} = 2\sqrt{7}\,(\text{cm})$

$\overline{AC} = \sqrt{8^2 - (2\sqrt{7})^2} = \sqrt{36} = 6\,(\text{cm})$

$\therefore \triangle ABC = \dfrac{1}{2} \times 2\sqrt{7} \times 6 = 6\sqrt{7}\,(\text{cm}^2)$

06 $\cos A = \dfrac{2}{5}$이므로 오른쪽 그림과 같은 직각삼

각형 ABC를 그릴 수 있다.

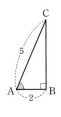

$\overline{BC} = \sqrt{5^2 - 2^2} = \sqrt{21}$이므로

$\sin A = \dfrac{\sqrt{21}}{5}$, $\tan A = \dfrac{\sqrt{21}}{2}$

$\therefore \sin A \times \tan A = \dfrac{\sqrt{21}}{5} \times \dfrac{\sqrt{21}}{2} = \dfrac{21}{10}$

07 $\tan A = 3$이므로 오른쪽 그림과 같은 직각삼

형 ABC를 그릴 수 있다.

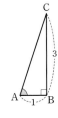

$\overline{AC} = \sqrt{1^2 + 3^2} = \sqrt{10}$이므로

$\sin A = \dfrac{3}{\sqrt{10}} = \dfrac{3\sqrt{10}}{10}$, $\cos A = \dfrac{1}{\sqrt{10}} = \dfrac{\sqrt{10}}{10}$

$\therefore \sin A \times \cos A = \dfrac{3\sqrt{10}}{10} \times \dfrac{\sqrt{10}}{10} = \dfrac{3}{10}$

08 $\triangle ABC \backsim \triangle EDC\,(\text{AA 닮음})$이므로

$\angle ABC = \angle EDC = x$

$\triangle ABC$에서 $\overline{AB} = \sqrt{9^2 - 6^2} = \sqrt{45} = 3\sqrt{5}$이므로

$\cos x = \cos B = \dfrac{3\sqrt{5}}{9} = \dfrac{\sqrt{5}}{3}$

09 $\triangle EBD \backsim \triangle ABC\,(\text{AA 닮음})$이므로

$\angle BDE = \angle BCA = x$

$\triangle DBE$에서 $\overline{BE} = \sqrt{5^2 - 3^2} = \sqrt{16} = 4$이므로

$\sin x = \sin(\angle BDE) = \dfrac{4}{5}$

10 $\triangle ABC \backsim \triangle DBA\,(\text{AA 닮음})$이므로

$\angle ACB = \angle DAB = x$

$\triangle ABC$에서 $\overline{BC} = \sqrt{24^2 + 7^2} = \sqrt{625} = 25$이므로

$\sin x = \sin C = \dfrac{24}{25}$, $\cos x = \cos C = \dfrac{7}{25}$

$\therefore \sin x + \cos x = \dfrac{24}{25} + \dfrac{7}{25} = \dfrac{31}{25}$

11 $\triangle ABC \backsim \triangle ACD \backsim \triangle CBD\,(\text{AA 닮음})$이므로

$\angle ABC = \angle ACD = x$, $\angle CAB = \angle DCB = y$

$\triangle ABC$에서 $\overline{BC} = \sqrt{13^2 - 5^2} = \sqrt{144} = 12\,(\text{cm})$이므로

$\cos x = \cos B = \dfrac{12}{13}$, $\cos y = \cos A = \dfrac{5}{13}$

$\therefore \cos x + \cos y = \dfrac{12}{13} + \dfrac{5}{13} = \dfrac{17}{13}$

12 $\cos 60° \times \tan 30° - \tan 45° \times \sin 60°$

$= \dfrac{1}{2} \times \dfrac{\sqrt{3}}{3} - 1 \times \dfrac{\sqrt{3}}{2}$

$= \dfrac{\sqrt{3}}{6} - \dfrac{\sqrt{3}}{2} = -\dfrac{\sqrt{3}}{3}$

13 $\sqrt{3} \times \sin 30° \times \tan 60° + \sqrt{2} \times \cos 45°$

$= \sqrt{3} \times \dfrac{1}{2} \times \sqrt{3} + \sqrt{2} \times \dfrac{\sqrt{2}}{2}$

$= \dfrac{3}{2} + 1 = \dfrac{5}{2}$

14 $\cos 30° \times \tan 30° + \sin 30° \times \tan 45° - \sin 45° \times \cos 45°$

$= \dfrac{\sqrt{3}}{2} \times \dfrac{\sqrt{3}}{3} + \dfrac{1}{2} \times 1 - \dfrac{\sqrt{2}}{2} \times \dfrac{\sqrt{2}}{2}$

$= \dfrac{1}{2} + \dfrac{1}{2} - \dfrac{1}{2} = \dfrac{1}{2}$

15 $\triangle ABC$에서 $\tan 60° = \dfrac{\overline{BC}}{\sqrt{2}} = \sqrt{3}$이므로

$\overline{BC} = \sqrt{6}\,(\text{cm})$

$\triangle DBC$에서 $\sin 45° = \dfrac{\sqrt{6}}{\overline{BD}} = \dfrac{\sqrt{2}}{2}$이므로

$\overline{BD} = 2\sqrt{3}\,(\text{cm})$

16 $\triangle CHB$에서 $\tan 30° = \dfrac{y}{8} = \dfrac{\sqrt{3}}{3}$이므로 $y = \dfrac{8\sqrt{3}}{3}$

$\triangle ABC$에서 $\angle A = 180° - (90° + 30°) = 60°$

$\triangle CAH$에서 $\tan 60° = \dfrac{y}{x} = \sqrt{3}$이므로 $x = \dfrac{y}{\sqrt{3}}$

$\therefore x = \dfrac{8\sqrt{3}}{3} \times \dfrac{1}{\sqrt{3}} = \dfrac{8}{3}$

17 (1) $\triangle ABC$에서 $\cos 60° = \dfrac{\overline{AB}}{8} = \dfrac{1}{2}$이므로 $\overline{AB} = 4$

(2) $\triangle ABC$에서 $\sin 60° = \dfrac{\overline{AC}}{8} = \dfrac{\sqrt{3}}{2}$이므로 $\overline{AC} = 4\sqrt{3}$

　　$\triangle ACD$에서 $\cos 45° = \dfrac{\overline{AD}}{4\sqrt{3}} = \dfrac{\sqrt{2}}{2}$이므로 $\overline{AD} = 2\sqrt{6}$

(3) $\triangle ACD$에서 $\tan 45° = \dfrac{\overline{CD}}{2\sqrt{6}} = 1$이므로 $\overline{CD} = 2\sqrt{6}$

　　따라서 사각형 ABCD의 둘레의 길이는

　　$\overline{AB} + \overline{BC} + \overline{CD} + \overline{AD} = 4 + 8 + 2\sqrt{6} + 2\sqrt{6}$

　　　　　　　　　　　　　　$= 4(3 + \sqrt{6})$

18 직각삼각형 EFG에서

$\overline{EG} = \sqrt{4^2 + 4^2} = \sqrt{32} = 4\sqrt{2}$

직각삼각형 CEG에서

$\overline{CE} = \sqrt{(4\sqrt{2})^2 + 4^2} = \sqrt{48} = 4\sqrt{3}$

$\therefore \cos x = \dfrac{\overline{EG}}{\overline{CE}} = \dfrac{4\sqrt{2}}{4\sqrt{3}} = \dfrac{\sqrt{6}}{3}$

19 직각삼각형 EFG에서

$\overline{EG} = \sqrt{12^2 + 5^2} = \sqrt{169} = 13$

직각삼각형 AEG에서

$\overline{AG} = \sqrt{13^2 + 13^2} = \sqrt{338} = 13\sqrt{2}$

$\therefore \cos x = \dfrac{\overline{EG}}{\overline{AG}} = \dfrac{13}{13\sqrt{2}} = \dfrac{\sqrt{2}}{2}$

20 직선이 x축, y축과 만나는 점을 각각 A, B라 하고

$x - 5y + 10 = 0$에

$y = 0$을 대입하면 $x = -10$이므로 $A(-10, 0)$

$x = 0$을 대입하면 $y = 2$이므로 $B(0, 2)$

직각삼각형 AOB에서 $\overline{\text{OA}}=10$, $\overline{\text{OB}}=2$이므로

$\tan a = \dfrac{\overline{\text{OB}}}{\overline{\text{OA}}} = \dfrac{2}{10} = \dfrac{1}{5}$

21 $6x-2y+3=0$에

$y=0$을 대입하면 $x=-\dfrac{1}{2}$이므로 $\text{A}\left(-\dfrac{1}{2},\ 0\right)$

$x=0$을 대입하면 $y=\dfrac{3}{2}$이므로 $\text{B}\left(0,\ \dfrac{3}{2}\right)$

직각삼각형 AOB에서 $\overline{\text{OA}}=\dfrac{1}{2}$, $\overline{\text{OB}}=\dfrac{3}{2}$이므로

$\overline{\text{AB}} = \sqrt{\left(\dfrac{1}{2}\right)^2 + \left(\dfrac{3}{2}\right)^2} = \sqrt{\dfrac{5}{2}} = \dfrac{\sqrt{10}}{2}$

$\sin A = \dfrac{\overline{\text{OB}}}{\overline{\text{AB}}} = \dfrac{3}{2} \times \dfrac{2}{\sqrt{10}} = \dfrac{3\sqrt{10}}{10}$

$\cos A = \dfrac{\overline{\text{OA}}}{\overline{\text{AB}}} = \dfrac{1}{2} \times \dfrac{2}{\sqrt{10}} = \dfrac{\sqrt{10}}{10}$

$\tan A = \dfrac{\overline{\text{OB}}}{\overline{\text{OA}}} = \dfrac{3}{2} \times 2 = 3$

$\therefore \sin A \times \cos A \times \tan A = \dfrac{3\sqrt{10}}{10} \times \dfrac{\sqrt{10}}{10} \times 3 = \dfrac{9}{10}$

02 예각의 삼각비

한번 더
개념 확인문제 ──────────6쪽

01 (1) $\overline{\text{AB}}$ (2) $\overline{\text{OA}}$ (3) $\overline{\text{CD}}$

02 (1) 0.8387 (2) 0.5446 (3) 1.5399

03 (1) 2 (2) 0 (3) 5

04 (1) < (2) > (3) <

05 (1) 0.6018 (2) 0.7880 (3) 0.7265

06 (1) 15° (2) 13° (3) 14°

01 (1) $\sin x = \dfrac{\overline{\text{AB}}}{\overline{\text{OB}}} = \dfrac{\overline{\text{AB}}}{1} = \overline{\text{AB}}$

(2) $\cos x = \dfrac{\overline{\text{OA}}}{\overline{\text{OB}}} = \dfrac{\overline{\text{OA}}}{1} = \overline{\text{OA}}$

(3) $\tan x = \dfrac{\overline{\text{CD}}}{\overline{\text{OC}}} = \dfrac{\overline{\text{CD}}}{1} = \overline{\text{CD}}$

02 (1) $\sin 57° = \dfrac{\overline{\text{AB}}}{\overline{\text{OA}}} = \dfrac{\overline{\text{AB}}}{1} = \overline{\text{AB}} = 0.8387$

(2) $\cos 57° = \dfrac{\overline{\text{OB}}}{\overline{\text{OA}}} = \dfrac{\overline{\text{OB}}}{1} = \overline{\text{OB}} = 0.5446$

(3) $\tan 57° = \dfrac{\overline{\text{CD}}}{\overline{\text{OD}}} = \dfrac{\overline{\text{CD}}}{1} = \overline{\text{CD}} = 1.5399$

03 (1) $\cos 0° + \sin 90° - \tan 0° = 1 + 1 - 0 = 2$

(2) $\cos 90° \times \sin 0° - \tan 0° \div \cos 0° = 0 \times 0 - 0 \div 1 = 0$

(3) $2\sin 90° - \cos 90° + 3\tan 45° = 2 \times 1 - 0 + 3 \times 1 = 5$

04 $0° \le x \le 90°$인 범위에서 x의 크기가 커지면

(1) $\sin x$의 값은 증가하므로 $\sin 0° < \sin 60°$

(2) $\cos x$의 값은 감소하므로 $\cos 40° > \cos 80°$

(3) $\tan x$의 값은 증가하므로 $\tan 20° < \tan 60°$

06 (1) $\sin 15° = 0.2588$이므로 $x=15°$

(2) $\cos 13° = 0.9744$이므로 $x=13°$

(3) $\tan 14° = 0.2493$이므로 $x=14°$

한번 더
개념 완성하기 ──────────7쪽

01 ⑤ **02** 2.19 **03** ⑤

04 $\tan x$, $\sin x$, $\cos x$ **05** 49° **06** ①

01 ④ $\cos z = \cos y = \dfrac{\overline{\text{BC}}}{\overline{\text{AC}}} = \dfrac{\overline{\text{BC}}}{1} = \overline{\text{BC}}$

⑤ $\sin z = \sin y = \dfrac{\overline{\text{AB}}}{\overline{\text{AC}}} = \dfrac{\overline{\text{AB}}}{1} = \overline{\text{AB}}$

02 $\tan 54° = \dfrac{\overline{\text{CD}}}{\overline{\text{OD}}} = \dfrac{\overline{\text{CD}}}{1} = \overline{\text{CD}} = 1.38$

$\angle \text{OAB} = 90° - 54° = 36°$이므로

$\cos 36° = \dfrac{\overline{\text{AB}}}{\overline{\text{OA}}} = \dfrac{\overline{\text{AB}}}{1} = \overline{\text{AB}} = 0.81$

$\therefore \tan 54° + \cos 36° = 1.38 + 0.81 = 2.19$

03 주어진 삼각비의 값을 각각 구해 보면

① $\dfrac{\sqrt{2}}{2}$ ② $\dfrac{\sqrt{3}}{3}$ ③ 1 ④ 0 ⑤ $\dfrac{1}{2}$

이때 $0 < \dfrac{1}{2} < \dfrac{\sqrt{3}}{3} < \dfrac{\sqrt{2}}{2} < 1$이므로 두 번째로 작은 것은

⑤ $\cos 60°$이다.

04 $45° < x < 90°$일 때 $\cos x < \sin x < 1$이고, $\tan x > 1$이므로

$\tan x > \sin x > \cos x$

05 $\sin 25° = 0.4226$이므로 $x=25°$

$\cos 24° = 0.9135$이므로 $y=24°$

$\therefore x+y = 25° + 24° = 49°$

06 $\cos A = \dfrac{73}{100} = 0.73$

삼각비의 표에서 $\cos 43° = 0.73$이므로

$\angle \text{A} = 43°$

한번 더
실력 확인하기 ──────────8쪽

01 ② **02** ⑤ **03** ⑤

04 $x=6$, $y=3\sqrt{6}$ **05** $\dfrac{4}{5}$ **06** ②, ③

01 △ABC∽△DAC(AA 닮음)이므로

$\angle ABC = \angle DAC = x$

△ABC에서

$\tan x = \tan B = \dfrac{\overline{AC}}{2} = \sqrt{5}$이므로

$\overline{AC} = 2\sqrt{5}$(cm)

$\therefore \overline{BC} = \sqrt{2^2 + (2\sqrt{5})^2} = \sqrt{24} = 2\sqrt{6}$(cm)

02 이차방정식 $2x^2 + ax - 5 = 0$의 한 근이 $\sin 30° = \dfrac{1}{2}$이므로

$x = \dfrac{1}{2}$을 $2x^2 + ax - 5 = 0$에 대입하면

$2 \times \left(\dfrac{1}{2}\right)^2 + \dfrac{1}{2}a - 5 = 0$, $\dfrac{1}{2}a = \dfrac{9}{2}$

$\therefore a = 9$

03 $A = 180° \times \dfrac{1}{1+2+3} = 180° \times \dfrac{1}{6} = 30°$

$\therefore \sin 30° : \cos 30° : \tan 30° = \dfrac{1}{2} : \dfrac{\sqrt{3}}{2} : \dfrac{\sqrt{3}}{3}$

$= 3 : 3\sqrt{3} : 2\sqrt{3}$

04 △ABC에서

$\cos 60° = \dfrac{x}{12} = \dfrac{1}{2}$이므로 $x = 6$

$\sin 60° = \dfrac{\overline{AC}}{12} = \dfrac{\sqrt{3}}{2}$이므로 $\overline{AC} = 6\sqrt{3}$(cm)

△ACD에서

$\sin 45° = \dfrac{y}{6\sqrt{3}} = \dfrac{\sqrt{2}}{2}$이므로 $y = 3\sqrt{6}$

05 직선 $4x - 3y + 24 = 0$이 x축, y축과

만나는 점을 각각 A, B 라 하고

$4x - 3y + 24 = 0$에

$y = 0$을 대입하면 $x = -6$이므로

A$(-6, 0)$

$x = 0$을 대입하면 $y = 8$이므로 B$(0, 8)$

직각삼각형 AOB에서 $\overline{OA} = 6$, $\overline{OB} = 8$이므로

$\overline{AB} = \sqrt{6^2 + 8^2} = \sqrt{100} = 10$

$\therefore \cos a = \dfrac{\overline{OA}}{\overline{AB}} = \dfrac{6}{10} = \dfrac{3}{5}$

$\tan a = \dfrac{\overline{OB}}{\overline{OA}} = \dfrac{8}{6} = \dfrac{4}{3}$

$\therefore \cos a \times \tan a = \dfrac{3}{5} \times \dfrac{4}{3} = \dfrac{4}{5}$

06 ㄱ. $\sin x = \overline{BC}$ ㄴ. $\sin y = \overline{AC}$

ㄷ. $\cos x = \overline{AC}$ ㄹ. $\cos y = \overline{BC}$

ㅁ. $\tan x = \overline{DE}$ ㅂ. $\tan y = \dfrac{1}{\overline{DE}}$

따라서 삼각비의 값이 같은 것은 ㄱ과 ㄹ, ㄴ과 ㄷ이다.

9쪽~10쪽

실전 **중단원** 마무리

01 ③, ⑤   **02** ③   **03** $\dfrac{5}{6}$ **04** $\dfrac{\sqrt{3}}{4}$

05 $x = 2\sqrt{3}$, $y = \sqrt{3}$ **06** $\dfrac{6}{5}$ **07** $\dfrac{7}{5}$

08 ③   **09** ④   **10** ⑤   **11** ①

◆서술형 문제

12 (1) △ADE∽△ACB

(2) $\sin C = \dfrac{3}{5}$, $\cos C = \dfrac{4}{5}$, $\tan C = \dfrac{3}{4}$

13 14.004

01 $\overline{AB} = \sqrt{(\sqrt{10})^2 - 2^2} = \sqrt{6}$

① $\sin B = \dfrac{2}{\sqrt{10}} = \dfrac{2\sqrt{10}}{10} = \dfrac{\sqrt{10}}{5}$

② $\cos B = \dfrac{\sqrt{6}}{\sqrt{10}} = \dfrac{\sqrt{60}}{10} = \dfrac{\sqrt{15}}{5}$

④ $\cos C = \dfrac{2}{\sqrt{10}} = \dfrac{2\sqrt{10}}{10} = \dfrac{\sqrt{10}}{5}$

02 $\overline{AC} = \sqrt{6^2 + 8^2} = \sqrt{100} = 10$이므로

$\sin x = \dfrac{\overline{AB}}{\overline{AC}} = \dfrac{6}{10} = \dfrac{3}{5}$, $\cos x = \dfrac{\overline{BC}}{\overline{AC}} = \dfrac{8}{10} = \dfrac{4}{5}$

$\therefore \sin x + \cos x = \dfrac{3}{5} + \dfrac{4}{5} = \dfrac{7}{5}$

03 $3\cos A - 2 = 0$에서 $\cos A = \dfrac{2}{3}$이므로 오른

쪽 그림과 같은 직각삼각형 ABC를 그릴 수

있다.

$\overline{BC} = \sqrt{3^2 - 2^2} = \sqrt{5}$이므로

$\sin A = \dfrac{\sqrt{5}}{3}$, $\tan A = \dfrac{\sqrt{5}}{2}$

$\therefore \sin A \times \tan A = \dfrac{\sqrt{5}}{3} \times \dfrac{\sqrt{5}}{2} = \dfrac{5}{6}$

04 △EBD∽△ABC(AA 닮음)이므로

$\angle BDE = \angle BCA = x$

△EBD에서 $\overline{BE} = \sqrt{2^2 - 1^2} = \sqrt{3}$이므로

$\sin x = \sin(\angle BDE) = \dfrac{\sqrt{3}}{2}$, $\cos x = \cos(\angle BDE) = \dfrac{1}{2}$

$\therefore \sin x \times \cos x = \dfrac{\sqrt{3}}{2} \times \dfrac{1}{2} = \dfrac{\sqrt{3}}{4}$

05 △ABC에서 $\sin 30° = \dfrac{\overline{AC}}{6} = \dfrac{1}{2}$이므로 $\overline{AC} = 3$

$\cos 30° = \dfrac{\overline{BC}}{6} = \dfrac{\sqrt{3}}{2}$이므로 $\overline{BC} = 3\sqrt{3}$

$\angle BAC = 90° - 30° = 60°$이므로 $\angle DAC = \dfrac{1}{2} \times 60° = 30°$

△ADC에서 $\tan 30° = \dfrac{y}{3} = \dfrac{\sqrt{3}}{3}$이므로 $y = \sqrt{3}$

$\therefore x = 3\sqrt{3} - \sqrt{3} = 2\sqrt{3}$

06 직각삼각형 EFG에서 $\overline{EG}=\sqrt{3^2+4^2}=5$

直각삼각형 AEG에서

$\overline{AE}=6$, $\overline{EG}=5$이므로

$\tan x=\dfrac{6}{5}$

07 직선 $y=\dfrac{3}{4}x+3$이 x축, y축과 만나는

점을 각각 A, B라 하자.

$y=\dfrac{3}{4}x+3$에

$y=0$을 대입하면

$0=\dfrac{3}{4}x+3$ $\therefore x=-4$

또, $x=0$을 대입하면 $y=3$

따라서 A$(-4, 0)$, B$(0, 3)$이므로 직각삼각형 AOB에서

$\overline{OA}=4$, $\overline{OB}=3$, $\overline{AB}=\sqrt{4^2+3^2}=\sqrt{25}=5$

$\therefore \sin a=\dfrac{3}{5}$, $\cos a=\dfrac{4}{5}$

$\therefore \sin a+\cos a=\dfrac{3}{5}+\dfrac{4}{5}=\dfrac{7}{5}$

08 ① $\sin 40°=\overline{AB}=0.6428$

② $\cos 40°=\overline{OB}=0.7660$

③ $\tan 40°=\overline{CD}=0.8391$

④ $\angle OAB=50°$이므로 $\sin 50°=\overline{OB}=0.7660$

⑤ $\angle OAB=50°$이므로 $\cos 50°=\overline{AB}=0.6428$

09 ① $\sin 0°+\cos 60°=0+\dfrac{1}{2}=\dfrac{1}{2}$

② $\sin 60°\times\cos 90°=\dfrac{\sqrt{3}}{2}\times 0=0$

③ $\tan 0°-\cos 0°=0-1=-1$

④ $\tan 45°\times\sin 90°=1\times 1=1$

⑤ $\cos 45°÷\sin 30°=\dfrac{\sqrt{2}}{2}÷\dfrac{1}{2}=\dfrac{\sqrt{2}}{2}\times 2=\sqrt{2}$

10 ⑤ $\sin 50°>\cos 50°$

11 $0°<A<90°$일 때, $0<\sin A<1$이므로

$\sin A-1<0$, $\sin A+1>0$

$\therefore \sqrt{(\sin A-1)^2}-\sqrt{(\sin A+1)^2}$

$=-(\sin A-1)-(\sin A+1)$

$=-2\sin A$

● 서술형 문제 ●

12 (1) △ADE와 △ACB에서

∠A는 공통, $\angle AED=\angle ABC$이므로

△ADE∽△ACB (AA 닮음)   …… ❶

(2) $\angle C=\angle ADE$이고

△ADE에서 $\overline{AE}=\sqrt{5^2-4^2}=\sqrt{9}=3$(cm)이므로

$\sin C=\sin (\angle ADE)=\dfrac{3}{5}$

$\cos C=\cos (\angle ADE)=\dfrac{4}{5}$

$\tan C=\tan (\angle ADE)=\dfrac{3}{4}$ …… ❷

채점 기준	배점
❶ △ADE와 닮은 삼각형을 찾아 기호로 나타내기	2점
❷ $\sin C$, $\cos C$, $\tan C$의 값 각각 구하기	각 1점

13 $\sin 37°=\dfrac{\overline{AC}}{10}=0.6018$이므로

$\overline{AC}=10\times 0.6018=6.018$ …… ❶

$\cos 37°=\dfrac{\overline{BC}}{10}=0.7986$이므로

$\overline{BC}=10\times 0.7986=7.986$ …… ❷

$\therefore \overline{AC}+\overline{BC}=6.018+7.986=14.004$ …… ❸

채점 기준	배점
❶ $\overline{AC}$의 길이 구하기	2점
❷ $\overline{BC}$의 길이 구하기	2점
❸ $\overline{AC}+\overline{BC}$의 길이 구하기	1점

2 삼각비의 활용

01 삼각비와 변의 길이

한번 더

개념 확인문제 ──────11쪽

01 (1) 18, $9\sqrt{2}$ (2) 16, 8

02 (1) 6.4 cm   (2) 7.7 cm

03 (1) $4\sqrt{3}$ cm   (2) 4 cm   (3) 8 cm   (4) $4\sqrt{7}$ cm

04 (1) 6 cm   (2) $4\sqrt{3}$ cm

05 (1) $\overline{BH}=h$, $\overline{CH}=\dfrac{\sqrt{3}}{3}h$ (2) $5(3-\sqrt{3})$

06 (1) $\overline{BH}=\sqrt{3}h$, $\overline{CH}=\dfrac{\sqrt{3}}{3}h$ (2) $10\sqrt{3}$

02 (1) $\overline{AC}=10\sin 40°=10\times 0.64=6.4$(cm)

(2) $\overline{BC}=10\cos 40°=10\times 0.77=7.7$(cm)

03 (1) △ABH에서 $\overline{AH}=8\sin 60°=8\times\dfrac{\sqrt{3}}{2}=4\sqrt{3}$(cm)

(2) △ABH에서 $\overline{BH}=8\cos 60°=8\times\dfrac{1}{2}=4$(cm)

(3) $\overline{CH}=\overline{BC}-\overline{BH}=12-4=8$(cm)

(4) △AHC에서

$\overline{AC}=\sqrt{\overline{AH}^2+\overline{CH}^2}=\sqrt{(4\sqrt{3})^2+8^2}=\sqrt{112}=4\sqrt{7}$(cm)

04 (1) △BCH에서 $\overline{CH}=6\sqrt{2}\sin 45°=6\sqrt{2}\times\dfrac{\sqrt{2}}{2}=6$(cm)

(2) △ABC에서 $\angle A=180°-(45°+75°)=60°$이므로

△AHC에서 $\overline{AC}=\dfrac{6}{\sin 60°}=6\times\dfrac{2}{\sqrt{3}}=4\sqrt{3}$(cm)

05 (1) △ABH에서 ∠BAH=90°−45°=45°이므로

$\overline{BH}=h\tan 45°=h$

△AHC에서 ∠CAH=90°−60°=30°이므로

$\overline{CH}=h\tan 30°=\dfrac{\sqrt{3}}{3}h$

(2) $\overline{BC}=\overline{BH}+\overline{CH}$이므로

$h+\dfrac{\sqrt{3}}{3}h=10,\ \dfrac{3+\sqrt{3}}{3}h=10$

$\therefore h=\dfrac{30}{3+\sqrt{3}}=5(3-\sqrt{3})$

06 (1) △ABH에서 ∠BAH=90°−30°=60°이므로

$\overline{BH}=h\tan 60°=\sqrt{3}h$

△ACH에서 ∠CAH=90°−60°=30°이므로

$\overline{CH}=h\tan 30°=\dfrac{\sqrt{3}}{3}h$

(2) $\overline{BC}=\overline{BH}-\overline{CH}$이므로

$\sqrt{3}h-\dfrac{\sqrt{3}}{3}h=20,\ \dfrac{2\sqrt{3}}{3}h=20$

$\therefore h=20\times\dfrac{3}{2\sqrt{3}}=10\sqrt{3}$

[한번 더]
개념 완성하기 ──────────12쪽~13쪽

01 ③, ④	**02** ③	**03** ④	**04** $10\sqrt{3}$ m
05 $2\sqrt{6}$	**06** ⑤	**07** 100 m	**08** $\dfrac{100\sqrt{6}}{3}$ m
09 $12(3-\sqrt{3})$	**10** ①	**11** ③	**12** $50\sqrt{3}$ m

01 $\overline{AB}=\dfrac{y}{\sin 40°}$ 또는 $\overline{AB}=\dfrac{x}{\cos 40°}$

또한, ∠A=180°−(90°+40°)=50°이므로

$\overline{AB}=\dfrac{x}{\sin 50°}$ 또는 $\overline{AB}=\dfrac{y}{\cos 50°}$

따라서 $\overline{AB}$의 길이를 나타내는 것은 ③, ④이다.

02 ∠A=180°−(90°+50°)=40°

① $\sin 50°=\dfrac{5}{\overline{AB}}$이므로 $\overline{AB}=\dfrac{5}{\sin 50°}$

② $\cos 40°=\dfrac{5}{\overline{AB}}$이므로 $\overline{AB}=\dfrac{5}{\cos 40°}$

③ $\cos 50°=\dfrac{\overline{BC}}{\overline{AB}}$이므로 $\overline{BC}=\overline{AB}\cos 50°$

④ $\tan 40°=\dfrac{\overline{BC}}{5}$이므로 $\overline{BC}=5\tan 40°$

⑤ $\tan 50°=\dfrac{5}{\overline{BC}}$이므로 $\overline{BC}=\dfrac{5}{\tan 50°}$

03 $\sin 23°=\dfrac{h}{500}$이므로 $h=500\sin 23°$

04 (나무의 윗부분)$=\overline{AB}=\dfrac{10}{\cos 30°}$

$=10\times\dfrac{2}{\sqrt{3}}=\dfrac{20\sqrt{3}}{3}$(m)

(나무의 아랫부분)$=\overline{AC}=10\tan 30°$

$=10\times\dfrac{\sqrt{3}}{3}=\dfrac{10\sqrt{3}}{3}$(m)

∴ (나무의 높이)$=\overline{AB}+\overline{AC}$

$=\dfrac{20\sqrt{3}}{3}+\dfrac{10\sqrt{3}}{3}=10\sqrt{3}$(m)

05 꼭짓점 A에서 $\overline{BC}$에 내린 수선의 발을
H라 하면 △ABH에서

$\overline{BH}=6\cos B=6\times\dfrac{2}{3}=4$

$\therefore \overline{AH}=\sqrt{6^2-4^2}=\sqrt{20}=2\sqrt{5}$

△AHC에서 $\overline{CH}=6-4=2$이므로

$\overline{AC}=\sqrt{2^2+(2\sqrt{5})^2}=\sqrt{24}=2\sqrt{6}$

06 꼭짓점 C에서 $\overline{AB}$에 내린 수선의
발을 H라 하면 △AHC에서

$\overline{CH}=12\sqrt{2}\sin 30°$

$=12\sqrt{2}\times\dfrac{1}{2}=6\sqrt{2}$(cm)

∠B=180°−(105°+30°)=45°

이므로 △HBC에서

$\overline{BC}=\dfrac{\overline{CH}}{\sin 45°}=\dfrac{6\sqrt{2}}{\sin 45°}=6\sqrt{2}\times\dfrac{2}{\sqrt{2}}=12$(cm)

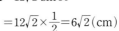

07 꼭짓점 A에서 $\overline{BC}$에 내린 수선의 발을
H라 하면 △ABH에서

$\overline{AH}=80\sqrt{2}\sin 45°=80\sqrt{2}\times\dfrac{\sqrt{2}}{2}$

$=80$(m)

$\overline{BH}=80\sqrt{2}\cos 45°=80\sqrt{2}\times\dfrac{\sqrt{2}}{2}=80$(m)

$\therefore \overline{CH}=\overline{BC}-\overline{BH}=140-80=60$(m)

따라서 △AHC에서

$\overline{AC}=\sqrt{\overline{AH}^2+\overline{CH}^2}=\sqrt{80^2+60^2}=\sqrt{10000}=100$(m)

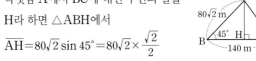

08 꼭짓점 A에서 $\overline{BC}$에 내린 수선의 발을
H라 하면 △AHB에서

$\overline{AH}=100\sin 45°=100\times\dfrac{\sqrt{2}}{2}$

$=50\sqrt{2}$(m)

∠C=180°−(75°+45°)=60°이므로 △ACH에서

$\overline{AC}=\dfrac{50\sqrt{2}}{\sin 60°}=50\sqrt{2}\times\dfrac{2}{\sqrt{3}}=\dfrac{100\sqrt{6}}{3}$(m)

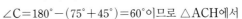

09 $\overline{AH}=h$라 하면 △ABH에서

∠BAH=90°−60°=30°이므로

$\overline{BH}=h\tan 30°=\dfrac{\sqrt{3}}{3}h$

△AHC에서

∠CAH=90°−45°=45°이므로 $\overline{CH}=h\tan 45°=h$

$\overline{BC}=\overline{BH}+\overline{CH}$이므로 $\dfrac{\sqrt{3}}{3}h+h=24,\ \dfrac{\sqrt{3}+3}{3}h=24$

$\therefore h=\dfrac{72}{3+\sqrt{3}}=12(3-\sqrt{3})$　　$\therefore \overline{AH}=12(3-\sqrt{3})$

10 $\overline{\text{AH}}=h$라 하면

$\triangle$ABH에서

$\angle$BAH$=90°-35°=55°$이므로

$\overline{\text{BH}}=h\tan55°$

$\triangle$ACH에서

$\angle$CAH$=90°-50°=40°$이므로 $\overline{\text{CH}}=h\tan40°$

$\overline{\text{BC}}=\overline{\text{BH}}-\overline{\text{CH}}$이므로 $h\tan55°-h\tan40°=10$

$(\tan55°-\tan40°)h=10$ $\quad\therefore h=\dfrac{10}{\tan55°-\tan40°}$

$\therefore \overline{\text{AH}}=\dfrac{10}{\tan55°-\tan40°}$

11 $\triangle$ABH에서 $\angle$BAH$=90°-50°=40°$

이므로 $\overline{\text{BH}}=h\tan40°$

$\triangle$AHC에서 $\angle$CAH$=90°-70°=20°$

이므로 $\overline{\text{CH}}=h\tan20°$

$\overline{\text{BC}}=\overline{\text{BH}}+\overline{\text{CH}}$이므로

$h\tan40°+h\tan20°=5$

$\therefore h(\tan40°+\tan20°)=5$

12 $\overline{\text{BH}}=h$ m라 하면

$\triangle$BAH에서

$\angle$ABH$=90°-30°=60°$이므로

$\overline{\text{AH}}=h\tan60°=\sqrt{3}h\,(\text{m})$

$\triangle$BCH에서 $\angle$CBH$=90°-60°=30°$이므로

$\overline{\text{CH}}=h\tan30°=\dfrac{\sqrt{3}}{3}h\,(\text{m})$

$\overline{\text{AC}}=\overline{\text{AH}}-\overline{\text{CH}}$이므로 $\sqrt{3}h-\dfrac{\sqrt{3}}{3}h=100$

$\dfrac{2\sqrt{3}}{3}h=100$ $\quad\therefore h=100\times\dfrac{3}{2\sqrt{3}}=50\sqrt{3}$

따라서 건물의 높이는 $50\sqrt{3}$ m이다.

다른 풀이

$\angle$ABC$=\angle$BCH$-\angle$BAC$=60°-30°=30°$이므로

$\triangle$ACB는 이등변삼각형이다.

즉, $\overline{\text{BC}}=\overline{\text{AC}}=100$ m이므로

$\overline{\text{BH}}=100\sin60°=100\times\dfrac{\sqrt{3}}{2}=50\sqrt{3}\,(\text{m})$

따라서 건물의 높이는 $50\sqrt{3}$ m이다.

02 삼각비와 넓이

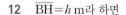

개념 확인문제 ──────── 14쪽

01 (1) $20\sqrt{3}$ (2) $\dfrac{3\sqrt{2}}{2}$ (3) 36 (4) 9

02 (1) $10\sqrt{2}$ (2) 21 **03** $\dfrac{1}{2}ab\sin x$, $ab\sin x$

04 (1) $54\sqrt{3}$ (2) $15\sqrt{2}$ (3) 32 (4) $98\sqrt{3}$

05 $ab\sin x$, $\dfrac{1}{2}ab\sin x$ **06** (1) 55 (2) $20\sqrt{2}$

01 (1) $\triangle$ABC$=\dfrac{1}{2}\times10\times8\times\sin60°$

$=\dfrac{1}{2}\times10\times8\times\dfrac{\sqrt{3}}{2}=20\sqrt{3}$

(2) $\triangle$ABC$=\dfrac{1}{2}\times3\times2\times\sin45°$

$=\dfrac{1}{2}\times3\times2\times\dfrac{\sqrt{2}}{2}=\dfrac{3\sqrt{2}}{2}$

(3) $\triangle$ABC$=\dfrac{1}{2}\times8\times18\times\sin30°$

$=\dfrac{1}{2}\times8\times18\times\dfrac{1}{2}=36$

(4) $\angle$C$=\angle$B$=75°$이므로 $\angle$A$=180°-(75°+75°)=30°$

$\therefore \triangle$ABC$=\dfrac{1}{2}\times6\times6\times\sin30°$

$=\dfrac{1}{2}\times6\times6\times\dfrac{1}{2}=9$

02 (1) $\triangle$ABC$=\dfrac{1}{2}\times4\times10\times\sin(180°-135°)$

$=\dfrac{1}{2}\times4\times10\times\dfrac{\sqrt{2}}{2}=10\sqrt{2}$

(2) $\triangle$ABC$=\dfrac{1}{2}\times14\times6\times\sin(180°-150°)$

$=\dfrac{1}{2}\times14\times6\times\dfrac{1}{2}=21$

04 (1) $\square$ABCD$=9\times12\times\sin60°$

$=9\times12\times\dfrac{\sqrt{3}}{2}=54\sqrt{3}$

(2) $\square$ABCD$=5\times6\times\sin(180°-135°)$

$=5\times6\times\dfrac{\sqrt{2}}{2}=15\sqrt{2}$

(3) $\square$ABCD$=8\times8\times\sin30°$

$=8\times8\times\dfrac{1}{2}=32$

(4) $\square$ABCD$=14\times14\times\sin(180°-120°)$

$=14\times14\times\dfrac{\sqrt{3}}{2}=98\sqrt{3}$

06 (1) $\square$ABCD$=\dfrac{1}{2}\times11\times10\times\sin90°$

$=\dfrac{1}{2}\times11\times10\times1=55$

(2) $\square$ABCD$=\dfrac{1}{2}\times8\times10\times\sin45°$

$=\dfrac{1}{2}\times8\times10\times\dfrac{\sqrt{2}}{2}=20\sqrt{2}$

한번 더 개념 완성하기 ──────── 15쪽

01 $45°$ **02** $5\sqrt{3}$ cm **03** $41\sqrt{3}$ cm² **04** $27\sqrt{3}$ cm²

05 6 cm **06** 6 cm **07** 8 cm **08** $60°$

01 $\triangle$ABC$=\dfrac{1}{2}\times8\times5\times\sin B=10\sqrt{2}$이므로

$20\sin B=10\sqrt{2}$ $\quad\therefore \sin B=\dfrac{\sqrt{2}}{2}$

이때 $\sin45°=\dfrac{\sqrt{2}}{2}$이므로 $\angle$B$=45°$

02 $\triangle ABC = \dfrac{1}{2} \times \overline{AB} \times 4 \times \sin(180°-120°)$

$= \dfrac{1}{2} \times \overline{AB} \times 4 \times \dfrac{\sqrt{3}}{2} = 15$

$\sqrt{3}\,\overline{AB}=15$ $\therefore \overline{AB}=5\sqrt{3}\,(\text{cm})$

03 $\overline{BD}$를 그으면

$\triangle ABD$
$= \dfrac{1}{2} \times 4\sqrt{3} \times 6 \times \sin(180°-150°)$
$= \dfrac{1}{2} \times 4\sqrt{3} \times 6 \times \dfrac{1}{2} = 6\sqrt{3}\,(\text{cm}^2)$

$\triangle BCD = \dfrac{1}{2} \times 10 \times 14 \times \sin 60°$
$= \dfrac{1}{2} \times 10 \times 14 \times \dfrac{\sqrt{3}}{2} = 35\sqrt{3}\,(\text{cm}^2)$

$\therefore \square ABCD = \triangle ABD + \triangle BCD$
$= 6\sqrt{3} + 35\sqrt{3} = 41\sqrt{3}\,(\text{cm}^2)$

04 $\overline{AC}$를 그으면

$\triangle ABC = \dfrac{1}{2} \times 8 \times 10 \times \sin 60°$
$= \dfrac{1}{2} \times 8 \times 10 \times \dfrac{\sqrt{3}}{2}$
$= 20\sqrt{3}\,(\text{cm}^2)$

$\triangle ACD = \dfrac{1}{2} \times 2\sqrt{7} \times 2\sqrt{7} \times \sin(180°-120°)$
$= \dfrac{1}{2} \times 2\sqrt{7} \times 2\sqrt{7} \times \dfrac{\sqrt{3}}{2} = 7\sqrt{3}\,(\text{cm}^2)$

$\therefore \square ABCD = \triangle ABC + \triangle ACD$
$= 20\sqrt{3} + 7\sqrt{3} = 27\sqrt{3}\,(\text{cm}^2)$

05 $\angle A = \angle C = 120°$이므로

$\square ABCD = 8 \times \overline{AB} \times \sin(180°-120°)$
$= 8 \times \overline{AB} \times \dfrac{\sqrt{3}}{2} = 24\sqrt{3}$

$4\sqrt{3}\,\overline{AB} = 24\sqrt{3}$ $\therefore \overline{AB}=6\,(\text{cm})$

06 $\square ABCD = \overline{AB}^2 \times \sin(180°-135°)$
$= \overline{AB}^2 \times \dfrac{\sqrt{2}}{2} = 18\sqrt{2}$

$\overline{AB}^2 = 18\sqrt{2} \times \dfrac{2}{\sqrt{2}} = 36$

$\therefore \overline{AB}=6\,(\text{cm})\ (\because \overline{AB}>0)$

07 $\overline{AC} : \overline{BD} = 4 : 5$이므로

$\overline{AC}=x\,\text{cm}\ (x>0)$라 하면 $\overline{BD}=\dfrac{5}{4}x\,\text{cm}$

$\square ABCD = \dfrac{1}{2} \times x \times \dfrac{5}{4}x \times \sin(180°-120°)$
$= \dfrac{5}{8}x^2 \times \dfrac{\sqrt{3}}{2} = 20\sqrt{3}$

$x^2 = 64$ $\therefore x=8\ (\because x>0)$

$\therefore \overline{AC}=8\,(\text{cm})$

08 두 대각선이 이루는 예각의 크기를 x라 하면

$\square ABCD = \dfrac{1}{2} \times 10 \times 12 \times \sin x = 30\sqrt{3}$이므로

$60 \sin x = 30\sqrt{3}$ $\therefore \sin x = \dfrac{\sqrt{3}}{2}$

이때 $\sin 60° = \dfrac{\sqrt{3}}{2}$이므로 $x=60°$

따라서 두 대각선이 이루는 예각의 크기는 60°이다.

실력 **확인하기**
16쪽

01 $96\sqrt{3}$ **02** $(9+3\sqrt{3})$ m   **03** 35 cm²
04 $25(\sqrt{3}-1)$ **05** ③   **06** $108\sqrt{3}$ cm²   **07** 32 cm

01 $\triangle BFG$에서 $\overline{BF}=8\cos 60°=8 \times \dfrac{1}{2}=4$

$\overline{FG}=8\sin 60°=8 \times \dfrac{\sqrt{3}}{2}=4\sqrt{3}$

$\therefore$ (직육면체의 부피)$=6 \times 4\sqrt{3} \times 4 = 96\sqrt{3}$

02 $\overline{BC}=9$ m이므로 $\triangle ABC$에서

$\overline{AC}=9\tan 45°=9 \times 1=9\,(\text{m})$

$\triangle BDC$에서

$\overline{CD}=9\tan 30°=9 \times \dfrac{\sqrt{3}}{3}$
$=3\sqrt{3}\,(\text{m})$

$\therefore$ (송신탑의 높이)$=\overline{AC}+\overline{CD}=9+3\sqrt{3}\,(\text{m})$

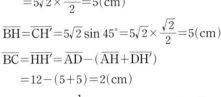

03 두 점 B, C에서 $\overline{AD}$에 내린 수선의
발을 각각 H, H′이라 하면
$\overline{AH}=\overline{DH'}=5\sqrt{2}\cos 45°$
$=5\sqrt{2} \times \dfrac{\sqrt{2}}{2}=5\,(\text{cm})$

$\overline{BH}=\overline{CH'}=5\sqrt{2}\sin 45°=5\sqrt{2} \times \dfrac{\sqrt{2}}{2}=5\,(\text{cm})$

$\overline{BC}=\overline{HH'}=\overline{AD}-(\overline{AH}+\overline{DH'})$
$=12-(5+5)=2\,(\text{cm})$

$\therefore \square ABCD = \dfrac{1}{2} \times (2+12) \times 5 = 35\,(\text{cm}^2)$

04 $\overline{AH}=h$라 하면
$\triangle ABH$에서
$\angle BAH=90°-30°=60°$이므로
$\overline{BH}=h\tan 60°=\sqrt{3}h$
$\triangle AHC$에서
$\angle CAH=90°-45°=45°$이므로
$\overline{CH}=h\tan 45°=h$
$\overline{BC}=\overline{BH}+\overline{CH}$이므로
$\sqrt{3}h+h=10,\ (\sqrt{3}+1)h=10$

$\therefore h=\dfrac{10}{\sqrt{3}+1}=5(\sqrt{3}-1)$

$\therefore \triangle ABC = \dfrac{1}{2} \times 10 \times 5(\sqrt{3}-1)=25(\sqrt{3}-1)$

05 $\tan A = \dfrac{\sqrt{3}}{3}$에서 $\tan 30° = \dfrac{\sqrt{3}}{3}$이므로 $\angle A = 30°$

$\therefore \triangle ABC = \dfrac{1}{2} \times 8 \times 10 \times \sin 30°$

$\qquad = \dfrac{1}{2} \times 8 \times 10 \times \dfrac{1}{2} = 20\,(\text{cm}^2)$

06 $\overline{BE}$를 그으면

$\triangle ABE \equiv \triangle C'BE$ (RHS 합동)이므로

$\angle ABE = \angle C'BE$

$\qquad = \dfrac{1}{2} \times (90° - 30°) = 30°$

$\triangle ABE$에서

$\overline{AE} = 18 \tan 30° = 18 \times \dfrac{\sqrt{3}}{3} = 6\sqrt{3}\,(\text{cm})$

$\therefore \triangle ABE = \dfrac{1}{2} \times 18 \times 6\sqrt{3} = 54\sqrt{3}\,(\text{cm}^2)$

$\therefore \square ABC'E = 2\triangle ABE$

$\qquad\qquad = 2 \times 54\sqrt{3} = 108\sqrt{3}\,(\text{cm}^2)$

07 $\overline{AB} : \overline{BC} = 3 : 5$이므로 $\overline{AB} = 3a\ \text{cm}$, $\overline{BC} = 5a\ \text{cm}\ (a > 0)$

라 하면

$\square ABCD = 3a \times 5a \times \sin 30°$

$\qquad\qquad = 3a \times 5a \times \dfrac{1}{2} = 30$

$\dfrac{15}{2}a^2 = 30$, $a^2 = 4$ $\quad \therefore a = 2\ (\because a > 0)$

따라서 $\overline{AB} = 6\ \text{cm}$, $\overline{BC} = 10\ \text{cm}$이므로

($\square ABCD$의 둘레의 길이) $= 2 \times (6 + 10) = 32\,(\text{cm})$

실전! 중단원 마무리 ────── 17쪽~18쪽

01 ⑤   **02** $\dfrac{50\sqrt{6}}{3}$ **03** $(5\sqrt{3} + 15)$ m

04 24 cm²   **05** ④   **06** $(300 + 300\sqrt{3})$ m

07 $(30 - 10\sqrt{3})$ m   **08** 12 cm²

09 $128\sqrt{2}$ **10** $15\sqrt{3}$ cm²   **11** 45°

◆ 서술형 문제

12 6.22 m   **13** $36\sqrt{3}$ cm²

01 $\cos B = \dfrac{a}{\overline{AB}}$이므로 $\overline{AB} = \dfrac{a}{\cos B}$

02 $\triangle ABH$에서

$\overline{AH} = 100 \sin 45° = 100 \times \dfrac{\sqrt{2}}{2} = 50\sqrt{2}$

$\triangle CAH$에서

$\overline{CH} = 50\sqrt{2} \tan 30° = 50\sqrt{2} \times \dfrac{\sqrt{3}}{3} = \dfrac{50\sqrt{6}}{3}$

03 $\overline{AD} = 15\ \text{m}$이므로 $\triangle BAD$에서

$\overline{BD} = 15 \tan 30° = 15 \times \dfrac{\sqrt{3}}{3} = 5\sqrt{3}\,(\text{m})$

$\triangle ACD$에서 $\overline{CD} = 15 \tan 45° = 15 \times 1 = 15\,(\text{m})$

$\therefore$ (나무의 높이) $= \overline{BC} = \overline{BD} + \overline{CD} = 5\sqrt{3} + 15\,(\text{m})$

04 꼭짓점 A에서 $\overline{BC}$에 내린 수선의 발을 H라 하면 $\triangle ABH$에서

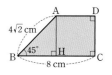

$\overline{AH} = 4\sqrt{2} \sin 45°$

$\qquad = 4\sqrt{2} \times \dfrac{\sqrt{2}}{2} = 4\,(\text{cm})$

$\overline{BH} = 4\sqrt{2} \cos 45° = 4\sqrt{2} \times \dfrac{\sqrt{2}}{2} = 4\,(\text{cm})$

$\therefore \overline{AD} = \overline{HC} = \overline{BC} - \overline{BH} = 8 - 4 = 4\,(\text{cm})$

$\therefore \square ABCD = \dfrac{1}{2} \times (4 + 8) \times 4 = 24\,(\text{cm}^2)$

05 꼭짓점 B에서 $\overline{AC}$에 내린 수선의 발을 H라 하면 $\triangle BCH$에서

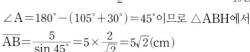

$\overline{BH} = 10 \sin 30° = 10 \times \dfrac{1}{2} = 5\,(\text{cm})$

$\angle A = 180° - (105° + 30°) = 45°$이므로 $\triangle ABH$에서

$\overline{AB} = \dfrac{5}{\sin 45°} = 5 \times \dfrac{2}{\sqrt{2}} = 5\sqrt{2}\,(\text{cm})$

06 꼭짓점 A에서 $\overline{BC}$에 내린 수선의 발을 H라 하면 $\triangle ABH$에서

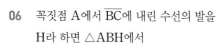

$\overline{BH} = 600 \cos 60° = 600 \times \dfrac{1}{2} = 300\,(\text{m})$

$\overline{AH} = 600 \sin 60° = 600 \times \dfrac{\sqrt{3}}{2} = 300\sqrt{3}\,(\text{m})$

$\angle C = 180° - (75° + 60°) = 45°$이므로 $\triangle AHC$에서

$\overline{CH} = \dfrac{300\sqrt{3}}{\tan 45°} = 300\sqrt{3}\,(\text{m})$

$\therefore \overline{BC} = \overline{BH} + \overline{CH} = 300 + 300\sqrt{3}\,(\text{m})$

따라서 B 지점에서 C까지의 거리는 $(300 + 300\sqrt{3})$ m이다.

07 $\triangle PAQ$에서

$\angle APQ = 90° - 45° = 45°$이므로

$\overline{AQ} = 30 \tan 45° = 30 \times 1$

$\qquad = 30\,(\text{m})$

$\triangle PBQ$에서 $\angle BPQ = 90° - 60° = 30°$

이므로

$\overline{BQ} = 30 \tan 30° = 30 \times \dfrac{\sqrt{3}}{3} = 10\sqrt{3}\,(\text{m})$

$\therefore \overline{AB} = \overline{AQ} - \overline{BQ} = 30 - 10\sqrt{3}\,(\text{m})$

08 $\triangle ABC = \dfrac{1}{2} \times 8 \times 6 \times \sin(180° - 150°)$

$\qquad\quad = \dfrac{1}{2} \times 8 \times 6 \times \dfrac{1}{2} = 12\,(\text{cm}^2)$

09 정팔각형은 오른쪽 그림과 같이 8개의 합동인 삼각형으로 나누어진다.

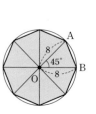

$\overline{OA} = \overline{OB} = 8$이고

$\angle AOB = \dfrac{1}{8} \times 360° = 45°$이므로

$\triangle AOB = \dfrac{1}{2} \times 8 \times 8 \times \sin 45°$

$\qquad\quad = \dfrac{1}{2} \times 8 \times 8 \times \dfrac{\sqrt{2}}{2} = 16\sqrt{2}$

따라서 정팔각형의 넓이는
$$8\triangle\text{AOB}=8\times16\sqrt{2}=128\sqrt{2}$$

10 $\triangle\text{ACM}=\dfrac{1}{2}\triangle\text{ACD}$

$\qquad=\dfrac{1}{2}\times\dfrac{1}{2}\square\text{ABCD}=\dfrac{1}{4}\square\text{ABCD}$

$\qquad=\dfrac{1}{4}\times(12\times10\times\sin60°)$

$\qquad=\dfrac{1}{4}\times\left(12\times10\times\dfrac{\sqrt{3}}{2}\right)=15\sqrt{3}\,(\text{cm}^2)$

11 두 대각선이 이루는 예각의 크기를 x라 하면

$\square\text{ABCD}=\dfrac{1}{2}\times10\times8\times\sin x=20\sqrt{2}$이므로

$40\sin x=20\sqrt{2}$ $\qquad\therefore\sin x=\dfrac{\sqrt{2}}{2}$

이때 $\sin45°=\dfrac{\sqrt{2}}{2}$이므로 $x=45°$

따라서 두 대각선이 이루는 예각의 크기는 45°이다.

• 서술형 문제 •

12 $\triangle\text{CAB}$에서

$\overline{\text{BC}}=8\sin36°=8\times0.59=4.72\,(\text{m})$ ...... ❶

$\therefore$ (지면으로부터 연이 떠 있는 지점까지의 높이)

$\qquad=4.72+1.5=6.22\,(\text{m})$ ...... ❷

채점 기준	배점
❶ $\overline{\text{BC}}$의 길이 구하기	2점
❷ 지면으로부터 연이 떠 있는 지점까지의 높이 구하기	2점

13 $\overline{\text{BD}}$를 그으면

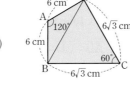

$\triangle\text{ABD}$

$=\dfrac{1}{2}\times6\times6\times\sin(180°-120°)$

$=\dfrac{1}{2}\times6\times6\times\dfrac{\sqrt{3}}{2}$

$=9\sqrt{3}\,(\text{cm}^2)$ ...... ❶

$\triangle\text{BCD}=\dfrac{1}{2}\times6\sqrt{3}\times6\sqrt{3}\times\sin60°$

$\qquad=\dfrac{1}{2}\times6\sqrt{3}\times6\sqrt{3}\times\dfrac{\sqrt{3}}{2}=27\sqrt{3}\,(\text{cm}^2)$ ...... ❷

$\therefore\square\text{ABCD}=\triangle\text{ABD}+\triangle\text{BCD}$

$\qquad\qquad=9\sqrt{3}+27\sqrt{3}=36\sqrt{3}\,(\text{cm}^2)$ ...... ❸

채점 기준	배점
❶ $\triangle\text{ABD}$의 넓이 구하기	2점
❷ $\triangle\text{BCD}$의 넓이 구하기	2점
❸ $\square\text{ABCD}$의 넓이 구하기	1점

1 원과 직선

01 원의 현

한번 더

개념 **확인문제** ─────19쪽─

01 (1) 5 (2) 60 (3) 12 (4) 45

02 (1) 3 (2) 12 (3) 3 (4) $4\sqrt{3}$ (5) $3\sqrt{2}$ (6) $4\sqrt{5}$

03 (1) 16 (2) 2 (3) 12 (4) 5 (5) $6\sqrt{3}$ (6) 6

04 (1) 50° (2) 50°

01 (3) $20°:80°=3:x$, $1:4=3:x$ $\quad\therefore x=12$

(4) $90°:x°=10:5=2:1$, $2x=90$ $\quad\therefore x=45$

02 (3) $\overline{\text{AM}}=\dfrac{1}{2}\overline{\text{AB}}=\dfrac{1}{2}\times8=4$이므로 $\triangle\text{OAM}$에서

$x=\sqrt{5^2-4^2}=\sqrt{9}=3$

(4) $\triangle\text{OAM}$에서 $\overline{\text{AM}}=\sqrt{4^2-2^2}=\sqrt{12}=2\sqrt{3}$

$\therefore x=2\overline{\text{AM}}=2\times2\sqrt{3}=4\sqrt{3}$

(5) $\overline{\text{BM}}=\dfrac{1}{2}\overline{\text{AB}}=\dfrac{1}{2}\times6=3$이므로 $\triangle\text{OBM}$에서

$x=\sqrt{3^2+3^2}=\sqrt{18}=3\sqrt{2}$

(6) $\overline{\text{BM}}=\dfrac{1}{2}\overline{\text{AB}}=\dfrac{1}{2}\times16=8$이므로 $\triangle\text{OBM}$에서

$x=\sqrt{12^2-8^2}=\sqrt{80}=4\sqrt{5}$

03 (3) $\triangle\text{OAM}$에서

$\overline{\text{AM}}=\sqrt{(3\sqrt{5})^2-3^2}=\sqrt{36}=6$이므로

$\overline{\text{AB}}=2\overline{\text{AM}}=2\times6=12$

$\therefore x=\overline{\text{AB}}=12$

(4) $\overline{\text{CD}}=\overline{\text{AB}}=6$이므로

$\overline{\text{CN}}=\dfrac{1}{2}\overline{\text{CD}}=\dfrac{1}{2}\times6=3$

$\triangle\text{OCN}$에서 $x=\sqrt{4^2+3^2}=\sqrt{25}=5$

(5) $\triangle\text{OAM}$에서

$\overline{\text{AM}}=\sqrt{6^2-3^2}=\sqrt{27}=3\sqrt{3}$이므로

$\overline{\text{AB}}=2\overline{\text{AM}}=2\times3\sqrt{3}=6\sqrt{3}$

$\therefore x=\overline{\text{AB}}=6\sqrt{3}$

(6) $\overline{\text{DN}}=\dfrac{1}{2}\overline{\text{CD}}=\dfrac{1}{2}\times16=8$이므로

$\triangle\text{ODN}$에서 $\overline{\text{ON}}=\sqrt{10^2-8^2}=\sqrt{36}=6$

이때 $\overline{\text{AB}}=2\overline{\text{AM}}=2\times8=16=\overline{\text{CD}}$이므로

$x=\overline{\text{ON}}=6$

04 (1) $\overline{\text{OM}}=\overline{\text{ON}}$이므로 $\triangle\text{ABC}$는 $\overline{\text{AB}}=\overline{\text{AC}}$인 이등변삼각형이다.

따라서 $\angle\text{B}=\angle\text{C}=65°$이므로

$\angle x=180°-2\times65°=50°$

(2) $\overline{\text{OM}}=\overline{\text{ON}}$이므로 $\triangle\text{ABC}$는 $\overline{\text{AB}}=\overline{\text{AC}}$인 이등변삼각형이다.

따라서 ∠B=∠C이므로

$\angle x = \frac{1}{2} \times (180° - 80°) = 50°$

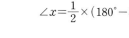

완성하기 ─────────────────────── 20쪽~21쪽

01 22 cm	02 ㄱ, ㄴ, ㄷ, ㅁ	03 $8\sqrt{3}$ cm
04 5 cm	05 16 cm 06 10 cm	07 ②
08 $6\sqrt{3}$ cm	09 100π cm²	10 5 11 6
12 $3\sqrt{7}$ cm²	13 55°	14 60° 15 80°

01 $\overline{OC} /\!/ \overline{BD}$이므로 ∠OBD=∠AOC=35° (동위각)

$\overline{OD}$를 그으면 △OBD는 이등변

삼각형이므로

∠DOB=180°−2×35°=110°

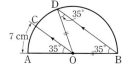

110° : 35° = $\overparen{BD}$: 7이므로

22 : 7 = $\overparen{BD}$: 7   ∴ $\overparen{BD}$=22(cm)

02 ㄹ. 현의 길이는 중심각의 크기에 정비례하지 않으므로

$\overline{AB} \neq \frac{1}{2}\overline{CE}$

ㅂ. △COE≠2△COD

따라서 옳은 것은 ㄱ, ㄴ, ㄷ, ㅁ이다.

03 $\overline{OM} = \frac{1}{2}\overline{OC} = \frac{1}{2} \times 8 = 4$(cm)

△AOM에서

$\overline{AM} = \sqrt{8^2 - 4^2} = \sqrt{48} = 4\sqrt{3}$(cm)

∴ $\overline{AB} = 2\overline{AM} = 2 \times 4\sqrt{3} = 8\sqrt{3}$(cm)

04 $\overline{OA} = x$ cm라 하면 $\overline{OM} = (x-2)$ cm

$\overline{AM} = \frac{1}{2}\overline{AB} = \frac{1}{2} \times 8 = 4$(cm)이므로

△OAM에서

$x^2 = (x-2)^2 + 4^2$, $4x=20$ ∴ $x=5$

∴ $\overline{OA} = 5$ cm

05 $\overline{OA}$를 그으면

$\overline{OA} = \overline{OC} = 6 + 4 = 10$(cm)

△OAM에서

$\overline{AM} = \sqrt{10^2 - 6^2} = \sqrt{64} = 8$(cm)

∴ $\overline{AB} = 2\overline{AM} = 2 \times 8 = 16$(cm)

06 $\overline{CM}$은 현 AB의 수직이등분선이므로 $\overline{CM}$의 연장선은 원의

중심을 지난다.

원의 중심을 O라 하고 원 O의 반

지름의 길이를 r cm라 하면

$\overline{OA} = r$ cm, $\overline{OM} = (r-4)$ cm

△AOM에서

$r^2 = (r-4)^2 + 8^2$, $8r=80$

∴ $r=10$

따라서 원 O의 반지름의 길이는 10 cm이다.

07 $\overline{AM} = \frac{1}{2}\overline{AB} = \frac{1}{2} \times 6 = 3$(cm)

$\overline{CM}$은 현 AB의 수직이등분선이므로 $\overline{CM}$의 연장선은 원의

중심을 지난다.

원의 중심을 O라 하면

△AOM에서

$\overline{OM} = \sqrt{5^2 - 3^2} = \sqrt{16} = 4$(cm)

∴ $\overline{CM} = 5 - 4 = 1$(cm)

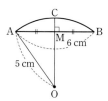

08 원의 중심 O에서 $\overline{AB}$에 내린 수선의 발

을 M이라 하면

$\overline{OM} = \frac{1}{2} \times 6 = 3$(cm)

△OAM에서

$\overline{AM} = \sqrt{6^2 - 3^2} = \sqrt{27} = 3\sqrt{3}$(cm)

∴ $\overline{AB} = 2\overline{AM} = 2 \times 3\sqrt{3} = 6\sqrt{3}$(cm)

09 원의 중심 O에서 $\overline{AB}$에 내린 수선의 발을

M이라 하면

$\overline{AM} = \frac{1}{2}\overline{AB} = \frac{1}{2} \times 10\sqrt{3} = 5\sqrt{3}$(cm)

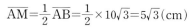
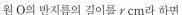

원 O의 반지름의 길이를 r cm라 하면

$\overline{OA} = r$ cm, $\overline{OM} = \frac{1}{2}r$ cm

△OAM에서

$r^2 = \left(\frac{1}{2}r\right)^2 + (5\sqrt{3})^2$, $\frac{3}{4}r^2 = 75$, $r^2 = 100$

이때 $r > 0$이므로 $r = 10$

따라서 원 O의 넓이는

$\pi \times 10^2 = 100\pi$(cm²)

10 $\overline{AB} = \overline{CD} = 8$이므로

$\overline{AM} = \frac{1}{2}\overline{AB} = \frac{1}{2} \times 8 = 4$

△OAM에서

$\overline{OA} = \sqrt{3^2 + 4^2} = \sqrt{25} = 5$

11 $\overline{DN} = \overline{CN} = 8$이므로 △OND에서

$\overline{ON} = \sqrt{10^2 - 8^2} = \sqrt{36} = 6$

$\overline{AB} = \overline{CD}$이므로 $\overline{OM} = \overline{ON} = 6$

12 $\overline{ON} = \overline{OM} = 3$ cm이므로 △OND에서

$\overline{DN} = \sqrt{4^2 - 3^2} = \sqrt{7}$(cm)

∴ $\overline{CD} = 2\overline{DN} = 2\sqrt{7}$(cm)

∴ △OCD $= \frac{1}{2} \times 2\sqrt{7} \times 3 = 3\sqrt{7}$(cm²)

13 □AMON에서

∠A = 360° − (90° + 110° + 90°) = 70°

$\overline{OM} = \overline{ON}$이므로 △ABC는 $\overline{AB} = \overline{AC}$인 이등변삼각형이다.

∴ ∠C $= \frac{1}{2} \times (180° - 70°) = 55°$

14 □CNOH에서

∠C = 360° − (90° + 120° + 90°) = 60°

$\overline{OM}=\overline{ON}$이므로 △ABC는 $\overline{AB}=\overline{AC}$인 이등변삼각형이다.

∴ ∠B=∠C=60°

15 $\overline{OM}=\overline{ON}$이므로 △ABC는 $\overline{AB}=\overline{AC}$인 이등변삼각형이다.

따라서 ∠C=∠B=40°이므로

∠A=180°−2×40°=100°

□AMON에서

∠MON=360°−(90°+100°+90°)=80°

한번 더
실력 확인하기 ─────────── 22쪽

01 6	02 $10\sqrt{3}$ cm	03 10 cm	04 $12\sqrt{3}$ cm²
05 ③	06 $4\sqrt{5}$ cm	07 ④	

01 $\overline{OC}$를 그으면

$\overline{OC}=\overline{OA}=\dfrac{1}{2}\times20=10$

$\overline{CM}=\dfrac{1}{2}\overline{CD}=\dfrac{1}{2}\times16=8$

∠OMC=90°이므로 △OCM에서

$x=\sqrt{10^2-8^2}=\sqrt{36}=6$

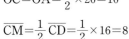

02 $\overline{OM}=\overline{CM}=\dfrac{1}{2}\overline{OC}=\dfrac{1}{2}\times10=5$(cm)

$\overline{OA}$를 그으면

$\overline{OA}=10$ cm이므로

△OAM에서

$\overline{AM}=\sqrt{10^2-5^2}=\sqrt{75}=5\sqrt{3}$(cm)

∴ $\overline{AB}=2\overline{AM}=2\times5\sqrt{3}=10\sqrt{3}$(cm)

03 $\overline{CD}$는 현 AB의 수직이등분선이므로 $\overline{CD}$의 연장선은 원의 중심을 지난다.

원의 중심을 O라 하고 원 O의 반지름의 길이를 r cm라 하면

$\overline{OA}=r$ cm, $\overline{OD}=(r-2)$ cm

△AOD에서

$r^2=(r-2)^2+6^2$, $4r=40$ ∴ $r=10$

따라서 원 O의 반지름의 길이는 10 cm이다.

04 원의 중심 O에서 $\overline{AB}$에 내린 수선의 발을 M이라 하고 $\overline{OM}=x$ cm라 하면

$\overline{OA}=\overline{OC}=2\overline{OM}=2x$ cm

$\overline{AM}=\dfrac{1}{2}\overline{AB}=\dfrac{1}{2}\times12=6$(cm)

△OAM에서

$(2x)^2=x^2+6^2$, $3x^2=36$, $x^2=12$

이때 $x>0$이므로 $x=2\sqrt{3}$

∴ △OAB$=\dfrac{1}{2}\times12\times2\sqrt{3}=12\sqrt{3}$(cm²)

05 원의 중심 O에서 $\overline{AB}$에 내린 수선의 발을 M이라 하고 $\overline{OA}$를 그으면

$\overline{OM}=6$ cm, $\overline{OA}=8$ cm

△OAM에서

$\overline{AM}=\sqrt{8^2-6^2}=\sqrt{28}=2\sqrt{7}$(cm)

∴ $\overline{AB}=2\overline{AM}=2\times2\sqrt{7}=4\sqrt{7}$(cm)

06 △OAM에서

$\overline{AM}=\sqrt{6^2-4^2}=\sqrt{20}=2\sqrt{5}$(cm)

$\overline{AB}=2\overline{AM}=2\times2\sqrt{5}=4\sqrt{5}$(cm)

∴ $\overline{CD}=\overline{AB}=4\sqrt{5}$

07 $\overline{OD}=\overline{OE}=\overline{OF}$이므로 $\overline{AB}=\overline{BC}=\overline{CA}$

즉, △ABC는 정삼각형이므로 ∠B=60°

△ABE에서 $\overline{AE}=6\sqrt{3}\sin60°=6\sqrt{3}\times\dfrac{\sqrt{3}}{2}=9$(cm)

점 O는 정삼각형 ABC의 무게중심이므로

$\overline{AO}=\dfrac{2}{3}\overline{AE}=\dfrac{2}{3}\times9=6$(cm)

따라서 원 O의 반지름의 길이가 6 cm이므로

원 O의 넓이는 $\pi\times6^2=36\pi$(cm²)

다른 풀이

$\overline{OD}=\overline{OE}=\overline{OF}$이므로 $\overline{AB}=\overline{BC}=\overline{CA}$

즉, △ABC는 정삼각형이고 $\overline{AE}$의 길이는 정삼각형 ABC의 높이와 같으므로

$\overline{AE}=\dfrac{\sqrt{3}}{2}\times6\sqrt{3}=9$(cm)

점 O는 정삼각형 ABC의 무게중심이므로

$\overline{AO}=\dfrac{2}{3}\overline{AE}=\dfrac{2}{3}\times9=6$(cm)

따라서 원 O의 반지름의 길이가 6 cm이므로

원 O의 넓이는 $\pi\times6^2=36\pi$(cm²)

Self 코칭

한 변의 길이가 a인 정삼각형의 높이는 $\dfrac{\sqrt{3}}{2}a$이다.

02 원의 접선

한번 더
개념 확인문제 ─────────── 23쪽

01 (1) 5 (2) 3

02 (1) 8 (2) 8

03 (1) 45° (2) 120° (3) 60° (4) 35°

04 (1) $x=4$, $y=9$, $z=5$ (2) $x=6$, $y=4$, $z=11$

05 (1) 4 (2) 5

06 (1) 8 (2) 2

01 (1) ∠OAP=90°이므로 △OPA에서

$x=\sqrt{13^2-12^2}=\sqrt{25}=5$

(2) $\angle \mathrm{OAP}=90°$이고 $\overline{\mathrm{OA}}=x$이므로 $\triangle \mathrm{OPA}$에서
$(x+2)^2=x^2+4^2$, $4x=12$ $\quad \therefore x=3$

02 (1) $\angle \mathrm{OAP}=90°$이므로 $\triangle \mathrm{OPA}$에서
$\overline{\mathrm{PA}}=\sqrt{10^2-6^2}=\sqrt{64}=8$
$\overline{\mathrm{PB}}=\overline{\mathrm{PA}}$이므로 $x=8$

(2) $\overline{\mathrm{PA}}=\overline{\mathrm{PB}}=15$
$\angle \mathrm{OAP}=90°$이므로 $\triangle \mathrm{OPA}$에서
$x=\sqrt{17^2-15^2}=\sqrt{64}=8$

03 (1) $\angle \mathrm{OAP}=\angle \mathrm{OBP}=90°$이므로 $\square \mathrm{APBO}$에서
$\angle x=360°-(90°+135°+90°)=45°$

(2) $\angle \mathrm{OAP}=\angle \mathrm{OBP}=90°$이므로 $\square \mathrm{APBO}$에서
$\angle x=360°-(90°+60°+90°)=120°$

(3) $\overline{\mathrm{PA}}=\overline{\mathrm{PB}}$이므로 $\triangle \mathrm{PAB}$에서
$\angle x=\dfrac{1}{2}\times(180°-60°)=60°$

(4) $\angle \mathrm{OAP}=\angle \mathrm{OBP}=90°$이므로 $\square \mathrm{APBO}$에서
$\angle \mathrm{AOB}=360°-(90°+70°+90°)=110°$
$\overline{\mathrm{OA}}=\overline{\mathrm{OB}}$이므로 $\triangle \mathrm{OAB}$에서
$\angle x=\dfrac{1}{2}\times(180°-110°)=35°$

04 (1) $x=\overline{\mathrm{AF}}=4$, $y=\overline{\mathrm{BD}}=9$, $z=\overline{\mathrm{CE}}=5$

(2) $x=\overline{\mathrm{BE}}=6$, $y=\overline{\mathrm{CF}}=4$, $z=\overline{\mathrm{AD}}=11$

05 (1) $\overline{\mathrm{BE}}=\overline{\mathrm{BD}}=6$이므로 $\overline{\mathrm{CE}}=10-6=4$
$\therefore x=\overline{\mathrm{CE}}=4$

(2) $\overline{\mathrm{CF}}=\overline{\mathrm{CE}}=8$이므로 $\overline{\mathrm{AD}}=\overline{\mathrm{AF}}=14-8=6$
$\therefore x=\overline{\mathrm{BD}}=11-6=5$

06 (1) $\overline{\mathrm{AB}}+\overline{\mathrm{CD}}=\overline{\mathrm{AD}}+\overline{\mathrm{BC}}$이므로
$11+9=x+12$ $\quad \therefore x=8$

(2) $\overline{\mathrm{AB}}+\overline{\mathrm{CD}}=\overline{\mathrm{AD}}+\overline{\mathrm{BC}}$이므로
$6+7=(x+3)+8$ $\quad \therefore x=2$

한번 더 개념 완성하기 ──────── 24쪽~26쪽 ──

01 $2\sqrt{21}$ cm	**02** 4	**03** 8 cm	**04** 40°
05 $5\sqrt{3}$ cm	**06** 24π cm²	**07** 60 cm²	**08** 5 cm
09 9 cm	**10** 8 cm	**11** $6\sqrt{2}$ cm	**12** 40 cm²
13 4 cm	**14** 5 cm	**15** 1 cm	**16** 9π cm²
17 18	**18** 5	**19** 6 cm	**20** 6 cm
21 12 cm			

01 $\overline{\mathrm{PO}}=\overline{\mathrm{PA}}+\overline{\mathrm{OA}}=6+4=10(\mathrm{cm})$
$\angle \mathrm{PTO}=90°$이므로 $\triangle \mathrm{OPT}$에서
$\overline{\mathrm{PT}}=\sqrt{10^2-4^2}=\sqrt{84}=2\sqrt{21}(\mathrm{cm})$
$\therefore \overline{\mathrm{PT}'}=\overline{\mathrm{PT}}=2\sqrt{21}$ cm

02 $\overline{\mathrm{OP}}=\overline{\mathrm{OC}}+\overline{\mathrm{CP}}=3+2=5$이고
$\angle \mathrm{OAP}=90°$이므로 $\triangle \mathrm{OPA}$에서
$\overline{\mathrm{PA}}=\sqrt{5^2-3^2}=\sqrt{16}=4$ $\quad \therefore x=\overline{\mathrm{PA}}=4$

03 원 O의 반지름의 길이를 r cm라 하고
$\overline{\mathrm{OA}}$를 그으면 $\triangle \mathrm{OPA}$에서
$(r+2)^2=r^2+6^2$, $4r=32$
$\therefore r=8$
따라서 원 O의 반지름의 길이는 8 cm이다.

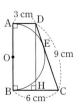

04 $\angle \mathrm{PBC}=90°$이므로 $\angle \mathrm{PBA}=90°-20°=70°$
이때 $\overline{\mathrm{PA}}=\overline{\mathrm{PB}}$이므로 $\triangle \mathrm{PBA}$는 이등변삼각형이다.
$\therefore \angle x=180°-2\times70°=40°$

05 $\angle \mathrm{OBP}=90°$이고 $\angle \mathrm{OPB}=30°$이므로 $\triangle \mathrm{OPB}$에서
$\overline{\mathrm{PB}}=10\cos 30°=10\times\dfrac{\sqrt{3}}{2}=5\sqrt{3}(\mathrm{cm})$
$\therefore \overline{\mathrm{PA}}=\overline{\mathrm{PB}}=5\sqrt{3}$ cm

06 $\angle \mathrm{OAP}=\angle \mathrm{OBP}=90°$이므로 $\square \mathrm{APBO}$에서
$\angle \mathrm{AOB}=360°-(90°+45°+90°)=135°$
$\therefore$ (부채꼴 AOB의 넓이)$=\pi\times8^2\times\dfrac{135}{360}=24\pi(\mathrm{cm}^2)$

07 $\angle \mathrm{OAP}=90°$이므로 $\triangle \mathrm{OAP}$에서
$\overline{\mathrm{PA}}=\sqrt{13^2-5^2}=\sqrt{144}=12(\mathrm{cm})$
$\triangle \mathrm{OAP}\equiv\triangle \mathrm{OBP}$ (RHS 합동)이므로
$\square \mathrm{APBO}=2\triangle \mathrm{OAP}=2\times\left(\dfrac{1}{2}\times12\times5\right)=60(\mathrm{cm}^2)$

08 $\overline{\mathrm{AD}}=\overline{\mathrm{AE}}=8$ cm이므로
$\overline{\mathrm{BD}}=8-5=3(\mathrm{cm})$
$\overline{\mathrm{CE}}=8-6=2(\mathrm{cm})$
$\therefore \overline{\mathrm{BC}}=\overline{\mathrm{BF}}+\overline{\mathrm{CF}}=\overline{\mathrm{BD}}+\overline{\mathrm{CE}}=3+2=5(\mathrm{cm})$

다른 풀이
$\overline{\mathrm{BD}}=\overline{\mathrm{BF}}$, $\overline{\mathrm{CE}}=\overline{\mathrm{CF}}$이므로
($\triangle \mathrm{ABC}$의 둘레의 길이)$=\overline{\mathrm{AD}}+\overline{\mathrm{AE}}=2\overline{\mathrm{AE}}$에서
$5+6+\overline{\mathrm{BC}}=2\times8$ $\quad \therefore \overline{\mathrm{BC}}=5(\mathrm{cm})$

09 ($\triangle \mathrm{ABC}$의 둘레의 길이)$=\overline{\mathrm{AB}}+\overline{\mathrm{BC}}+\overline{\mathrm{AC}}$
$=\overline{\mathrm{AB}}+(\overline{\mathrm{BF}}+\overline{\mathrm{CF}})+\overline{\mathrm{AC}}$
$=(\overline{\mathrm{AB}}+\overline{\mathrm{BD}})+(\overline{\mathrm{CE}}+\overline{\mathrm{AC}})$
$=\overline{\mathrm{AD}}+\overline{\mathrm{AE}}=2\overline{\mathrm{AD}}$
이므로 $5+7+6=2\overline{\mathrm{AD}}$, $2\overline{\mathrm{AD}}=18$ $\quad \therefore \overline{\mathrm{AD}}=9(\mathrm{cm})$

10 $\overline{\mathrm{DE}}=\overline{\mathrm{DA}}=5$ cm, $\overline{\mathrm{CE}}=\overline{\mathrm{CB}}=3$ cm이므로
$\overline{\mathrm{CD}}=5+3=8(\mathrm{cm})$

11 $\overline{\mathrm{DE}}=\overline{\mathrm{DA}}=3$ cm, $\overline{\mathrm{CE}}=\overline{\mathrm{CB}}=6$ cm이므로
$\overline{\mathrm{DC}}=3+6=9(\mathrm{cm})$
점 D에서 $\overline{\mathrm{BC}}$에 내린 수선의 발을 H라
하면
$\overline{\mathrm{CH}}=\overline{\mathrm{CB}}-\overline{\mathrm{BH}}=6-3=3(\mathrm{cm})$
$\triangle \mathrm{DHC}$에서
$\overline{\mathrm{DH}}=\sqrt{9^2-3^2}=\sqrt{72}=6\sqrt{2}(\mathrm{cm})$
$\therefore \overline{\mathrm{AB}}=\overline{\mathrm{DH}}=6\sqrt{2}$ cm

12 $\overline{DE}=\overline{DA}=2$ cm, $\overline{CE}=\overline{CB}=8$ cm이므로

$\overline{DC}=2+8=10$(cm)

점 D에서 $\overline{BC}$에 내린 수선의 발을

H라 하면

$\overline{CH}=\overline{CB}-\overline{BH}=8-2=6$(cm)

$\triangle CDH$에서

$\overline{DH}=\sqrt{10^2-6^2}=\sqrt{64}=8$(cm)

따라서 $\overline{AB}=\overline{DH}=8$ cm이므로

$\square ABCD=\dfrac{1}{2}\times(2+8)\times8=40$(cm^2)

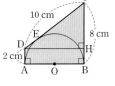

13 $\overline{AD}=x$ cm라 하면

$\overline{AF}=\overline{AD}=x$ cm이므로

$\overline{BE}=\overline{BD}=(11-x)$ cm

$\overline{CE}=\overline{CF}=(9-x)$ cm

$\overline{BC}=\overline{BE}+\overline{CE}$이므로

$12=(11-x)+(9-x),\ 2x=8$ $\therefore x=4$

$\therefore \overline{AD}=4$ cm

14 $\overline{AD}=\overline{AF},\ \overline{BD}=\overline{BE},\ \overline{CE}=\overline{CF}$이므로

$\overline{AD}+\overline{BE}+\overline{CF}=\dfrac{1}{2}(\overline{AB}+\overline{BC}+\overline{CA})$

$\triangle ABC$의 둘레의 길이가 24 cm이므로

$3+\overline{BE}+4=\dfrac{1}{2}\times24$ $\therefore \overline{BE}=5$(cm)

15 $\triangle ABC$에서 $\overline{BC}=\sqrt{5^2-3^2}=\sqrt{16}=4$(cm)

원 O의 반지름의 길이를

r cm라 하면

$\overline{CE}=\overline{CF}=r$ cm이므로

$\overline{BD}=\overline{BE}=(4-r)$ cm,

$\overline{AD}=\overline{AF}=(3-r)$ cm

$\overline{AB}=\overline{BD}+\overline{AD}$이므로

$5=(4-r)+(3-r),\ 2r=2$ $\therefore r=1$

따라서 원 O의 반지름의 길이는 1 cm이다.

다른 풀이

$\triangle ABC$에서 $\overline{BC}=\sqrt{5^2-3^2}=\sqrt{16}=4$(cm)

원 O의 반지름의 길이를 r cm라 하면

$\triangle ABC=\triangle OAB+\triangle OBC+\triangle OCA$이므로

$\dfrac{1}{2}\times4\times3=\dfrac{1}{2}\times5\times r+\dfrac{1}{2}\times4\times r+\dfrac{1}{2}\times3\times r$

$6=6r$ $\therefore r=1$

따라서 원 O의 반지름의 길이는 1 cm이다.

16 $\triangle ABC$에서 $\overline{AC}=\sqrt{8^2+15^2}=\sqrt{289}=17$(cm)

원 O의 반지름의 길이를

r cm라 하면

$\overline{BD}=\overline{BE}=r$ cm이므로

$\overline{AF}=\overline{AD}=(8-r)$ cm

$\overline{CF}=\overline{CE}=(15-r)$ cm

$\overline{AC}=\overline{AF}+\overline{CF}$이므로

$17=(8-r)+(15-r),\ 2r=6$ $\therefore r=3$

따라서 원 O의 반지름의 길이는 3 cm이므로 원 O의 넓이는

$\pi\times3^2=9\pi$(cm^2)

17 $\overline{AB}+\overline{CD}=\overline{AD}+\overline{BC}$이므로

$\overline{AD}+\overline{BC}=10+8=18$

18 $\angle B=90°$이므로 $\triangle ABC$에서

$\overline{BC}=\sqrt{10^2-6^2}=\sqrt{64}=8$

$\overline{AB}+\overline{CD}=\overline{AD}+\overline{BC}$이므로

$6+7=x+8$ $\therefore x=5$

19 $\overline{CF}=\overline{CG}=x$ cm라 하면

$\overline{AE}=\overline{AH}=6$ cm, $\overline{BF}=\overline{BE}=4$ cm, $\overline{DH}=\overline{DG}=5$ cm이고

$\overline{AB}+\overline{CD}=\overline{AD}+\overline{BC}$이므로

$(\square ABCD$의 둘레의 길이$)=2(\overline{AB}+\overline{CD})$에서

$42=2(10+5+x),\ 2x=12$ $\therefore x=6$

$\therefore \overline{CF}=6$ cm

20 $\triangle DEC$에서

$\overline{CE}=\sqrt{10^2-8^2}=\sqrt{36}=6$(cm)

$\overline{BE}=x$ cm라 하면 $\overline{AD}=\overline{BC}=(x+6)$ cm

$\square ABED$가 원 O에 외접하므로

$\overline{AB}+\overline{DE}=\overline{AD}+\overline{BE}$에서

$8+10=(x+6)+x,\ 2x=12$ $\therefore x=6$

$\therefore \overline{BE}=6$ cm

21 $\triangle DEC$에서

$\overline{DE}=\sqrt{17^2-15^2}=\sqrt{64}=8$(cm)

$\overline{AE}=x$ cm라 하면 $\overline{BC}=\overline{AD}=(x+8)$ cm

$\square ABCE$가 원 O에 외접하므로

$\overline{AB}+\overline{CE}=\overline{AE}+\overline{BC}$에서

$15+17=x+(x+8),\ 2x=24$ $\therefore x=12$

$\therefore \overline{AE}=12$ cm

한번 더 **실력** 확인하기 ────────27쪽

01 $26°$ **02** 42 cm   **03** $8\sqrt{6}$ cm   **04** 6 cm

05 ①   **06** 4π cm^2 **07** 7

01 $\angle OAP=\angle OBP=90°$이므로 $\square APBO$에서

$\angle AOB=360°-(90°+52°+90°)=128°$

$\overline{OA}=\overline{OB}$이므로 $\triangle OAB$에서

$\angle ABO=\dfrac{1}{2}\times(180°-128°)=26°$

다른 풀이

$\overline{PA}=\overline{PB}$이므로 $\triangle PAB$는 이등변삼각형이다.

$\therefore \angle PBA=\dfrac{1}{2}\times(180°-52°)=64°$

$\angle OBP=90°$이므로

$\angle ABO=90°-64°=26°$

02 $\overline{OA}=\overline{OC}=9\,\text{cm}$이고

$\angle OAP=90°$이므로 $\triangle OPA$에서

$\overline{PA}=\sqrt{15^2-9^2}=\sqrt{144}=12(\text{cm})$

$\therefore (\square APBO의 둘레의 길이)=2(\overline{OA}+\overline{PA})$
$$=2\times(9+12)=42(\text{cm})$$

03 $\angle OEA=90°$이므로 $\triangle OAE$에서

$\overline{AE}=\sqrt{11^2-5^2}=\sqrt{96}=4\sqrt{6}\,(\text{cm})$

$\therefore (\triangle ABC의 둘레의 길이)=\overline{AB}+\overline{BC}+\overline{AC}$
$$=\overline{AD}+\overline{AE}=2\overline{AE}$$
$$=2\times4\sqrt{6}=8\sqrt{6}(\text{cm})$$

04 $\overline{DE}=\overline{DA}=9\,\text{cm}$, $\overline{CE}=\overline{BC}=4\,\text{cm}$이므로

$\overline{DC}=9+4=13(\text{cm})$

점 C에서 $\overline{AD}$에 내린 수선의 발을

H라 하면

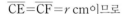

$\overline{DH}=\overline{DA}-\overline{AH}=9-4=5(\text{cm})$

$\triangle DHC$에서

$\overline{HC}=\sqrt{13^2-5^2}=\sqrt{144}=12(\text{cm})$

따라서 $\overline{AB}=\overline{HC}=12\,\text{cm}$이므로 반원 O의 반지름의 길이는

$\dfrac{1}{2}\times12=6(\text{cm})$

05 $\overline{AD}=\overline{AF}$, $\overline{BD}=\overline{BE}$, $\overline{CE}=\overline{CF}$이므로

$\overline{AB}+\overline{BC}+\overline{AC}=2(\overline{AD}+\overline{BE}+\overline{CF})$

$\therefore \overline{AD}+\overline{BE}+\overline{CF}=\dfrac{1}{2}(\overline{AB}+\overline{BC}+\overline{AC})$
$$=\dfrac{1}{2}\times(9+8+11)$$
$$=\dfrac{1}{2}\times28=14(\text{cm})$$

06 $\triangle ABC$에서 $\overline{BC}=\sqrt{13^2-5^2}=\sqrt{144}=12(\text{cm})$

원 O의 반지름의 길이를

$r\,\text{cm}$라 하면

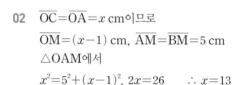

$\overline{CE}=\overline{CF}=r\,\text{cm}$이므로

$\overline{BD}=\overline{BE}=(12-r)\,\text{cm}$,

$\overline{AD}=\overline{AF}=(5-r)\,\text{cm}$

$\overline{AB}=\overline{AD}+\overline{BD}$이므로

$13=(5-r)+(12-r)$, $2r=4$ $\therefore r=2$

따라서 원 O의 반지름의 길이는 $2\,\text{cm}$이므로 원 O의 넓이는

$\pi\times2^2=4\pi(\text{cm}^2)$

07 $\overline{BF}=5$이고 $\overline{AB}+\overline{CD}=\overline{AD}+\overline{BC}$이므로

$9+11=8+(5+x)$ $\therefore x=7$

다른 풀이

$\overline{OE}$를 그으면

$\square OEBF$가 정사각형이므로

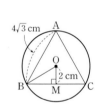

$\overline{BE}=\overline{BF}=5$

$\overline{AH}=\overline{AE}=9-5=4$

$\overline{DG}=\overline{DH}=8-4=4$

$\overline{CF}=\overline{CG}=11-4=7$ $\therefore x=7$

한번더
실전! 중단원 마무리 ——————— 28쪽~29쪽

01 ⑤	**02** 13	**03** $8\pi\,\text{cm}$	**04** $2\sqrt{5}\,\text{cm}$
05 ②	**06** ⑤	**07** ③	**08** 22 cm
09 ②	**10** ②		

→ 서술형 문제
11 $48\pi\,\text{cm}^2$ **12** 7

01 $\overline{OD}$를 그으면

$\overline{OD}=\dfrac{1}{2}\overline{AB}=\dfrac{1}{2}\times16=8(\text{cm})$

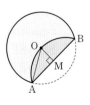

$\overline{MD}=\dfrac{1}{2}\overline{CD}=\dfrac{1}{2}\times12=6(\text{cm})$

$\triangle MOD$에서

$\overline{OM}=\sqrt{8^2-6^2}=\sqrt{28}=2\sqrt{7}(\text{cm})$

02 $\overline{OC}=\overline{OA}=x\,\text{cm}$이므로

$\overline{OM}=(x-1)\,\text{cm}$, $\overline{AM}=\overline{BM}=5\,\text{cm}$

$\triangle OAM$에서

$x^2=5^2+(x-1)^2$, $2x=26$ $\therefore x=13$

03 $\triangle ABC$가 정삼각형이므로

$\overline{BC}=\overline{AB}=4\sqrt{3}\,\text{cm}$

$\overline{BM}=\dfrac{1}{2}\overline{BC}=\dfrac{1}{2}\times4\sqrt{3}=2\sqrt{3}(\text{cm})$

$\overline{OB}$를 그으면 $\triangle OBM$에서

$\overline{OB}=\sqrt{(2\sqrt{3})^2+2^2}=\sqrt{16}=4(\text{cm})$

따라서 원 O의 반지름의 길이는 $4\,\text{cm}$

이므로 원 O의 둘레의 길이는

$2\pi\times4=8\pi(\text{cm})$

04 $\overline{CM}$은 현 AB의 수직이등분선이므

로 $\overline{CM}$의 연장선은 원의 중심을 지

난다.

원의 중심을 O라 하면

$\overline{OM}=\overline{OC}-\overline{CM}=5-2=3(\text{cm})$

$\triangle AOM$에서

$\overline{AM}=\sqrt{5^2-3^2}=\sqrt{16}=4(\text{cm})$

$\triangle AMC$에서

$\overline{AC}=\sqrt{4^2+2^2}=\sqrt{20}=2\sqrt{5}(\text{cm})$

05 원의 중심 O에서 $\overline{AB}$에 내린 수선의 발을

M이라 하면

$\overline{OA}=4\,\text{cm}$, $\overline{OM}=\dfrac{1}{2}\times4=2(\text{cm})$

$\triangle OAM$에서

$\overline{AM}=\sqrt{4^2-2^2}=\sqrt{12}=2\sqrt{3}(\text{cm})$

$\therefore \overline{AB}=2\overline{AM}=2\times2\sqrt{3}=4\sqrt{3}(\text{cm})$

06 $\overline{OM}=\overline{ON}$이므로 $\overline{CD}=\overline{AB}=10$ cm

$\overline{DN}=\dfrac{1}{2}\overline{CD}=\dfrac{1}{2}\times10=5(cm)$

$\triangle DON$에서

$\overline{OD}=\dfrac{\overline{DN}}{\cos30°}=5\times\dfrac{2}{\sqrt{3}}=\dfrac{10\sqrt{3}}{3}(cm)$

07 $\angle OBP=90°$이므로 $\triangle OPB$에서

$\overline{PB}=\sqrt{10^2-6^2}=\sqrt{64}=8(cm)$

따라서 $\overline{PA}=\overline{PB}=8$ cm이므로

($\square APBO$의 둘레의 길이)$=\overline{PA}+\overline{OA}+\overline{OB}+\overline{PB}$

$=8+6+6+8=28(cm)$

08 $\overline{AF}=\overline{AD}=9$ cm이므로

$\overline{CE}=\overline{CF}=14-9=5(cm)$

$\overline{BD}=\overline{BE}=16-5=11(cm)$

$\therefore$ ($\triangle PBQ$의 둘레의 길이)$=\overline{BP}+\overline{PQ}+\overline{BQ}$

$=\overline{BD}+\overline{BE}=22(cm)$

09 원 O의 반지름의 길이를 r cm라

하면

$\overline{BD}=\overline{BE}=r$ cm이므로

$\overline{AB}=(r+5)$ cm,

$\overline{BC}=(r+12)$ cm

$\triangle ABC$에서

$17^2=(r+5)^2+(r+12)^2$, $r^2+17r-60=0$

$(r+20)(r-3)=0$ $\therefore r=3\ (\because r>0)$

따라서 원 O의 반지름의 길이는 3 cm이므로 원 O의 넓이는

$\pi\times3^2=9\pi(cm^2)$

10 $\triangle DBC$에서 $\overline{BC}=\sqrt{(2\sqrt{41})^2-8^2}=\sqrt{100}=10(cm)$

$\overline{AB}+\overline{CD}=\overline{AD}+\overline{BC}$이므로

$\overline{AB}+8=6+10$ $\therefore \overline{AB}=8(cm)$

● 서술형 문제 ●

11 $\overline{AM}=\dfrac{1}{2}\overline{AB}=\dfrac{1}{2}\times12=6(cm)$

$\angle AOM=180°-120°=60°$이므로

$\triangle OAM$에서

$\overline{OA}=\dfrac{6}{\sin60°}=6\times\dfrac{2}{\sqrt{3}}=4\sqrt{3}(cm)$ …… ❶

$\therefore$ (원 O의 넓이)$=\pi\times(4\sqrt{3})^2=48\pi(cm^2)$ …… ❷

채점 기준	배점
❶ 원 O의 반지름의 길이 구하기	4점
❷ 원 O의 넓이 구하기	2점

12 $\overline{AF}=\overline{AD}=5$ cm

$\overline{BD}=\overline{BE}=x$ cm

$\overline{CF}=\overline{CE}=6$ cm …… ❶

$\triangle ABC$의 둘레의 길이가 36 cm이므로

$2(5+x+6)=36$, $x+11=18$ $\therefore x=7$ …… ❷

채점 기준	배점
❶ $\overline{AF}$, $\overline{BD}$, $\overline{CF}$의 길이 각각 구하기	3점
❷ x의 값 구하기	2점

---

2 원주각

01 원주각

—30쪽~31쪽—

개념 확인문제

01 (1) 70° (2) 50° (3) 110° (4) 35° (5) 100° (6) 230°

02 (1) 62° (2) 42° (3) 110° (4) 108°

03 (1) 25° (2) 55° (3) 62° (4) 40°

04 (1) 55° (2) 35°

05 $\angle x=25°$, $\angle y=25°$

06 (1) 8 (2) 25 (3) 8 (4) 40 (5) 35 (6) 5

07 (1) 72 (2) 25 (3) 6 (4) 5

08 (1) ○ (2) × (3) × (4) ○ (5) ○ (6) ×

09 (1) 67° (2) 105°

01 (1) $\angle x=\dfrac{1}{2}\times140°=70°$

(2) $\angle x=2\times25°=50°$

(3) $\angle x=2\times55°=110°$

(4) $\angle x=\angle APB=\dfrac{1}{2}\times70°=35°$

(5) $\angle x=\dfrac{1}{2}\times200°=100°$

(6) $\angle x=2\times115°=230°$

02 (1) $\angle x=\angle ACB=62°$

(2) $\angle x=\angle ADB=42°$

(3) $\angle CAD=\angle CBD=35°$이므로

$\angle x=75°+35°=110°$

(4) $\angle DBC=\angle DAC=40°$이므로

$\angle x=180°-(32°+40°)=108°$

03 (1) $\angle ACB=90°$이므로

$\angle x=180°-(90°+65°)=25°$

(2) $\angle ACB=90°$이므로

$\angle x=180°-(90°+35°)=55°$

(3) $\angle ACB=90°$이므로

$\angle x=90°-28°=62°$

(4) $\angle DCB=\angle DEB=50°$이고

$\angle ACB=90°$이므로

$\angle x=90°-50°=40°$

04 (1) $\angle x=\angle ADC=55°$

(2) $\angle ACB=90°$이므로

$\angle y=180°-(90°+55°)=35°$

05 $\angle ADB=90°$이므로

$\angle x=90°-65°=25°$

$\therefore \angle y=\angle x=25°$

06 (1) $\angle ADB = \angle BDC = 36°$이므로

$x = \overarc{BC} = 8$

(2) $\overarc{AB} = \overarc{CD} = 6$이므로 $\angle CQD = \angle APB = 25°$

$\therefore x = 25$

(3) $\angle APB = \angle CQD = 50°$이므로

$x = \overarc{AB} = 8$

(4) $\overarc{AB} = \overarc{CD} = 4$이므로

$x° = 2 \times 20° = 40°$ $\therefore x = 40$

(5) $\overarc{BC} = \overarc{AC}$이므로 $\angle CAB = \angle ABC = x°$

$\triangle ABC$에서 $x° = \dfrac{1}{2} \times (180° - 110°) = 35°$

$\therefore x = 35$

(6) $\angle DBC = 50° - 25° = 25°$이므로 $\angle ACB = \angle DBC$

$\therefore x = \overarc{AB} = 5$

07 (1) $x° : 24° = 9 : 3$, $x : 24 = 3 : 1$ $\therefore x = 72$

(2) $x° : 75° = 2 : 6$, $x : 75 = 1 : 3$

$3x = 75$ $\therefore x = 25$

(3) $\angle ADC = 90°$이므로 $\triangle ACD$에서

$\angle DAC = 180° - (90° + 40°) = 50°$

$30° : 50° = x : 10$, $3 : 5 = x : 10$

$5x = 30$ $\therefore x = 6$

(4) $72° : 40° = (4 + x) : x$, $9 : 5 = (4 + x) : x$

$9x = 20 + 5x$, $4x = 20$ $\therefore x = 5$

08 (6) $\angle ADB = 180° - (90° + 46°) = 44°$이므로

$\angle ACB \neq \angle ADB$

따라서 네 점이 한 원 위에 있지 않다.

09 (1) $\angle x = \angle BAC = 67°$

(2) $\angle BDC = \angle BAC = 70°$이므로

$\angle x = 70° + 35° = 105°$

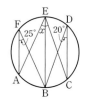

02 $\overline{OA}$, $\overline{OB}$를 그으면 $\overline{PA}$, $\overline{PB}$가 원 O의 접선이므로

$\angle PAO = \angle PBO = 90°$

$\therefore \angle AOB = 180° - 76° = 104°$

$\therefore \angle x = \dfrac{1}{2} \times 104° = 52°$

03 $\overline{PA}$, $\overline{PB}$가 원 O의 접선이므로

$\angle PAO = \angle PBO = 90°$

$\therefore \angle AOB = 180° - 48° = 132°$

$\therefore \angle x = \dfrac{1}{2} \times 132° = 66°$

$\angle y = \dfrac{1}{2} \times (360° - 132°) = 114°$

04 $\overline{EB}$를 그으면

$\angle AEB = \angle AFB = 25°$

$\angle BEC = \angle BDC = 20°$

$\therefore \angle x = \angle AEB + \angle BEC$

$= 25° + 20° = 45°$

05 $\angle x = \angle DAC = 20°$

$\triangle PBC$에서 $20° + \angle y = 70°$이므로 $\angle y = 50°$

$\therefore \angle y - \angle x = 50° - 20° = 30°$

06 $\angle ACD = \angle ABD = 35°$

$\overline{AB}$가 원 O의 지름이므로 $\angle ACB = 90°$

$\therefore \angle x = 90° - 35° = 55°$

07 $\overline{AB}$가 원 O의 지름이므로 $\angle ACB = 90°$

$\therefore \angle ACD = 90° - 55° = 35°$

$\overarc{AD}$에 대한 원주각의 크기는 서로 같으므로

$\angle ABD = \angle ACD = 35°$

$\triangle PDB$에서

$\angle x = 180° - (65° + 35°) = 80°$

08 $\overline{AB}$가 반원 O의 지름이므로 $\angle ADB = 90°$

$\triangle ADP$에서

$\angle PAD = 90° - 72° = 18°$

$\therefore \angle x = 2\angle CAD = 2 \times 18° = 36°$

09 $\overline{AD}$를 그으면 $\overline{AB}$가 반원 O의 지름이 므로 $\angle ADB = 90°$

$\triangle ADP$에서

$\angle PAD = 90° - 65° = 25°$

$\therefore \angle x = 2\angle CAD = 2 \times 25° = 50°$

10 $\angle BDC = \angle BAC = 25°$

$\overarc{BC} = \overarc{CD}$이므로

$\angle CBD = \angle BAC = 25°$

$\triangle BCD$에서

$25° + (60° + \angle x) + 25° = 180°$ $\therefore \angle x = 70°$

한번 더

개념 완성하기 ———————————————— |32쪽~34쪽|

01 50°	**02** ③	**03** $\angle x = 66°$, $\angle y = 114°$	
04 45°	**05** 30°	**06** 55°	**07** 80°
08 36°	**09** 50°	**10** 70°	**11** 72°
12 54°	**13** 48°	**14** 81°	**15** 50°
16 34°	**17** $\dfrac{\sqrt{5}}{3}$	**18** 5	**19** ⑤
20 110°	**21** 50°		

01 $\angle x = \dfrac{1}{2} \times 130° = 65°$

$\angle y = \dfrac{1}{2} \times (360° - 130°) = 115°$

$\therefore \angle y - \angle x = 115° - 65° = 50°$

11 두 현 AC, BD의 교점을 P라 하면

$18° : \angle BAC = 2 : 6 = 1 : 3$

$\therefore \angle BAC = 54°$

$\triangle ABP$에서

$\angle x = 18° + 54° = 72°$

12 한 원에서 모든 호에 대한 원주각의 크기의 합은 $180°$이고,

원주각의 크기는 호의 길이에 정비례하므로

$\angle x = 180° \times \dfrac{3}{2+3+5} = 180° \times \dfrac{3}{10} = 54°$

13 $\overline{BC}$를 그으면

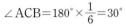

$\widehat{AB}$의 길이가 원주의 $\dfrac{1}{6}$이므로

$\angle ACB = 180° \times \dfrac{1}{6} = 30°$

$\widehat{CD}$의 길이가 원주의 $\dfrac{1}{10}$이므로

$\angle CBD = 180° \times \dfrac{1}{10} = 18°$

$\triangle PBC$에서 $\angle x = 30° + 18° = 48°$

14 $\overline{BC}$를 그으면

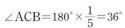

$\widehat{AB}$의 길이가 원주의 $\dfrac{1}{5}$이므로

$\angle ACB = 180° \times \dfrac{1}{5} = 36°$

$\widehat{AB} : \widehat{CD} = 4 : 5$이므로

$36° : \angle DBC = 4 : 5, \ 4\angle DBC = 180°$

$\therefore \angle DBC = 45°$

$\triangle PBC$에서 $\angle DPC = 36° + 45° = 81°$

15 $\angle ACB = \angle ADB = 20°$

$\triangle PCA$에서 $\angle x = 20° + 30° = 50°$

16 $\angle ADC = \angle ABC = 72°$

$\triangle APD$에서 $72° = 38° + \angle x$ $\therefore \angle x = 34°$

17 $\overline{BO}$의 연장선이 원 O와 만나는 점을 A′이

라 하면 $\angle BA'C = \angle BAC$

이때 $\angle A'CB = 90°$이므로 $\triangle A'BC$에서

$\overline{A'C} = \sqrt{12^2 - 8^2} = \sqrt{80} = 4\sqrt{5}$

$\therefore \cos A = \cos A' = \dfrac{\overline{A'C}}{\overline{BA'}} = \dfrac{4\sqrt{5}}{12} = \dfrac{\sqrt{5}}{3}$

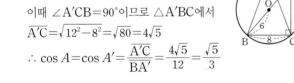

18 $\overline{AO}$의 연장선이 원 O와 만나는 점을

B′이라 하면 $\angle AB'C = \angle ABC$

이때 $\angle ACB' = 90°$이므로

$\triangle AB'C$에서

$\tan B = \tan B' = \dfrac{8}{\overline{B'C}} = \dfrac{4}{3}$

$\therefore \overline{B'C} = 6$

$\triangle AB'C$에서 $\overline{AB'} = \sqrt{8^2 + 6^2} = \sqrt{100} = 10$

따라서 원 O의 반지름의 길이는 $\dfrac{1}{2} \times 10 = 5$

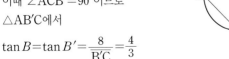

19 네 점 A, B, C, D가 한 원 위에 있으므로

$\angle ABD = \angle ACD = 45°$

$\triangle ABP$에서

$\angle x + 45° = 115°$ $\therefore \angle x = 70°$

20 네 점 A, B, C, D가 한 원 위에 있으므로

$\angle BAC = \angle BDC = 70°$

$\triangle ABP$에서 $\angle x = 40° + 70° = 110°$

21 네 점 A, B, C, D가 한 원 위에 있으므로

$\angle CAD = \angle CBD = 30°$

$\triangle ACP$에서

$30° + \angle x = 80°$ $\therefore \angle x = 50°$

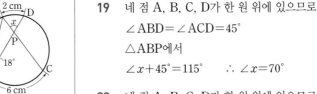

한번 더
실력 확인하기 ─────────35쪽

01 113°	02 54°	03 65°	04 180°
05 36 cm	06 10 cm	07 80°	08 65°

01 $\overline{PA}$, $\overline{PB}$가 원 O의 접선이므로

$\angle PAO = \angle PBO = 90°$

$\therefore \angle AOB = 180° - 46° = 134°$

$\therefore \angle x = \dfrac{1}{2} \times (360° - 134°) = 113°$

02 $\angle BDC = \angle BAC = 36°$

$\overline{BD}$가 원 O의 지름이므로 $\angle BCD = 90°$

$\triangle BCD$에서

$\angle x = 180° - (90° + 36°) = 54°$

03 $\overline{AD}$를 그으면 $\overline{AB}$가 반원 O의 지름이

므로 $\angle ADB = 90°$

$\angle CAD = \dfrac{1}{2} \angle COD = \dfrac{1}{2} \times 50° = 25°$

$\triangle ADP$에서

$\angle x + 25° = 90°$ $\therefore \angle x = 65°$

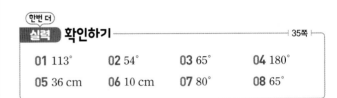

04 한 원에서 모든 호에 대한 원주각의 크기의 합은 $180°$이므로

$\angle a + \angle b + \angle c + \angle d + \angle e = 180°$

05 $\triangle ABP$에서 $\angle BAP = 100° - 70° = 30°$

$30° : 180° = 6 :$ (원의 둘레의 길이)

$1 : 6 = 6 :$ (원의 둘레의 길이)

$\therefore$ (원의 둘레의 길이) $= 36$ (cm)

06 $\overline{BD}$를 그으면 $\overline{CD}$는 원 O의 지름이므로

$\angle CBD = 90°$

$\therefore \angle ABD = 90° - 30° = 60°$

$\angle ABC : \angle ABD = \widehat{AC} : \widehat{AD}$에서

$30° : 60° = 5 : \widehat{AD}, \ 1 : 2 = 5 : \widehat{AD}$

$\therefore \widehat{AD} = 10$ (cm)

07 $\angle BCD = \angle BAD = 25°$

$\triangle APD$에서 $\angle ADC = 25° + 30° = 55°$

$\triangle EDC$에서 $\angle x = 25° + 55° = 80°$

08 네 점 A, B, C, D가 한 원 위에 있으므로

$\angle BAC = \angle BDC = \angle x$

$\angle CAD = \angle CBD = 50°$

따라서 $50° + \angle x = 115°$이므로 $\angle x = 65°$

02 원주각의 활용

한번 더
개념 확인문제 ─────────────── 36쪽

01 (1) $95°$ (2) $75°$ (3) $115°$ (4) $30°$ (5) $118°$ (6) $105°$

(7) $75°$ (8) $30°$

02 (1) × (2) ○ (3) ○ (4) ○ (5) × (6) ○

03 (1) $65°$ (2) $50°$

01 (1) $\angle x + 85° = 180°$이므로 $\angle x = 95°$

(2) $\triangle ACD$에서 $\angle ADC = 180° - (35° + 40°) = 105°$

$\therefore \angle x = 180° - 105° = 75°$

(3) $\overline{AB}$가 원 O의 지름이므로 $\angle ADB = 90°$

$\angle DAB = 180° - (90° + 25°) = 65°$

$\therefore \angle x = 180° - 65° = 115°$

(4) $\angle ADC = 180° - 55° = 125°$

$\triangle ACD$에서

$\angle x = 180° - (125° + 25°) = 30°$

(5) 한 외각의 크기는 그와 이웃한 내각에 대한 대각의 크기와 같으므로

$\angle x = \angle BAD = 118°$

(6) $\triangle ABD$에서 $\angle BAD = 180° - (33° + 42°) = 105°$

$\therefore \angle x = \angle BAD = 105°$

(7) $\angle BAD = \dfrac{1}{2} \angle BOD = \dfrac{1}{2} \times 150° = 75°$이므로

$\angle x = \angle BAD = 75°$

(8) $\angle BAD = \angle DCE = 100°$이므로

$\angle BAC = 100° - 70° = 30°$

$\therefore \angle x = \angle BAC = 30°$

02 (1) 대각의 크기의 합이 $180°$인지 알 수 없다.

(2) $\angle A + \angle C = 180°$, $\angle B + \angle D = 180°$이므로 □ABCD는 원에 내접한다.

(3) $\triangle ABC$에서 $\angle B = 180° - (55° + 40°) = 85°$

$\angle B + \angle D = 180°$이므로 □ABCD는 원에 내접한다.

(4) $\angle ABE = \angle D = 85°$이므로 □ABCD는 원에 내접한다.

(5) $\triangle ABD$에서 $\angle A = 180° - (20° + 25°) = 135°$

$\angle A \neq \angle DCE$이므로 □ABCD는 원에 내접하지 않는다.

(6) $\angle BAD = 180° - 70° = 110°$

$\angle BAD = \angle DCE$이므로 □ABCD는 원에 내접한다.

03 (1) $\triangle ABC$에서

$\angle BCA = \dfrac{1}{2} \times (180° - 50°) = 65°$

$\therefore \angle x = \angle BCA = 65°$

(2) $\overline{BC}$가 원 O의 지름이므로 $\angle CAB = 90°$

$\triangle ABC$에서 $\angle BCA = 180° - (90° + 40°) = 50°$

$\therefore \angle x = \angle BCA = 50°$

한번 더
개념 완성하기 ─────────────── 37쪽~40쪽

01 $20°$	**02** $130°$	**03** $95°$	**04** $75°$
05 $40°$	**06** $55°$	**07** ③	**08** $120°$
09 $218°$	**10** ②	**11** (1) $110°$	(2) $70°$
12 $148°$	**13** $65°$	**14** $120°$	**15** $100°$
16 $60°$	**17** $144°$	**18** $16°$	**19** $36°$
20 $40°$	**21** $30°$	**22** $40°$	**23** $36°$
24 $49°$	**25** $68°$	**26** $70°$	
27 $\angle x = 45°$, $\angle y = 70°$			

01 $\angle x = 180° - 90° = 90°$

$\angle y = 180° - 110° = 70°$

$\therefore \angle x - \angle y = 90° - 70° = 20°$

02 $\angle BAD = \dfrac{1}{2} \angle BOD = \dfrac{1}{2} \times 100° = 50°$

$\therefore \angle x = 180° - 50° = 130°$

03 $\overline{AC}$가 원 O의 지름이므로 $\angle ABC = 90°$

$\triangle ABC$에서 $\angle BAC = 180° - (90° + 45°) = 45°$

$\therefore \angle x = \angle BAD = 45° + 50° = 95°$

04 $\triangle APB$에서

$25° + \angle ABP = 100°$ $\therefore \angle ABP = 75°$

$\therefore \angle x = \angle ABP = 75°$

05 $\angle BAD = \angle DCE = 110°$이므로

$60° + \angle CAD = 110°$ $\therefore \angle CAD = 50°$

$\therefore \angle CBD = \angle CAD = 50°$

$\overline{AC}$가 원 O의 지름이므로 $\angle ABC = 90°$

$\therefore \angle x = 90° - 50° = 40°$

06 $\angle CDQ = \angle ABC = \angle x$

$\triangle PBC$에서 $\angle DCQ = \angle x + 40°$이므로

$\triangle DCQ$에서

$\angle x + (\angle x + 40°) + 30° = 180°$

$2\angle x = 110°$ $\therefore \angle x = 55°$

07 ∠ADC=180°−140°=40°이므로

△PCD에서 ∠BCQ=∠x+40°

△BQC에서

35°+(∠x+40°)=140° ∴ ∠x=65°

08 $\overline{CF}$를 그으면

□ABCF가 원에 내접하므로

∠BCF=180°−110°=70°

∴ ∠DCF=130°−70°=60°

□CDEF가 원에 내접하므로

∠E=180°−60°=120°

09 $\overline{AC}$를 그으면

∠ACB=$\frac{1}{2}$∠AOB=$\frac{1}{2}$×76°=38°

□ACDE가 원 O에 내접하므로

∠ACD+∠AED=180°

∴ ∠x+∠y=∠ACB+(∠ACD+∠AED)

=38°+180°=218°

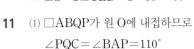

10 $\overline{CE}$를 그으면

□ABCE가 원 O에 내접하므로

∠AEC=180°−84°=96°

∴ ∠CED=126°−96°=30°

∴ ∠x=2∠CED=2×30°=60°

11 ⑴ □ABQP가 원 O에 내접하므로

∠PQC=∠BAP=110°

⑵ □PQCD가 원 O′에 내접하므로

∠PDC+110°=180° ∴ ∠PDC=70°

12 $\overline{PQ}$를 그으면

□ABQP가 원 O에 내접하므로

∠PQC=∠BAP=106°

□PQCD가 원 O′에 내접하므로

∠PDC=180°−106°=74°

∴ ∠x=2∠PDC=2×74°=148°

13 △ACD에서

∠D=180°−(40°+25°)=115°

□ABCD가 원에 내접하므로

∠x=180°−115°=65°

14 □ABCD가 원에 내접하므로

∠BAC=∠BDC=70°

∴ ∠x=∠BAD=70°+50°=120°

15 ∠BCA=∠BAT=40°이므로

△ABC에서 ∠x=180°−2×40°=100°

16 $\overline{AP}=\overline{AT}$이므로 ∠ATP=∠APT=40°

∠ABT=∠ATP=40°이므로 △BPT에서

40°+40°+(40°+∠x)=180°

∴ ∠x=60°

17 ∠x=∠DCQ=56°

∠BCD=180°−(32°+56°)=92°

□ABCD가 원에 내접하므로

∠y=180°−92°=88°

∴ ∠x+∠y=56°+88°=144°

18 ∠BDA=∠BAT=66°

□ABCD가 원 O에 내접하므로

∠DAB=180°−82°=98°

△BDA에서 ∠ABD=180°−(66°+98°)=16°

19 $\overline{BD}$를 그으면

∠ADB=∠ABT=∠x

$\overline{AD}$가 원 O의 지름이므로

∠ABD=90°

□ABCD가 원 O에 내접하므로

∠BAD=180°−126°=54°

△ABD에서 ∠x=180°−(90°+54°)=36°

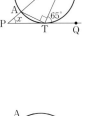

20 □ABCD가 원 O에 내접하므로

∠ADC=180°−100°=80°

$\overline{BD}$를 그으면 $\overset{\frown}{AB}=\overset{\frown}{BC}$이므로

∠ADB=∠BDC=$\frac{1}{2}$×80°=40°

∴ ∠x=∠BDC=40°

21 $\overline{AB}$가 원 O의 지름이므로 ∠BTA=90°

∠ATP=∠ABT=30°이므로 △BPT에서

∠x+(30°+90°)+30°=180° ∴ ∠x=30°

22 $\overline{AT}$를 그으면 $\overline{AB}$가 원 O의 지름이므로

∠ATB=90°

∠BAT=∠BTQ=65°이므로

△ATB에서

∠ABT=180°−(90°+65°)=25°

△BPT에서

∠x+25°=65° ∴ ∠x=40°

23 $\overline{BT}$를 그으면 $\overline{AB}$가 원 O의 지름이므로

∠ATB=90°

∠ABT=∠ATQ=72°이므로

△ATB에서

∠x=180°−(90°+72°)=18°

△ATP에서

18°+∠y=72° ∴ ∠y=54°

∴ ∠y−∠x=54°−18°=36°

24 △APB는 $\overline{PA}=\overline{PB}$인 이등변삼각형이므로

∠PBA=$\frac{1}{2}$×(180°−42°)=69°

∠CBA=∠CAD=62°

∴ ∠x=180°−(69°+62°)=49°

25 $\overline{CE}=\overline{CF}$이므로

$\angle CEF=\dfrac{1}{2}\times(180°-60°)=60°$

$\angle FDE=\angle FEC=60°$이므로

$\triangle DEF$에서

$\angle DFE=180°-(60°+52°)=68°$

26 $\angle DCT=\angle DTP$

$\qquad\qquad=\angle BTQ$ (맞꼭지각)

$\qquad\qquad=\angle BAT=28°$

$\triangle DTC$에서

$\angle DTC=180°-(28°+82°)=70°$

27 $\angle x=\angle DTP=45°$

$\angle y=\angle BAT=70°$

한번 더
실력 **확인하기** ───────── 41쪽

| **01** 64° | **02** ⑤ | **03** 60° | **04** 42° |
| **05** 72° | **06** 108° | **07** ④ | |

01 $\triangle DPC$에서

$\angle PDC=180°-(36°+80°)=64°$

$\therefore \angle x=\angle ADC=64°$

02 $\angle CDQ=\angle ABC=\angle x$

$\triangle PBC$에서 $\angle DCQ=\angle x+23°$이므로

$\triangle DCQ$에서 $\angle x+(\angle x+23°)+35°=180°$

$2\angle x=122°$　　$\therefore \angle x=61°$

03 $\overline{BD}$를 그으면

□ABDE가 원 O에 내접하므로

$\angle EDB=180°-110°=70°$

$\therefore \angle BDC=100°-70°=30°$

$\therefore \angle x=2\angle BDC=2\times30°=60°$

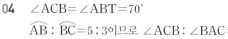

04 $\angle ACB=\angle ABT=70°$

$\overset{\frown}{AB}:\overset{\frown}{BC}=5:3$이므로 $\angle ACB:\angle BAC=5:3$

$70°:\angle BAC=5:3$　　$\therefore \angle BAC=42°$

05 $\angle BCA=\angle BAT=36°$

이때 $\triangle ABC$는 $\overline{CA}=\overline{CB}$인 이등변삼각형이므로

$\angle x=\dfrac{1}{2}\times(180°-36°)=72°$

06 $\angle x=\angle DCQ=43°$

$\angle BCD=180°-(22°+43°)=115°$

□ABCD가 원 O에 내접하므로

$\angle y=180°-115°=65°$

$\therefore \angle x+\angle y=43°+65°=108°$

07 $\overline{BC}$를 그으면

$\angle BCT=\angle BDC=30°$이므로

$\angle ACB=68°-30°=38°$

$\overline{BD}$가 원 O의 지름이므로

$\angle BCD=90°$

$\therefore \angle x=90°-38°=52°$

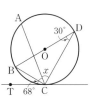

한번 더
실전! 중단원 마무리 ───────── 42쪽~43쪽

01 $\dfrac{8}{3}\pi$ cm²	**02** ②	**03** ③	**04** 10π
05 105°	**06** 80°	**07** 89°	**08** ④
09 6 cm	**10** 45°	**11** 54°	

◆ 서술형 문제

12 44°　　　　**13** 137°

01 $\angle AOB=2\angle APB=2\times30°=60°$

$\therefore$ (색칠한 부분의 넓이)$=\pi\times4^2\times\dfrac{60}{360}=\dfrac{8}{3}\pi\,(\text{cm}^2)$

02 $\overline{AD}$를 그으면

$\angle CAD=\angle CBD=25°$

$\angle DAE=\angle DFE=45°$

$\therefore \angle CAE=\angle CAD+\angle DAE$

$\qquad\qquad=25°+45°=70°$

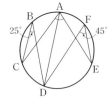

03 $\overline{AD}$를 그으면

$\angle CAD=\dfrac{1}{2}\angle COD=\dfrac{1}{2}\times46°=23°$

$\overline{AB}$는 반원 O의 지름이므로

$\angle ADB=90°$

$\triangle PAD$에서 $\angle x=180°-(90°+23°)=67°$

04 $\triangle ABC$는 $\overline{AB}=\overline{AC}$인 이등변삼각형이므로

$\angle BAC=180°-2\times65°=50°$

$\overset{\frown}{BC}:\overset{\frown}{AC}=\angle BAC:\angle ABC=50°:65°$이므로

$\overset{\frown}{BC}:13\pi=10:13$　　$\therefore \overset{\frown}{BC}=10\pi$

05 $\overset{\frown}{AB}$, $\overset{\frown}{BC}$의 길이가 각각 원주의 $\dfrac{1}{4}$, $\dfrac{1}{6}$이므로 $\overset{\frown}{AC}$의 길이는

원주의 $1-\left(\dfrac{1}{4}+\dfrac{1}{6}\right)=\dfrac{7}{12}$이다.

한 원에서 모든 호에 대한 원주각의 크기의 합은 180°이므로

$\angle x=180°\times\dfrac{7}{12}=105°$

06 $\angle ECD=\angle EAD=26°$이므로

$\angle BCD=74°+26°=100°$

□ABCD가 원에 내접하므로

$\angle x=180°-100°=80°$

07 ∠ABC=∠CDQ=∠a라 하면

△PBC에서 ∠DCQ=∠a+40°이므로

△DCQ에서 ∠a+(∠a+40°)+38°=180°

2∠a=102°   ∴ ∠a=51°

△DCQ에서 ∠x=51°+38°=89°

08 □ABCD가 원에 내접하므로

∠x=180°−75°=105°, ∠y=∠ABC=85°

∴ ∠x+∠y=105°+85°=190°

09 ∠BCA=∠BAT이고 ∠BAC=∠BAT이므로

∠BCA=∠BAC

따라서 △ABC는 $\overline{AB}=\overline{BC}$인 이등변삼각형이므로

$\overline{BC}=\overline{AB}$=6 cm

10 △ABD에서 ∠BAD=180°−(25°+65°)=90°

□ABCD가 원에 내접하므로

∠y=180°−90°=90°

∠BDC=∠BCP=45°이므로

△BCD에서 ∠x=180°−(90°+45°)=45°

∴ ∠y−∠x=90°−45°=45°

11 $\overline{AB}$를 그으면 $\overline{BC}$가 원 O의 지름이므로

∠BAC=90°

∠CBA=∠CAT=72°이므로

△BAC에서

∠BCA=180°−(90°+72°)=18°

△CPA에서 ∠x+18°=72°   ∴ ∠x=54°

◆서술형 문제

12 ∠PAO=∠PBO=90°이므로 □APBO에서

∠AOB=360°−(90°+44°+90°)=136°

∴ ∠x=$\frac{1}{2}$∠AOB=$\frac{1}{2}$×136°=68°   ⋯⋯ **❶**

□ADBC가 원 O에 내접하므로 ∠x+∠y=180°

∴ ∠y=180°−68°=112°   ⋯⋯ **❷**

∴ ∠y−∠x=112°−68°=44°   ⋯⋯ **❸**

채점 기준	배점
❶ ∠x의 크기 구하기	2점
❷ ∠y의 크기 구하기	2점
❸ ∠y−∠x의 크기 구하기	1점

13 $\overline{AC}$를 그으면

∠BAC=∠BCP=67°   ⋯⋯ **❶**

∠CAD=$\frac{1}{2}$∠COD=$\frac{1}{2}$×140°

   =70°   ⋯⋯ **❷**

∴ ∠x=∠BAC+∠CAD

   =67°+70°=137°   ⋯⋯ **❸**

채점 기준	배점
❶ ∠BAC의 크기 구하기	2점
❷ ∠CAD의 크기 구하기	2점
❸ ∠x의 크기 구하기	2점

---

1 대푯값과 산포도

01 대푯값

개념 확인문제 ────────── 44쪽

01 (1) 평균 : 4, 중앙값 : 5, 최빈값 : 6

(2) 평균 : 24, 중앙값 : 24, 최빈값 : 24

(3) 평균 : 46, 중앙값 : 52, 최빈값 : 57

(4) 평균 : 4, 중앙값 : 3, 최빈값 : 2, 7

(5) 평균 : 15, 중앙값 : 15, 최빈값 : 18

(6) 평균 : 106, 중앙값 : 105, 최빈값 : 100, 105

02 평균 : 14회, 중앙값 : 15회, 최빈값 : 19회

01 (1) (평균)=$\frac{1+2+5+6+6}{5}$=$\frac{20}{5}$=4

변량의 개수가 5로 홀수이므로 중앙값은 3번째 변량인 5이다.

6이 2개로 가장 많이 나타나므로 최빈값은 6이다.

(2) (평균)=$\frac{22+24+24+24+25+25}{6}$=$\frac{144}{6}$=24

변량의 개수가 6으로 짝수이므로 중앙값은 3번째와 4번째 변량 24와 24의 평균인 $\frac{24+24}{2}$=24이다.

24가 3개로 가장 많이 나타나므로 최빈값은 24이다.

(3) (평균)=$\frac{1+49+51+52+55+57+57}{7}$=$\frac{322}{7}$=46

변량의 개수가 7로 홀수이므로 중앙값은 4번째 변량인 52이다.

57이 2개로 가장 많이 나타나므로 최빈값은 57이다.

(4) (평균)=$\frac{6+1+2+7+3+2+7}{7}$=$\frac{28}{7}$=4

주어진 변량을 크기순으로 나열하면

1, 2, 2, 3, 6, 7, 7

변량의 개수가 7로 홀수이므로 중앙값은 4번째 변량인 3이다.

2와 7이 모두 2개씩 가장 많이 나타나므로 최빈값은 2, 7이다.

(5) (평균)=$\frac{11+18+16+13+12+18+14+18}{8}$

   =$\frac{120}{8}$=15

주어진 변량을 크기순으로 나열하면

11, 12, 13, 14, 16, 18, 18, 18

변량의 개수가 8로 짝수이므로 중앙값은 4번째와 5번째 변량 14와 16의 평균인 $\frac{14+16}{2}$=15이다.

18이 3개로 가장 많이 나타나므로 최빈값은 18이다.

(6) (평균)=$\frac{100+105+110+100+105+105+100+105+100+130}{10}$

   =$\frac{1060}{10}$=106

주어진 변량을 크기순으로 나열하면

100, 100, 100, 100, 105, 105, 105, 105, 110, 130

변량의 개수가 10으로 짝수이므로 중앙값은 5번째와 6번째 변량 105와 105의 평균인 $\dfrac{105+105}{2}=105$이다.

100과 105가 모두 4개씩 가장 많이 나타나므로 최빈값은 100, 105이다.

02 $(평균)=\dfrac{3+5+8+11+13+17+19+19+21+24}{10}$

$=\dfrac{140}{10}=14(회)$

중앙값은 5번째와 6번째 변량 13회와 17회의 평균인

$\dfrac{13+17}{2}=15(회)$이다.

19회가 2개로 가장 많으므로 최빈값은 19회이다.

한번더
개념 완성하기 ──────── 45쪽~46쪽

01 (1) 평균 : 31세, 중앙값 : 28세, 최빈값 : 24세   (2) 중앙값

02 (1) 평균 : 250 mm, 중앙값 : 245 mm, 최빈값 : 240 mm

　　(2) 최빈값

03 평균 : 8.2점, 중앙값 : 8.5점, 최빈값 : 9점

04 평균 : 3.5개, 중앙값 : 4개, 최빈값 : 5개

05 중앙값 : 56회, 최빈값 : 63회

06 평균 : 15회, 중앙값 : 14회, 최빈값 : 22회

07 5일　　**08** $x=57$, 중앙값 : 52 kg　　**09** $a=1$, $b=8$

10 1.0　　**11** 24　　**12** 15　　**13** 8

01 (1) $(평균)=\dfrac{24+31+27+54+28+24+29}{7}$

$=\dfrac{217}{7}=31(세)$

주어진 변량을 크기순으로 나열하면

24, 24, 27, 28, 29, 31, 54

변량이 7개이므로 중앙값은 4번째 변량인 28세이다.

또, 24세가 2명으로 가장 많으므로 최빈값은 24세이다.

(2) 자료에 54세라는 극단적인 값이 있으므로 평균은 대푯값으로 적절하지 않으며, 최빈값인 24세도 자료에서 가장 작은 변량으로 자료의 전체적인 특징을 나타내지 못하므로 중앙값이 자료의 대푯값으로 가장 적절하다.

02 (1) $(평균)=\dfrac{290+240+250+245+240+245+250+240}{8}$

$=\dfrac{2000}{8}=250(mm)$

주어진 변량을 크기순으로 나열하면

240, 240, 240, 245, 245, 250, 250, 290

변량이 8개이므로 중앙값은 4번째와 5번째 변량 245 mm와 245 mm의 평균인 $\dfrac{245+245}{2}=245(mm)$이다.

또, 240 mm가 3개로 가장 많으므로 최빈값은 240 mm이다.

(2) 공장에 가장 많이 주문해야 할 신발의 크기는 가장 많이 판매된 신발의 크기를 선택해야 하므로 최빈값이 자료의 대푯값으로 가장 적절하다.

03 $(평균)=\dfrac{6\times1+7\times2+8\times2+9\times4+10\times1}{10}=\dfrac{82}{10}=8.2(점)$

중앙값은 10명의 학생 중에서 5번째와 6번째 학생의 점수의 평균이므로 $\dfrac{8+9}{2}=8.5(점)$이다. 또, 점수가 9점인 학생이 4명으로 가장 많으므로 최빈값은 9점이다.

04 $(평균)=\dfrac{1\times3+2\times4+3\times1+4\times4+5\times8}{20}=\dfrac{70}{20}=3.5(개)$

중앙값은 20명의 학생 중에서 10번째와 11번째 학생이 구입한 과자 수의 평균이므로 $\dfrac{4+4}{2}=4(개)$이다. 또, 구입한 과자 수가 5개인 학생이 8명으로 가장 많으므로 최빈값은 5개이다.

05 변량이 25개이므로 중앙값은 13번째 변량인 56회이다.

63회가 4명으로 가장 많으므로 최빈값은 63회이다.

06 $(평균)=\dfrac{3+5+10+12+16+22+22+30}{8}=\dfrac{120}{8}=15(회)$

변량이 8개이므로 중앙값은 4번째와 5번째 변량의 평균인 $\dfrac{12+16}{2}=14(회)$이다. 또, 22회가 2개로 가장 많으므로 최빈값은 22회이다.

07 대구의 미세 먼지가 '주의'인 날수를 x일이라 하면

$(평균)=\dfrac{5+4+x+3+2+6+3}{7}=4$이므로

$23+x=28$　　∴ $x=5$

따라서 대구의 미세 먼지가 '주의'인 날수는 5일이다.

08 $(평균)=\dfrac{49+x+55+47+52}{5}=52$이므로

$203+x=260$　　∴ $x=57$

변량을 크기순으로 나열하면 47, 49, 52, 55, 57

변량이 5개이므로 중앙값은 3번째 변량인 52 kg이다.

09 $(평균)=\dfrac{a+4+5+b+9+10+12}{7}=7$이므로

$a+b+40=49$　　∴ $a+b=9$

중앙값이 8이므로 4번째 변량이 8이 되어야 한다.

∴ $b=8$, $a=1$

10 나머지 한 명의 왼쪽 눈의 시력을 a라 하면 8명의 중앙값은 4번째와 5번째 학생의 왼쪽 눈의 시력의 평균이다.

중앙값이 0.9이므로 $0.8<a<1.2$이고

$\dfrac{0.8+a}{2}=0.9$, $0.8+a=1.8$　　∴ $a=1.0$

11 $a\,℃$를 제외한 모든 변량이 1개씩 있으므로 최빈값이 24 ℃이려면 $a=24$

12 주어진 자료에서 x를 제외한 변량을 살펴보면 14와 18이 모두 2개씩 있다. 이때 최빈값이 14이므로 $x=14$

주어진 변량을 크기순으로 나열하면

11, 14, 14, 14, 16, 17, 18, 18

변량이 8개이므로 중앙값은 4번째와 5번째 변량의 평균인

$\dfrac{14+16}{2}=15$

13 주어진 자료에서 8이 3개로 가장 많으므로 최빈값은 8이다.

(평균)$=\dfrac{8+8+a+11+12+4+8+7}{8}=8$이므로

$a+58=64$ ∴ $a=6$

주어진 변량을 크기순으로 나열하면

4, 6, 7, 8, 8, 8, 11, 12

변량이 8개이므로 중앙값은 4번째와 5번째 변량의 평균인

$\dfrac{8+8}{2}=8$

한번더
실력 확인하기 ────────── 47쪽

01 $A<B<C$　　　　　**02** ④

03 평균 : 2.7회, 중앙값 : 2회, 최빈값 : 1회

04 18　　　　**05** ㄱ, ㄴ　　　**06** $a=5$, $b=10$

---

01 (평균)$=\dfrac{9+8+7+7+9+10+8+9+8+9}{10}=\dfrac{84}{10}=8.4$(점)

주어진 변량을 크기순으로 나열하면

7, 7, 8, 8, 8, 9, 9, 9, 9, 10

변량이 10개이므로 중앙값은 5번째와 6번째 변량의 평균인

$\dfrac{8+9}{2}=8.5$(점)이다.

또, 9점이 4회로 가장 많으므로 최빈값은 9점이다.

따라서 $A=8.4$, $B=8.5$, $C=9$이므로 $A<B<C$

02 운동화를 대량 주문하려고 할 때 필요한 대푯값으로는 최빈값이 가장 적절하다. 245 mm가 6켤레로 가장 많으므로 최빈값은 245 mm이다.

03 (평균)$=\dfrac{0\times3+1\times5+2\times3+3\times1+4\times4+5\times1+6\times2+7\times1}{20}$

$=\dfrac{54}{20}=2.7$(회)

변량이 20개이므로 중앙값은 10번째와 11번째 변량의 평균인 $\dfrac{2+2}{2}=2$(회)이다.

또, 관람 횟수가 1회인 학생이 5명으로 가장 많으므로 최빈값은 1회이다.

04 a를 제외하고 주어진 변량을 크기순으로 나열하면 8, 12, 20이다. 변량이 4개이므로 중앙값은 2번째와 3번째 변량의 평균이고 중앙값이 15이므로 $12<a<20$이다.

$\dfrac{12+a}{2}=15$, $12+a=30$　　∴ $a=18$

---

05 꺾은선그래프를 표로 나타내면 다음과 같다.

체육복의 크기(호)	85	90	95	100	105	110	합계
1반(명)	1	6	11	7	3	2	30
2반(명)	1	5	9	9	5	1	30

ㄱ, ㄴ. 1반과 2반 모두 전체 학생이 30명이고, 1반의 15번째와 16번째 학생의 체육복의 크기가 모두 95호이므로 중앙값도 95호이다. 2반의 15번째와 16번째 학생의 체육복의 크기가 각각 95호, 100호이므로 중앙값은 그 평균인 $\dfrac{95+100}{2}=97.5$(호)이다.

즉, 1반의 중앙값이 2반의 중앙값보다 작다.

ㄷ, ㄹ. 1반의 최빈값은 95호이고, 2반의 최빈값은 95호, 100호이다. 즉, 1반의 최빈값은 1개이고, 2반의 최빈값이 2개이다.

따라서 옳은 것은 ㄱ, ㄴ이다.

06 자료에서 5가 2개, 8이 2개이므로 최빈값이 5가 되기 위해서는 $a=5$

평균이 6이므로

$\dfrac{3+4+5+5+5+8+8+b}{8}=6$, $38+b=48$　　∴ $b=10$

---

02 산포도

한번더
개념 확인문제 ────────── 48쪽

01 (1) 5, 풀이 참조

　　(2) 16, 풀이 참조

02 (1) 2　(2) -5

03 (1) 평균 : 5, 분산 : 8, 표준편차 : $2\sqrt{2}$

　　(2) 평균 : 50, 분산 : 110, 표준편차 : $\sqrt{110}$

04 평균 : 4회, 분산 : 0.8, 표준편차 : $\sqrt{0.8}$회

05 평균 : 12점, 분산 : 14.4, 표준편차 : $\sqrt{14.4}$점

06 (1) B 반　(2) E 반

---

01 (1) (평균)$=\dfrac{3+4+5+6+7}{5}=\dfrac{25}{5}=5$이므로

편차는 다음과 같다.

변량	3	4	5	6	7
편차	-2	-1	0	1	2

(2) (평균)$=\dfrac{19+12+18+15+16}{5}=\dfrac{80}{5}=16$이므로

편차는 다음과 같다.

변량	19	12	18	15	16
편차	3	-4	2	-1	0

02 (1) 편차의 총합은 항상 0이므로
$$(-3)+x+4+1+(-4)=0 \qquad \therefore x=2$$
(2) 편차의 총합은 항상 0이므로
$$8+(-4)+3+(-2)+x=0 \qquad \therefore x=-5$$

03 (1) $(평균)=\dfrac{1+3+5+7+9}{5}=\dfrac{25}{5}=5$
$$(분산)=\dfrac{(1-5)^2+(3-5)^2+(5-5)^2+(7-5)^2+(9-5)^2}{5}$$
$$=\dfrac{40}{5}=8$$
$(표준편차)=\sqrt{8}=2\sqrt{2}$
(2) $(평균)=\dfrac{40+60+40+65+45}{5}=\dfrac{250}{5}=50$
(분산)
$$=\dfrac{(40-50)^2+(60-50)^2+(40-50)^2+(65-50)^2+(45-50)^2}{5}$$
$$=\dfrac{550}{5}=110$$
$(표준편차)=\sqrt{110}$

04 $(평균)=\dfrac{2\times1+3\times1+4\times5+5\times3}{10}=\dfrac{40}{10}=4(회)$
$(분산)=\dfrac{(2-4)^2\times1+(3-4)^2\times1+(4-4)^2\times5+(5-4)^2\times3}{10}$
$$=\dfrac{8}{10}=0.8$$
$(표준편차)=\sqrt{0.8}(회)$

05 $(평균)=\dfrac{4\times1+8\times5+12\times8+16\times5+20\times1}{20}$
$$=\dfrac{240}{20}=12(점)$$
(분산)
$$=\dfrac{(4-12)^2\times1+(8-12)^2\times5+(12-12)^2\times8+(16-12)^2\times5+(20-12)^2\times1}{20}$$
$$=\dfrac{288}{20}=14.4$$
$(표준편차)=\sqrt{14.4}(점)$

06 다섯 반의 표준편차가 각각 $\sqrt{10}$점, $3=\sqrt{9}$(점), $4=\sqrt{16}$(점), $2\sqrt{6}=\sqrt{24}$(점), $5=\sqrt{25}$(점)이므로
(1) B 반의 표준편차가 가장 작으므로 점수가 가장 고르게 분포된 반은 B 반이다.
(2) E 반의 표준편차가 가장 크므로 점수가 가장 고르지 않게 분포된 반은 E 반이다.

한번더
개념 완성하기 ─────── 49쪽~50쪽

01 52 kg	**02** 85점	**03** $\sqrt{26}$점	**04** 1
05 164	**06** 8	**07** 29	
08 분산 : 22, 표준편차 : $\sqrt{22}$			**09** $\sqrt{30.8}$ cm
10 ⑤	**11** A 학교	**12** ②	**13** ③

01 학생 E의 편차를 x kg이라 하면 편차의 총합은 항상 0이므로
$$(-2)+10+(-1)+(-3)+x=0$$
$$4+x=0 \qquad \therefore x=-4$$
(편차)=(변량)-(평균)이므로
$$-4=(E의\ 몸무게)-56 \qquad \therefore (E의\ 몸무게)=52(kg)$$

02 학생 C의 편차를 x점이라 하면 편차의 총합은 항상 0이므로
$$(-4)+9+x+7+(-5)+(-6)+0+(-12)=0$$
$$-11+x=0 \qquad \therefore x=11$$
(편차)=(변량)-(평균)이므로
$$11=(C의\ 점수)-74 \qquad \therefore (C의\ 점수)=85(점)$$

03 $(평균)=\dfrac{82+89+x+78+90}{5}=86$이므로
$$339+x=430 \qquad \therefore x=91$$
수학 시험 성적의 편차는 -4점, 3점, 5점, -8점, 4점이므로
$$(분산)=\dfrac{(-4)^2+3^2+5^2+(-8)^2+4^2}{5}=\dfrac{130}{5}=26$$
$\therefore (표준편차)=\sqrt{26}(점)$

04 $(평균)=\dfrac{7+9+8+8+9+9+8+9+7+6}{10}=\dfrac{80}{10}=8(개)$
삼진의 수의 편차는
-1개, 1개, 0개, 0개, 1개, 1개, 0개, 1개, -1개, -2개이므로
(분산)
$$=\dfrac{(-1)^2+1^2+0^2+0^2+1^2+1^2+0^2+1^2+(-1)^2+(-2)^2}{10}$$
$$=\dfrac{10}{10}=1$$

05 $(평균)=\dfrac{6+7+9+x+y}{5}=8$이므로
$$22+x+y=40 \qquad \therefore x+y=18 \qquad \cdots\cdots\ \text{㉠}$$
$$(분산)=\dfrac{(6-8)^2+(7-8)^2+(9-8)^2+(x-8)^2+(y-8)^2}{5}=2$$
$$4+1+1+x^2+y^2-16(x+y)+64+64=10$$
$$x^2+y^2-16(x+y)+134=10 \qquad \cdots\cdots\ \text{㉡}$$
㉠을 ㉡에 대입하면
$$x^2+y^2-16\times18+134=10 \qquad \therefore x^2+y^2=164$$

06 $(평균)=\dfrac{2+5+x+y}{4}=4$이므로
$$7+x+y=16 \qquad \therefore x+y=9 \qquad \cdots\cdots\ \text{㉠}$$
표준편차가 $\sqrt{7.5}$이므로 분산은 $(\sqrt{7.5})^2=7.5$, 즉
$$(분산)=\dfrac{(2-4)^2+(5-4)^2+(x-4)^2+(y-4)^2}{4}=7.5$$
$$4+1+x^2+y^2-8(x+y)+16+16=30$$
$$x^2+y^2-8(x+y)+37=30 \qquad \cdots\cdots\ \text{㉡}$$
㉠을 ㉡에 대입하면
$$x^2+y^2-8\times9+37=30,\ x^2+y^2=65$$
이때 $(x+y)^2=x^2+2xy+y^2$이므로
$$2xy=(x+y)^2-(x^2+y^2)=9^2-65=16 \qquad \therefore xy=8$$

07 $(평균)=\dfrac{x+4+2+5+y}{5}=5$이므로
$$11+x+y=25 \qquad \therefore x+y=14 \qquad \cdots\cdots\ \text{㉠}$$

$$(분산)=\frac{(x-5)^2+(4-5)^2+(2-5)^2+(5-5)^2+(y-5)^2}{5}=4$$

$$x^2+y^2-10(x+y)+25+25+1+9=20$$

$$x^2+y^2-10(x+y)+60=20 \qquad \cdots\cdots ⓛ$$

㉠을 ⓛ에 대입하면

$$x^2+y^2-10\times14+60=20 \qquad \therefore x^2+y^2=100$$

따라서 x^2, 4^2, 2^2, 5^2, y^2에 대하여

$$(평균)=\frac{x^2+4^2+2^2+5^2+y^2}{5}=\frac{45+x^2+y^2}{5}$$

$$=\frac{45+100}{5}=\frac{145}{5}=29$$

08 편차의 총합은 항상 0이므로

$$4+x+(-4)+(-5)+(-2)=0 \qquad \therefore x=7$$

$$(분산)=\frac{4^2+7^2+(-4)^2+(-5)^2+(-2)^2}{5}=\frac{110}{5}=22$$

$$(표준편차)=\sqrt{22}$$

09 편차의 총합은 항상 0이므로

$$10+2+(-4)+x+(-3)=0 \qquad \therefore x=-5$$

$$(분산)=\frac{10^2+2^2+(-4)^2+(-5)^2+(-3)^2}{5}$$

$$=\frac{154}{5}=30.8$$

$$\therefore (표준편차)=\sqrt{30.8}(cm)$$

10 5명의 표준편차는 각각

$\sqrt{7}$분, $3=\sqrt{9}$(분), $\sqrt{5}$(분), $2\sqrt{2}=\sqrt{8}$(분), $\sqrt{15}$분

이므로 통학 시간이 가장 불규칙한 학생은 표준편차가 가장 큰 E이다.

11 성적이 가장 고른 학교는 표준편차가 가장 작은 A 학교이다.

12 ①, ② B 학생의 사회 성적의 표준편차가 A 학생보다 작으므로 B 학생의 사회 성적이 더 고르다.

따라서 옳은 것은 ②이다.

13 ①, ② 평균이 같으므로 어느 학교의 학생들이 책을 더 많이 읽었다고 할 수 없다.

③, ④ $8=\sqrt{64}$, $6\sqrt{2}=\sqrt{72}$, 즉 $8<6\sqrt{2}$이므로 A 학교 학생들이 읽은 책 수의 분포가 더 고르다.

⑤ 책을 가장 많이 읽은 학생이 어느 학교에 있는지는 알 수 없다.

따라서 옳은 것은 ③이다.

한번 더
실력 확인하기 ——— 51쪽

01 ③	02 $\sqrt{6.8}$	03 분산 : 1, 표준편차 : 1시간
04 ②	05 27	06 2점

01 세라의 편차를 x점이라 하면 편차의 총합은 항상 0이므로

$3+(-2)+x+0+(-4)=0$, $-3+x=0$ $\therefore x=3$

① 효진이의 편차가 0이므로 효진이의 수학 점수는 평균 점수와 같다.

---

② 우빈이와 세라의 편차가 모두 3점으로 같으므로 우빈이와 세라의 수학 점수는 같다.

③ 민호와 세라의 편차의 차는 $3-(-2)=5$(점)이므로 수학 점수의 차도 5점이다.

④ 은정이의 편차가 가장 작으므로 점수가 가장 낮은 학생은 은정이다.

⑤ $(분산)=\frac{3^2+(-2)^2+3^2+0^2+(-4)^2}{5}=\frac{38}{5}=7.6$

$\therefore (표준편차)=\sqrt{7.6}$(점)

따라서 옳지 않은 것은 ③이다.

02 $(평균)=\frac{1+8+6+3+7}{5}=\frac{25}{5}=5$

$$(분산)=\frac{(1-5)^2+(8-5)^2+(6-5)^2+(3-5)^2+(7-5)^2}{5}$$

$$=\frac{34}{5}=6.8$$

$\therefore (표준편차)=\sqrt{6.8}$

03 휴대 전화 사용 시간이 4시간인 학생 수는

$$10-(4+3+1)=2(명)$$

$$(평균)=\frac{2\times4+3\times3+4\times2+5\times1}{10}=\frac{30}{10}=3(시간)$$

$$(분산)=\frac{(2-3)^2\times4+(3-3)^2\times3+(4-3)^2\times2+(5-3)^2\times1}{10}$$

$$=\frac{10}{10}=1$$

$(표준편차)=\sqrt{1}=1(시간)$

04 승환이의 점수의 평균과 분산을 구하면

$$(평균)=\frac{8+8+9+10+6+9+8+7+8+7}{10}=\frac{80}{10}=8(점)$$

$$(분산)=\frac{0^2+0^2+1^2+2^2+(-2)^2+1^2+0^2+(-1)^2+0^2+(-1)^2}{10}$$

$$=\frac{12}{10}=1.2$$

찬규의 점수의 평균과 분산을 구하면

$$(평균)=\frac{8+9+8+7+9+8+7+8+8+8}{10}=\frac{80}{10}=8(점)$$

$$(분산)=\frac{0^2+1^2+0^2+(-1)^2+1^2+0^2+(-1)^2+0^2+0^2+0^2}{10}$$

$$=\frac{4}{10}=0.4$$

즉, 승환이와 찬규의 점수의 평균은 같고 찬규의 점수의 분산이 승환이의 점수의 분산보다 작으므로 찬규의 점수가 승환이의 점수보다 고르다고 할 수 있다.

따라서 옳은 것은 ②이다.

05 $\frac{x+y+z}{3}=5$에서 $x+y+z=15$ $\cdots\cdots ㉠$

$\frac{(x-5)^2+(y-5)^2+(z-5)^2}{3}=2$에서

$x^2+y^2+z^2-10(x+y+z)+75=6$ $\cdots\cdots ⓛ$

㉠을 ⓛ에 대입하면

$x^2+y^2+z^2-10\times15+75=6$ $\therefore x^2+y^2+z^2=81$

따라서 x^2, y^2, z^2에 대하여

$(평균)=\frac{x^2+y^2+z^2}{3}=\frac{81}{3}=27$

06 남학생 4명의 성적의 표준편차가 $\sqrt{7}$점이므로 분산은
$(\sqrt{7})^2=7$

즉, $\dfrac{(\text{남학생 4명의 편차의 제곱의 총합})}{4}=7$

∴ (남학생 4명의 편차의 제곱의 총합)$=28$

여학생 6명의 성적의 표준편차가 $\sqrt{2}$점이므로 분산은
$(\sqrt{2})^2=2$

즉, $\dfrac{(\text{여학생 6명의 편차의 제곱의 총합})}{6}=2$

∴ (여학생 6명의 편차의 제곱의 총합)$=12$

남학생과 여학생의 평균이 같으므로

(전체 10명의 분산)$=\dfrac{28+12}{4+6}=\dfrac{40}{10}=4$

∴ (전체 10명의 표준편차)$=\sqrt{4}=2$(점)

---

01 (평균)$=\dfrac{2+3+1.5+2+1+2.5+2}{7}=\dfrac{14}{7}=2$(시간)

02 변량을 크기순으로 나열하면
38, 43, 48, 51, 53, 59, 60, 70
변량이 8개이므로 중앙값은 4번째와 5번째 변량의 평균인
$\dfrac{51+53}{2}=52$(kg)

03 a와 b를 제외한 변량을 크기순으로 나열하면
2, 3, 4, 4, 6, 6, 7
최빈값이 6이므로 a와 b 중 하나는 6이다.
전체 변량이 9개이므로 중앙값은 변량을 크기순으로 나열했을 때 5번째 변량이다.
즉, 2, 3, 4, 4, 6, 6, 6, 7에서 중앙값이 5이므로 a와 b 중 하나는 5이다.
∴ $a+b=5+6=11$

04 D의 편차를 x cm라 하면 편차의 총합은 항상 0이므로
$(-4)+(-6)+3+x+2=0$, $-5+x=0$ ∴ $x=5$
A의 키가 157 cm이므로 5명의 학생들의 키의 평균은
$157+4=161$(cm)
∴ (D의 키)$=161+5=166$(cm)

Self 코칭
(편차)$=$(변량)$-$(평균)이므로
(평균)$=$(변량)$-$(편차), (변량)$=$(평균)$+$(편차)

---

05 ① 편차의 총합은 항상 0이므로 편차의 평균도 0이다.
② 평균보다 작은 변량의 편차는 음수이다.
③ 자료의 개수만으로는 표준편차를 알 수 없다.
④ 변량이 고르게 분포되어 있을수록 표준편차는 작아진다.
따라서 옳은 것은 ①, ⑤이다.

06 ㄱ. $\dfrac{a+8+4+5+5}{5}=5$, $a+22=25$ ∴ $a=3$

ㄴ. $\dfrac{4+6+b+2+5}{5}=5$, $b+17=25$ ∴ $b=8$

ㄷ, ㄹ. 준희의 분산은

$\dfrac{(3-5)^2+(8-5)^2+(4-5)^2+(5-5)^2+(5-5)^2}{5}=\dfrac{14}{5}$

서희의 분산은

$\dfrac{(4-5)^2+(6-5)^2+(8-5)^2+(2-5)^2+(5-5)^2}{5}$

$=\dfrac{20}{5}=4$

즉, 기복이 더 심한 학생은 서희이고, 자유투 성공 횟수가 더 고른 학생은 준희이다.
따라서 옳은 것은 ㄱ, ㄷ이다.

07 표준편차가 작을수록 독서 시간이 규칙적이라고 할 수 있다.
E의 표준편차가 가장 작으므로 독서 시간이 가장 규칙적인 학생은 E이다.

08 학생 6명의 수행평가 성적을 모두 2점씩 올려 주면 평균은 2점 올라가고 표준편차는 변함없다.
따라서 옳은 것은 ③이다.

09 A 모둠의 (편차)^{2}의 총합은 $10\times(3\sqrt{2})^2=180$
B 모둠의 (편차)^{2}의 총합은 $10\times2^2=40$

따라서 전체 학생의 분산은 $\dfrac{180+40}{20}=\dfrac{220}{20}=11$

10 자료 A의 표준편차는 0이고 자료 B와 자료 C의 표준편차는 1로 서로 같다.
따라서 $a=0$, $b=c=1$이므로 $a<b=c$

◆ 서술형 문제 ◆

11 자료 A : (평균)$=\dfrac{2+4+3+3+3+2+4}{7}=\dfrac{21}{7}=3$

변량을 크기순으로 나열하면 2, 2, 3, 3, 3, 4, 4
변량이 7개이므로 중앙값은 4번째 변량인 3이다.
또, 3이 3개로 가장 많으므로 최빈값은 3이다.

자료 B : (평균)$=\dfrac{4+6+2+1+5+4+6}{7}=\dfrac{28}{7}=4$

변량을 크기순으로 나열하면 1, 2, 4, 4, 5, 6, 6
변량이 7개이므로 중앙값은 4번째 변량인 4이다.
또, 4와 6이 모두 2개씩 가장 많으므로 최빈값은 4, 6이다.

자료 C : (평균)$=\dfrac{2+3+6+5+3+7+100}{7}=\dfrac{126}{7}=18$

변량을 크기순으로 나열하면 2, 3, 3, 5, 6, 7, 100
변량이 7개이므로 중앙값은 4번째 변량인 5이다.
또, 3이 2개로 가장 많으므로 최빈값은 3이다.

서연 : 자료 A의 중앙값과 최빈값은 3으로 서로 같다. (○)
...... ❶

유찬 : 자료 C는 극단적인 변량 100이 포함되어 있으므로 평
균은 대푯값으로 적절하지 않다. (×) ...... ❷

혜민 : 자료 B의 최빈값은 4와 6의 2개이다. (×) ...... ❸

민준 : 자료 B의 평균과 중앙값은 4로 서로 같다. (○) ...... ❹

지유 : 자료 A, B, C의 중앙값은 각각 3, 4, 5이므로 자료 C
의 중앙값이 가장 크다. (○) ...... ❺

따라서 바르게 설명한 사람은 서연, 민준, 지유이다. ...... ❻

채점 기준	배점
❶ 서연이의 설명이 바른지 판단하기	1점
❷ 유찬이의 설명이 바른지 판단하기	1점
❸ 혜민이의 설명이 바른지 판단하기	1점
❹ 민준이의 설명이 바른지 판단하기	1점
❺ 지유의 설명이 바른지 판단하기	1점
❻ 바르게 설명한 사람 모두 고르기	1점

12 (평균)$=\dfrac{(a-4)+(a+2)+a+(a+2)}{4}=\dfrac{4a}{4}=a$ ...... ❶

각 변량의 편차를 차례대로 구하면

-4, 2, 0, 2이므로 ...... ❷

(분산)$=\dfrac{(-4)^2+2^2+0^2+2^2}{4}=\dfrac{24}{4}=6$ ...... ❸

채점 기준	배점
❶ 평균 구하기	2점
❷ 각 변량의 편차 구하기	1점
❸ 분산 구하기	2점

2 상관관계

01 산점도와 상관관계

개념 확인문제 ────── 54쪽

01 (1) 풀이 참조 (2) 3명 (3) 6명 (4) 90점 (5) 6명

02 (1) 50 % (2) 5권 (3) 2.4시간

03 (1) ㄷ (2) ㄱ (3) ㄴ

01 (1)
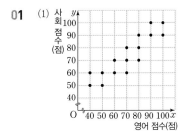

(2) 영어 점수가 80점인 학생은
○ 표시한 점이므로 3명이다.

(3) 영어 점수와 사회 점수가
모두 80점 이상인 학생은
색칠한 부분(경계선 포함)
에 속하므로 6명이다.

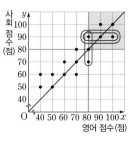

(4) 사회 점수가 90점인 학생은
◎ 표시한 점이므로 영어 점수의 평균은

$\dfrac{80+90+100}{3}=\dfrac{270}{3}=90$(점)

(5) 영어 점수와 사회 점수가 같은 학생은 대각선 위의 점이
므로 6명이다.

02 (1) TV 시청 시간이 7시간 이
상인 학생은 색칠한 부분
(경계선 포함)에 속하므로
6명이다. 따라서 전체의

$\dfrac{6}{12}\times100=50(\%)$

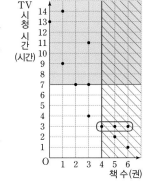

(2) TV 시청 시간이 3시간인
학생은 ○ 표시한 점이므
로 대출한 책 수의 평균은

$\dfrac{4+5+6}{3}=\dfrac{15}{3}=5$(권)

(3) 대출한 책 수가 4권 이상인 학생은 빗금친 부분(경계선 포
함)에 속하므로 TV 시청 시간의 평균은

$\dfrac{1+2+3+3+3}{5}=\dfrac{12}{5}=2.4$(시간)

03 (1) 키와 머리카락 길이 사이에는 상관관계가 없으므로 ㄷ이다.
(2) 여름철 기온과 시원한 음료 판매량 사이에는 양의 상관관
계가 있으므로 ㄱ이다.
(3) 자동차의 주행 거리와 남은 연료 사이에는 음의 상관관계가
있으므로 ㄴ이다.

개념 완성하기 ────── 55쪽~56쪽

01 ③	02 25 %	03 ④	04 2일
05 2명	06 9명	07 2편	08 62.5 %
09 ①	10 ④	11 B 자동차	12 ②, ③
13 양의 상관관계		14 ③	

01 1차 점수와 2차 점수가 같은 학
생은 대각선 위의 점이므로 7명이
다.

02 2차 점수가 1차 점수보다 높은
학생은 색칠한 부분(경계선 제
외)에 속하므로 4명이다.

따라서 전체의 $\dfrac{4}{16}\times100=25(\%)$

Ⅲ. 통계 **73**

03 최고 기온이 36 °C 이상인 날은 색칠한 부분(경계선 포함)에 속하므로

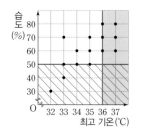

(평균)
$$=\frac{80+80+70+70+60+60}{6}$$
$$=70(\%)$$

04 습도가 50 % 미만인 날은 빗금친 부분(경계선 제외)에 속하므로 2일이다.

05 수학 수행평가 점수와 과학 수행평가 점수의 평균이 8점인 학생은 노란색 직선 위의 점이므로 2명이다.

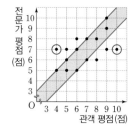

06 수학 수행평가 점수와 과학 수행평가 점수의 합이 12점 이하인 학생은 색칠한 부분(경계선 포함)에 속하므로 9명이다.

07 관객 평점과 전문가 평점의 차가 3점인 영화는 ○ 표시한 점이므로 2편이다.

08 관객 평점과 전문가 평점의 차가 1점 이하인 영화는 색칠한 부분(경계선 포함)에 속하므로 10편이다. 따라서 전체의
$$\frac{10}{16}\times100=62.5(\%)$$

09 ① 음의 상관관계
②, ③, ④, ⑤ 양의 상관관계
따라서 나머지 넷과 다른 하나는 ①이다.

10 주어진 산점도는 음의 상관관계를 나타내므로 주어진 그래프와 같은 산점도로 나타낼 수 있는 것은 ④이다.

11 B 자동차의 산점도가 A 자동차의 산점도보다 양의 상관관계가 강하다.

12 ①, ④ 양의 상관관계
②, ③ 상관관계가 없다.
⑤ 음의 상관관계

13 가계 소득이 증가함에 따라 가계 지출도 대체로 증가하는 관계에 있으므로 양의 상관관계가 있다.

14 ③ A 가구는 가계 지출에 비해 가계 소득이 적다.

01 1학기 점수와 2학기 점수의 차가 2점 이상인 학생은 색칠한 부분(경계선 포함)에 속하므로 5명이다.

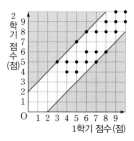

02 1학기 점수와 2학기 점수의 평균이 높은 순으로 6명의 점수를 순서쌍 (1학기 점수, 2학기 점수)로 나타내면
$(10, 10), (10, 9), (9, 10), (9, 9), (9, 8), (8, 9)$
이 학생들의 평균은 차례대로 10점, 9.5점, 9.5점, 9점, 8.5점, 8.5점이므로 대표로 선발되는 학생의 평균은 적어도 8.5점 이상이다.

03 자료를 크기순으로 나열했을 때 10번째와 11번째 변량의 평균이 중앙값이다.
따라서 $a=\frac{7+7}{2}=7$, $b=5$, $c=\frac{6+7}{2}=6.5$이므로
$b<c<a$

04 조건을 만족시키는 학생은 2차 횟수가 1차 횟수보다 1회 또는 2회 많은 학생이다. 즉, 대각선의 위쪽에 있으면서 색칠한 부분(경계선 포함)에 속하므로 9명이다.

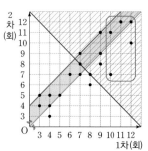

05 ㄱ. 1차와 2차의 평균이 5번째로 높은 학생의 기록은 1차 9회, 2차 11회이므로
$$(평균)=\frac{9+11}{2}=10(회)$$

ㄷ. 1차와 2차 팔굽혀펴기 횟수의 총합이 15회 이상인 학생은 빗금친 부분(경계선 포함)에 속하므로 11명이다.
따라서 전체의 $\frac{11}{20}\times100=55(\%)$

ㄹ. 1차 팔굽혀펴기 횟수가 10회 이상인 학생들은 ○ 표시한 점이므로 2차 팔굽혀펴기 횟수는 각각 7회, 11회, 12회, 10회, 12회이다.
$$\therefore (평균)=\frac{7+11+12+10+12}{5}=\frac{52}{5}=10.4(회)$$

따라서 옳은 것은 ㄱ, ㄴ, ㄹ이다.

06 ④ C는 키도 크고 앉은키도 큰 편이다.

한번 더
실전! 중단원 마무리 ─────────── 58쪽~59쪽

| 01 ② | 02 9점 | 03 ② | 04 ④ |
| 05 ⑤ | 06 ④ | 07 D | 08 ④ |

◆ 서술형 문제 ◆
09 (1) 5명 (2) 20 % (3) 40 % **10** (가)

한번 더
실력 확인하기 ───────── 57쪽

| 01 5명 | 02 ④ | 03 ③ | 04 9명 |
| 05 ㄱ, ㄴ, ㄹ | 06 ④ | | |

01 1차 점수와 2차 점수가 모두 9점 이상인 학생은 색칠한 부분(경계 선 포함)에 속하므로 3명이다.

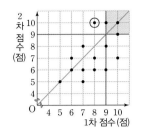

02 1차 점수에 비해 2차 점수가 가 장 많이 오른 학생은 대각선의 위쪽으로 가장 많이 떨어진 점이 므로 ○ 표시한 점이다. 즉, 1차 점수가 8점, 2차 점수가 10 점이므로

(평균)$=\dfrac{8+10}{2}=9$(점)

03 ㄴ. 1차 점수와 2차 점수 사이에는 양의 상관관계가 있다.
ㄷ. 1차 점수와 2차 점수가 같은 학생은 대각선 위의 점이므 로 3명이다.

따라서 전체의 $\dfrac{3}{15}\times100=20$(%)

ㄹ. 1차 점수에 비해 2차 점수가 높은 학생은 대각선의 위쪽 (경계선 제외)에 속하므로 4명이고 1차 점수에 비해 2차 점수가 낮은 학생은 대각선의 아래쪽(경계선 제외)에 속 하므로 8명이다. 따라서 1차 점수에 비해 2차 점수가 낮 은 학생이 더 많다.

따라서 옳은 것은 ㄱ, ㄷ이다.

04 ① 필기 점수가 실기 점수보다 높은 학생은 대각선의 아래쪽 (경계선 제외)에 속하므로 8 명이다.

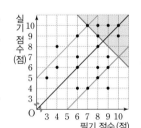

② 필기 점수와 실기 점수의 합 이 17점 이상인 학생은 색칠 한 부분(경계선 포함)에 속하 므로 6명이다.

따라서 전체의 $\dfrac{6}{20}\times100=30$(%)

③ 필기 점수가 10점인 학생들의 실기 점수는 9점, 10점이므로

(평균)$=\dfrac{9+10}{2}=9.5$(점)

④ 실기 점수가 10점인 학생들의 필기 점수는 7점, 8점, 9점, 10점이므로

(평균)$=\dfrac{7+8+9+10}{4}=\dfrac{34}{4}=8.5$(점)

⑤ 필기 점수와 실기 점수의 차가 3점인 학생은 노란색 직선 위의 점이므로 5명이다.

따라서 옳지 않은 것은 ④이다.

05 운동량이 많을수록 비만도가 낮은 경향이 가장 뚜렷한 것은 강한 음의 상관관계를 나타내므로 ⑤이다.

06 주어진 산점도는 양의 상관관계를 나타낸다.
④ 책의 두께와 무게 사이에는 양의 상관관계가 있다.

07 수면 시간에 비해 게임 시간이 많은 학생은 C, D이고 대각 선으로부터 아래쪽으로 가장 멀리 떨어진 점은 D이므로 수 면 시간에 비해 게임 시간이 가장 많은 학생은 D이다.

08 ① 게임 시간과 수면 시간 사이에는 상관관계가 없다.
② 게임 시간이 가장 적은 학생은 B이다.
③ B가 A보다 수면 시간이 적다.
⑤ 수면 시간이 가장 많은 학생은 A이다.
따라서 옳은 것은 ④이다.

◆ 서술형 문제 ◆

09 (1) 1학기와 2학기에 읽은 책의 수 가 같은 학생은 대각선 위의 점 이므로 5명이다. ...... ❶

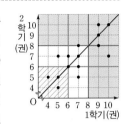

(2) 1학기와 2학기 모두 책을 6권 미만으로 읽은 학생은 빗금친 부분(경계선 제외)에 속하므로 3명이다.

따라서 전체의 $\dfrac{3}{15}\times100=20$(%) ...... ❷

(3) 1학기와 2학기 중 적어도 한 학기는 책을 8권 이상 읽은 학생은 색칠한 부분(경계선 포함)에 속하므로 6명이다.

따라서 전체의 $\dfrac{6}{15}\times100=40$(%) ...... ❸

채점 기준	배점
❶ 1학기와 2학기에 읽은 책의 수가 같은 학생 수 구하기	2점
❷ 1학기와 2학기 모두 책을 6권 미만으로 읽은 학생은 전 체의 몇 %인지 구하기	2점
❸ 1학기와 2학기 중 적어도 한 학기는 책을 8권 이상 읽은 학생은 전체의 몇 %인지 구하기	3점

10 ㈎ 산점도의 중량과 연비 사이에는 음의 상관관계가 있다.
...... ❶

㈏ 산점도의 중량과 제동 거리 사이에는 양의 상관관계가 있다.
...... ❷

따라서 음의 상관관계가 있는 산점도는 ㈎이다. ...... ❸

채점 기준	배점
❶ ㈎ 산점도 분석하기	2점
❷ ㈏ 산점도 분석하기	2점
❸ 음의 상관관계가 있는 산점도 찾기	1점

I. 삼각비

1 삼각비

┌─ 2쪽~6쪽 ─

01 (1) $\tan C$ (2) 고도차 : 50 m, $\tan C = \dfrac{12}{5}$

01-❶ $\sin A = \dfrac{\sqrt{26}}{26}$, $\cos A = \dfrac{5\sqrt{26}}{26}$, $\tan A = \dfrac{1}{5}$

02 풀이 참조 **02-❶** 민재

03 (1) 100, 30 (2) 50 **04** $\dfrac{1}{5}$

05 $9 - 3\sqrt{5}$ **06** $\dfrac{4}{5}$

07 $\dfrac{32\sqrt{3}}{9}$ **08** $\sqrt{2}$

09 $\dfrac{\sqrt{10}}{5}$ **10** ㄱ과 ㄹ, ㄴ과 ㄷ

11 $\dfrac{\sqrt{3}}{24}$ **12** 1

13 $2\cos A - 2\sin A$ **14** 현수

15 민준, 지석 **16** $31°$

17 (1) 24.93 % (2) $14°$ **18** 1.3143

01 (1) (활공비)$= \dfrac{(\text{수평 거리})}{(\text{고도차})} = \dfrac{\overline{AB}}{\overline{BC}} = \tan C$

(2) 고도차를 x m라 하면 수평 거리가 120 m이므로 피타고라스 정리에 의하여 $130^2 = 120^2 + x^2$

$x^2 = 130^2 - 120^2 = 2500$ ∴ $x = 50$ (∵ $x > 0$)

따라서 고도차는 50 m이다.

∴ $\tan C = \dfrac{120}{50} = \dfrac{12}{5}$

01-❶ 경사도가 20 %이고 $\dfrac{(\text{수직 거리})}{(\text{수평 거리})} = \tan A$이므로

$\tan A \times 100 = 20$ ∴ $\tan A = \dfrac{1}{5}$

오른쪽 그림과 같이 $\overline{AB} = 5$, $\overline{BC} = 1$인
직각삼각형 ABC에서

$\overline{AC} = \sqrt{5^2 + 1^2} = \sqrt{26}$이므로

$\sin A = \dfrac{1}{\sqrt{26}} = \dfrac{\sqrt{26}}{26}$

$\cos A = \dfrac{5}{\sqrt{26}} = \dfrac{5\sqrt{26}}{26}$

02 $4^2 + 5^2 \ne 7^2$이므로 주어진 삼각형은 직각삼각형이 아니다.
주어진 삼각형의 변의 길이로 삼각비의 값을 구하기 위해서는 주어진 삼각형이 직각삼각형이어야 한다.
따라서 시연이의 생각은 옳지 않다.

참고 예각삼각형이나 둔각삼각형에서 삼각비의 값을 구할 때는 한 꼭짓점에서 대변 또는 대변의 연장선에 수선의 발을 내려 직각삼각형을 만들고 직각삼각형의 각 변의 길이를 구한 후 삼각비의 값을 구한다.

02-❶ △ABC가 $\angle B = 90°$인 직각삼각형이 아니므로 $\cos A \ne \dfrac{\overline{AB}}{\overline{AC}}$이다.

즉, 틀리게 말한 사람은 민재이다.

03 (1) 오른쪽 그림과 같이 지면을 $\overline{AB}$, 발사 거리를 $\overline{AC}$라 하면 불꽃은 C 지점에서 터진다.

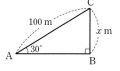

(2) $\sin 30° = \dfrac{x}{100} = \dfrac{1}{2}$

∴ $x = 50$

04 △ABC는 $\overline{AB} = \overline{AC}$인 이등변삼각형이므로 오른쪽 그림과 같이 점 A에서 $\overline{BC}$에 내린 수선의 발을 H라 하면

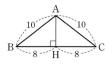

$\overline{BH} = \overline{CH} = \dfrac{1}{2}\overline{BC} = \dfrac{1}{2} \times 16 = 8$

△ABH에서 $\overline{AH} = \sqrt{10^2 - 8^2} = 6$이므로

$\cos B = \dfrac{8}{10} = \dfrac{4}{5}$, $\sin C = \dfrac{6}{10} = \dfrac{3}{5}$

∴ $\cos B - \sin C = \dfrac{4}{5} - \dfrac{3}{5} = \dfrac{1}{5}$

05 $\tan B = \dfrac{\overline{AC}}{3} = 3$이므로 $\overline{AC} = 9$

△ABC∽△ADE (AA 닮음)이므로

$\angle ABC = \angle ADE$

즉, $\tan(\angle ADE) = \tan B = 3$

△ADE에서

$\tan(\angle ADE) = \dfrac{\overline{AE}}{\sqrt{5}} = 3$이므로 $\overline{AE} = 3\sqrt{5}$

∴ $\overline{EC} = \overline{AC} - \overline{AE} = 9 - 3\sqrt{5}$

06 △ABC에서 $\tan B = \dfrac{4}{\overline{BC}} = \dfrac{2}{3}$이므로 $\overline{BC} = 6$

∴ $\overline{CD} = \dfrac{1}{2}\overline{BC} = \dfrac{1}{2} \times 6 = 3$

△ADC에서 $\overline{AD} = \sqrt{3^2 + 4^2} = 5$

∴ $\cos x = \dfrac{\overline{AC}}{\overline{AD}} = \dfrac{4}{5}$

07 △AOB에서 $\cos 30° = \dfrac{3}{\overline{OB}} = \dfrac{\sqrt{3}}{2}$

∴ $\overline{OB} = 3 \times \dfrac{2}{\sqrt{3}} = 2\sqrt{3}$

△BOC에서 $\cos 30° = \dfrac{2\sqrt{3}}{\overline{OC}} = \dfrac{\sqrt{3}}{2}$

∴ $\overline{OC} = 2\sqrt{3} \times \dfrac{2}{\sqrt{3}} = 4$

즉, $\overline{OB} = \overline{OA} \times \dfrac{2}{\sqrt{3}}$, $\overline{OC} = \overline{OA} \times \left(\dfrac{2}{\sqrt{3}}\right)^2$,

$\overline{OD} = \overline{OA} \times \left(\dfrac{2}{\sqrt{3}}\right)^3$, $\overline{OE} = \overline{OA} \times \left(\dfrac{2}{\sqrt{3}}\right)^4$

∴ $\overline{OF} = \overline{OA} \times \left(\dfrac{2}{\sqrt{3}}\right)^5 = 3 \times \dfrac{32}{9\sqrt{3}} = \dfrac{32\sqrt{3}}{9}$

08 $x^2 - 2x + 1 = 0$에서 $(x-1)^2 = 0$ ∴ $x = 1$
따라서 $\tan A = 1$이므로 오른쪽 그림과 같이
$\overline{AB} = 1$, $\overline{BC} = 1$인 직각삼각형 ABC를 그릴
수 있다.

$\overline{AC} = \sqrt{1^2 + 1^2} = \sqrt{2}$이므로
$\sin A = \dfrac{1}{\sqrt{2}} = \dfrac{\sqrt{2}}{2}$
$\cos A = \dfrac{1}{\sqrt{2}} = \dfrac{\sqrt{2}}{2}$
∴ $\sin A + \cos A = \dfrac{\sqrt{2}}{2} + \dfrac{\sqrt{2}}{2} = \sqrt{2}$

09 기울기가 3인 직선의 방정식을 $y = 3x + k$라 하면
이 직선이 점 $(-1, 3)$을 지나므로
$3 = 3 \times (-1) + k$ ∴ $k = 6$
따라서 직선의 방정식은 $y = 3x + 6$이므로
$A(-2, 0)$, $B(0, 6)$
$\triangle AOB$에서 $\overline{AO} = 2$, $\overline{OB} = 6$이므로
$\overline{AB}^2 = 2^2 + 6^2 = 40$
∴ $\overline{AB} = \sqrt{40} = 2\sqrt{10}$ ($\because \overline{AB} > 0$)
$\sin a = \dfrac{6}{2\sqrt{10}} = \dfrac{3\sqrt{10}}{10}$
$\cos a = \dfrac{2}{2\sqrt{10}} = \dfrac{\sqrt{10}}{10}$
∴ $\sin a - \cos a = \dfrac{3\sqrt{10}}{10} - \dfrac{\sqrt{10}}{10}$
$= \dfrac{2\sqrt{10}}{10} = \dfrac{\sqrt{10}}{5}$

10 ㄱ. $\sin x = \dfrac{\overline{AB}}{\overline{OA}} = \overline{AB}$
ㄴ. $\cos x = \dfrac{\overline{OB}}{\overline{OA}} = \overline{OB}$
ㄷ. $\sin y = \dfrac{\overline{OB}}{\overline{OA}} = \overline{OB}$
ㄹ. $\cos z = \cos y = \dfrac{\overline{AB}}{\overline{OA}} = \overline{AB}$
ㅁ. $\tan x = \dfrac{\overline{CD}}{\overline{OD}} = \overline{CD}$
ㅂ. $\tan z = \dfrac{\overline{OD}}{\overline{CD}} = \dfrac{1}{\overline{CD}}$
따라서 그 값이 같은 것은 ㄱ과 ㄹ, ㄴ과 ㄷ이다.

11 $\overline{AB} = \sin 30° = \dfrac{1}{2}$
$\overline{OB} = \cos 30° = \dfrac{\sqrt{3}}{2}$
$\overline{CD} = \tan 30° = \dfrac{\sqrt{3}}{3}$
∴ $\square ABDC = \triangle COD - \triangle AOB$
$= \dfrac{1}{2} \times \overline{OD} \times \overline{CD} - \dfrac{1}{2} \times \overline{OB} \times \overline{AB}$
$= \dfrac{1}{2} \times 1 \times \dfrac{\sqrt{3}}{3} - \dfrac{1}{2} \times \dfrac{\sqrt{3}}{2} \times \dfrac{1}{2}$
$= \dfrac{\sqrt{3}}{6} - \dfrac{\sqrt{3}}{8} = \dfrac{\sqrt{3}}{24}$

12 $A = 180° \times \dfrac{3}{1+2+3} = 90°$이므로
$\sin A + \cos A + \tan(90° - A)$
$= \sin 90° + \cos 90° + \tan 0°$
$= 1 + 0 + 0 = 1$

13 $0° < A < 45°$일 때, $\sin A < \cos A$이므로
$\sin A - \cos A < 0$, $\cos A - \sin A > 0$
∴ $\sqrt{(\sin A - \cos A)^2} + \sqrt{(\cos A - \sin A)^2}$
$= -(\sin A - \cos A) + (\cos A - \sin A)$
$= -\sin A + \cos A + \cos A - \sin A$
$= 2\cos A - 2\sin A$

14 민아 : ∠A가 예각일 때, $0 < \angle A < 45°$에서 $\cos A$의 값은
$\sin A$의 값보다 크지만 $45° < \angle A < 90°$에서 $\cos A$
의 값은 $\sin A$의 값보다 작다.
재희 : ∠A가 예각일 때, $\sin A$와 $\cos A$의 값은 0과 1 사이
이지만, $\tan A$의 값은 1보다 큰 경우도 있다.
따라서 바르게 말한 사람은 현수이다.

15 서희 : $\cos 30° - \sin 30° = \dfrac{\sqrt{3}}{2} - \dfrac{1}{2}$
민준 : $\tan 30° \times \tan 60° = \dfrac{\sqrt{3}}{3} \times \sqrt{3} = 1$
지석 : $\cos 60° - \sin 30° = \dfrac{1}{2} - \dfrac{1}{2} = 0$
은서 : $\tan 45° \times \tan 60° = 1 \times \sqrt{3} = \sqrt{3}$
따라서 바르게 구한 학생은 민준과 지석이다.

16 $\tan x = \dfrac{6}{10} = 0.6$이므로 $\tan$의 값이 0.6인 각도를 찾으면
$x = 31°$

17 ⑴ (경사도) $= \dfrac{249.3}{1000} \times 100 = 24.93\,(\%)$
⑵ $\tan A = \dfrac{249.3}{1000} = 0.2493$이므로 삼각비의 표에서 $\tan$의
값이 0.2493인 각도를 찾으면 $\angle A = 14°$

18 $\cos x = \dfrac{\overline{OB}}{\overline{OA}} = \overline{OB} = 0.8090$이므로
$x = 36°$
$\sin 36° = \dfrac{\overline{AB}}{\overline{OA}} = 0.5878$
∴ $\overline{AB} = 0.5878$
$\tan 36° = \dfrac{\overline{CD}}{\overline{OD}} = 0.7265$
∴ $\overline{CD} = 0.7265$
∴ $\overline{AB} + \overline{CD} = 0.5878 + 0.7265$
$= 1.3143$

7쪽~11쪽
---

01   ⓒ 30°   ⓔ 0.5774   ⓗ 5.0644 m

01-❶ (1) 1.5 m   (2) 2.3836 m   (3) 3.8836 m

02   2000 m   **03**   2분

04 $15(2-\sqrt{2})$ cm   **05**   234 cm

06   ㉠ $\overline{AB}$ ㉡ $\overline{AC}$ ㉢ cos

07   (1) 28.4 m, 6.4 m   (2) 5 m 이상 6.4 m 이하

08   (1) 65.8 m   (2) 99.7 m   (3) 99.8 m

09   18.4 m   **10** $8(\sqrt{3}+1)$ m

11 $12\sqrt{3}$ cm²   **12** $\dfrac{20\sqrt{3}}{9}$ cm

13   6 cm²   **14** $(16\pi-24\sqrt{3})$ cm²

---

01   ⓒ 빨대와 실이 이루는 각의 크기가 60°이므로 건물을 올려
       본각의 크기 $A=90°-60°=30°$

       ⓔ $\tan A=\tan 30°=0.5774$

       ⓗ 측정한 지점에서 학교 건물까지의 거리가 6 m이고 서준
       이의 눈높이가 1.6 m이므로 학교 건물의 높이는
       $6\tan 30°+1.6=6\times 0.5774+1.6=5.0644(m)$

01-❶ (1) $\overline{BD}$의 길이는 민재의 눈높이와 같으므로 $\overline{BD}=1.5$ m

       (2) $\overline{BC}=2\tan 50°=2\times 1.1918=2.3836(m)$

       (3) (나무의 높이)$=\overline{BD}+\overline{BC}$
       $\qquad\qquad\quad=1.5+2.3836$
       $\qquad\qquad\quad=3.8836(m)$

02 $\sin 3°=\dfrac{104.6}{\overline{AC}}$ 이므로

       $\overline{AC}=\dfrac{104.6}{\sin 3°}=\dfrac{104.6}{0.0523}=2000(m)$

03 $\overline{AC}=\dfrac{20}{\sin 24°}=\dfrac{20}{0.4}=50(m)$

       따라서 A 지점에서 출발하여 C 지점까지 분속 25 m로 가는
       데 걸리는 시간은

       $\dfrac{50}{25}=2(분)$

04   오른쪽 그림과 같이 점 B에서 $\overline{OA}$
       에 내린 수선의 발을 H라 하면
       △OBH에서
       $\overline{OH}=30\cos 45°$
       $\qquad=30\times\dfrac{\sqrt{2}}{2}=15\sqrt{2}(cm)$
       $\therefore \overline{HA}=\overline{OA}-\overline{OH}$
       $\qquad\quad=30-15\sqrt{2}$
       $\qquad\quad=15(2-\sqrt{2})(cm)$
       따라서 B 지점은 A 지점보다 $15(2-\sqrt{2})$ cm 더 높이 있다.

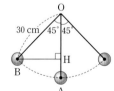

05   계단이 총 10개이므로 $\overline{BC}=10\times 30=300(cm)$
       $\therefore \overline{AC}=300\tan 38°=300\times 0.78=234(cm)$

07   (1) 원총안에서 총을 쏘았을 때 성벽으로부터 총알이 떨어지
       는 지점까지의 거리를 x m라 하면
       $\tan 10°=\dfrac{5}{x}$ 이므로

       $x=\dfrac{5}{\tan 10°}=\dfrac{5}{0.1763}=28.36\cdots$

       따라서 반올림하여 소수 첫째 자리까지 나타내면 28.4 m
       이다.

       근총안에서 총을 쏘았을 때, 성벽으로부터 총알이 떨어지
       는 지점까지의 거리를 y m라고 하면

       $\tan 38°=\dfrac{5}{y}$ 이므로

       $y=\dfrac{5}{\tan 38°}=\dfrac{5}{0.7813}=6.39\cdots$

       따라서 반올림하여 소수 첫째 자리까지 나타내면 6.4 m
       이다.

       (2) 근총안에서 45°인 경사각으로 사격하였을 때, 성벽으로부
       터 사격이 가능한 지점까지의 거리를 z m라 하면

       $\tan 45°=\dfrac{5}{z}$ 이므로 $z=\dfrac{5}{\tan 45°}=\dfrac{5}{1}=5$ 이다.

       (1)에서 근총안에서 38°인 경사각으로 사격하였을 때, 성
       벽으로부터 사격이 가능한 지점까지의 거리는 6.4 m이므
       로 성벽으로부터 사격이 가능한 지점까지의 거리의 범위
       는 5 m 이상 6.4 m 이하이다.

08   (1) $h=100\sin 40°+1.8$
       $\qquad=100\times 0.64+1.8$
       $\qquad=65.8(m)$

       (2) $h=100\sin 40°+85\sin 25°$
       $\qquad=100\times 0.64+85\times 0.42$
       $\qquad=64+35.7$
       $\qquad=99.7(m)$

       (3) $h=180\sin 65°-100\sin 40°$
       $\qquad=180\times 0.91-100\times 0.64$
       $\qquad=163.8-64$
       $\qquad=99.8(m)$

09   오른쪽 그림과 같이 부러진 나무와
       지면이 이루는 삼각형을 △ABC
       라 하면 나무의 원래 높이는 $\overline{AC}$와
       $\overline{AB}$의 길이의 합과 같다.

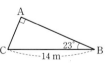

       $\overline{AC}=14\sin 23°$
       $\qquad=14\times 0.3907$
       $\qquad=5.4698(m)$
       $\overline{AB}=14\cos 23°$
       $\qquad=14\times 0.9205$
       $\qquad=12.887(m)$
       $\therefore \overline{AC}+\overline{AB}=5.4698+12.887=18.3568(m)$
       따라서 나무의 원래 높이를 반올림하여 소수점 아래 첫째 자
       리까지 나타내면 18.4 m이다.

10 다음 그림과 같이 전봇대의 높이를 h m라 하면

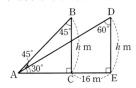

직각삼각형 ABC에서
$\overline{AC}=\overline{BC}\tan(\angle ABC)$
$\quad=h\tan45°=h\,(m)$
직각삼각형 ADE에서
$\overline{AE}=\overline{DE}\tan(\angle ADE)$
$\quad=h\tan60°=\sqrt{3}h\,(m)$
$\overline{CE}=\overline{AE}-\overline{AC}=16\,(m)$이므로
$\sqrt{3}h-h=16$
$(\sqrt{3}-1)h=16$
$\therefore h=\dfrac{16}{\sqrt{3}-1}=8(\sqrt{3}+1)$
따라서 전봇대의 높이는 $8(\sqrt{3}+1)$ m이다.

11 마름모의 내각 중 한 예각의 크기는 $\dfrac{360°}{6}=60°$이므로
$(도형의 넓이)=6\times(2\times2\times\sin60°)$
$\qquad\qquad\qquad=6\times\left(2\times2\times\dfrac{\sqrt{3}}{2}\right)=12\sqrt{3}\,(cm^2)$

12 $\triangle ABC=\dfrac{1}{2}\times5\times4\times\sin60°$
$\qquad\quad=\dfrac{1}{2}\times5\times4\times\dfrac{\sqrt{3}}{2}$
$\qquad\quad=5\sqrt{3}\,(cm^2)$
$\overline{AD}=x$ cm라 하면
$\triangle ABD=\dfrac{1}{2}\times5\times x\times\sin30°$
$\qquad\quad=\dfrac{1}{2}\times5\times x\times\dfrac{1}{2}$
$\qquad\quad=\dfrac{5}{4}x\,(cm^2)$
$\triangle ADC=\dfrac{1}{2}\times x\times4\times\sin30°$
$\qquad\quad=\dfrac{1}{2}\times x\times4\times\dfrac{1}{2}$
$\qquad\quad=x\,(cm^2)$
이때 $\triangle ABC=\triangle ABD+\triangle ADC$이므로
$5\sqrt{3}=\dfrac{5}{4}x+x$
$\dfrac{9}{4}x=5\sqrt{3}$
$\therefore x=\dfrac{20\sqrt{3}}{9}$
따라서 $\overline{AD}$의 길이는 $\dfrac{20\sqrt{3}}{9}$ cm이다.

13 $\triangle ABC=\dfrac{1}{2}\times8\times9\times\sin30°$
$\qquad\quad=\dfrac{1}{2}\times8\times9\times\dfrac{1}{2}$
$\qquad\quad=18\,(cm^2)$

따라서 삼각형의 무게중심의 성질에 의하여
$\triangle AGC=\dfrac{1}{3}\triangle ABC$
$\qquad\quad=\dfrac{1}{3}\times18=6\,(cm^2)$

참고

삼각형의 무게중심과 세 꼭짓점을 이었을 때, 생기는 세 삼각형의 넓이는 모두 같다.

➡ 점 G가 $\triangle ABC$의 무게중심일 때,
$\triangle GAB=\triangle GBC=\triangle GCA$

14 $\triangle AOH$에서
$\overline{OA}=\dfrac{12}{\cos30°}=12\times\dfrac{2}{\sqrt{3}}=8\sqrt{3}\,(cm)$
따라서 부채꼴의 반지름의 길이는 $8\sqrt{3}$ cm이므로
$(색칠한 부분의 넓이)$
$=(부채꼴 AOB의 넓이)-\triangle AOH$
$=\pi\times(8\sqrt{3})^2\times\dfrac{30}{360}-\dfrac{1}{2}\times12\times8\sqrt{3}\times\sin30°$
$=16\pi-\dfrac{1}{2}\times12\times8\sqrt{3}\times\dfrac{1}{2}$
$=16\pi-24\sqrt{3}\,(cm^2)$

II. 원의 성질

1 원과 직선

|12쪽~15쪽|

01 15 cm
01-❶ (1) 6000 km (2) 6500 km (3) 2500 km
02 8 cm
03 지우
04 15
05 $\dfrac{4}{3}\pi-\sqrt{3}$
06 $16\sqrt{3}$ cm²
07 48 cm
08 $8\sqrt{3}$ m
09 145°
10 혜지
11 ㄴ, ㅁ, ㅂ
12 110 cm²
13 $(6+3\sqrt{2})$ cm

01 오른쪽 그림과 같이 원 O의 반지름의 길이를 r cm라 하면
$\overline{OA}=(r+10)$ cm
직각삼각형 AOC에서
$(r+10)^2=20^2+r^2$, $20r=300$
$\therefore r=15$
따라서 원 O의 반지름의 길이는 15 cm이다.

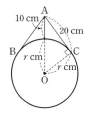

01-❶ (2) $\overline{OP}=6000+500=6500\,(\text{km})$

(3) $\overline{PT}=\sqrt{6500^2-6000^2}=2500\,(\text{km})$

따라서 두 지점 P와 T 사이의 거리는 2500 km이다.

02 오른쪽 그림과 같이 $\overline{OA}$를 그으면

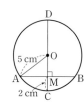

$\overline{OA}=\overline{OC}=\dfrac{1}{2}\overline{CD}=\dfrac{1}{2}\times10=5\,(\text{cm})$

$\overline{OM}=\overline{OC}-\overline{CM}=5-2=3\,(\text{cm})$

직각삼각형 OAM에서

$\overline{AM}=\sqrt{5^2-3^2}=\sqrt{16}=4\,(\text{cm})$

이때 $\overline{AB}\perp\overline{CD}$이므로

$\overline{BM}=\overline{AM}=4\,\text{cm}$

$\therefore \overline{AB}=2\overline{AM}=2\times4=8\,(\text{cm})$

03 원에서 현의 수직이등분선은 그 원의 중심을 지나므로 원의 중심을 바르게 찾을 수 있는 사람은 지우이다.

04 오른쪽 그림과 같이 $\overline{CH}$는 $\overline{AB}$의 수직이등분선이므로 $\overline{CH}$의 연장선은 원의 중심 O를 지난다.

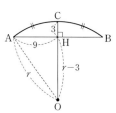

부채꼴 AOB의 반지름의 길이를 r라 하면

$\overline{OH}=r-3,\ \overline{AH}=9$

직각삼각형 OAH에서

$r^2=(r-3)^2+9^2,\ 6r=90 \quad \therefore r=15$

따라서 부채꼴의 AOB의 반지름의 길이는 15이다.

05 오른쪽 그림과 같이 단면인 원의 중심 O에서 현 AB에 내린 수선의 발을 H라 하면 △OAH에서

$\cos(\angle AOH)=\dfrac{1}{2}$이므로

$\angle AOH=60°$이고 부채꼴 AOB의 중심각의 크기는 $120°$이다.

색칠한 부분의 넓이는 부채꼴 AOB의 넓이에서 △AOB의 넓이를 뺀 것이므로

(색칠한 부분의 넓이)

$=\pi\times2^2\times\dfrac{120}{360}-\dfrac{1}{2}\times2\times2\times\sin(180°-120°)$

$=\dfrac{4}{3}\pi-\dfrac{1}{2}\times2\times2\times\dfrac{\sqrt{3}}{2}$

$=\dfrac{4}{3}\pi-\sqrt{3}$

06 $\overline{OD}=\overline{OE}=\overline{OF}$이므로

$\overline{AB}=\overline{BC}=\overline{AC}$

따라서 △ABC는 정삼각형이므로

$\overline{BC}=8\,\text{cm},\ \angle ABC=60°$

$\therefore \triangle ABC=\dfrac{1}{2}\times\overline{AB}\times\overline{BC}\times\sin60°$

$\qquad\quad =\dfrac{1}{2}\times8\times8\times\dfrac{\sqrt{3}}{2}$

$\qquad\quad =16\sqrt{3}\,(\text{cm}^2)$

07 오른쪽 그림과 같이 평행한 두 개의 굵은 철사를 각각 현 AB와 현 CD로 나타내고, 원의 중심 O에서 두 현 AB, CD에 내린 수선의 발을 각각 M, N이라 하면 $\overline{MN}=20\,\text{cm}$이다.

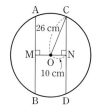

한 원에서 길이가 같은 두 현은 원의 중심으로부터 같은 거리에 있으므로

$\overline{OM}=\overline{ON}=\dfrac{1}{2}\times20=10\,(\text{cm})$

$\overline{OC}$를 그으면 직각삼각형 OCN에서

$\overline{OC}=26\,\text{cm},\ \overline{ON}=10\,\text{cm}$이므로

$\overline{CN}=\sqrt{26^2-10^2}=\sqrt{576}=24\,(\text{cm})$

원의 중심에서 현에 내린 수선은 그 현을 이등분하므로

$\overline{CD}=2\overline{CN}=2\times24=48\,(\text{cm})$

따라서 평행한 두 굵은 철사 중 하나의 길이는 48 cm이다.

08 오른쪽 그림과 같이 $\overline{OB}$, $\overline{OP}$를 그으면

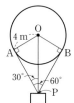

△OAP와 △OBP에서

$\angle OAP=\angle OBP=90°,\ \overline{OP}$는 공통,

$\overline{OA}=\overline{OB}$이므로

$\triangle OAP\equiv\triangle OBP$ (RHS 합동)

따라서 $\angle OPA=\angle OPB=\dfrac{1}{2}\times60°=30°$이므로

△OAP에서

$\overline{PA}=\dfrac{\overline{OA}}{\tan30°}=4\div\dfrac{1}{\sqrt{3}}=4\sqrt{3}\,(\text{m})$

즉, $\overline{PB}=\overline{PA}=4\sqrt{3}\,\text{m}$이므로

$\overline{PA}+\overline{PB}=4\sqrt{3}+4\sqrt{3}=8\sqrt{3}\,(\text{m})$

09 다음 그림과 같이 크고 작은 두 개의 바퀴를 두 원 O, O′으로 나타내면

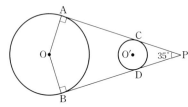

$\angle CPD-35°$이고, 원의 접선은 그 접점을 지나는 원의 반지름에 수직이므로

$\angle PAO=\angle PBO=90°$

따라서 □PAOB에서

$35°+90°+\angle AOB+90°=360° \quad \therefore \angle AOB=145°$

10 점 P에서 100원짜리 동전에 그은 두 접선의 길이는 같으므로

$\overline{PA}=\overline{PB}$

마찬가지로 50원짜리 동전과 500원짜리 동전에서 각각

$\overline{PB}=\overline{PC},\ \overline{PC}=\overline{PD}$

즉, $\overline{PA}=\overline{PB}=\overline{PC}=\overline{PD}$이므로 원 밖의 한 점 P에서 그은 접선의 길이는 원의 반지름의 길이에 관계없이 모두 같다.

따라서 바르게 말한 사람은 혜지이다.

11 ㄴ, ㅁ. 원 밖의 한 점에서 그 원에 그은 두 접선의 길이는 서로 같으므로 $\overline{AD}=\overline{AF}$, $\overline{CE}=\overline{CF}$

　ㅂ. 원의 반지름의 길이는 모두 같으므로 $\overline{DO}=\overline{EO}=\overline{FO}$

　따라서 옳은 것은 ㄴ, ㅁ, ㅂ이다.

12 원 O의 반지름의 길이가 5 cm이므로

　$\overline{CD}=5\times2=10\,(\text{cm})$

　□ABCD가 원 O에 외접하므로

　$\overline{AD}+\overline{BC}=\overline{AB}+\overline{CD}$

　$\qquad\qquad=12+10=22\,(\text{cm})$

　∴ (□ABCD의 넓이)

　$=\dfrac{1}{2}\times(\overline{AD}+\overline{BC})\times\overline{DC}$

　$=\dfrac{1}{2}\times22\times10$

　$=110\,(\text{cm}^2)$

13 오른쪽 그림과 같이 두 유리병의 밑면의 원의 중심을 각각 O와 O′이라 하고, 빗변을 $\overline{OO'}$으로 하고 나머지 두 변이 상자의 테두리와 평행하도록 직각삼각형 OAO′을 그리면 $\overline{OA}$, $\overline{O'A}$의 길이는 정사각형의 한 변의 길이에서 $3\times2=6\,(\text{cm})$를 뺀 길이와 같으므로 $\overline{OA}=\overline{O'A}$이다.

　즉, △OAO′은 직각이등변삼각형이므로

　∠O′OA=45°에서

　$\overline{OA}=6\cos45°=6\times\dfrac{\sqrt{2}}{2}=3\sqrt{2}\,(\text{cm})$

　따라서 이 상자의 밑면인 정사각형의 한 변의 길이는 $(6+3\sqrt{2})$ cm이다.

2 원주각

16쪽~19쪽

01 ∠APB=∠AQB	**01-❶** (1) 120° (2) $12\sqrt{3}$ m
02 점 Q	**02-❶** 이동 경로와 원의 접점
03 36°	**04** 65°
05 180°	**06** ㄴ과 ㄹ
07 75°	**08** 68°
09 14분	**10** 풀이 참조
11 40°	**12** 30°
13 29°	**14** 40°

01 원에서 한 호에 대한 원주각의 크기는 모두 같으므로
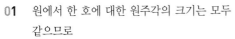
$\widehat{AB}$에 대한 두 원주각인 ∠APB, ∠AQB의 크기는 서로 같다.

　∴ ∠APB=∠AQB

01-❶ (1) 오른쪽 그림과 같이 원의 중심 O에서 무대 전체를 카메라 렌즈에 담으려면 화각은 $\widehat{AB}$에 대한 중심각의 크기와 같아야 한다. $\widehat{AB}$에 대한 중심각의 크기는 원주각의 크기의 2배이므로 카메라 렌즈의 화각의 크기는 $60°\times2=120°$이어야 한다.
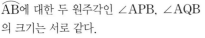

(2) 오른쪽 그림과 같이 $\overline{BO}$의 연장선이 원 O와 만나는 점을 Q라 하면 $\overline{BQ}$는 원 O의 지름이므로
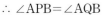
　∠BAQ=90°,

　∠AQB=∠APB=60°

　△AQB에서 $\overline{BQ}=\dfrac{\overline{AB}}{\sin60°}=18\div\dfrac{\sqrt{3}}{2}=12\sqrt{3}\,(\text{m})$

　따라서 원형 극장의 지름의 길이는 $12\sqrt{3}$ m이다.

02 오른쪽 그림과 같이 $\overline{AP}$와 원의 교점을 S라 하면 $\widehat{AB}$에 대하여

　∠AQB=∠ASB

　삼각형의 한 외각의 크기는 그와 이웃하지 않는 두 내각의 합과 같으므로 △BSP에서 ∠APB<∠ASB

　즉, ∠APB<∠AQB

　마찬가지로 $\overline{BR}$와 원의 교점을 S′이라 하면 $\widehat{AB}$에 대하여

　∠AQB=∠AS′B

　삼각형의 한 외각의 크기는 그와 이웃하지 않는 두 내각의 크기의 합과 같으므로 △ARS′에서 ∠ARB<∠AS′B

　즉, ∠ARB<∠AQB

　따라서 눈의 위치가 원의 접점인 점 Q에 위치할 때 작품을 바라보는 각의 크기가 가장 크다.

02-❶ 오른쪽 그림과 같이 골대의 양 끝 점을 A, B라 하고 수현이의 이동 경로 위에 세 점 P, Q, R를 잡으면 두 점 P, R는 원 밖에 있는
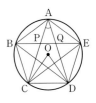
점이고 점 Q는 직선과 원의 접점이다.

　이때 ∠APB<∠AQB, ∠ARB<∠AQB이므로 골을 넣을 수 있는 각의 크기가 가장 큰 지점은 이동 경로와 원의 접점인 점 Q이다.

03 오른쪽 그림과 같이 $\overline{OC}$, $\overline{OD}$를 그으면 정오각형 ABCDE에서

　∠COD$=\dfrac{360°}{5}=72°$

　∴ ∠CAD$=\dfrac{1}{2}$∠COD$=\dfrac{1}{2}\times72°=36°$

04 ∠PTO=90°이므로 △POT에서

　∠POT$=180°-(40°+90°)=50°$

　∴ ∠TOB$=180°-50°=130°$

　∴ ∠TCB$=\dfrac{1}{2}$∠TOB$=\dfrac{1}{2}\times130°=65°$

05 오른쪽 그림과 같이 $\overline{BC}$를 그으면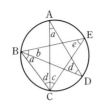
$\overarc{CD}$의 원주각의 크기는 같으므로
$\angle CBD = \angle CAD = \angle a$
$\overarc{AB}$의 원주각의 크기는 같으므로
$\angle ACB = \angle ADB = \angle d$
따라서 $\triangle BCE$에서
$\angle a + \angle b + \angle c + \angle d + \angle e = 180°$

06 오른쪽 그림과 같이 $\overline{AC}$를 그으면
$\angle BAC = \angle DCA$ (엇각)
이때 원주각의 크기가 같으면 호의 길이도
같으므로 $\overarc{BC} = \overarc{AD}$
따라서 길이가 항상 같은 것끼리 짝 지으
면 ㄴ과 ㄹ이다.

07 $\overarc{AB}$는 원주의 $\dfrac{3}{12} = \dfrac{1}{4}$이므로

$\angle ADB = 180° \times \dfrac{1}{4} = 45°$

$\overarc{CD}$는 원주의 $\dfrac{4}{12} = \dfrac{1}{3}$이므로

$\angle CAD = 180° \times \dfrac{1}{3} = 60°$

따라서 $\triangle AED$에서
$\angle x = \angle DEA = 180° - (45° + 60°) = 75°$

08 $\triangle ACT$에서 $\overline{AC} = \overline{AT}$이므로

$\angle ACT = \angle ATC = \dfrac{1}{2} \times (180° - 44°) = 68°$

따라서 $\overrightarrow{AC}$는 원 O의 접선이므로
$\angle CDT = \angle ACT = 68°$

09 $\triangle ABC$에서 $\angle BAC = 180° - (60° + 50°) = 70°$
$\angle BAC : \angle ACB = \overarc{BC} : \overarc{AB}$이므로

$70° : 50° = \overarc{BC} : \overarc{AB}$ $\overarc{BC} = \dfrac{7}{5}\overarc{AB}$

∴ (B 지점에서 C지점까지 가는 데 걸리는 시간)
$= \dfrac{7}{5} \times 10 = 14$(분)

10 평행사변형의 성질에 의해 $\angle B = \angle D$이다.
또, 점 B가 옮겨진 점이 점 B′이므로 $\angle B = \angle B'$이다.
즉, $\angle B' = \angle D$이다.
따라서 한 호에 대한 원주각의 크기가 같으므로 네 점 A, C,
D, B′은 한 원 위에 있다.

11 오른쪽 그림과 같이 $\overline{BD}$를 그으면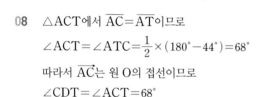
□ABDE가 원 O에 내접하므로
$\angle BDE = 180° - \angle A$
$= 180° - 60° = 120°$
따라서
$\angle BDC = 140° - 120° = 20°$이므로
$\angle BOC = 2\angle BDC$
$= 2 \times 20° = 40°$

12
위의 그림과 같이 $\overline{AC}$를 그으면
$\angle BCA = \angle BAQ = 50°$
$\overline{BC}$가 원 O의 지름이므로 $\angle CAB = 90°$
$\triangle CAB$에서 $\angle x = 180° - (50° + 90°) = 40°$
$\triangle BPA$에서 $\angle x + \angle y = 40° + \angle y = 50°$이므로 $\angle y = 10°$
∴ $\angle x - \angle y = 40° - 10° = 30°$

13 $\triangle PAB$에서 $\overline{PA} = \overline{PB}$이므로

$\angle BAP = \dfrac{1}{2} \times (180° - 46°) = 67°$

∴ $\angle CAB = 180° - (67° + 84°) = 29°$
따라서 $\overrightarrow{PE}$는 원 O의 접선이므로
$\angle CBE = \angle CAB = 29°$

14 □ABTC가 원 O에 내접하므로
$\angle PBT = \angle ACT = 85°$
$\triangle BPT$에서 $\angle BTP = 180° - (85° + 55°) = 40°$
따라서 $\overrightarrow{PT}$는 원 O의 접선이므로
$\angle BAT = \angle BTP = 40°$

1 대푯값과 산포도

20쪽~22쪽

01 ㉠, ㉢, ㉣, ㉤

01-❶ (1) 중앙값   (2) 평균   (3) 최빈값

02 2   **03** (최빈값) < (평균) < (중앙값)

04 ㄱ   **05** 5.5, 6

06 $b < a < c$

07 3회의 수학 성적 : 58점, 분산 : $\dfrac{22}{5}$

08 $\sqrt{10}$시간   **09** $\dfrac{47}{2}$

01-❶ (1) 변량 중에 극단적으로 큰 값이 있기 때문에 대푯값으로
중앙값이 적절하다.

(2) 변량 중에 극단적으로 크거나 극단적으로 작은 값이 없기
때문에 대푯값으로 평균이 적절하다.

(3) 자료에 같은 값인 변량이 많으므로 가장 많이 팔린 블라
우스 치수인 최빈값이 대푯값으로 적절하다.

02 준우의 점수를 작은 값부터 크기순으로 나열하면
1점, 2점, 3점, 3점, 7점, 8점, 9점, 10점
변량의 개수가 8이므로 중앙값은 4번째와 5번째 변량의 평
균이다.

$(중앙값) = \dfrac{3+7}{2} = \dfrac{10}{2} = 5(점)$ ∴ $a = 5$

병주의 점수에서 3점이 3개로 가장 많이 나타나므로 최빈값은 3점이다.

$\therefore b=3$

$\therefore a-b=5-3=2$

03 (평균)$=\dfrac{1\times2+2\times5+3\times3+4\times4+5\times1}{15}$

$=\dfrac{42}{15}=\dfrac{14}{5}=2.8$(회)

학생이 15명이므로 중앙값은 8번째 값인 3회이다.

턱걸이 횟수가 2회인 학생 수가 5명으로 가장 많으므로 최빈값은 2회이다.

$\therefore$ (최빈값)<(평균)<(중앙값)

04 ㄱ. A 모둠의 학생 수는 $3+4+2+1=10$(명)이므로

(평균)$=\dfrac{1\times3+2\times4+3\times2+4\times1}{10}=\dfrac{21}{10}$(가지)

B 모둠의 학생 수는 $2+1+5+1+1=10$(명)이므로

(평균)$=\dfrac{1\times2+2\times1+3\times5+4\times1+5\times1}{10}$

$=\dfrac{28}{10}=\dfrac{14}{5}$(가지)

즉, B 모둠의 평균이 A 모둠의 평균보다 더 크다.

ㄴ. A 모둠 학생의 변량을 작은 값부터 크기순으로 나열하면 1, 1, 1, 2, 2, 2, 2, 3, 3, 4(가지)이므로

(A 모둠의 중앙값)$=\dfrac{2+2}{2}=2$(가지)

ㄷ. A 모둠에서 2가지가 4명으로 가장 많으므로 A 모둠의 최빈값은 2가지이다.

B 모둠에서 3가지가 5명으로 가장 많으므로 B 모둠의 최빈값은 3가지이다.

즉, 두 모둠의 최빈값은 다르다.

따라서 옳은 것은 ㄱ이다.

05 주어진 자료의 평균이 5이므로

$\dfrac{5+1+7+6+a+4+b+2}{8}=5$

$25+a+b=40$

$\therefore a+b=15 \qquad \cdots \text{㉠}$

㉠과 $a-b=3$을 연립하여 풀면

$a=9, b=6$

따라서 주어진 변량을 작은 값부터 크기순으로 나열하면

1, 2, 4, 5, 6, 6, 7, 9

변량의 개수가 8이므로 중앙값은 4번째와 5번째 변량의 평균이다.

(중앙값)$=\dfrac{5+6}{2}=5.5$

또, 6이 2개로 가장 많이 나타나므로 최빈값은 6이다.

06 세 선수의 사격 점수를 작은 값부터 크기순으로 나열하면

A : 6, 7, 8, 9, 10(점)

B : 7, 8, 8, 8, 9(점)

C : 6, 7, 7, 10, 10(점)

(A의 평균)$=\dfrac{6+7+8+9+10}{5}=\dfrac{40}{5}=8$(점)

(B의 평균)$=\dfrac{7+8+8+8+9}{5}=\dfrac{40}{5}=8$(점)

(C의 평균)$=\dfrac{6+7+7+10+10}{5}=\dfrac{40}{5}=8$(점)

즉, A, B, C의 사격 점수의 평균은 8점으로 같다.

(A의 분산)$=\dfrac{(-2)^2+(-1)^2+0^2+1^2+2^2}{5}=\dfrac{10}{5}=2$

(B의 분산)$=\dfrac{(-1)^2+0^2+0^2+0^2+1^2}{5}=\dfrac{2}{5}$

(C의 분산)$=\dfrac{(-2)^2+(-1)^2+(-1)^2+2^2+2^2}{5}=\dfrac{14}{5}$

따라서 $a=\sqrt{2}, b=\dfrac{\sqrt{10}}{5}, c=\dfrac{\sqrt{70}}{5}$이므로

$b<a<c$

참고 평균 8점을 중심으로 점수의 흩어진 정도가 가장 작은 선수는 B이고, 점수의 흩어진 정도가 가장 큰 선수는 C이므로 표준편차의 대소 관계는 $b<a<c$이다.

07 편차의 총합은 항상 0이므로

$(-2)+(-1)+x+2+3=0$

$\therefore x=-2$

수학 성적의 평균이 60점이고 3회의 수학 성적의 편차가 -2점이므로

(편차)$=$(변량)$-$(평균)에서 (변량)$=$(평균)$+$(편차)

즉, (3회의 수학 성적)$=60-2=58$(점)

(분산)$=\dfrac{(-2)^2+(-1)^2+(-2)^2+2^2+3^2}{5}=\dfrac{22}{5}$

08 A, B, C, D 4종의 사용 시간의 편차는 각각 -2시간, 4시간, 1시간, 2시간이고 편차의 총합은 항상 0이므로 E 기종의 사용 시간의 편차는 -5시간이다.

$\therefore$ (분산)$=\dfrac{(-2)^2+4^2+1^2+2^2+(-5)^2}{5}=\dfrac{50}{5}=10$

$\therefore$ (표준편차)$=\sqrt{10}$(시간)

09 평균은 변량의 총합을 변량의 개수로 나눈 것이다.

그런데 실제 변량 5, 7과 잘못 본 변량 4, 8의 각각의 합이 같으므로 변량의 총합에는 변함이 없다.

즉, 실제 4개의 변량의 평균은 4와 같다.

제대로 본 나머지 두 개의 변량을 각각 x, y라 하면 4개의 변량 x, y, 4, 8의 분산은 25이므로

$\dfrac{(x-4)^2+(y-4)^2+(4-4)^2+(8-4)^2}{4}=25$

$\therefore (x-4)^2+(y-4)^2=84$

따라서 실제 변량 x, y, 5, 7의 분산은

$\dfrac{(x-4)^2+(y-4)^2+(5-4)^2+(7-4)^2}{4}$

$=\dfrac{(x-4)^2+(y-4)^2+10}{4}$

$=\dfrac{84+10}{4}=\dfrac{94}{4}=\dfrac{47}{2}$

01 주어진 산점도에서는 y가 가장 작은 점과 가장 큰 점의 두 점을 제외하면 x와 y 사이에 상관관계가 없다. 지혜는 극단적인 값에 주목하여 전체적인 자료의 상관관계를 잘못 해석하였다. 따라서 원기의 생각이 옳다.

01-❶ x의 값이 증가함에 따라 y의 값이 대체로 증가하거나 감소하는 경향이 있지 않으므로 두 변량 사이에는 상관관계가 없다. 따라서 아현이의 생각이 옳다.

02 산점도에서 왼손의 쥐는 힘이 증가함에 따라 오른손의 쥐는 힘도 대체로 증가한다.
따라서 왼손과 오른손의 쥐는 힘 사이에는 양의 상관관계가 있다.

03 ㄱ. 겨울철 기온이 낮아짐에 따라 난방비는 대체로 증가하는 관계가 있으므로 음의 상관관계가 있다.
ㄴ. 수명과 발의 길이 사이에는 상관관계가 없다.
ㄷ. 수학 성적과 키 사이에는 상관관계가 없다.
ㄹ. 흡연량이 많아짐에 따라 폐암 발생률은 대체로 높아지는 관계가 있으므로 양의 상관관계가 있다.
ㅁ. 입장객 수가 많아짐에 따라 입장료 총액은 많아지므로 양의 상관관계가 있다.
ㅂ. 산의 높이가 높아질수록 기온은 대체로 낮아지는 관계가 있으므로 음의 상관관계가 있다.
ㅅ. 일정한 거리를 달리는 자동차의 속력이 빨라질수록 주행 시간은 짧아지므로 음의 상관관계가 있다.
ㅇ. 교통량이 증가할수록 공기 오염도는 대체로 높아지는 관계가 있으므로 양의 상관관계가 있다.

04 ㉠, ㉢, ㉣ 자동차 배기가스, 대기 오염 물질, 난방 등 연료 사용이 많아질수록 미세 먼지 농도는 대체로 높아지는 관계가 있으므로 자동차 배기가스, 대기 오염 물질, 난방 등 연료 사용과 미세 먼지 농도 사이에는 양의 상관관계가 있다.
㉡ 강수량이 많으면 대기 오염 물질이 제거되어 미세 먼지 농도가 낮아지므로 강수량과 미세 먼지 농도 사이에는 음의 상관관계가 있다.
따라서 나머지 셋과 다른 하나는 ㉡이다.

05 산점도에서 한쪽이 증가함에 따라 다른 한쪽도 대체로 증가하므로 한 달 용돈과 저축 금액 사이에는 양의 상관관계가 있다.
따라서 용돈에 비해 저축 금액이 높은 학생은 대각선의 위쪽에 있는 B이다.

06 (1)
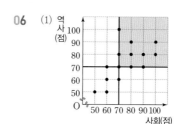

두 과목의 성적이 모두 70점 이상인 학생 수는 색칠한 부분과 경계에 있는 점의 개수와 같으므로 10명이다.

(2)
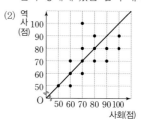

역사 성적보다 사회 성적이 좋은 학생 수는 직선의 아래쪽에 있는 점의 개수와 같으므로 7명이다.

(3) 두 과목 성적의 총점이 높은 순으로 35 % 이내가 되려면 전체 학생 수가 15명이므로

$$15 \times \frac{35}{100} = \frac{21}{4} = 5.25(\text{명})$$

즉, 35 % 이내에 드는 학생 수는 5명이므로 총점이 높은 순으로 5명의 점수를 순서쌍 (사회 점수, 역사 점수)로 나타내면
$(100, 90), (100, 80), (90, 80), (80, 90), (70, 100)$
따라서 총점의 평균은

$$(\text{평균}) = \frac{190 + 180 + 170 + 170 + 170}{5}$$
$$= \frac{880}{5} = 176(\text{점})$$

07
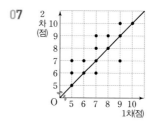

1차 성적보다 2차 성적이 향상된 학생 수는 직선의 위쪽에 있는 점의 개수와 같으므로 7명이다.
따라서 이 학생들의 2차 성적의 평균은

$$\frac{6 \times 1 + 7 \times 2 + 8 \times 1 + 9 \times 2 + 10 \times 1}{7}$$
$$= \frac{56}{7} = 8(\text{점})$$